U0242253

普通高等教育"十二五"部委级规划教材

食品分析

钱建亚　主编
赵希荣　巩发永　林　巧　李　静　副主编

中国纺织出版社

内 容 提 要

本书由上、下两篇组成,上篇为理论部分,共16章,分别介绍分析化学基础知识、采样和样品制备、pH与可滴定酸度、水分测定、灰分分析、矿物质的测定、碳水化合物的测定、膳食纤维的测定、脂类的测定、蛋白质与氨基酸的测定、维生素的测定、食品添加剂的测定、农兽药残留分析、热分析和流变学分析及现代仪器在食品分析中的应用;下篇为实验部分,共15个实验,主要介绍了对应上篇所述成分的测定。

本书可作为食品科学与工程、食品质量与安全、乳品工程等相关食品专业本科生的教材或参考书,也可作为各类食品从业人员的参考用书。

图书在版编目(CIP)数据

食品分析 / 钱建亚主编. — 北京: 中国纺织出版社, 2014.7(2024.3重印)

普通高等教育"十二五"部委级规划教材

ISBN 978-7-5180-0627-4

Ⅰ.①食… Ⅱ.①钱… Ⅲ.①食品分析—高等学校—教材 Ⅳ.①TS207.3

中国版本图书馆CIP数据核字(2014)第080180号

责任编辑:彭振雪　　责任设计:品欣排版　　责任印制:储志伟

中国纺织出版社出版发行

地址:北京市朝阳区百子湾东里A407号楼　邮政编码:100124

邮购电话:010—87155894　传真:010—87155801

http://www.c-textilep.com

E-mail:faxing@c-textilep.com

官方微博:http://weibo.com/2119887771

北京虎彩文化传播有限公司印刷　各地新华书店经销

2014年7月第1版　2024年3月第7次印刷

开本:710×1000　1/16　印张:26

字数:397千字　定价:39.80元

《食品分析》编委会成员

主　编　钱建亚　扬州大学

副主编　赵希荣　淮阴工学院

　　　　　巩发永　西昌学院

　　　　　林　巧　西昌学院

　　　　　李　静　西昌学院

参　编（按姓氏笔画排序）

　　　　　王青华　河北工程大学

　　　　　巩发永　西昌学院

　　　　　刘兴艳　四川农业大学

　　　　　李　扬　吉林农业科技学院

　　　　　李　静　西昌学院

　　　　　吴　燕　河北工程大学

　　　　　张　传　吉林工商学院

　　　　　张　舵　齐齐哈尔大学

　　　　　林　巧　西昌学院

　　　　　荆淑芳　军事医学科学院

　　　　　赵希荣　淮阴工学院

　　　　　莎　娜　内蒙古科技大学

　　　　　夏　湘　湖南邵阳学院

　　　　　钱建亚　扬州大学

普通高等教育食品专业系列教材
编委员会成员

前 言

食品分析是食品相关专业本科阶段的学科基础课程之一。本书为应用型本科院校食品科学与工程、食品质量与安全和乳品工程专业本科教材,也可供相关从业人员参考。

本书由扬州大学教授钱建亚博士担任主编,淮阴工学院教授赵希荣博士和西昌学院巩发永副教授、林巧副教授、李静副教授/博士担任副主编,四川农业大学刘兴艳、吉林农业科技学院李扬、内蒙古科技大学莎娜、河北工程大学王青华、河北工程大学吴燕、湖南邵阳学院夏湘、吉林工商学院张传、齐齐哈尔大学张舵;军事医学科学院荆淑芳共同编写。

全书分为上、下两篇:上篇为理论部分,共16章,分别介绍分析化学基础知识、采样和样品制备、pH与可滴定酸度、水分测定、灰分分析、矿物质的测定、碳水化合物的测定、纤维的测定、脂类的测定、蛋白质与氨基酸的测定、维生素的测定、食品添加剂的测定、农兽药残留分析、热分析和流变学分析及现代仪器在食品分析中的应用;下篇为实验部分,共15个实验,主要介绍了对应上篇所述成分的测定,以介绍国家标准方法为主,直接引用,对关键步骤或试剂的使用加以必要说明。写法上按照实验指导书常用格式,但注明标准的编号。

全书由钱建亚统筹,为保持风格的多样性,格式和形式上只要求相对一致,基本原则是:理论部分不具体介绍分析方法的细节(如操作步骤和试剂浓度等),主要讲解原理和方法中条件设置(选择)的原因和结果的影响因素;突出食品的特点,多介绍各种成分分析的样品预处理;前言中不涉及食品成分的作用等公共内容,因食品化学等课程中有介绍,只列出跟加工和储藏变化有关的特征性数据和各法所用主要仪器。

根据实际情况,可对本书中的内容进行选择使用。

本书中使用仪器等产品样本的图片只是给读者直观的表现,若其中显示生产商的名称,并不表明编者推荐使用。

食品分析内容广泛，方法多样，限于编者的知识水平有限和编稿时间紧张，书中错误在所难免，恳请广大读者批评指正，并对内容安排等提出建议。本书在编写过程中参考了大量专著和科研成果，在此均对原作者致以深深的谢意和敬意——成果属于他们。

本教材得到扬州大学出版基金资助。

编者

2014 年 5 月

目 录

上篇 理论部分

下篇　实验部分

上篇　理论部分

第1章 绪　　论

《中华人民共和国食品安全法》第九十九条对“食品”的定义如下：食品，指各种供人食用或者饮用的成品和原料以及按照传统既是食品又是药品的物品，但是不包括以治疗为目的的物品。《食品工业基本术语》（GB/T 15091—1994）对食品的定义：可供人类食用或饮用的物质，包括加工食品、半成品和未加工食品，不包括烟草或只作药品用的物质。从食品卫生立法和管理的角度，广义的食品概念涉及所生产食品的原料、食品原料种植、养殖过程接触的物质和环境、食品的添加物质、所有直接或间接接触食品的包装材料、设施以及影响食品原有品质的环境。新的概念还包括新资源食品。

食品最基本的功能是提供构成人体组织所需要的物质和作为人体活动所需能量的来源。随着人类社会的发展和文明的进步，食品的功能在被赋予营养、保健等生理功能的基础上又增加了美学享受的心理功能，并具有浓郁的地方、民族、宗教和文化色彩。可见，食品是非常复杂的体系。为了清楚地说明食品，就需对其进行细分和说明，这就产生了食品分析课程和食品分析学科。

1.1　食品分析的性质和作用

食品的种类繁多，来源广泛，组成复杂，其中的成分有些对人体有益，有些对人体有害；有些可以有，有些则绝不能有。食品中含有不该有的成分（物质），需要找原因；该有的成分（物质）消失了，同样需要找答案。总之，通过食品分析可以对食品的性质进行描述。因此，食品分析的任务可以概括为：运用生理、物理、化学、生物（化学）等基础科学理论，辅以现代技术手段，对食品生产的原料、辅料、助剂、半成品、成品及包装物等与食品生产过程相关联物质及环境进行检测和评估。食品分析的作用表现在以下方面。

（1）食品分析是生产管理、品质保证和质量监督的必要措施。食品生产和任何工业产品一样，经过多道工序，涉及各种材料，每一个过程都会对最终的产品质量产生影响，通过对原料、辅助材料的检验，可以保证所用材料符合生产要求；对半成品进行检验，可随时掌握生产情况，发现问题及时解决，减少或消灭不合格产品的生产，保证生产过程正常；对成品的质量进行检测，可以保证终产品合格出厂。流通过程中食品的质量监督,由消费者、政府行政管理部门根据不同的目的和诉求,采用相应的方式进行食品分析。

(2)食品分析是技术革新和产品研发方案的指导和依据。科技不断进步,消费者的要求也因时代变化而改变。生产工艺改进、加工技术革新以及新产品研究开发是否能达到预设要求或满足消费者的选择。通过食品分析得到必要的数据,通过与同类产品的横向比较或与旧产品的纵向比较,可以获得相关信息,最后产生最好的方案。

(3)食品分析是产品品质、食品安全和产后服务的基本保证。食物是自然界对人类的慷慨馈赠,为人类的健康生存提供了必要的物质保证。但其中有些成分对人类或某些特定人群并不安全。食品中的成分在加工过程中会发生很多变化,有些有益成分受到破坏,有些有害成分会产生。食品的营养价值和安全评估要以食品分析结果为依据,原材料采购、储藏以及产后流通过程中的食品运输、储藏等处理也必须符合规定作业规程,结果评价同样以食品分析的结果为依据。

(4)食品分析是新资源发掘、新成分和新功能发现的必要工具。人口的增长、新食品资源的开发、产品新功能的发现和拓展均要以食品分析的数据为依据。食品分析的结果可用于证明或说明新的申称,是原始的量化证据,是评价和审批必不可少的材料。

食品分析工作贯穿于产品开发、研制、生产和销售的全过程。

1.2 食品分析的内容

食品分析因目的不同,所分析的内容有很大不同。一般而言,食品分析涉及的内容包括食品感官品质分析、食品中的营养素分析、食品中有毒有害成分分析、食品添加剂分析、食品中的污染物分析和食品中微生物分析等方面。

1.2.1 感官品质分析

感官品质是人对食品的直接感觉,食品的感官指标有外形、色泽、味道以及食品的稠度。食品的感官品质是消费者的第一感觉,直接影响到消费者对产品的接受性。营养素等理化指标都很好的产品,如果感官品质不好同样会被消费者直接拒绝。

1.2.2 食品营养素分析

营养素提供是食品的基本功能,食品营养素分析主要指六大营养要素——碳水化合物、蛋白质、脂肪、矿物质(包括微量元素)、维生素和水的分析。2011年11月2日,卫生部公布了我国第一个食品营养标签国家标准——《食品安全国家标准 预包装食品营养标签通则》(GB 28050—2011),指导和规范营养标签标示。该标准从2013年1月1日起正式实施。它规定,预包装食品营养标签应向消费者提供食品营养信息和特性的说明。

1.2.3 食品中有毒、有害和污染物质分析

食品中的有害物质有些是自身固有的,有些是在加工过程中形成的,还有些是随辅料或助剂带入的,主要包括:微生物、真菌毒素、农药兽药残留、重金属、化学物质等。

其中,微生物主要为食源性致病源菌和致病菌,一些畜禽病毒也越来越多地成为对人类健康的威胁。真菌毒素主要是微生物生长繁殖产生的有毒代谢产物如黄曲霉毒素等。重金属主要来源于自然环境,生产加工中的机械、普通容器,农业三废。

1.2.4 食品辅助材料及添加剂的分析

在食品加工中所采用的辅助材料和添加剂一般都是工业产品,使用时的添加量和品种都有严格的规定,滥用或误用添加剂都将造成不堪设想的后果。对食品添加剂的安全评价在不断进行中,同样的评价也用于新资源食品如转基因食品。

1.3 食品分析的方法

食品分析的方法随着分析技术的发展不断进步。食品分析的特征在于样品是食品,对样品的预处理为食品分析的首要步骤,如何将其他学科的分析手段应用于食品样品的分析是食品分析学科要研究的内容。根据食品分析的指标和内容,通常有感官分析法、化学分析法、仪器分析法、(微)生物分析法和酶分析法等食品分析方法。

1.3.1 感官分析法

食品感官分析法集心理学、生理学、统计学知识于一体。食品感官分析法通过评价员的视觉、嗅觉、味觉、听觉和触觉活动得到结论，其应用范围包括食品的评比、消费者的选择、新产品的开发，更重要的是消费者对食品的享受。

食品感官分析法已发展成为感官科学的一个重要分支，且相关的仪器研发也有很大进展，本课程中不专门讨论。需要时，可参考相关专门书籍。

1.3.2 化学分析法

以物质的化学反应为基础的分析方法称为化学分析法，它是比较古老的分析方法，常被称为“经典分析法”。化学分析法主要包括重量分析法和滴定分析法（容量分析法），以及试样的处理和一些分离、富集、掩蔽等化学手段。化学分析法是分析化学科学重要的分支，由化学分析演变出后来的仪器分析法。

化学分析法通常用于测定相对含量在1%以上的常量组分，准确度高（相对误差为0.1%～0.2%），所用仪器设备简单如天平、滴定管等，是解决常量分析问题的有效手段。随着科学技术发展，化学分析法向着自动化、智能化、一体化、在线化的方向发展，可以与仪器分析紧密结合，应用于许多实际生产领域。

（1）重量分析：根据物质的化学性质，选择合适的化学反应，将被测组分转化为一种组成固定的沉淀或气体形式，通过纯化、干燥、灼烧或吸收剂吸收等处理后，精确称量，求出被测组分的含量，这种方法称为重量分析法。

（2）滴定分析：是将一种已知准确浓度的试剂溶液，滴加到被测物质的溶液中，直到所加的试剂与被测物质按化学计量定量反应为止，根据试剂溶液的浓度和消耗的体积，计算被测物质的含量。当加入滴定液中物质的量与被测物质的量定量反应完成时，反应达到计量点。在滴定过程中，指示剂发生颜色变化的转变点称为滴定终点。滴定终点与计量点不一定完全一致，由此所造成的分析误差叫作滴定误差。

适合滴定分析的化学反应应该具备以下条件：

①反应必须按方程式定量完成，通常要求在99.9%以上，这是定量计算的基础。

②反应能够迅速完成（有时可加热或用催化剂以加速反应）。

③共存物质不干扰主要反应,或可用适当的方法消除其干扰。

④有比较简便的方法确定计量点(指示滴定终点)。

滴定分析分析法有两种:

①直接滴定法:用滴定液直接滴定待测物质,以达终点;

②间接滴定法:直接滴定有困难时常采用以下两种间接滴定法来测定。

A. 置换法:利用适当的试剂与被测物反应产生被测物的置换物,然后用滴定液滴定置换物。

B. 回滴定法(剩余滴定法):用已知的过量的滴定液和被测物反应完全后,再用另一种滴定液滴定剩余的前一种滴定液。

根据数量的多少,化学分析有定性和定量分析两种,一般情况下食品中的成分及来源已知,不需要做定性分析。化学分析法能够分析食品中的大多数化学成分。

1.3.3　仪器分析法

仪器分析法是利用能直接或间接表征物质的特性(如物理、化学、生理性质等)的实验现象,通过探头或传感器、放大器、转化器等转变成人可直接感受的已认识的关于物质成分、含量、分布或结构等信息的分析方法。通常测量光、电、磁、声、热等物理量而得到分析结果。

仪器分析法又称为物理和物理化学分析法,实质上是物理和物理化学分析。根据被测物质的某些物理特性(如光学、热量、电化、色谱、放射等)与组分之间的关系,不经化学反应直接进行鉴定或测定的分析方法,叫物理分析法。根据被测物质在化学变化中的某种物理性质和组分之间的关系进行鉴定或测定的分析方法,叫作物理化学分析方法。进行物理或物理化学分析时,大都需要精密仪器进行测试,故此类分析方法叫仪器分析法。

仪器分析的一般分类如图 1-1 所示,这些方法在食品分析中都有着广泛的应用。

与化学分析相比,仪器分析灵敏度高,检出限量可降低,如样品用量由化学分析的 mL、mg 级降低到仪器分析的 μg、μL 级或 ng、nL 级,甚至更低,适合于微量、痕量和超痕量成分的测定;选择性好,很多的仪器分析方法可以通过选择或调整测定的条件,使共存的组分测定时,相互间不产生干扰;操作简便,分析速度快,容易实现自动化。

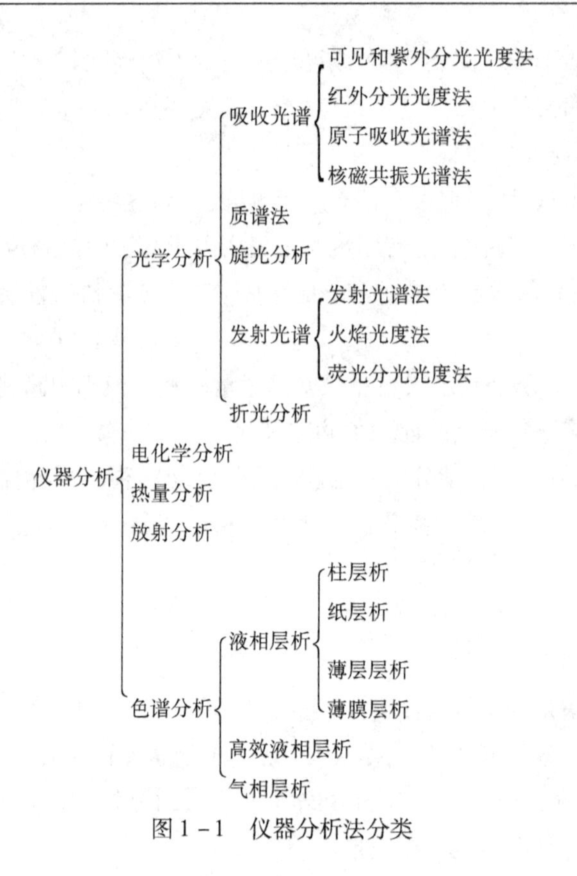

图 1－1　仪器分析法分类

仪器分析是在化学分析的基础上进行的，如试样的溶解，干扰物质的分离等，都是化学分析的基本步骤。同时，仪器分析大都需要化学纯品做标准，而这些化学纯品的成分，多需要化学分析方法来确定。因此，化学分析法和仪器分析法是相辅相成的。另外仪器分析法所用的仪器往往比较复杂、昂贵，操作者需进行专门培训。

1.3.4　微生物分析法

基于某些微生物生长所需特定物质或成分进行分析的方法为微生物分析法，其测定结果反映了样品中具有生物活性的被测物含量。微生物分析法广泛用于食品中维生素、抗生素残留和激素残留等成分的分析，特点是反应条件温和，准确度高，试验仪器投入成本低。但它仍旧逐渐被其他方法所取代，因为分析周期长和实验步骤烦琐，与目前分析方法简便、快速、高效的发展方向不符。微生物法一般需 4 ~6 d，而其他方法（HPLC 法）一般在 1 ~2 d 内即可完成；通常微生物法要样品前处理、菌种液的制备、测试管的制备、接种、测定、计算等步骤，与仪器分析方法相比,步骤繁多。

1.3.5 酶分析法

酶是专一性强、催化效率高的生物催化剂。利用酶反应进行物质组成定性定量分析的方法为酶分析法。酶分析法具有特异性强,干扰少,操作简便,样品和试剂用量少,测定快速精确、灵敏度高等特点。通过了解酶对底物的特异性,可以预料可能发生的干扰反应并设法纠正。在以酶作分析试剂测定非酶物质时,也可用偶联反应;偶联反应的特异性,可以增加反应全过程的特异性。此外,由于酶反应一般在温和的条件下进行,不需使用强酸强碱,因此是一种无污染或污染很少的分析方法。很多需要使用气相色谱仪、高压液相色谱仪等贵重的大型精密分析仪器才能完成的分析检验工作,应用酶分析方法即可简便快速进行。

食品分析方法没有绝对的分类,以上仅是常用方法的介绍。相关基础学科的知识或者已经自成体系的学科分支的内容本书中不重复介绍,读者可自行参考阅读。

1.4 食品分析的依据和过程

食品分析方法的选择通常要考虑到样品的分析目的、分析方法本身的特点,如专一性、准确度、精密度、分析速度、设备条件、成本费用、操作要求以及方法的有效性和适用性。用于生产过程指导或企业内部的质量评估,可选用分析速度快、操作简单、费用低的快速分析方法,而对于成品质量鉴定或营养标签的产品分析,则应采用法定分析方法。采用标准的分析方法、利用统一的技术手段,对于比较与鉴别产品质量,在各种贸易往来中提供统一的技术依据,提高分析结果的可比性和权威性有重要的意义。

我国的法定分析方法有中华人民共和国国家标准、行业标准和地方标准等,其中国家标准为仲裁法。对于国际间的贸易,采用国际标准则具有更有效的普遍性。

食品分析的过程包括下列步骤:确定分析项目和内容,科学取样与样品制备,选择合适的分析技术,建立适当的分析方法,进行分析测定,取得分析数据,统计处理分析数据提取有用信息,将分析结果表达为分析工作者所需要的形式,对分析结果进行解释、研究和应用。

具体分析方法的应用将结合食品样品在本书各章中进行介绍。

第2章　化学分析基础知识

本章学习重点：

了解化学试剂的定义、分类、纯化和精制方法及安全知识；

掌握有效数字的确定、运算规则和数据处理方法及实验结果的表示方法；

掌握浓度的定义、分类、计算公式和溶液的一般配制方法。

2.1　化学试剂

早期的化学试剂单纯是指“化学分析和化学试验中为测定物质的组分或组成而使用的纯粹化学药品”，后来被扩展为“为实现化学反应而使用的化学药品”，现在“化学试剂”所指的化学药品已超出了这一范畴，“在科学实验中使用的化学药品”都可称为“化学试剂”。对化学试剂更全面的定义可以是：在化学试验、化学分析、化学研究及其他试验中使用的各种纯度等级的化合物或单质。

化学试剂的门类基本上按照用途或学科性划分，如德国伊默克（E. Merck）公司分为20大类，88小类。美国贝克（J. T. Baker）公司则有75个大类，124个小类。随着科学技术的发展，化学试剂的品种日益繁多，门类划分越来越细，品种系列化、配套化。

（1）按“用途—化学组成”分类。我国的试剂经营目录，以及国外许多试剂公司，如德国伊默克（E. Merck）公司、瑞士佛鲁卡（Fluka）公司，日本关东化学公司等，都采用这种分类方法。我国1981年编制的化学试剂经营目录，将8500多种试剂分为无机分析试剂、有机分析试剂、特效试剂、基准试剂、标准物质、指示剂和试纸、仪器分析试剂、生化试剂、高纯物质和液晶10大类，每类下面又分为若干亚类。

（2）按“用途—学科”分类。1981年，中国化学试剂学会提出按试剂用途和学科分类，将试剂分为通用试剂、高纯试剂、分析试剂、仪器分析专用试剂、有机合成研究用试剂、临床诊断试剂、生化试剂、新型基础材料和精细化学品八大类和若干亚类。

此外，化学试剂还可按纯度分为高纯试剂、优级试剂、分析纯试剂和化学纯试剂;按试剂储存要求分为容易变质试剂、化学危险性试剂和一般保管试剂;按来源分为进口试剂、天然物提取、浸膏、干粉、提取物等。

2.1.1　试剂规格与纯度

化学试剂质量级别繁杂、品种众多。一般常规品种(一类试剂)即必需品种,有225种。二类试剂有1800~2000个品种,需求量大、应用领域广。三类试剂有3000~6000个品种。

按照中华人民共和国国家标准和原化工部部颁标准,采用优级纯、分析纯、化学纯三个级别表示的化学试剂共计225种。这225种化学试剂以标准的形式,规定了我国的化学试剂含量的基础。其他化学品的含量测定都以此为基准,通过测定来确定其含量。因此,这些化学试剂的质量就显得十分重要。这225种化学试剂由于用途极为广泛而成为基本品种。

常见质量级别有:

(1)优级纯(GR,绿标签):主成分含量很高、纯度很高,适用于精确分析和研究工作,有的可作为基准物质。

(2)分析纯(AR,红标签):主成分含量很高、纯度较高,干扰杂质很低,适用于工业分析及化学实验。相当于国外的ACS级(美国化学协会标准)。

(3)化学纯(CP,蓝标签):主成分含量高、纯度较高,存在干扰杂质,适用于化学实验和合成制备。

(4)实验纯(LR,黄标签):主成分含量高,纯度较差,杂质含量不做选择,只适用于一般化学实验和合成制备。

(5)指示剂和染色剂(ID或SR,紫标签):要求有特有的灵敏度。

(6)指定级(ZD):按照用户要求的质量控制指标,为特定用户订做的化学试剂。

(7)电子纯(MOS):适用于电子产品生产中,电性杂质含量极低。

(8)当量试剂(3N、4N、5N):主成分含量分别为99.9%、99.99%、99.999%以上。

(9)光谱纯:主要成分纯度为99.99%。

在食品分析中使用的化学试剂有:

(1)无机分析试剂(Inorganic Analytical Reagent)是用于化学分析的常用的无机化学物品。其纯度比工业品高,杂质少。

(2)有机分析试剂(Organic Reagents for Inorganic Analysis)是在无机物分析

中供元素测定、分离、富集用的沉淀剂、萃取剂、螯合剂以及指示剂等专用的有机化合物，而不是指一般的溶剂、有机酸和有机碱等。这些有机试剂具有较好的灵敏度和选择性。

（3）基准试剂（Primary Standards）是纯度高、杂质少、稳定性好、化学组分恒定的化合物。在基准试剂中有容量分析、pH 测定、热值测定等分类。每一分类中均有第一基准和工作基准之分。凡第一基准都必须由国家计量科学院检定，生产单位则利用第一基准作为工作基准产品的测定标准。目前，商业经营的基准试剂主要是指容量分析类中的容量分析工作基准［含量范围为 99.95% ~ 100.05%（重量滴定）］。一般用于标定滴定液。

（4）标准物质（Standard Substance）是用于化学分析、仪器分析中做对比的化学物品，或是用于校准仪器的化学品。其化学组分、含量、理化性质及所含杂质必须已知，并符合规定或得到公认。

（5）农药分析标准品（Pesticide Analytical Standards）适用于气相色谱法分析农药或测定农药残留量时做对比物品。其含量要求精确。有由微量单一农药配制的溶液，也有多种农药配制的混合溶液。

（6）指示剂（Indicator）是能由某些物质存在的影响而改变自己颜色的物质。主要用于容量分析中指示滴定的终点。一般可分为酸碱指示剂、氧化还原指示剂、吸附指示剂等。指示剂除分析外，也可用来检验气体或溶液中某些有害有毒物质的存在。

（7）试纸（Test Paper）是浸过指示剂或试剂溶液的小干纸片，用以检验溶液中某种化合物、元素或离子的存在，也有用于医疗诊断。

（8）仪器分析试剂（Instrumental Analytical Reagents）是利用根据物理、化学或物理化学原理设计的特殊仪器进行试样分析的过程中所用的试剂。

（9）生化试剂（Biochemical Reagent）是指有关生命科学研究的生物材料或有机化合物，以及临床诊断、医学研究用的试剂。

2.1.2 浓度

两种或多种组分所组成的均匀体系称之为溶液。所有溶液都是由溶质和溶剂组成的，溶剂是一种介质，在其中均匀地分布着溶质的分子或者离子。溶剂和溶质的量十分准确的溶液叫标准溶液，而把溶质在溶液中所占的比例称作溶液的浓度。

广义的浓度概念是指一定量溶液或溶剂中溶质的量；这一笼统的浓度概念

正像“量”的概念一样没有明确的含义；习惯上，浓度涉及溶液的体积，溶质的物质的量、质量或体积等。

溶液浓度有多种表示方法，如质量百分浓度、体积百分浓度、体积摩尔浓度、质量摩尔浓度等。

（1）质量百分浓度（质量分数，m/m）指每100 g溶液中溶质的质量（以g计），即溶质的质量占全部溶液质量的百分率。质量百分比浓度最常用，无量纲，用符号%表示。例如，20 g氯化钠溶于80 g水配成100 g溶液，其质量百分浓度为20%，质量分数为0.2。

（2）体积百分浓度（体积分数，v/v）指每100 mL溶液中所含溶质的体积（以mL计）。

（3）体积摩尔浓度为1 L溶液中所含溶质的摩尔数（mol/L），以单位体积所含溶质的量（摩尔数）表示。

（4）质量摩尔浓度为1 kg溶剂中所含溶质的量（以mol计），单位为mol/kg。例如，$m_{(NaCl)}=0.1$ mol/kg，即每1 kg溶液中含有NaCl 0.1 mol。

溶液的体积随温度的变化，物质的量浓度也随温度变化，在严格的热力学计算中，为了避免温度的影响，常不使用物质的量浓度而使用质量摩尔浓度。不随温度的变化而改变的浓度表示法除质量摩尔浓度外还有质量分数（质量百分浓度）。忽略温度影响时，可用物质的量浓度代替质量摩尔浓度，做近似处理。

溶液的浓度是与溶液的取量无关的量，从一瓶浓度为0.1 mol/L的NaCl溶液里取出一滴，这一滴的浓度仍为0.1 mol/L。因为有两类物理量，第一类物理量具有加和性，如质量、物质的量、体积、长度等，这类物理量称为广度量；另一类物理量则不具有加和性，这类物理量称为强度量。浓度是强度量。压力（压强）、温度、密度等也是强度量。

2.1.3　溶液的配制

化学上将化学试剂和溶剂（一般是水）配制成实验需要浓度的溶液的过程就叫作配制溶液。配制溶液时，计算出所需溶质的质量及溶剂的质量，即根据溶剂的密度换算成溶剂的体积，然后精密称取固体溶质，置于烧杯中，再用量筒量取溶剂，倒入同一烧杯中，用玻璃棒轻轻搅拌，至溶质全部溶解或混匀为止，倒入一定体积的容量瓶中定容至刻度，将配制好的溶液沿玻璃棒转移至试剂瓶中，盖紧瓶塞，贴好标签，注明溶液的名称、浓度、配制日期等信息。

2.1.3.1 溶液配制的一般步骤

根据所用试剂形态的不同,采取不同的配制方法(图2－1)。一般步骤包括:称量或量取→溶解→冷却→转移→洗涤→初混→定容→摇匀→标记。

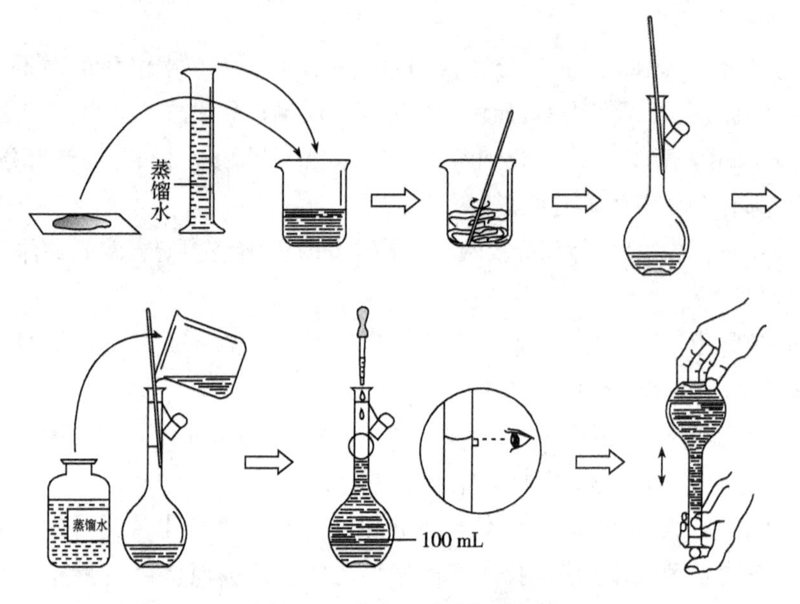

图2－1　溶液配制操作示意图

(1)称量或量取:固体试剂用分析天平或电子天平准确称量,液体试剂用量筒或移液管量取。

(2)溶解:将称好的固体放入烧杯,用适量(20～30 mL)蒸馏水溶解。

(3)冷却:在移入容量瓶前,配制溶液需冷却至室温。

(4)转移(移液):由于容量瓶的瓶颈较细,为了避免液体洒在外面,用玻璃棒引流,玻璃棒不能紧贴容量瓶瓶口,棒底应靠在容量瓶瓶壁刻度线下。

(5)洗涤:用少量蒸馏水洗涤烧杯内壁2～3次,洗涤液全部转入到容量瓶中。

(6)初混:轻轻摇动容量瓶,使溶液混合均匀。

(7)定容:向容量瓶中加入蒸馏水,液面离容量瓶颈刻度线下1～2 cm时,改用胶头滴管滴加蒸馏水至液面与刻度线相切。

(8)摇匀:盖好瓶塞反复上下颠倒,摇匀,即使液面下降也不可再加水定容。

(9)标记:由于容量瓶不能长时间盛装溶液,故将配好的溶液转移至试剂瓶中,贴好标签。

2.1.3.2　溶液配制的计算公式

(1)液体试剂配制溶液。

①根据稀释前后溶质质量相等原理得公式:

$$\omega_1\rho_1 V_1 = \omega_2\rho_2 V_2$$

式中:ω_1——所稀释的浓度;

ρ_1——稀溶液的密度;

V_1——欲配制溶液的体积;

ω_2——浓溶液的浓度;

ρ_2——浓溶液的密度;

V_2——需耗浓溶液的体积。

[**例 2-1**]　要配制 20% 的硫酸溶液 500 mL,需要 96% 的浓硫酸多少毫升?

20% 硫酸溶液的 $\rho_1 = 1.139$ g/mL;96% 硫酸溶液的 $\rho_2 = 1.836$ g/mL。代入公式:

$$20\% \times 1.139 \times 500 = 96\% \times 1.836 \times V_2$$

$$V_2 = \frac{0.2 \times 1.139 \times 500}{0.96 \times 1.836} = 64.5(\text{mL})$$

②根据稀释前后溶质的物质的量相等的原则得到以下公式:

$$C_1 V_1 = C_2 V_2$$

式中:C_1——稀释前的浓度;

V_1——稀释前的体积;

C_2——稀释后的浓度;

V_2——稀释后的体积。

[**例 2-2**]　用 18 mol/L 的浓硫酸配制 1000 mL,3 mol/L 的稀硫酸,需要浓硫酸多少毫升?

代入公式:$C_1 V_1 = C_2 V_2$

即,$18\ \text{mol/L} \times V_1 = 3\ \text{mol/L} \times 1000\ \text{mL}$

$$V_1 = \frac{3\ \text{mol/L} \times 1000\ \text{mL}}{18\ \text{mol/L}} = 166.7\ \text{mL}$$

即:需要取 166.7 mL,18 mol/L 的硫酸,在不断搅拌下倒入适量水中,冷却后稀释至 1000 mL。

(2)用固体试剂配制溶液。计算公式为:

$$m = \frac{C \times V \times M}{1000}$$

式中:m——需称取的质量;

C——欲配溶液的浓度;

V——欲配溶液的体积;

M——化合物的摩尔质量。

[**例2-3**] 欲配制1.0 mol/L的氢氧化钠溶液500 mL,该称取NaOH多少克?

$M_{NaOH}=40$ g/mol,代入公式:

$$m=\frac{1.0\ mol/L\times 500\ mL\times 40\ g/mol}{1000}=20.0\ g$$

即需称取20.0 g氢氧化钠溶于水中稀释至500 mL。

2.2 化学试剂的安全使用

2.2.1 易燃易爆化学试剂

一般将闪点在28℃以下的化学试剂列入易燃化学试剂,它们多是极易挥发的液体,遇明火即可燃烧。闪点越低,越易燃烧。常见闪点在-25℃以下的有石油醚、氯丁烷、乙醚、汽油、二硫化碳、正戊烷、苯、乙酸乙酯、乙酸甲酯。

使用易燃化学试剂时绝对不能使用明火,也不能直接用加热器加热,一般用水浴加热。这类化学试剂应存放在阴凉通风处,放在冰箱中时,一定要使用防爆冰箱。曾经发生过将乙醚存放在普通冰箱而引起火灾,烧毁整个实验室的事故。在大量使用这类化学试剂的地方,一定要保持良好的通风,所用电器一定要采用防爆电器,现场绝对不能有明火。

易燃试剂在激烈燃烧时也可引发爆炸,一些固体化学试剂如:硝化纤维、苦味酸、三硝基甲苯、三硝基苯、叠氮或重叠化合物等,本身就是易燃,遇热或明火,它们极易燃烧或分解,发生爆炸,在使用这些化学试剂时绝不能直接加热,使用这些化学试剂时也要注意周围不要有明火。

有些固体化学试剂与氧接触即能发生强烈氧化作用,如黄磷;还有些与氧化剂接触或在空气中受热、受冲击或磨擦能引起急剧燃烧,甚至爆炸,如硫化磷、赤磷镁粉、锌粉、铝粉等。在使用这些化学试剂时,一定要注意周围环境温度不要太高(一般不要超过30℃,最好在20℃以下)不要与强氧化剂接触。

在使用易燃化学试剂的实验人员,要穿戴好必要的防护用具,戴上防护眼镜。

2.2.2 有毒化学试剂

一般的化学试剂对人体都有毒害，在使用时一定要避免大量吸入，在使用完后，要及时洗手、洗脸、洗澡，更换工作服，对于一些吸入或食入少量即能中毒至死的化学试剂，生物试验中至死量(LD_{50})在 50 mg/kg 以下的称为剧毒化学试剂，如氰化钾、氰化钠及其他氰化物、三氧化二砷及某些砷化物、二氯化汞及某些汞盐、硫酸、二甲酯等。在使用性能不清的化学试剂时，一定要了解它的 LD_{50}。一定要了解常用剧毒化学试剂中毒时的急救处理方法。剧毒化学试剂一定要有专人保管，严格控制使用量。

2.2.3 腐蚀性化学试剂

任何化学试剂碰到皮肤、黏膜、眼、呼吸器官时都要及时清洗，特别是对皮肤、黏膜、眼、呼吸器官有极强腐蚀性的化学试剂(不论是液体还是固体)，如各种酸和碱、三氯化磷、氯化氧磷、溴、苯酚等，更要格外小心。使用前一定要了解接触到这些腐蚀性化学试剂的急救处理方法，如酸溅到皮肤上要用稀碱液清洗等。

2.2.4 强氧化性化学试剂

强氧化性化学试剂都是过氧化物或是含有强氧化能力的含氧酸及其盐。如过氧化酸、硝酸铵、硝酸钾、高氯酸及其盐、重铬酸及其盐、高锰酸及其盐、过氧化苯甲酸、五氧化二磷等。强氧化性化学试剂在适当条件下可放出氧发生爆炸，有些是水也可能发生爆炸，在使用这类强氧化性化学试剂时，环境温度不要高于 30℃，通风要良好，并不要与有机物或还原性物质共同使用(加热)。

2.3 数据分析与统计基础

2.3.1 有效数字

测量结果都是包含误差的近似数据，在其记录、计算时应以测量可能达到的精度为依据来确定数据的位数和取位。如果参加计算的数据位数取少了，就会损害结果的精度并影响计算结果的应有精度；如果位数取多了，易使人误认为测量精度很高，且增加了不必要的计算工作量。

有效数字是指在分析工作中实际上能测量到的数字。通过直接读取获得的可靠数字称为准确数字;通过估读得到的数字叫作可疑数字。因此,测量结果中能够反映被测量大小的有效数字通常包括全部准确数字和1位不确定的可疑数字。一般可理解为在可疑数字的位数上有 ±1 个单位,或在其下1位上有 ±5 个单位的误差。如测得物体的长度 5.15 cm,记录数据时,记录的数据和实验结果真实值一致的数据位便是有效数字。

(1)有效数字中只应保留1位可疑数字,因此在记录测量数据时,只有最后1位有效数字是可疑数字。

(2)12.5000 g 不仅表明试样的质量为 12.5000 g,还表示称量误差为 ±0.0001 g,是用分析天平称量的。如将其质量记录成 12.50 g,则表示该试样是在台称上称量的,其称量误差为 ±0.01 g。

(3)有效数字的位数还反映了测量的相对误差。

如称量某试剂的质量为 0.5180 g,表示该试剂质量是(0.5180 ±0.0001)g,其相对误差(RE)为:

$$RE = \frac{\pm 0.0001}{0.5180} \times 100\% \approx \pm 0.02\%$$

(4)有效数字位数与量的使用单位无关。

如称得某物的质量是 12 g,2 位有效数字。若以 mg 为单位时,应记为 1.2×10^{4} mg,而不应该记为 12000 mg。若以 kg 为单位,可记为 0.012 kg 或 1.2×10^{-2} kg。

(5)数据中的“0”要做具体分析。

在可疑数字中,要特别注意 0 的情况。在非零数字之间与末尾时的 0 均为有效数;在小数点前或小数点后的 0 均不为有效数字。

数字中间的“0”,如 2005 中“00”都是有效数字。数字前边的“0”,如 0.012kg,其中“0.0”都不是有效数字,它们只起定位作用。数字后边的“0”,尤其是小数点后的“0”,如 2.50 中“0”是有效数字,即 2.50 是3位有效数字。

0.078 和 0.78 与小数点无关,均为2位有效数字。而 506 和 220 都为3位有效数字。但当数字为 220.0 时称为4位有效数字。

(6)π 等常数,具有无限位数的有效数字,在运算时可根据需要取适当的位数。当计算的数值为 1 g 或者 pH、pOH 等对数时,由于小数点以前的部分只表示数量级,故有效数字位数仅由小数点后的数字决定。例如 $\lg x = 9.04$ 为2位有效数字,pH = 7.355 为3位有效数字。

(7)特别地,当第1位有效数字为 8 或 9 时,因为与多一个数量级的数相差不大,可将这些数字的有效数字位数视为比有效数字数多1个。例如 8.314 是 5

位有效数字,96845 是 6 位有效数字。

(8)单位的变换不应改变有效数字的位数。因此,实验中要求尽量使用科学计数法表示数据。如 100. 2 m 可记为 0. 1002 km。但若用 cm 和 mm 作单位时,数学上可记为 10020 cm 和 100200 mm,但却改变了有效数字的位数,这是不可取的,采用科学计数法就不会产生这个问题了。

(9)数字修约规则。我国《数字修约规则》用“四舍六入五成双”法则。即当尾数≤4 时舍去,尾数为 6 时进位。当尾数 4 舍为 5 时,则应是末位数是奇数还是偶数,5 前为偶数应将 5 舍去,5 前为奇数应将 5 进位。

这一法则的具体运用如下:

将 28. 175 和 28. 165 处理成 4 位有效数字,则分别为 28. 18 和 28. 16。

若被舍弃的第 1 位数字大于 5,则其前 1 位数字加 1,例如 28. 2645 处理成 3 位有效数字时,其被舍去的第 1 位数字为 6,大于 5,则有效数字应为 28. 3。

若被舍弃的第 1 位数字等于 5,而其后数字全部为零时,则是被保留末位数字为奇数或偶数(零视为偶),而定进或舍,末位数是奇数时进 1,末位数为偶数时舍弃,例如 28. 350、28. 250、28. 050 处理成 3 位有效数字时,分别为 28. 4、28. 2、28. 0。

若被舍弃的第 1 位数字等于 5,而其后的数字并非全部为零时,则进 1,例如 28. 2501,只取 3 位有效数字时,成为 28. 3。

若被舍弃的数字包括几位数字时,不得对该数字进行连续修约,而应根据以上各条作一次处理。如 2. 154546,只取 3 位有效数字时,应为 2. 15,而不得按下法连续修约为 2. 16。

2. 154546→2. 15455→2. 1546→2. 155→2. 16

(10)有效数字运算规则。

①加减法:在加减法运算中,保留有效数字的以小数点后位数最小的为准,即以绝对误差最大的为准。

[**例 2 -4**]　0. 0121 +25. 64 +1. 05782 = ?

正确计算	不正确计算
0. 01	0. 0121
25. 64	25. 64
+ 1. 06	+ 1. 05782
26. 71	26. 70992

上例相加 3 个数字中,25. 64 中的”4”已是可疑数字,因此最后结果有效数字

的保留应以此数为准，即保留有效数字的位数到小数点后面第2位。

[**例2-5**]　计算 $50.1 + 1.45 + 0.5812 = ?$

修约为：$50.1 + 1.4 + 0.6 = 52.1$

②乘除法：乘除运算中，保留有效数字的位数以位数最少的数为准，即以相对位数最大的为准。

[**例2-6**]　$0.0121 \times 25.64 \times 1.05782 = ?$

在这个计算中3个数的相对误差分别为：

$$RE = \frac{\pm 0.0001}{0.0121} \times 100\% = \pm 8\%$$

$$RE = \frac{\pm 0.01}{25.64} \times 100\% = \pm 0.04\%$$

$$RE = \frac{\pm 0.00001}{1.05782} \times 100\% = \pm 0.0009\%$$

显然第一个数的相对误差最大（有效数字为3位），应以它为准，将其他数字根据有效数字修约原则，保留3位有效数字，然后相乘即可。

修约为：$0.0121 \times 25.6 \times 1.06 = ?$

计算后结果为：0.3283456，结果仍保留为3位有效数字。

记录为：$0.0121 \times 25.6 \times 1.06 = 0.328$

③自然数，在分析化学中，有时会遇到一些倍数和分数的关系，如：

H_3PO_4 的相对分子量/3 = 98.00/3 = 32.67

水的相对分子量 = $2 \times 1.008 + 16.00 = 18.02$

在这里分母"3"和"2×1.008"中的"2"都还能看作是1位有效数字。因为它们是非测量所得到的数，是自然数，其有效数字位数可视为无限的。

运算中若有π、e等常数，以及 $2^{1/2}$ 等系数，其有效数字可视为无限，不影响结果有效数字的确定。

④乘方：乘方的有效数字和底数相同。

[**例2-7**]　$(0.341)^2 = 1.16 \times 10^{-2}$

2.3.2　误差与偏差

2.3.2.1　偏差

精密度：指多次平行测定结果相互接近的程度。代表测定方法的稳定性和重现性。精密度的高低用偏差衡量。

（绝对）偏差：测定结果与测定平均值之差。

$$d = x_i - \sum x_i/n$$

分析结果的精密度可用多次测定结果的平均(绝对)偏差表示。

$$平均偏差(\bar{d}) = \frac{|d_1| + |d_2| + |d_3| + \cdots + |d_n|}{n} = \frac{\sum |d_i|}{n}$$

$$相平均偏差(\bar{d}\%) = \frac{\bar{d}}{x_i} \times 100\% = \frac{\sum |d_i|}{n\bar{x}} \times 100\%$$

式中:$\bar{d}$——平均偏差;

n——测定次数;

$\bar{x}$——测定平均值;

d_i——第 i 次测定值与平均值的绝对偏差,$d_i = |x_i - \bar{x}|$;

$\sum |d_i|$——n 次测定的偏差之和,$\sum |d_i| = |x_1 - \bar{x}| + |x_2 - \bar{x}| + \cdots + |x_n - \bar{x}|$。

$$标准偏差(S) = \sqrt{\frac{\sum_{i=1}^{n}(x_i - \bar{x})^2}{n-1}} = \sqrt{\frac{\sum_{i=1}^{n} d_i^2}{n-1}} = \sqrt{\frac{\sum_{i=1}^{n} d_i^2}{f}}$$

$$总体标准偏差(\sigma) = \sqrt{\frac{\sum_{i=1}^{n}(x_i - \bar{x})^2}{n}}$$

$$相对标准偏差(CV) = \frac{S}{\bar{x}} \times 100\%$$

$$平均值的标准偏差(S_{\bar{x}}) = \frac{S}{\sqrt{n}}$$

式中:S——标准偏差;

n——测定次数。

标准偏差较平均偏差更有统计意义,说明数据的分散程度。因此通常用标准偏差和变异系数(相对标准偏差)来表示一种分析方法的精密度。

$$变异系数(CV) = \frac{S}{\bar{x}} \times 100\%$$

物理意义:表示测定值与真实值之间的差距,一般 $CV < 5\%$ 的结果都是可以接受的。

[例 2 - 8]　分析面包中淀粉的含量得到如下数据(%):37.45、37.20、37.50、37.30、37.25。计算此结果的算术平均值、极差、平均偏差、标准偏差(变异系数)、相对标准偏差与平均值的标准偏差。

$$算术平均值(\bar{x}) = \frac{\sum x_i}{n} = \frac{37.45 + 37.20 + 37.50 + 37.30 + 37.25}{5} = 37.34(\%)$$

$$极差(R) = x_{max} - x_{min} = 37.50 - 37.20 = 0.30(\%)$$

各次测定的偏差(%)分别是：$d_1 = +0.11$；$d_2 = -0.14$；$d_3 = -0.04$；$d_4 = +0.16$；$d_5 = -0.09$。

$$平均偏差(\bar{d}) = \frac{\sum |d_i|}{n} = \frac{0.11 + 0.14 + 0.04 + 0.16 + 0.09}{5} = 0.1(\%)$$

$$标准偏差(S) = \sqrt{\frac{\sum_{i=1}^{n} d_i^2}{n-1}} = \sqrt{\frac{(0.11)^2 + (0.14)^2 + (0.04)^2 + (0.16)^2 + (0.09)^2}{5-1}} = 0.13(\%)$$

$$相对标准偏差(CV) = \frac{S}{\bar{x}} \times 100\% = \frac{0.13}{37.34} \times 100\% = 0.35(\%)$$

2.3.2.2 误差

误差指测定值与真实值的接近程度。反映测定结果的可靠性。准确度的高低可用误差或回收率来表示。误差越小或回收率越大则准确度越高。

绝对误差表示测定结果与真实值(通常用平均值代表)之差。

相对误差表示绝对误差占真实值的百分率。

相对误差比绝对误差更能描绘误差相对样品的影响。当两个样品的绝对误差相同时,由于样品含量大小不一样,其相对误差可差若干倍。如绝对误差都是1 g时,若样品的真实值为10 g,则相对误差为10%。而若样品的真实值为1 g,则相对误差为100%。

2.3.2.3 误差来源

系统误差由固定的原因造成,按一定的规律反复出现,有一定的方向性,这种误差大小可测。如滴定管刻度不准,试剂不纯或分析方法有问题。

偶然误差由一些偶然的外因引起,原因往往不固定、未知且大小不一,不可测,这类误差往往一时难于觉察。如天平读不准,滴定终点判断有误,仪器噪声的影响。

复习思考题

1. 在食品分析中,如何选择化学试剂类型？工业分析中一般采用何种试剂规格和纯度？

2. 食品分析中如何配制不同物态的样品和试剂溶液？如何确定其浓度？

3. 食品分析中误差的主要来源有哪两个方面？如何产生的？在实际操作中如何消除或减少误差？

4. 有效数字使用应注意什么？在实验报告中如何正确记录和使用有效数字？

5. 食品分析工作中如何正确运用有效数字及其计算法则？

6. 使用有效数字计算法则，计算下列式子。

① $23.48 + 0.2322 + 6.492 =$

② $8.7 + 0.006 + 5.322 =$

③ $0.0142 \times 21.41 \times 1.04935 =$

④ $2/5 \times 13.5 \times 0.101 \times 246.78 \times 10^{-3} =$

第3章　采样和样品制备

本章学习重点：

掌握采样的概念、原则及一般规则；

掌握样品的分类、方法及注意事项；

掌握食品样品的制备与预处理方法。

为了控制食品品质和安全性，监测原料、配料和加工成品的重要特性是非常必要的。如果分析技术快速且无破坏性，那么可对所有食品或指定批量配料实施评估；然而通常更可行的方法是从所有产品中选择一部分开，假定所选部分的性质代表了整个批量的性质。

从待测样品中抽取其中一部分来代表整体的方法称为采样，而从其抽取样品的总数就称为总体，适当的采样技术有助于确保样品品质的测定值能代表总体品质的准确可靠的评估值。

3.1　样品的采集

样品的采集简称采样，又称检样，是从大量的检验物料中抽取一定数量并有代表性的一部分样品作为检验样品。同一种类的食品成品或原料，由于品种、产地、成熟期、加工或储藏条件不同，其成分及其含量会有相当大的差异。同一检验对象，不同部位的成分和含量也可能有较大差异。采样工作是食品检验的首项工作。

正确的采样应遵循以下原则：第一，采集的样品必须具有代表性；第二，采样方法必须与分析目的保持一致；第三，采样及样品制备过程中设法保持原有的理化指标，避免待测组分发生化学变化或丢失；第四，要防止和避免待测组分的污染；第五，样品的处理过程尽可能简单易行，所用样品处理装置尺寸应当与处理的样品量相适应。

采样之前，应对样品的环境和现场进行充分的调查，需要考虑以下问题：第一，采样的地点和现场条件；第二，样品中的主要组分与含量范围；第三，采样完成后需要分析测定的项目；第四，样品中可能会存在的物质组成。

采样时必须注意样品的生产日期、批号、代表性和均匀性，采样数量应能反映该食品的卫生质量和满足检验项目对试样量的需要。

3.1.1　采样的一般规则

为保证采样的公正性和严肃性，确保分析数据的可靠，国家标准《食品卫生检验方法　理化部分　总则》(GB/T 5009.1—2003)对采样过程提出了以下要求，对于非商品检验场合，也可供参考。

(1)外地调入的食品应结合运货单、兽医卫生机关证明、商品检验机关或卫生部门的检验单，了解起运日期、来源地点、数量、品质及包装情况。如在工厂、仓库或商店采样时，应了解食品的批号、制造日期、厂方检验记录及现场卫生状况。同时应注意食品的运输、保管条件、外观、包装容器等情况。

(2)液体、半流体食品如植物油、鲜乳、酒或其他饮料，如用大桶或大罐盛装者，应先行充分混匀后再采样。样品应分别盛放在3个干净的容器中，盛放样品的容器不得含有待测物质及干扰物质。

(3)粮食及固体食品应自每批食品的上、中、下三层中的不同部位分别采取部分样品，混合后按四分法对角取样，再进行几次混合，最后取有代表性样品。

(4)肉类、水产等食品应按分析项目要求分别采取不同部位的样品或混合后采样。

(5)罐头、瓶装食品或其他小包装食品，应根据批号随机取样。同一批号取样件数，250 g以上的包装不得少于6个，250 g以下的包装不得少于10个。

(6)如送检样品感官检查已不符合食品卫生标准或已腐败变质，可不必再进行理化检验，直接判为不合格产品。

(7)要认真填写采样记录。写明采样单位、地址、日期、样品批号、采样条件、包装情况、采样数量、检验项目标准依据及采样人。无采样记录的样品，不得接受检验。

(8)检验取样一般皆取可食部分，以所检验样品计算。

(9)样品应按不同检验项目妥善包装、运自、保管、送实验室后，应立即检验。

3.1.2　样品的分类

按照样品采集的过程，依次得到检样、原始样品和平均样品三类。

(1)检样：由组批或货批中所抽取的样品称为检样。检样的多少，应按该产品标准中检验规则所规定的抽样方法和数量执行。

(2)原始样品:将许多份检样综合在一起称为原始样品。原始样品的数量是根据受检物品的特点、数量和满足检验的要求而定。

(3)平均样品:将原始样品按照规定方法经混合平均,均匀地分出一部分,称为平均样品。从平均样品中分出3份,1份用于全部项目检验;1份用于在对检验结果有争议或分歧时做复检用,称作复检样品;另1份作为保留样品,需封存保留一段时间(通常是1个月),以备有争议时再作验证,但易变质食品不作保留。

3.1.3 采样方法

样品采集的一般方法有随机抽样和代表性取样两种。随机抽样,即按照随机原则,从大批物料中抽取部分样品。操作时,应使所有物料的各个部分都有被抽到的机会。代表性取样,是用系统抽样法进行采样,即已经了解样品随空间(位置)和时间而变化的规律,按此规律进行采样,以便采集的样品能代表其相应部分的组成和质量,如分层取样、随生产过程的各环节采样、定期抽取货架上陈列不同时间的食品的采样等。

随机取样可以避免人为的倾向性,但是,在有些情况下,如难以混匀的食品(如黏稠液体、蔬菜等)的采样,仅用随机取样法是不行的,必须结合代表性取样,从有代表性的各个部分分别取样。因此,采样通常采用随机抽样与代表性抽样相结合的方式。具体的取样方法,因检验对象的性质而异。

(1)有完整包装(袋、桶、箱等)的物料:可先按$(总件数/2)^{1/2}$确定采样件数,然后从样品堆放的不同部位,按采样件数确定具体采样袋(桶、箱),再用双套回转取样管插入包装容器中采样,回转180度取出样品;再用“四分法”将原始样品做成平均样品,即将原始样品充分混合均匀后堆集在清洁的玻璃板上,压平成厚度在3 cm以下的形状,并划成对角线或“十”字线,将样品分成4份,取对角线的2份混合,再分为4份,取对角的2份。这样操作直至取得所需数量为止,此即是平均样品。

(2)无包装的散堆样品:先划分若干等体积层,然后在每层的四角和中心用双套回转取样器各取少量样品,得检样,再按上法处理得平均样品。

(3)较稠的半固体物料:例如稀奶油、动物油脂、果酱等,这类物料不易充分混匀,可先按$(总件数/2)^{1/2}$确定采样件(桶、罐)数,打开包装,用采样器从各桶(罐)中分上、中、下三层分别取出检样,然后将检样混合均匀,再按上述方法分别缩减,得到所需数量的平均样品。

(4)液体物料:例如植物油、鲜乳等,包装体积不太大的物料可先按上式确定采样件数。开启包装,充分混合。混合时可用混合器。如果容器内被检物量少,可用由一个容器转移到另一个容器的方法混合。然后从每个包装中取一定量综合到一起,充分混合均匀后,分取缩减到所需数量。

大桶装的或散(池)装的物料不便混匀,可用虹吸法分层(大池的还应分四角及中心 5 个点)取样,每层 500 mL 左右,充分混合后,分取缩减到所需数量。

(5)组成不均匀的固体食品:例如肉、鱼、果品、蔬菜等,这类食品本身各部位极不均匀,个体大小及成熟程度差异很大,取样更应注意代表性。

肉类可根据不同的分析目的和要求而定。有时从不同部位取样,混合后代表该只动物;有时从一只或很多只动物的同一部位取样,混合后代表某一部位的情况。

水产品,如小鱼、小虾等可随机取多个样品,切碎、混匀后分取缩减到所需数量;对个体较大的鱼,可从若干个体上割少量可食部分,切碎混匀分取,缩减到所需数量。

体积较小的果蔬(如山楂、葡萄等),随机取若干个整体,切碎混匀,缩分到所需数量。体积较大的果蔬(如西瓜、苹果、萝卜等),可按成熟度及个体大小的组成比例,选取若干个体,对每个个体按生长轴纵剖分 4 份或 8 份,取对角线 2 份,切碎混匀,缩分到所需数量。体积膨松的叶菜类(如菠菜、小白菜等),由多个包装(一筐、一捆)分别抽取一定数量,混合后捣碎、混匀、分取,缩减到所需数量。

(6)小包装食品:例如罐头、袋或听装袋奶粉等,这类食品一般按班次或批号连同包装一起采样。如果小包装外还有大包装(如纸箱),可在堆放的不同部位抽取一定量$(总件数/2)^{1/2}$大包装,打开包装,从每箱中抽取小包装(瓶、袋等)作为检样;将检样混合均匀形成原始样品,再分取缩减得到所需数量的平均样品。

罐头按生产班次取样,取样量为 1/3000,尾数超过 1000 罐者,增取 1 罐,但每班每个品种取样量基数不得少于 3 罐。

某些罐头生产量较大,则以班产量总罐数 20000 罐为基数,取样量按 1/3000。超过 20000 罐的罐数,取样量按 1/10000,尾数超过 1000 罐者,增取 1 罐。

个别生产量过小、同品种、同规格的罐头可合并班次取样,但并班总罐数不超过 5000 罐,每生产班次取样量不少于 1 罐,并班后取样基数不少于 3 罐。如果按杀菌锅取样,每锅检取 1 罐,但每批每个品种不得少于 3 罐。袋、听装袋奶粉按批号采样,自该批产品堆放的不同部位采取总数的1‰,但不得少于2件,尾数超过500件者应加抽1件。

采样数量的确定,应考虑分析项目的要求、分析方法的要求及被检物的均匀程度三个因素。样品应一式三份,分别供检验、复验及备查使用。每份样品数量一般不少于0.5 kg。检验掺伪物的样品,与一般的成分分析的样品不同,分析项目事先不明确,属于捕捉性分析,因此,相对来讲,取样数量要多一些。

3.1.4 采样注意事项

(1)一切采样工具,如采样器、容器、包装纸等都应清洁,不应将任何有害物质带入样品中。例如,进行3,4-苯并芘测定时,样品不可用石蜡封瓶口或用蜡纸包,因为有的石蜡含有3,4-苯并芘;做Zn测定的样品不能用含Zn的橡皮膏封口;供微生物检验用的样品,应严格遵守无菌操作规程。

(2)保持样品原有微生物状况和理化指标,进行检测之前不得污染,不发生变化。例如,做黄曲霉毒素B_1测定的样品,要避免紫外光分解黄曲霉毒素B_1。

(3)感官性质不相同的样品,不可混在一起,应分别包装,并注明其性质。

(4)样品采集后,应迅速送往分析室进行检验,以免发生变化。

(5)盛装样品的器具上要贴上标签,注明样品名称、采样地点、采样日期、样品批号、采样方法、采样数量、采样人及检验项目。

3.2 样品的制备与预处理

一般按采样规程采取的样品往往数量过多、颗粒太大、组成不均匀。因此,为了确保检验结果的正确性,必须对样品进行粉碎、混匀、缩分,这项工作即为样品制备。样品制备的目的是要保证样品均匀,使在检验时取任何部分都能代表全部样品的成分检验结果,样品的制备方法因产品类型不同而异。

(1)对于液体、浆体或悬浮液体,一般将样品摇匀,充分搅拌。常用的简便搅拌工具是玻璃搅拌棒。还有带变速器的电动搅拌器,可以任意调节搅拌速度。

(2)互不相溶的液体,如油与水的混合物,应首先使不相溶的成分分离,再分别进行采样。

(3)固体样品应用切细、粉碎、捣碎、研磨等方法将样品制成均匀可检状态。

水分含量少、硬度较大的固体样品,如谷类,可用粉碎法;水分含量较高、质地软的样品,如果蔬类,可用匀浆法;韧性较强的样品,如肉类,可用研磨法。常用的工具有粉碎机、组织捣碎机、研钵等。

(4)罐头样品,例如水果罐头在捣碎前须清除果核;肉禽罐头应预先清除骨头;鱼类罐头要将调味品(如葱、蒜、辣椒等)分出后再进行捣碎。常用捣碎工具有高速组织捣碎机等。

在样品制备过程中,应注意防止易挥发性成分的逸散,避免样品组成和理化性质发生变化。做微生物检验的样品,必须根据微生物学的要求,按照无菌操作规程制备。

食品的成分复杂,既含有大分子的有机化合物,如蛋白质、糖类、脂肪等,也含有各种无机元素,如钾、钠、钙、铁等。这些组分往往以复杂的结合态形式存在。当应用某种化学方法或物理方法对其中一种组分的含量进行测定时,其他组分的存在常常给测定带来干扰。因此,为了保证检验工作的顺利进行,得到准确的检验结果,必须在测定前排除干扰组分。此外,有些被测组分在食品中含量极低,如农药、黄曲霉毒素、污染物等,要准确检验出其含量,必须在检验前对样品进行浓缩。以上这些操作过程统称为样品预处理,它是食品检验过程中的一个重要环节,直接关系着检验的成败。

样品预处理总的原则是:消除干扰因素,完整保留被测组分,并使被测组分浓缩,以获得可靠的分析结果。常用的样品预处理方法有以下几种。

3.2.1 有机物破坏法

有机物破坏法主要用于食品无机元素的测定。食品中的无机元素,常与蛋白质等有机物质结合,成为难溶、难离解的化合物。要测定这些无机成分的含量,需要在测定前破坏有机结合体,释放出被测组分。通常采用高温,或高温加强烈氧化条件,使有机物质分解,呈气态逸散,而被测组分残留下来。

各类方法又因原料的组成及被测元素的性质不同可有许多不同的操作条件,选择的原则应是:第一,方法简便,使用试剂越少越好;第二,方法耗时间越短,有机物破坏越彻底越好;第三,被测元素不受损失,破坏后的溶液容易处理,不影响以后的测定步骤。

根据具体操作方法不同,又可分为干法和湿法两大类。

(1)干法灰化:又称为灼烧法,是一种用高温灼烧的方式破坏样品中有机物的方法。干法灰化法是将一定量的样品置于坩埚中加热,使其中的有机物脱水、炭化、分解、氧化，再置高温电炉中（一般约550℃）灼烧灰化，直至残灰为白色或浅灰色为止，所得残渣即为无机成分，可供测定用。除汞外大多数金属元素和部分非金属元素的测定都可用此法处理样品。

干法灰化法的特点是不加或加入很少的试剂，故空白值低；因多数食品经灼烧后灰分体积很少，因而能处理较多的样品，可富集被测组分，降低检测限；有机物分解彻底，操作简单，无需操作者看管。但此法所需时间长；因温度高易造成易挥发元素的损失；并且坩埚对被测组分有一定吸留作用，致使测定结果和回收率降低。

干法灰化提高回收率的措施：可根据被测组分的性质，采取适宜的灰化温度；也可加入助灰化剂，防止被测组分的挥发损失和坩埚吸留。例如：加氯化镁或硝酸镁可使磷元素、硫元素转化为磷酸镁或硫酸镁，防止它们损失；加入氢氧化钠或氢氧化钙可使卤素转化为难挥发的碘化钠或氟化钙；加入氯化镁及硝酸镁可使砷转化为砷酸镁；加硫酸可使一些易挥发的氯化铅、氯化镉等转变为难挥发的硫酸盐。

近年来开发了一种低温灰化技术，即将样品放在低温灰化炉中，先将空气抽至0～133 Pa，然后不断通入氧气，0.3～0.8 L/min。用射频照射使氧气活化，在低于150℃的温度下便可使样品完全灰化，从而可以克服高温灰化的缺点，但所需仪器价格较高，不易普及。

（2）湿法消化：简称消化法，是常用的样品无机化方法。即向样品中加入强氧化剂，并加热消煮，使样品中的有机物质完全分解、氧化，呈气态逸出，待测成分转化为无机物状态存在于消化液中，供测试用。常用的强氧化剂有浓硝酸、浓硫酸、高氯酸、高锰酸钾、过氧化氢等。湿法消化法有机物分解速度快，所需时间短；由于加热温度较干法低，故可减少金属挥发逸散的损失，容器吸留也少。但在消化过程中，常产生大量有害气体，因此操作过程需在通风橱内进行；消化初期，易产生大量泡沫外溢，故需操作人员随时照管；此外，试剂用量较大，空白值偏高。

常用消化方法有硝酸—高氯酸—硫酸法、硝酸—硫酸法。

①硝酸—高氯酸—硫酸法具体步骤是：样品于凯氏烧瓶中，加少许水使之湿润，加数粒玻璃珠，加硝酸—高氯酸（4+1）混合液，放置片刻。小火缓缓加热，待作用缓和后放冷，沿瓶壁加入浓硫酸，再加热，至瓶中液体开始变成棕色时，不断沿瓶壁滴加硝酸—高氯酸（4+1）混合液至有机物分解完全。加大火力至产生白烟，溶液应澄清，呈无色或微黄色。在操作过程中应注意防止爆炸。

②硝酸—硫酸法的具体步骤是：样品于凯氏烧瓶中，分别加入浓硝酸和浓硫酸，先以小火加热，待剧烈作用停止后，加大火力并不断滴加浓硝酸直至溶液透明不再转黑后，继续加热数分钟至有白烟逸出，消化液应澄清透明。

湿法消化的特点是加热温度较干法低，减少金属挥发逸散的损失。但在消化过程中，产生大量有毒气体，操作需在通风柜中进行，此外，在消化初期，产生大量泡沫易冲出瓶颈，造成损失，故需操作人员随时照管，操作中还应控制火力注意防爆。

湿法消化耗用试剂较多，在做样品消化的同时，必须做空白试验。

近年来，开发了一种新型样品消化技术，即高压密封罐消化法。此法是在聚四氟乙烯容器中加入适量样品和氧化剂，置于密封罐内在120～150 ℃烘箱中保温数小时，取出自然冷却至室温，便可取此液直接测定。此法克服了常压湿法消化的一些缺点，但要求密封程度高，并且高压密封罐的使用寿命有限。

（3）紫外光分解法：这也是一种消解样品中的有机物从而测定其中的无机离子的氧化分解法。紫外光由高压汞灯提供，在（85 ± 5）℃的温度下进行光解。为了加速有机物的降解，在光解过程中通常加入双氧水。光解时间可根据样品的类型和有机物的量而改变。有报导称测定植物样品中的Cl^-、Br^-、SO_4^{2-}、PO_4^{3-}、Cd^{2+}、Cu^{2+}、Zn^{2+}、Co^{2+}等离子时，称取50～300 mg磨碎或匀化的样品置于石英管中，加入1～2 mL双氧水（30%）后，用紫外光光解60～120 min即可将其完全光解。

（4）微波消解法：这是一种利用微波为能量对样品进行消解的新技术，包括溶解、干燥、灰化、浸取等，该法适于处理大批量样品及萃取极性与热不稳定的化合物。微波消解法以其快速、溶剂用量少、节省能源、易于实现自动化等优点而广泛应用。目前这种方法已用于消解废水、废渣、淤泥、生物组织、流体、医药等多种试样，被认为是“理化分析实验室的一次技术革命”。美国公共卫生组织已将该法作为测定金属离子时消解植物样品的标准方法。

3.2.2　溶剂提取法

在同一溶剂中，不同的物质具有不同的溶解度。利用样品各组分在某一溶剂中溶解度的差异，将各组成分完全或部分地分离的方法，称为溶剂提取法。此法常用于维生素、重金属、农药及黄曲霉毒素的测定。

溶剂提取法又分为浸提法、溶剂萃取法、盐析法。

（1）浸提法：用适当的溶剂将固体样品中的某种待测成分浸提出来的方法，

又称液—固萃取法、浸泡法。

一般提取剂的选择要使提取效果符合相似相溶的原则，故应根据被提取物的极性强弱选择提取剂。对极性较弱的成分(如有机氯农药)可用极性小的溶剂(如正己烷、石油醚)提取；对极性强的成分(如黄曲霉毒素 B_1)可用极性大的溶剂(如甲醇与水的混合溶液)提取。溶剂沸点宜在45～80℃，沸点太低易挥发，沸点太高则不易浓缩，且对热稳定性差的被提取成分也不利。此外，溶剂要稳定，不与样品发生作用。

提取方法有振荡浸渍法、捣碎法、索氏提取法。

振荡浸渍法是将样品切碎，放入一合适的溶剂系统中浸渍、振荡一定时间，即可从样品中提取出被测成分。此法简便易行，但回收率较低。

捣碎法是将切碎的样品放入捣碎机中，加溶剂捣碎一定时间，使被测成分提取出来。此法回收率较高，但干扰杂质溶出较多。

索氏提取法是将一定量样品放入索氏提取器中，加入溶剂加热回流一定时间，将被测成分提取出来。此法溶剂用量少，提取完全，回收率高，但操作较麻烦，且需专用的索氏提取器。

(2)溶剂萃取法：利用某组分在两种互不相溶的溶剂中分配系数的不同，使其从一种溶剂转移到另一种溶剂中，而与其他组分分离的方法。此法操作迅速，分离效果好，应用广泛，但萃取试剂通常易燃、易挥发，且有毒性。

选择萃取溶剂时应注意其与原溶剂不互溶，但对被测组分有最大溶解度，而对杂质有最小溶解度；或被测组分在萃取溶剂中有最大的分配系数，而杂质只有最小的分配系数。经萃取后，被测组分进入萃取溶剂中，同仍留在原溶剂中的杂质分离开。此外，还应考虑两种溶剂分层的难易以及是否会产生泡沫等问题。

萃取通常在分液漏斗中进行，一般需经4～5次萃取，才能达到完全分离的目的。当用比水轻的溶剂，从水溶液中提取分配系数小，或振荡后易乳化的物质时，采用连续液体萃取器较分液漏斗效果更好。烧瓶内的溶剂被加热，产生的蒸汽经过管上升至冷凝器中被冷却，冷凝液化后滴入中央的管内并沿中央管下降，从下端成为小滴，使欲萃取的液层上升，此时发生萃取作用。萃取液经回流至烧瓶内后，溶液再次气化，这样反复萃取，可把被测组分全部萃入溶剂中。

(3)盐析法：向溶液中加入某一盐类物质，使溶质溶解在原溶剂中的溶解度大大降低，从而从溶液中沉淀出来。例如，在蛋白质溶液中，加入大量的盐类，特别是加入重金属盐,蛋白质就从溶液中沉淀出来。在蛋白质的测定过程中,也常用氢氧化铜或碱性醋酸铅将蛋白质从水溶液中沉淀下来,将沉淀消化并测定其中的含氮量,据此以断定样品中纯蛋白质的含量。

在进行盐析工作时,应注意溶液中所要加入的物质的选择。它不破坏溶液中所要析出的物质,否则达不到盐析提取的目的。此外,要注意选择适当的盐析条件,如溶液的 pH 值、温度等。盐析沉淀后,根据溶剂和析出物质的性质和实验要求,选择适当的分离方法,如过滤、离心分离和蒸发等。

3.2.3　蒸馏法

蒸馏法是利用液体混合物中各组分挥发度不同而进行分离的方法。可用于除去干扰组分,也可用于将待测组分蒸馏逸出,收集馏出液进行分析。此法具有分离和净化双重效果。其缺点是仪器装置和操作较为复杂。

根据样品中待测成分性质的不同,可采取常压蒸馏、减压蒸馏、水蒸气蒸馏等蒸馏方式。

(1)常压蒸馏:当被蒸馏的物质受热后不易发生分解或在沸点不太高的情况下,可在常压下进行蒸馏。常压蒸馏的装置比较简单,如图 3 -1 所示。加热方式根据被蒸馏物质的沸点确定,如果沸点不高于 90 ℃可用水浴加热;如果沸点超过 90℃,则可改用油浴、沙浴、盐浴或石棉浴;如果被蒸馏的物质不易爆炸或燃烧,可用电炉或酒精灯直火加热,最好垫以石棉网;如果是有机溶剂则要用水浴,并注意防火。

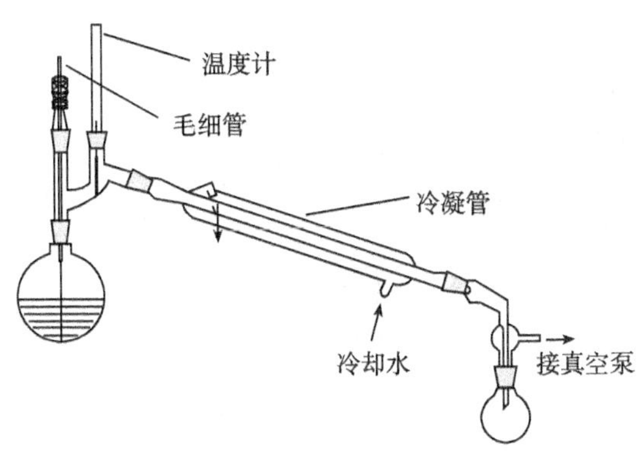

图 3 -1　常压蒸馏装置

(2)减压蒸馏:样品中待蒸馏组分易分解或沸点太高时,可采取减压蒸馏。该法装置比较复杂,如图 3 -2 所示。

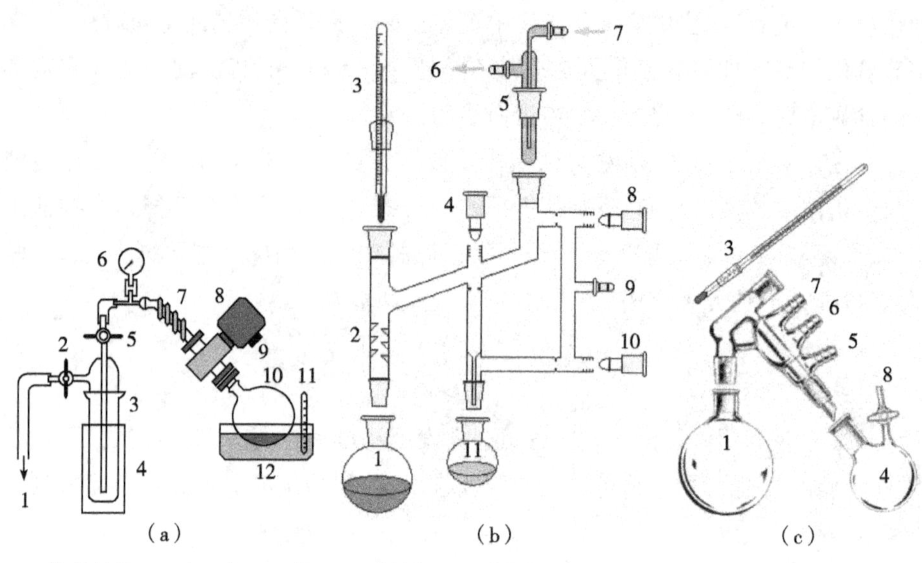

1—接真空泵　2—出口塞　3—接受瓶　4—冷阱　5—进口塞　6—压力表　7—保温套　8—电机　9—控制器　10—蒸馏瓶　11—温度计　12—加热器

1—蒸馏瓶　2—分馏柱　3—温度计　4—阀　5—冷头　6—冷却剂进出口　7—冷却剂进出口　8—阀　9—真空或惰性气体接口　10—阀　11—接受瓶

1—蒸馏瓶　2—短程整流接头　3—温度计　4—接受瓶　5—泵或惰性气体接口　6—冷却剂进口　7—冷却剂出口　8—泵或惰性气体接口

图 3－2　减压蒸馏装置

(3)水蒸气蒸馏:将水和与水互不相溶的液体一起蒸馏,这种蒸馏方法称为水蒸气蒸馏。该法装置较复杂,如图 3－3 所示。例如,防腐剂苯甲酸及其钠盐的测定,从样品中分离六六六等,均可用水蒸气蒸馏法进行处理。

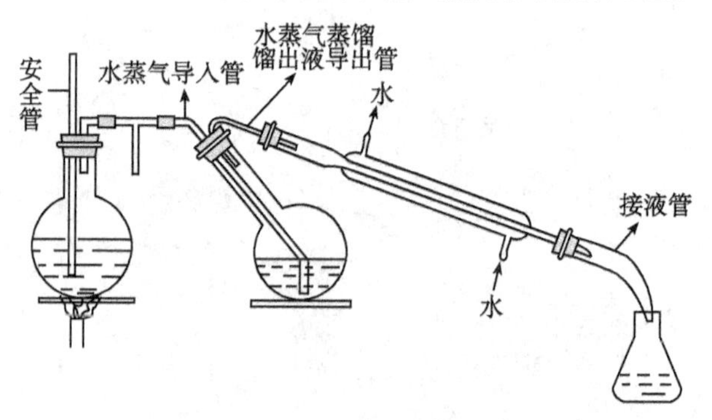

图 3－3　水蒸气蒸馏装置

3.2.4　化学分离法

化学分离法常采用的方法有硫酸磺化法、皂化法、沉淀分离法、掩蔽法等。

其中,磺化法和皂化法是除去油脂经常使用的方法,常用于农药检验中样品的净化。

(1)硫酸磺化法:用浓硫酸处理样品提取液,油脂遇到浓硫酸就磺化成极性甚大且易溶于水的化合物,浓硫酸与脂肪和色素中的不饱和键起加成作用,形成可溶于硫酸和水的强极性化合物,不再被弱极性的有机溶剂所溶解。硫酸磺化法就是利用这一反应,使样品中的油脂经磺化后再用水洗除去,有效地除去脂肪、色素等干扰杂质,从而达到分离净化的目的。

利用经浓硫酸处理过的硅藻土做层析柱,使待净化的样品抽提液通过,以磺化其中的油脂,这是比较常用的净化方法。常以硅藻土 10 g,加发烟硫酸 3 mL,并研磨至烟雾消失,随即再加浓硫酸 3 mL,继续研磨,装柱,加入待净化的样品,用正己烷或环己烷、苯、四氯化碳等淋洗。经此处理后,样品中的油脂就被磺化分离了,洗脱液经水洗后可继续进行其他的净化或脱水等处理。

不使用硅藻土而把浓硫酸直接加在样品溶液里振摇和分层处理,也可磺化除去样品中的油脂,这叫直接磺化法。这种方法操作简便,在分液漏斗中就可进行。全部操作只是加酸、振摇、静置分层,最后把分液漏斗下部的硫酸层放出,用水洗涤溶剂层即可。

直接磺化法简单、快速、净化效果好,但用于农药分析时,多限于在强酸介质中稳定的农药(如有机氯农药中六六六、DDT)提取液的净化,其回收率在 80%以上。

(2)皂化法:用热碱溶液处理样品提取液,以除去脂肪等干扰杂质。如利用氢氧化钾—乙醇溶液将脂肪等杂质皂化除去,以达到净化目的。此法适用于对碱稳定的农药(如艾氏剂、狄氏剂)提取液的净化。又如在测定肉、鱼、禽类及其熏制品中的 3,4 - 苯并芘(荧光分光光度法)时,可在样品中加入氢氧化钾,回流皂化 2 ~ 3 h,除去样品中的脂肪。

(3)沉淀分离法:利用沉淀反应进行分离的方法。在试样中加入适当沉淀剂,使被测组分沉淀下来,或将干扰组分沉淀下来,经过滤或离心将沉淀与母液分开,从而达到分离目的。例如,测定冷饮中糖精钠含量时,可在试剂中加入碱性硫酸铜,将蛋白质等干扰杂质沉淀下来,而糖精钠仍留在试液中,经过滤除去沉淀后,取滤液进行分析。

(4)掩蔽法:利用掩蔽剂与样液中干扰成分作用,使干扰成分转变为不干扰测定状态,即被掩蔽起来。运用这种方法可以不经过分离干扰成分的操作而消除其干扰作用,简化分析步骤,因而在食品检验中应用十分广泛,常用于金属元素的测定。双硫腙比色法测定铅时,在测定条件($pH=9$)下,Cu^{2+}、Cd^{2+}等离子对测定有干扰,可加入氰化钾和柠檬酸铵掩蔽,消除它们的干扰。

3.2.5 色层分离法

色层分离法又称色谱分离法,是一种在载体上进行物质分离的系列方法的总称。这是应用最广泛的分离方法之一,尤其对一系列有机物质的分析测定,色层分离具有独特的优点。根据分离原理的不同,可分为吸附色谱分离、分配色谱分离和离子交换色谱分离等。此类分离方法分离效果好,而且分离过程往往也是鉴定的过程。近年来在食品检验中应用越来越广泛。

(1)吸附色谱分离:是利用聚酰胺、硅胶、硅藻土、氧化铝等吸附剂经活化处理后所具有的适当的吸附能力,对被测成分或干扰组分进行选择性吸附而达到分离的方法称吸附色谱分离。例如:聚酰胺对色素有强大的吸附力,而其他组分则难于被其吸附,在测定食品中色素含量时,常用聚酰胺吸附色素,经过过滤洗涤,再用适当溶剂解吸,可得到较纯净的色素溶液,供检验用。

(2)离子交换色谱分离:是利用离子交换剂与溶液中的离子之间所发生的交换反应进行分离的方法。分为阳离子交换和阴离子交换两种。

当将被测离子溶液与离子交换剂一起混合振荡,或将样液缓缓通过用离子交换剂做成的离子交换柱时,被测离子或干扰离子即与离子交换剂上的H^+或OH^-发生交换,被测离子或干扰离子留在离子交换剂上,被交换出的H^+或OH^-,以及不发生交换反应的其他物质留在溶液内,从而达到分离的目的。离子交换分离法常用于分离较为复杂的样品。

3.2.6 浓缩

食品样品经提取、净化后,有时净化液的体积较大,待测物溶质的浓度过小,因此,在测定前需要进行浓缩。

浓缩过程中挥发性强、不稳定的微量物质容易损失,要特别注意,当浓缩至体积很小时,一定要控制浓缩速度不能太快,否则将会造成回收率降低。浓缩回收率要求$\geq 90\%$。浓缩的方法有自然挥发法、吹气法、K·D浓缩器浓缩法和真空旋转蒸发法。

(1)自然挥发法:将待浓缩的溶液置于室温下,使溶剂自然蒸发。此法浓缩速度慢,但简便。

(2)吹气法:采用吹干燥空气或氮气,使溶剂挥发的浓缩方法。此法浓缩速度较慢,对于易氧化、蒸汽压高的待测物,不能采用吹气法浓缩。

(3)K·D浓缩器浓缩法:采用K·D浓缩装置进行减压蒸馏浓缩的方法。此法简便,待测物不易损失,是较普遍采用的方法。

(4)真空旋转蒸发法:在减压、加温、旋转条件下浓缩溶剂的方法。此法浓缩速度快、待测物不易损失、简便,是最常用、理想的浓缩方法。

样品预处理方法应用时应根据食品的种类、检验对象、被测组分的理化性质及所选用的检验方法选择。

3.3 样品的保存

采取的食品样品,为防止其水分或挥发性成分散失以及其他待测成分含量的变化(如光解、高温分解、发酵等),应尽快在短时间内进行分析。如果不能立即分析,必须加以妥善保存。

制备好的样品应放在密封洁净的容器内,置于阴暗处保存。但切忌使用带有橡皮垫的容器。易腐败变质的样品应保存在0~5℃的冰箱里,但保存时间不宜过长,否则样品变质或待测物质分解。有些成分,如胡萝卜素、黄曲霉毒素B_1、维生素B_1等,容易发生光解。以这些成分为分析项目的样品,必须在避光条件下保存。

特殊情况下,样品中可加入适量不影响分析结果的防腐剂,或将样品冷冻干燥后保存,先将样品冷冻到冰点以下,水分即变成固态冰,然后在高真空下将冰升华,样品即被干燥。冷冻干燥条件可用真空度133.0~400.0 Pa,温度-30~-10℃。预冻温度和速度对样品有影响,为此必须将样品的温度迅速降到“共熔点”以下。“共熔点”是指样品真正冻结成固体的温度,又称完全固化温度。对于不同的物质,其“共熔点”不同,例如苹果为-34℃、番茄为-40℃、梨为-33℃。由于样品在低温下干燥,食品化学和物理结构变化极小,因此食品成分的损失较少,可用于肉、鱼、蛋和蔬菜类样品的保存,保存时间可达数月或更长。

此外,食品样品保存环境要清洁干燥,存放的样品要按日期、批号、编号摆放,以便查找。

复习思考题

1. 哪些概念可用于描述样品？各是什么意思？
2. 采样的一般原则是什么？如何确定采样量？
3. 采样的一般方法有哪些？
4. 食品样品的预处理和储藏方法有哪些？试说明各自应用的原理。
5. 干法灰化和湿法消化处理样品中的有机物会对后续分析造成什么影响？

第4章　pH和可滴定酸度

本章学习重点：

了解食品中酸度的概念与测定意义；

熟悉pH的概念与意义、pH计的基本原理、电极与使用；

掌握可滴定酸度基本原理与试剂的制备和测定方法。

4.1　概述

食品中的酸不仅可作为酸味成分，而且在食品的加工、储藏及品质管理等方面被认为是重要的成分，测定食品中的酸度具有十分重要意义。

（1）有机酸影响食品的色、香、味及稳定性。果蔬中所含色素的色调，与其酸度密切相关，在一些变色反应中，酸是起很重要作用的成分。如叶绿素在酸性条件下会变成黄褐色的脱镁叶绿素；花青素于不同酸度下，颜色亦不相同。果实及其制品的口感取决于糖、酸的种类，含量及比例，酸度降低则甜味增加，同时水果中适量的挥发酸含量也会带给其特定的香气。另外，食品中有机酸含量高，则其pH值低，而pH值的高低，对食品稳定性有一定影响，降低pH值，能减弱微生物的抗热性和抑制其生长，所以pH值是果蔬罐头杀菌条件的主要依据。在水果加工中，控制介质pH值可以抑制水果褐变，有机酸能与Fe、Sn等金属反应，加快设备和容器的腐蚀作用，影响制品的风味与色泽，有机酸可以提高维生素C的稳定性，防止其氧化。

（2）食品中有机酸的种类和含量是判别其质量好坏的一个重要指标。挥发酸的种类是判别某些制品腐败的标准，如某些发酵制品中有甲酸积累，则说明已发生细菌性腐败；挥发酸的含量也是某些制品质量好坏的指标，如水果发酵制品中含有0.1%以上的醋酸，则说明制品腐败，牛乳及乳制品中乳酸过高时，亦说明已由乳酸菌发酵而产生腐败；新鲜的油脂常常是中性的，不含游离脂肪酸。但油脂在存放过程中，本身含的解脂酶会分解油脂而产生游离脂肪酸，使油脂酸败，故测定油脂酸度（以酸价表示）可判别其新鲜程度。有效酸度也是判别食品质量的指标，如新鲜肉的pH值为5.7～6.2，如pH>6.7，说明肉已变质。

（3）利用有机酸的含量与糖含量之比，可判断某些果蔬的成熟度。有机酸在果蔬中的含量，因其成熟度及生长条件不同而异，一般随着成熟度提高，有机酸含量下降，而糖含量增加，糖酸比增大（表4－1）。故测定酸度可判断某些果蔬的成熟度，对于确定果蔬收获及加工工艺条件很有意义。

表4－1　一些水果中重要的酸度和糖度

水果	主要的酸	酸度/%	糖度/%
苹果	苹果酸	0.27～1.02	9.12～13.5
香蕉	苹果酸/柠檬酸(3:1)	0.25	16.5～19.5
樱桃	苹果酸	0.47～1.86	13.4～18.0
越橘	柠檬酸 苹果酸	0.9～1.36 0.7～0.98	12.9～14.2
葡萄柚	柠檬酸	0.64～2.10	7～10
葡萄	酒石酸/苹果酸(3:2)	0.84～1.16	13.3～14.4
柠檬	柠檬酸	4.2～8.33	7.1～11.9
莱姆酸橙	柠檬酸	4.9～8.3	8.3～14.1
橙	柠檬酸	0.68～1.20	9～14
桃	柠檬酸	1～2	11.8～12.3
梨	苹果酸/柠檬酸	0.34～0.45	11～12.3
菠萝	柠檬酸	0.78～0.84	12.3～16.8
覆盆子	柠檬酸	1.57～2.23	9～11.1
草莓	柠檬酸	0.95～1.18	8～10.1
番茄	柠檬酸	0.2～0.6	4

在食品分析中有两种相关的酸度概念：pH和可滴定酸度，这两者应采用不同的定量分析方法，对食品品质的影响也不尽相同。

可滴定酸度是测定食品中的总酸度，通过标准碱滴定所有的酸度来定量分析，因此比pH更能真实反映食品的风味。可是，总酸度并不能说明所有问题，食品建立的复杂缓冲体系可采用游离酸度的基本单位氢离子（H^+）来表达。甚至在缺乏缓冲体系时，仍然有不到3%的存在于食品中的多种酸被电离成H^+与离子对（它的共轭碱），其含量往往被缓冲溶液所掩蔽。在水溶液中，H^+和水结合形成水合氢离子（H_3O^+）。一个重要的例子是在某些食品中，微生物的生长能力更多地取决于H_3O^+浓度，而不是滴定酸度。对游离H_3O^+浓度的定量从而引出了第二个重要的酸度——pH，pH所表示的酸度值为1～14。pH是用数学表达式来表示H_3O^+的简明符号。现代食品分析中，pH值通常用pH计来测定，有时也用pH试纸测定。

4.2 pH

4.2.1 酸碱平衡

酸和碱是两类重要的化学物质,人类对酸碱的认识是逐步深入的。到目前为止,关于酸和碱的理论有四种,它们是阿仑尼乌斯(Arrhenius)提出的酸碱电离理论,布朗斯特(Brönsted)和劳莱(Lowry)提出的酸碱质子理论及路易斯(Lewis)酸碱理论。

酸碱质子理论认为:凡能给出质子的物质称为酸,凡能接受质子的物质称为碱。酸碱可以是分子也可以是离子。中和反应是酸和碱作用生成盐的反应,如:

$$NaOH + HCl \rightleftharpoons NaCl + H_2O$$

在水溶液中,酸形成的水合质子称为水合氢离子,碱形成的是水合氢氧根离子。

$$H_3O^+ + OH^- \rightleftharpoons 2H_2O$$

在任何温度下,水溶液中H_3O^+和OH^-的体积摩尔浓度的乘积是一个常数,即水的离子积常数,$[H_3O^+][OH^-]=K_w$,K_w随着温度的改变而改变。例如:25℃时,$K_w=1.04\times10^{-14}$;而100℃时,$K_w=58.2\times10^{-14}$。

上述关于K_w的概念涉及的是纯水中H_3O^+与OH^-的浓度。实验中已发现H_3O^+浓度在25℃时约为1.0×10^{-14} mol/L。OH^-浓度与之相同。因为酸碱离子浓度相同,纯水被认为是中性的。

假定将一滴酸加入到纯水中,H_3O^+浓度上升,K_w仍为常数(1.04×10^{-14}),但发现OH^-的浓度下降了。相反地,如果将1滴碱加入到纯水中,H_3O^+浓度下降而OH^-浓度上升,K_w在25℃时仍为1.04×10^{-14}。25℃时部分食品的H_3O^+和OH^-浓度见表4-2。

表4-2 25℃时部分食品的H_3O^+和OH^-浓度(mol/L)

食品	$[H_3O^+]$	$[OH^-]$	K_w
可乐	2.24×10^{-3}	4.66×10^{-12}	1×10^{-14}
葡萄汁	5.62×10^{-4}	1.78×10^{-11}	1×10^{-14}
七喜	3.55×10^{-4}	2.82×10^{-11}	1×10^{-14}

续表

食　品	$[H_3O^+]$	$[OH^-]$	K_w
SCHLITZ 啤酒	7.95×10^{-5}	1.26×10^{-10}	1×10^{-14}
纯水	1.00×10^{-7}	1.00×10^{-7}	1×10^{-14}
自来水	4.78×10^{-9}	2.09×10^{-6}	1×10^{-14}
氧化镁乳剂	7.94×10^{-11}	1.26×10^{-4}	1×10^{-14}

注：美国公职分析化学家协会（AOAC）1971 年公布。

pH 值被定义为氢离子浓度的倒数的对数值，也被定义为氢离子浓度的负对数值，如氢离子摩尔浓度为 1.0×10^{-6}，就可以简单地表示为 pH = 6，OH^- 的摩尔浓度被表示为 pOH，pH = 6 等同于 pOH = 8，如表 4－3 所示。

表 4－3　在 25℃时 pH 对应的 $[H^+]$，pOH 对应的 $[OH^-]$（mol/L）

$[H^+]$	pH	$[OH^-]$	pOH
1×10	0	1×10^{-14}	14
1×10^{-1}	1	1×10^{-13}	13
1×10^{-2}	2	1×10^{-12}	12
1×10^{-3}	3	1×10^{-11}	11
1×10^{-4}	4	1×10^{-10}	10
1×10^{-5}	5	1×10^{-9}	9
1×10^{-6}	6	1×10^{-8}	8
1×10^{-7}	7	1×10^{-7}	7
1×10^{-8}	8	1×10^{-6}	6
1×10^{-9}	9	1×10^{-5}	5
1×10^{-10}	10	1×10^{-4}	4
1×10^{-11}	11	1×10^{-3}	3
1×10^{-12}	12	1×10^{-2}	2
1×10^{-13}	13	1×10^{-1}	1
1×10^{-14}	14	1×10	0

虽然用 pH 法表示相对比较简单，但要记住它是一个对数值，改变 1 个 pH 单位实际上是 H_3O^+ 浓度改变了 10 倍。

pH 并不一定等于可滴定酸度。强酸（如盐酸、硫酸、硝酸等）在 pH 值为 1 时完全解离；有机酸（如柠檬酸、苯甲酸、醋酸、酒石酸等）在水溶液中只有一小部分解离。这可以通过比较0.1 mol/L的盐酸和醋酸溶液的pH值来得到说明。

$$HCl \rightleftharpoons H^+ + Cl^-$$

$$CH_3COOH \rightleftharpoons H^+ + CH_3COO^-$$

盐酸在水溶液中完全解离,在25℃时0.1 mol/L盐酸的pH值为1.02,而醋酸在25℃时大约只有1%被离子化,其pH值仅为2.89。

4.2.2　pH计

4.2.2.1　离子活度

在使用pH电极时,必须考虑到浓度与离子活度。离子活度是表述化学反应的一个量度,而浓度是溶液中离子所有形式(自由的和结合的)的量度。因为离子之间及离子与溶剂之间会发生反应,所以离子的有效浓度或活度一般比实际浓度低,只有在无限稀释时,离子活度才趋向于浓度。离子活度和浓度的关系符合下列方程式:

$$A = \gamma c$$

式中:A ——离子活度;

　γ ——离子活度系数;

　c ——浓度。

离子活度是离子强度的函数。离子活度对在pH < 1的水合氢离子或pH > 13的水合氢氧根离子极其重要。

4.2.2.2　基本原理

电位法测定pH值的理论是把1只对氢离子(H^+)可逆的电极和1只参比电极放入溶液中组成1个原电池。由于原电池中参比电极的电位在一定条件下不变,那么原电池的电动势就随被测溶液中氢离子的活度而变化。因此,可以通过测量原电池的电动势,从而计算出溶液的pH值。

pH计系统(图4－1)最主要的四个部分是:①参比电极;②指示电极(对pH敏感);③在高阻状态下能够测量微小的电动势变化的电位计或放大器;④被测样品。此装置由两个设计精细的电级组成,以产生一个恒定的、重现性良好的电动势,因此,在没有其他离子存在的情况下,两个电极间的电位差就很容易计算出来。然而,溶液中的H_3O^+离子通过指示电极的离子选样膜产生一个新的电动势,两个电级间的电动势差是与H_3O^+浓度负对数成正比。所有因素综合起来的电动势之和称作电级电势,最终可转变成为pH的读数。

氢离子浓度(确切地说是离子活度)是由两个电极间的电位差决定的,能斯特方程指出了这两个电极间的关系：

$$E = E_0 + 2.303RT/(nF\lg A)$$

式中：E ——测量电极电势；

E_0——标准电极电势。在标准的温度、离子浓度和电极组成的条件下，系统中各个单独电势的和为常数；

R ——普通气体常数，8.313 J/(mol · K)；

F ——法拉第常数，96490 C/mol；

T ——热热力学温度，K。

电极系统产生的电位差是 pH 的线性函数，所以每改变 1 个 pH 单位，电极电势就改变 59 mV(0.059 V)，在电中性时(pH = 7)，电极电势是 0 mV，当 pH = 4 时，电极电势是 180 mV；而相反，在 pH = 8 时，电极电势是 -60 mV。

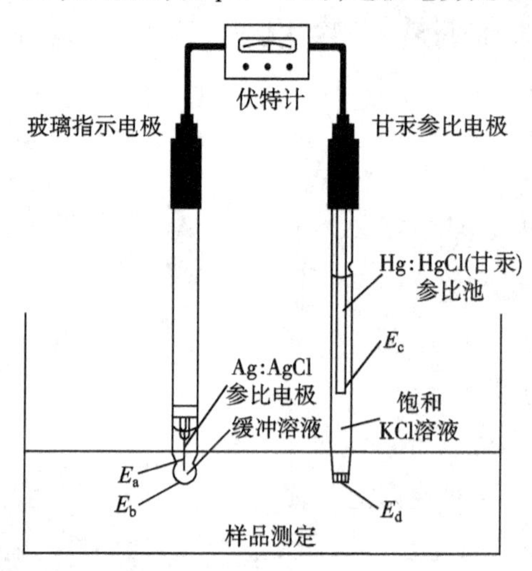

图 4 - 1　电位计测量 pH 的检测电路

E_a——Ag : AgCl 电极和内部的液体间的按触电势，E_a 只与温度有关而与测量的溶液无关；

E_b——位于 pH 敏感玻璃薄膜上的电势，不仅随着溶液的 pH 变化，而且随着温度的变化而变化，另外玻璃电极的膜电势是不均匀的，它受玻璃膜的组成和形状的影响，也会随电极的使用年限而变化；

E_c——饱和 KCl 溶液与测试样品的扩散电势，E_c 基本独立于被测溶液(与被测溶液关系不大)；

E_d——甘汞电极与 KCl 盐桥之间的接触电势，E_d 只与温度有关而与被测溶液无关。

上述的电位差与pH的关系只在25℃的条件下成立,pH读数随着温度的改变会发生变化。如0 ℃时的电极电势是54 mV,100℃时的电极电势是70 mV,现代pH计有内置灵敏度旋钮(温度补偿),用来校正温度对pH的影响。

4.2.2.3 参比电极

在pH系统中,参比电极需要完整的电路,这个半电池是pH计中最复杂的部分,而pH测量中遇到的问题常常与参比电极有关。

在参比电极上进行的电极反应必须是单一的可逆反应,其交换电流密度较大,制作方便,重现性好,电极电势稳定。一般都采用难溶盐电极作为参比电极。参比电极应不容易发生极化;如果一旦电流过大,产生极化,则断电后其电极电势应能很快恢复原值;在温度变化时,其电极电势滞后变化应较小。

常用的参比电极有以下五种:

(1)氢电极:用镀有铂黑的铂片为电极材料,在氢气中浸没或部分浸没于用氢饱和的电解液中,即可组成氢电极。

严格地讲,标准氢电极只是理想的电极,实际上并不能实现。因此在实际进行电极电势测量时总是采用电极电势已精确知晓而且又十分稳定的电极作为相比较的电极。测量由这类电极与被测电极组成电池的电动势,可以计算被测电极的电极电势。

(2)甘汞电极:常用 $Hg|Hg_2Cl_2|Cl^-$ 表示。电极内,汞上有一层汞和甘汞的均匀糊状混合物。用铂丝与汞相接触作为导线。电解液一般采用氯化钾溶液。用饱和氯化钾溶液的甘汞电极称为饱和甘汞电极,这是最常用的参比电极;而用1 mol/L氯化钾溶液的则称为当量甘汞电极。甘汞电极的电极电势与氯化钾浓度和所处温度有关。它在较高温度时性能较差。

饱和甘汞电极是常见的参比电极,它基于以下的可逆反应:

$$Hg_2Cl_2 + 2e^- \rightleftharpoons 2Hg + 2Cl^-$$

25℃时,饱和KCl盐桥的 $E_0 = 0.2444$ V,相对于标准氢电极而言,该电极反应的能斯特方程式如下:

$$E = E_0 - \frac{0.059}{2\lg}[Cl^-]^2$$

因此,从上式可知,甘汞电极的电势取决于氯离子的浓度,此电势可通过在电极中使用的饱和KCl溶液来调控。

(3)银|氯化银电极:由覆盖着氯化银层的金属银浸在氯化钾或盐酸溶液中

组成。常用 Ag|AgCl|Cl^-表示。一般采用银丝或镀银铂丝在盐酸溶液中用阳极氧化法制备。银|氯化银电极的电极电势与溶液中 Cl^- 浓度和所处温度有关。

甘汞电极在高温(80℃)或强碱性样品(pH > 9)中不稳定,在这种情况下可使用银—氯化银电极,该电极的重现性非常好,其反应如下:

$$AgCl(s) + e^- \rightleftharpoons Ag(s) + Cl^-$$

该电极里面的金属元素是镀银的铂丝,表面的银在盐酸中生成氯化银,填充溶液由 4 mol/L KCl 和饱和 AgCl 混合物组成,以防止金属电极外表面的 AgCl 被溶解,液络部通常用多孔的陶瓷制成。因为 AgCl 的溶解性相对更差,所以此电极比甘汞电极更容易堵塞。另有一种电极,其独立的内部结构是由 Ag/AgCl 电极电解质和陶瓷结合装置组成,而外面部分则包含了另一电极电解质和连结装置,从而使样品不会直接接触电极内部部分。

银—氯化银电极是一种应用相对较少的参比电极。

(4)汞|氧化汞电极:这是碱性溶液体系常用的参比电极,表示式为 Hg|HgO|OH^-。它由汞、氧化汞和碱溶液等组成,其结构同甘汞电极。它的电极电势取决于温度和溶液的 pH 值。

(5)汞|硫酸亚汞电极:它适用于硫酸溶液或硫酸盐溶液体系。电极由汞、硫酸亚汞和含 SO_3 的溶液等所组成,表示式为 Hg|Hg_2SO_4|SO_3。其结构同甘汞电极,它的电极电势与温度和溶液中 SO_3 的浓度有关。

4.2.2.4 指示电极

现在通常用于 pH 测量的指示电极是玻璃电极。在此之前,则使用氢电极和醌氢醌电极。玻璃电极的历史可以追溯到 1875 年。当时,Lord Kelvin 提出玻璃是电导体。30 年后,Cremer 发现玻璃有电极电位,他还观察到当把一薄层玻璃膜置于两种水溶液之间时存在电极电位,并对酸度有感应,随后,他又发现反应跟氢离子浓度有密切关系。这一发现对 pH 计的发明具有重要意义。

玻璃电极可分为三个基本组成部分:①由导线相联的银—氯化银作为电极主体;②由 0.01 mol/L HCl、0.09 mol/L KCl 和醋酸盐组成的缓冲溶液,以保持恒定的 pH(或 E_a);③电极前端的 pH 感应玻璃膜用于测量随 pH 而变化的电位(E_b)。用玻璃电极作为测定 pH 的指示电极,其测得的电位与 pH 成正比。

$$E = E_b + 0.059\ pH$$

常见的玻璃电极适用的pH 值范围是 1 ~ 9,这种电极特别是当钠离子存在条件下,对高 pH 较敏感,为此仪器制造商已经开发出了适用于所有 pH 值范围

(0～14)的现代玻璃电极,并且该玻璃电极的测量误差很小,在25℃下pH的测量误差<0.01。

4.2.2.5 复合电极

如今许多食品分析实验室都使用复合电极,把pH玻璃电极和参比电极组合在一起的电极就是pH复合电极。根据外壳材料的不同分塑壳和玻璃两种。相对于两个电极而言,复合电极最大的好处就是使用方便。pH复合电极主要由电极球泡、玻璃支持杆、内参比电极、内参比溶液、外壳、外参比电极、外参比溶液、液接界、电极帽、电极导线、插口等组成。复合电极的大小及外形多种多样,应有尽有,从非常小的微型电极到平面型的电极,从全玻璃的到塑料的电极,从裸露的到带保护的以防止玻璃破损的电极。微型电极常被用于测定非常小的体系的pH。如细胞或显微镜片上的溶液;平面型的电极能用于测定半固体和高黏度的物质,如肉类、奶酪、琼脂板和体积低于10 μL的体系的pH。

4.2.2.6 pH计的使用指南

pH计的正确操作和保养非常重要,应当遵从生产厂家的使用指导。为了达到最高精密度,pH计可用两种标准溶液校正(双点校汇),选择两种pH值间隔为3的缓冲剂,使待测样品的pH处于这两个pH之间,实验室中广泛使用的三种标准缓冲溶液为:pH=4.03,pH=6.86和pH=9.18(25℃)。pH计在使用的时候分为安装、校正、测量三个步骤。

(1)安装:

①电源的电压与频率必须符合仪器铭牌上所指明的数据,同时必须接地良好,否则在测量时可能指针不稳。

②仪器配有玻璃电极和甘汞电极。将玻璃电极的胶木帽夹在电极夹的小夹子上。将甘汞电极的金属帽夹在电极夹的大夹子上。可利用电极夹上的支头螺丝调节两个电极的高度。

③玻璃电极在初次使用前,必须在蒸馏水中浸泡24 h以上。平常不用时也应浸泡在蒸馏水中。

④甘汞电极在初次使用前,应浸泡在饱和氯化钾溶液内,不要与玻璃电极同泡在蒸馏水中。不使用时也浸泡在饱和氯化钾溶液中或用橡胶帽套住甘汞电极的下端毛细孔。

(2)校整:

①将"pH－mv"开关拨到pH位置。

②打开电源开头指示灯亮,预热30 min。

③取下放蒸馏水的小烧杯，并用滤纸轻轻吸去玻璃电极上的多余水珠。在小烧杯内倒入选择好的，已知pH值的标准缓冲溶液，将电极浸入。注意使玻璃电极端部小球和甘汞电极的毛细孔浸在溶液中。轻轻摇动小烧杯使电极所接触的溶液均匀。

④根据标准缓冲液的pH值，将量程开关拧到0～7或7～14处。

⑤调节控温钮，使旋钮指示的温度与室温同。

⑥调节零点，使指针指在pH=7处。

⑦轻轻按下或稍许转动读数开关使开关卡住。调节定位旋钮，使指针恰好指在标准缓冲液的pH数值处。放开读数开关，重复操作，直至数值稳定为止。

⑧校整后，切勿再旋动定位旋钮，否则需重新校整。取下标准液小烧杯，用蒸馏水冲洗电极。

(3)测量：

①将电极上多余的水珠吸干或用被测溶液冲洗2次，然后将电极浸入被测溶液中，并轻轻转动或摇动小烧杯，使溶液均匀接触电极。

②被测溶液的温度应与标准缓冲溶液的温度相同。

③校整零位，按下读数开关，指针所指的数值即是待测液的pH值。若在量程pH值在0～7范围内测量时指针读数超过刻度，则应将量程开关置于pH值在7～14处再测量。

④测量完毕，放开读数开关后，指针必须指在pH值在7处，否则重新调整。

⑤关闭电源，冲洗电极，并按照前述方法浸泡。

(4)酸度计使用注意事项：

①防止仪器与潮湿气体接触。潮气的浸入会降低仪器的绝缘性，使其灵敏度、精确度、稳定性都降低。

②小球的玻璃膜极薄，容易破损。切忌与硬物接触。

③玻璃电极的玻璃膜不要沾上油污，如不慎沾有油污可先用四氯化碳或乙醚冲洗，再用酒精冲洗，最后用蒸馏水洗净。

④甘汞电极的氯化钾溶液中不允许有气泡存在，其中有极少结晶，以保持饱和状态。如结晶过多，毛细孔堵塞，最好重新灌入新的饱和氯化钾溶液。

⑤如酸度计指针抖动严重，应更换玻璃电极。

4.3　可滴定酸度

4.3.1　基本原理

酸碱滴定的终点可用 pH 来判断,它可用 pH 计直接测得,但更为普遍的是使用指示剂。在一些情况下,滴定中 pH 的变化方式会导致一些小问题的产生,酸理论的背景知识有助于充分理解滴定原理并解决可能发生的问题。

4.3.1.1　缓冲体系

尽管 pH 值能设定在 1 ~ 14 的范围内,而实际上 pH 计是很难测得 pH = 1 以下的值,这是由于氢离子在高浓度酸存在的条件下解离不完全造成的。在 0.1 mol/L 时,强酸被认为完全解离因此在强酸滴定强碱时会出现充分解离,在滴定过程中,pH 等于剩余酸的氢离子浓度的负对数(图 4 - 2)。

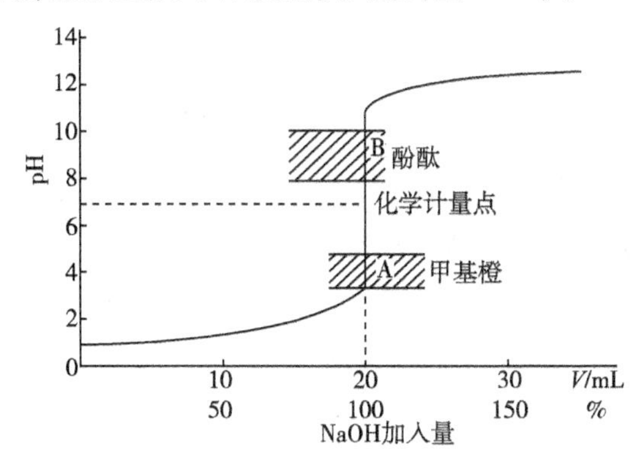

图 4 - 2　强碱滴定强酸
在中和滴定中用 pH 表示经碱部分中和后剩余酸的浓度

所有食品的有机酸为弱酸，最多只能从分子中解离出 3% 的氢离子，在滴定中随着游离氢离子的减少，新的氢离子从其他未解离的分子中解离出来，这种趋势减缓了溶液 pH 的突变，溶液减缓 pH 变化的性质称为缓冲作用，缓冲现象存在于含弱酸及其盐的食品中。由于缓冲作用，在滴定弱酸时 pH 滴定曲线比滴定强酸更为复杂(图 4 - 3、图 4 - 4)，这种关系可用亨德森 - 哈塞尔巴尔赫(Henderson - Hasselbalch)方程式来预测：

$$pH = pK_a + \lg\left(\frac{[A^-]}{[HA]}\right)$$

$[HA]$表示未离解酸的浓度。$[A^-]$表示其盐浓度,被看作共轭碱,共轭碱等于共轭酸[H_3O^+]的浓度。pK_a 表示在未离解酸与共轭碱处于等量时的 pH,方程式表明 pH = pK_a 时将出现最大缓冲能力。图 4 - 3 表示用 0. 1 mol/L 醋酸时的 pH 变化。

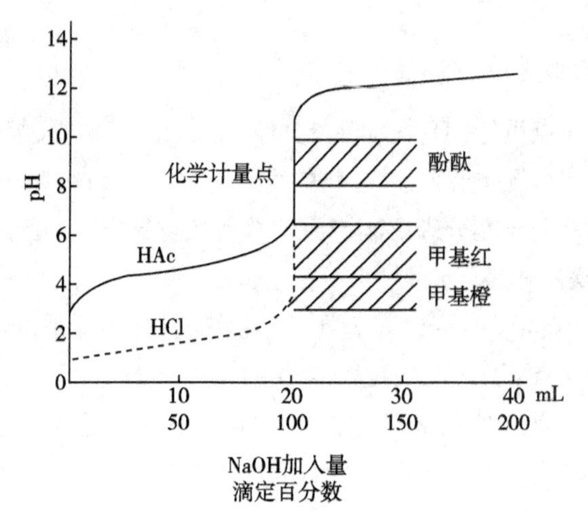

图 4 - 3 强碱滴定一元弱酸

缓冲区在 pK_a(4. 82)附近,其中 pH 用 Henderson - Hasselbalch 方程表示

二元和三元酸分别有两个或三个缓冲区。如果多元酸存在三个或更多的 pK_a,那么 Henderson - Hasselbalch 方程能预测每一步离解的平台。然而,在两个区间的过渡地区,由于存在从非离解状态转化生成的质子和共轭碱而变得复杂,而且 Henderson - Hasselbalch 方程在两个 pK_a 之间的。等当点附近也不成立。但在等电点处的 pH 易于计算,即 pH 等于($pK_{a_1} + pK_{a_2}$)/2,表 4 - 4 列出了在食品分析中部分重要酸的 pK_a。

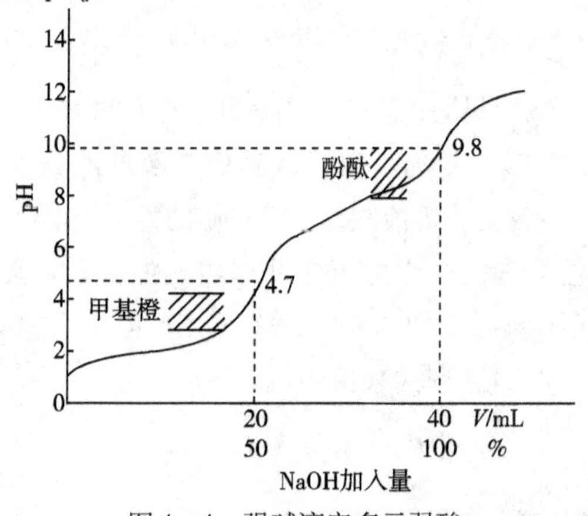

图 4 - 4 强碱滴定多元弱酸

表4-4　食品分析中重要酸的 pK_a

酸	pK_{a_1}	pK_{a_2}	pK_{a_3}
草酸	1.19	4.21	—
磷酸	2.12	7.21	12.30
酒石酸	3.02	4.54	—
苹果酸	3.40	5.05	—
柠檬酸	3.06	4.71	5.40
乳酸	3.86	—	—
抗坏血酸	4.10	11.79	—
醋酸	4.76	—	—
苯甲酸氢钾	5.40	—	—
碳酸	6.10	10.25	—

4.3.1.2　电位测定

在滴定等当点时，酸克当量数与碱克当量数相等，所有的酸都被中和。当接近等当点，Henderson - Hasselbalch 方程式中的分母[HA]慢慢变小，商[A^-]/[HA]变高，结果溶液 pH 迅速升高，最终接近滴定终点。确切的等当点实际为 pH 发生突跃范围的中间值。使用 pH 计确定滴定终点，称为电位滴定法。电位滴定决定等当点的优势是精确度高。

由于滴定终点的 pH 变化非常快，pH 计无法得到其真实而精确的终点 pH，为了确定等电点，必须仔细记录 pH 滴定值的变化。这一点加上 pH 计探头的物理因素的限制以及某些电极的缓慢响应使电位滴定方法在一定程度上显得有些麻烦。

4.3.1.3　指示剂

在常规测定中，可简便地使用指示剂指示近似终点，这个近似点应稍微超过等电点。当使用指示剂时，用指示终点或终点颜色来代替等电点，需要强调的是该测定值是近似值，它取决于所用的指示剂。酚酞指示剂是食品分析中最常用的指示剂，其变色范围是 pH = 8.0 到 pH = 9.6，通常在 pH = 8.2 时变色明显，这是酚酞指示的终点。常用酸碱指示剂如表4-5所示。

表4-4的 pK_a 显示存在于食品中的天然的有机酸在酚酞的变色范围没有缓冲作用；然而，磷酸（常在软饮料中作为酸味剂）和碳酸（溶于水中的 CO_2）在此 pH 时却具有缓冲作用。因此，对于许多酸而言，从真正的等电点到实际的滴定

终点还需要较大的过量滴定，从不真实的终点滴定得到的是夸大的测定结果；因此滴定这些酸时，通常首选电位分析，先煮沸样品以去除 CO_2 的干扰，然后用酚酞作指示剂滴定剩余的酸。深色样品会出现终点难以确定的问题，当有色溶液干扰终点观察时，通常使用电位分析。对于常规分析，pH 相对于滴定值是不会改变的，样品只能被滴定到 pH =8.2（酚酞终点）。甚至对于电位分析方法，由于也只能对应于酚肽的终点，因此实际测得的是反应终点，而不是真正的等电点。pH =7 作为电位分析终点应比 pH =8.2 更加准确。毕竟这个 pH 值标志着在 pH 值刻度中的真实中性。然而，一旦所有的酸被滴定至中性，而共轭碱还存在于溶液中，结果导致等电点时的 pH 略大于 pH =7，而如果将 pH =7 定为有色溶液的终点，而无色溶液的终点又变为 pH =8.2，就会容易发生混淆。

表 4－5　常用酸碱指示剂

指示剂	变色范围	颜色		HIn 的 pK_a	浓度
		酸色	碱色		
百里酚蓝（第 1 次变色）	1.2～2.8	红	黄	1.6	0.1% 的 20% 乙醇溶液
甲基黄	2.9～4.0	红	黄	3.3	0.1% 的 90% 乙醇溶液
甲基橙	3.1～4.4	红	黄	3.4	0.05% 的水溶液
溴酚蓝	3.1～4.6	黄	紫	4.1	0.1% 的 20% 乙醇溶液或其钠盐的水溶液
溴甲酚绿	3.8～5.4	黄	蓝	4.9	0.1% 水溶液，每 100 mL 指示剂加 0.05 mol/L NaOH 9 mL
甲基红	4.4～6.2	红	黄	5.2	0.1% 的 60% 乙醇溶液或其钠盐的水溶液
溴百里酚蓝	6.0～7.6	黄	蓝	7.3	0.1% 的 20% 乙醇溶液或其钠盐的水溶液
中性红	6.8～8.0	红	黄橙	7.4	0.1% 的 60% 乙醇溶液
苯酚红	6.7～8.4	黄	红	8.0	0.1% 的 60% 乙醇溶液或其钠盐的水溶液
酚酞	8.0～10.0	无	红	9.1	0.1% 的 90% 乙醇溶液
百里酚蓝（第 2 次变色）	8.0～9.6	黄	蓝	8.9	0.1% 的 20% 乙醇溶液
百里酚酞	9.4～10.6	无	蓝	10.0	0.1% 的 90% 乙醇溶液

指示剂溶液的浓度很少超过 0.1 g/mL、所有的指示剂都是弱酸或弱碱，在其变色的区域有一定的缓冲作用，如使用过量，会在分析时破坏样品的酸碱体系从而干扰滴定。指示剂溶液应尽量使用可满足分辨颜色的最小需求量即可，在使

用两或三种混合指示剂时尤其要注意这一点。所用指示剂的浓度越低，滴定终点就越明显。

稀酸溶液（如蔬菜汁）在滴定时要求使用稀的标准溶液，以进行精确的滴定。可是，从等当点滴定到 pH = 8.2 时需大量体积的稀碱溶液，在低浓度的酸溶液中有时也采用溴百里酚蓝作指示剂，它从黄变蓝的变色范围是 pH 值为 6.0 ~ 7.6，其终点通常是亮绿色，但终点的判别比用酚酞作指示剂更易受其他因素的影响。实际人眼观察到的大多数指示剂的变化范围小于 2 pH 单位，且指示剂的理论变色点不是变色范围的中间点，这是由于人眼对各种颜色的敏感程度不同，观察的范围与理论变色范围略有差别。

发酵生产醋酸时，有时要知道有多少酸度来自于醋酸，而又有多少是来自于产品中其他一些天然存在的酸。可以先进行第 1 次滴定以确定总酸度。然后煮沸除去醋酸，将溶液冷却。再滴定非挥发性酸，总酸度与非挥发性酸度之差为挥发性酸度。有时类似的实验还可应用于酿造工业中测定除去溶解的 CO_2 后的非挥发性酸度。可在低温（40℃）和轻微搅拌的条件下去除 CO_2 后滴定非挥发性酸度。

4.3.2　试剂的制备

4.3.2.1　标准碱

滴定法中最常用于测定酸度的碱为氢氧化钠。试剂级氢氧化钠很易潮解，且经常含有一定量的不可溶解的碳酸钠，因此其当量浓度的工作溶液通常不精确，必须用另一已知当量浓度的酸进行校正。

NaOH 易吸收水分和空气中的 CO_2，其标准溶液应用间接法配制。标定标准溶液的基准物质常用的是邻苯二甲酸氢钾（$KHC_8H_4O_4$）和草酸等。

邻苯二甲酸氢钾易制得纯品，不吸潮，相对分子质量较大，标定反应如下：

$$KHC_8H_4O_4 + NaOH = KNaC_8H_4O_4 + H_2O$$

用邻苯二甲酸氢钾标定氢氧化钠时，化学计量点时溶液呈碱性（pH = 9.1），可以选用酚酞为指示剂溶液由无色变为粉红色，即滴定终点。

草酸（$H_2C_2O_4 \cdot 2H_2O$），相当稳定，相对湿度在 5% ~ 95% 时不会风化而失水。因此应保存在密闭器中备用。标定反应如下：

$$H_2C_2O_4 + NaOH = Na_2C_2O_4 + H_2O$$

用草酸标定氢氧化钠时，化学计量点溶液呈碱性（pH = 8.4），可以选用酚酞作指示剂，溶液由无色变为粉红色，即滴定终点。

NaOH 能溶解大气中的 CO_2 并生成 Na_2CO_3，从而降低碱性，并在滴定终点会出现缓冲区，因此，在配制原溶液时应该把 CO_2 从水中除去。为此，可使用经净化 24 h 后去除 CO_2 的纯水，或临用前煮沸 20 min 后冷却的水。在冷却和长期存储期间，空气（含 CO_2）将重新溶解于溶液中，空气中的 CO_2 可用苏打石灰水（20% NaOH，65% CaO，15% H_2O）除去或用烧碱石棉（含 NaOH 的石棉）吸附。空气通过这些吸附器也能作为纯化气体使用，以去除水中的 CO_2。

50% 的碱储备液浓度为 18 mol/L，工作液用储备液和除 CO_2 的水配制。目前并无理想的容器存放碱液，玻璃和塑料容器都在使用，但都各有其缺点，如果使用玻璃容器，应该用橡皮或塑料塞子。应尽量避免使用玻璃塞子，因为碱液放置过久可溶解玻璃，导致其接触面永久溶化，同时与玻璃的反应还会降低碱的浓度。这些不利因素对碱式滴定管也同样有影响，因为 NaOH 的表面张力很小，这使滴定管开关附近易漏，在滴定期间开关的漏液将使得酸滴定值偏高。如果滴定管中工作液长期不用，开关周围溶液易蒸发而升高 pH，从而增加了开关与滴定管的黏合机会，因此一般滴定管不用时，必须倒空洗净，用时再注满新配制的工作溶液。

长期储存在塑料瓶中的碱液也需要特别注意，因为 CO_2 可自由渗透过大多数普通的塑料瓶。尽管塑料瓶有这个缺点，但目前仍作为长期储存碱液的容器。

无论用玻璃瓶还是用塑料瓶储存工作液，都必须每周进行一次标定，以修正因与玻璃和 CO_2 反应而降低的碱浓度。

4.3.2.2 标准酸

HCl 由于其易挥发性，先配成近似浓度，然后再进行标定。标定的基准物质，最常用的是无水碳酸钠和硼砂。

无水碳酸钠（Na_2CO_3）易制得纯品，价格便宜，但吸湿性强，应用前应在 270 ~ 300℃条件下，干燥至恒重，置干燥器中保存备用。标定反应如下：

$$Na_2CO_3 + 2HCl \xlongequal{} 2NaCl + H_2CO_3$$

$$H_2CO_3 \rightleftharpoons H_2O + CO_2$$

用无水碳酸钠标定盐酸时选用甲基橙作指示剂，用 HCl 溶液滴定溶液由黄色变为橙色，即为滴定终点。

硼砂（$Na_2B_2O_7 \cdot 10H_2O$）有较大的相对分子质量，称量误差小，无吸湿性，也易制得纯品，其缺点是在空气中容易风化失去结晶水，因此应保存在湿度为 60% 的密闭容器中备用。标定反应如下：

$$Na_2B_4O_7 + 2HCl + 5H_2O \xlongequal{} 4H_3BO_3 + 2NaCl$$

用硼砂标定盐酸时选用甲基红作指示剂，用 HCl 溶液滴定溶液由黄色变为橙红色，即为滴定终点。

4.3.3 样品分析

AOAC 提供了食品可滴定酸度的测定方法，然而，大多数样品的可滴定酸度的测定均采用常规方法，并且各种不同的方法有许多相同的步骤。一般为一定量的样品（通常是 10 mL）用标准碱液（通常是 0.1 mol/L NaOH）滴定，用酚酞作指示剂。当样品因有颜色不能使用指示剂辨别滴定终点时，可用电位滴定确定滴定终点。

典型的电位滴定和指示剂滴定的装置见图 4－5 所示。当使用终点指示剂滴定时，通常使用锥形瓶，可用磁力搅拌，也可以用手摇荡混合样品，一般用右手摇荡锥形瓶，滴定管考克（cock）靠右边放置，左手的四个手指放住考克的后面，大拇指放在考克的前面，滴定速度要慢而均匀直到接近终点，最后以滴状加入，直至滴定到终点后放置一定的时间（通常是 5～10 s）不褪色为止。

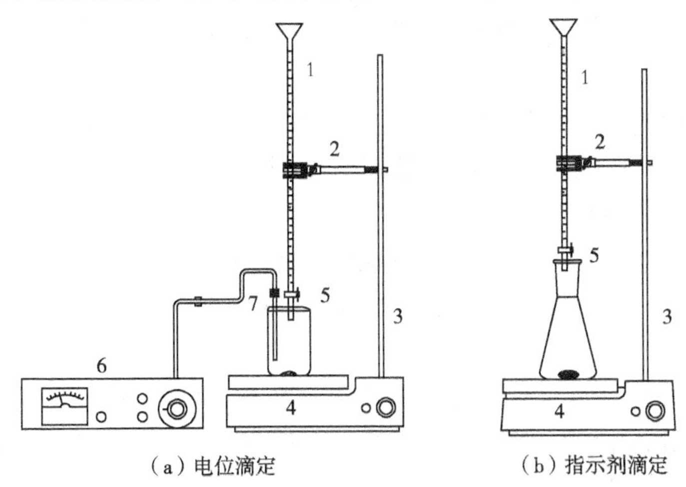

图 4－5 酸碱滴定装置

1—滴定管 2—滴定管夹子 3—夹子座架 4—磁力搅拌仪

5—考克 6—pH 计 7—复合 pH 计

当用电位滴定分析样品时，通常由于 pH 电极较大，要求使用烧杯而不是锥形瓶，但在使用磁力搅拌时，烧杯比锥形瓶易造成溶液飞溅而造成损失，其他的实际操作如指示剂滴定法所述的完全相同。

当滴定高浓度、含胶质或微粒的样品时，会遇到许多问题。这些物质减缓了酸在样品液中的分散,导致滴定终点的消失。浓缩液一般可采用去 CO_2 的水稀释,然后再滴定稀释的溶液,最后换算成初始浓度。淀粉和类似的弱胶质通常用去 CO_2 的水进行稀释,充分混合,其滴定方法与浓缩液类似。然而对一些果胶和食物胶体,需要搅拌混合以破坏胶体基质,混合过程中偶尔会有许多泡沫,可用消泡剂或真空脱气来消除。

样品处理后,其中的微粒常会引起 pH 的变化,达到酸平衡可能需几个月的时间,因此含颗粒食品在滴定前必须充分粉碎搅均,但粉碎时易混入大量空气,对测定结果的准确性带来影响。当样品中混入空气时,等分样品可采用称重方法。

4.3.4 食品中的酸度

(1)总酸度:指食品中所有酸性成分的总量。它包括未离解的酸的浓度和已离解的酸的浓度,其大小可借滴定法确定,故总酸度又称为“可滴定酸度”。

(2)有效酸度:指被测溶液中 H^+ 的浓度,准确地说应是溶液中 H^+ 的活度,所反映的是已离解的那部分酸的浓度,常用 pH 值表示,其大小可借酸度汁(即 pH 计)测定。

(3)挥发酸:指食品中易挥发的有机酸,如甲酸、醋酸及丁酸等低碳链的直链脂肪酸,其大小可通过蒸馏法分离,再借标准碱滴定测定。

(4)牛乳酸度:有两种。

①外表酸度:又叫固有酸度(潜在酸度),是指刚挤出来的新鲜牛乳本身所具有的酸度,是由磷酸、酪蛋白、白蛋白、柠檬酸和 CO_2 等所引起的。外表酸度在新鲜牛乳中占 0.15% ~0.18%(以乳酸汁)。

②真实酸度:也叫发酵酸度,是指牛乳放置过程中,在乳酸菌作用下乳糖发酵产生了乳酸而升高的那部分酸度。若牛乳中含酸量超过 0.2%,即表明有乳酸存在,因此习惯上将 0.2% 以下含酸量的牛乳称为新鲜牛乳,若达 0.3% 就有酸味,0.6% 能凝固。

具体表示牛乳酸度的方法也有两种。

①用吉尔涅尔度(°T)表示牛乳的酸度。°T 指滴定 100 mL 牛乳样品消耗 0.1000 mo l/L 氢氧化钠溶液的毫升数。或滴定 10 mL 牛乳所用去的 0.1000 mol/L 氢氧化钠的毫升数乘以 10,即为牛乳的酸度。

新鲜牛乳的酸度为 16 ~ 18 °T。

②以乳酸的百分数来表示,与总酸度计算方法同样,用乳酸表示牛乳酸度。

4.3.5　其他方法

高效液相色谱(HPLC)法和电化学法都可用来测定食品中的酸度。这两种方法可以鉴定特定的酸。HPLC 法用折光、紫外吸收,或用酸的某些电化学检测器检测。抗坏血酸有强的电化学信号,在 265 nm 处有强吸收,其他有机酸的吸收波长都在 200 nm 以上。

许多酸能用电化学方法如伏安法和极谱法测定,在理想情况下,电化学方法的灵敏度和专一性是独特的。然而,杂质的存在常阻碍了电化学方法的可行性。

不同于滴定法,色谱法和电化学法不能区分酸和它的共轭碱,而两种物质不可避免地共存于食品内在的缓冲体系,这使得仪器测定法比滴定法测定的数值高出 50%,因此,糖酸比只建立在滴定法测定的酸度基础上。

复习思考题

1. 说明 pH 计的基本原理。

2. 说明 pH 计的使用步骤。

3. 食品中的酸是无机酸还是有机酸?何为代表性酸?如何测定食品中的酸?

第5章　水分测定

本章学习重点：

了解水分测定法的种类、应用范围及水分活度的概念和测定方法；

掌握常压干燥法的基本原理、水分测定条件和注意事项。

5.1　概述

5.1.1　水测定的意义

水是维持动物、植物和人体生存必不可少的物质。不同种类的食品，水含量差别很大。除谷物和豆类种子（一般水为12%～16%）以外，作为食品原料或产品的许多动植物含水量为60%～90%，有的可能更高。控制食品的水含量，对于保持食品的品质，维持食品中其他组分的平衡关系，保证食品具有一定的保存期等起着重要的作用。例如，面包的水含量若低于30%，其外观形态干瘪，失去光泽，新鲜度严重下降；粉状食品水含量控制在5%以下，可抑制微生物生长繁殖，延长保存期。食品原料或产品中水含量高低，对加工、运输成本核算等也具有重要意义，是工艺过程设计的重要依据之一。水含量还是进行其他食品化学成分比较的基础。如某种食品蛋白质含量为40 g/100 g，水含量30 g/100 g，另一种食品蛋白质含量25 g/100 g，水含量60 g/100 g，并不能直观地认为前者蛋白质的含量高于后者，应折算成干物质后比较。水含量还是产品品质与价格的决定因素。非加工需要而故意人为“注水”的产品应属伪劣产品范畴。因此，食品中水含量的测定是食品分析的重要项目之一。

表5－1为部分常见食品的水含量，表5－2总结了部分国家标准中规定的食品中的水含量。

表5－1　部分常见食品的水含量

食品名称	水含量/(g/100g)	食品名称	水含量/(g/100g)	食品名称	水含量/(g/100g)
全谷粒	12～16	新鲜水果	90	蜂蜜	20～40
早餐谷物	4	果汁	85～93	冰激凌	65

续表

食品名称	水含量/(g/100g)	食品名称	水含量/(g/100g)	食品名称	水含量/(g/100g)
通心粉	10	番石榴	81	. 液态乳	87~91
饼干	5~8	甜瓜	92~94	青豆	67
面包	35~45	橄榄	70~75	黄瓜	96
沙拉酱	40	鳄梨	65	青菜	70~75
果酱	35	柑橘	86~90	马铃薯	78
动物肉	78	水产品	50~85	新鲜蛋	74

表 5-2　部分国家标准规定的食品水含量

产品名称	水含量/%	引用标准	产品名称	水含量/%	引用标准
籼米，籼糯米	≤ 14.5	GB 1354—2009	蛋制品：巴氏杀菌冰全蛋	≤ 76.0	GB 2749—2003
粳米，粳糯米	≤ 15.5	GB 1354—2009	蛋制品：冰蛋黄	≤55.0	GB 2749—2003
稻谷：早籼，晚籼，籼糯	≤ 13.5	GB 1354—2009	蛋制品：冰蛋白	≤88.5	GB 2749—2003
稻谷：粳，粳糯	≤ 14.5	GB 1354—2009	蛋制品：巴氏杀菌全蛋粉	≤ 4.5	GB 2749—2003
面包：软式	≤ 45	GB/T 20981—2007	蛋制品：蛋黄粉	≤ 4.0	GB 2749—2003
面包：硬式	≤ 45	GB/T 20981—2007	蛋制品：蛋白片	≤ 16.0	GB 2749—2003
面包：起酥	≤ 36	GB/T 20981—2007	乳粉	≤ 5.0	GB 19644—2010
面包：调理	≤ 45	GB/T 20981—2007	调制乳粉	≤ 5.0	GB 19644—2010
面包：其他	≤ 45	GB/T 20981—2007	奶油	≤ 16.0	GB 19646—2010
小麦粉馒头	≤ 45.0	GB/T 21118—2007	加糖炼乳	≤ 27.0	GB 13102—2010
猪肉	≤ 77	GB 18394—2001	调制加糖炼乳	≤ 28.0	GB 13102—2010
牛肉	≤ 77	GB 18394—2001	肉松	≤ 20	GB 23968—2009
羊肉	≤ 78	GB 18394—2001	中式香肠，特级	≤ 25	GB/T 23493—2009
鸡肉	≤ 77	GB 18394—2001	中式香肠，优级	≤ 30	GB/T 23493—2009
			中式香肠，普通级	≤ 38	GB/T 23493—2009

2012 年 5 月 30 日修订 GB 18394—2001《畜禽肉水限量》的征求意见稿提出了更严格的要求，即猪肉、牛肉、鸡肉含水量不超过 76.5%，羊肉含水量不超过 77.5%，鸭肉含水量不超过 80%。

5.1.2　食品中水的存在形式

食品的形态有固态、半固态和液态，无论是原料，还是半成品或成品，都含有一定量的水。高水含量的物料切开后水并不流出,其原因与水的存在形式有关。食品中水的存在形式分别为游离态和结合态两种形式,即游离水和结合水。

5.1.2.1 游离水

游离水(Free water),又称自由水,存在于细胞间隙,具有水的一切物理性质,即100℃时沸腾,0℃以下结冰,并且易汽化。游离水是食品的主要分散剂,可以溶解糖、酸、无机盐等。自由水在烘干食品时容易气化,在冷冻食品时冻结,故可用简单的热力方法除去。游离水促使腐蚀食品的微生物繁殖和酶起作用,并加速非酶褐变或脂肪氧化等化学劣变。游离水可分为不可移动水或滞留水(Occluded water)、毛细管水(Capillary Water)和自由流动水(Fluid Water)三种形式。滞留水是指被组织中的纤维和亚纤维膜所阻留住的水;毛细管水是指在生物组织的细胞间隙和食品的结构组织中通过毛细管力所系留的水;自由流动水主要指动物的血浆、淋巴和尿液以及植物导管和液泡内的水等。

5.1.2.2 结合水

结合水(Bound Water),又称束缚水,与食物材料的细胞壁或原生质或蛋白质等通过氢键结合或以配价键的形式存在,如在食品中与蛋白质活性基团(—OH、—NH、—COOH、—$CONH_2$)和碳水化合物的活性基团(—OH)以氢键相结合而不能自由运动。根据结合的方式又可分为物理结合水和化学结合水。加热时结合水难汽化,具有低温(-40℃或更低)下不易结冰和不能作为溶剂的性质。结合水与食品成分之间的结合很牢固,可以稳定食品的活性基团。迄今为止,从食品化学的角度研究食品中水的存在形式的工作仍在继续。水测定时结合水很难去除。

5.1.3 水活度

食品中的水随环境条件的变动而变化。如果周围环境的空气干燥(湿度低),则水从食品向空气蒸发,食品水逐渐减少而干燥;反之,如果环境湿度高,则干燥的食品就会吸湿以至水增多,这一动态过程最终趋于平衡,此时的水称为平衡水(Equilibrium Moisture)。从食品保藏的角度出发,食品的含水量不用绝对含量(g/100 g或g/kg等)表示,而用水活度(Water Activity,A_W)表示。水活度定义为"食品所显示的水蒸气压P对在同一湿度下最大水蒸气压P_0之比"。即,

$$A_W = \frac{P}{P_0} = \frac{R_H}{100}$$

式中:P ——食品中水蒸气分压;

P_0——纯水的蒸汽压;

R_H——平衡相对湿度。

A_W 反映食品与水的亲和能力，它表示食品中所含的水作为微生物化学反应和微生物生长的可用价值。食品水活度与水含量无直接定量关系。例如，金黄色葡萄球菌生长要求的最低水活度为0.86，而相当于该水活度的水含量则随食品种类的不同而异，如干肉为23%，乳粉为16%，干燥肉汁为63%，因此，仅仅根据水含量难以判断食品的可保存性，测定和控制食品的水活度才对其保藏性有重要意义。

5.2　水含量测定方法

水含量测定法通常分为直接法和间接法两类。

直接法——利用水本身的物理性质和化学性质测定水的方法，如干燥法、蒸馏法和化学反应法（卡尔·费休法）。

间接法——利用食品的密度、折射率、电导、介电常数等物理性质，间接测定水的方法。

测定水含量的方法应根据食品性质和测定目的选择。直接测定法的准确度高于间接测定法。

5.2.1　干燥法

利用水受热汽化或在相对湿度很低的情况下，水可以在物料间转移（质传递）的性质，将样品进行干燥以测定水含量的方法称为干燥法。应该注意，冷冻干燥法可以作为样品处理方法，不能作为测定方法。干燥法有加热干燥法和干燥剂干燥法两种。

5.2.1.1　加热干燥法

5.2.1.1.1　原理

在一定温度和压力条件下，将样品加热干燥，以排除其中水的方法称为加热干燥法。根据操作压力的差别，加热干燥法分为常压干燥法和减压干燥法，加热干燥法是将样品盛放于样品皿中，在干燥箱（或称烘箱）中被加热去除试样中的水，再通过干燥前后的称量数值计算出水的含量。

5.2.1.1.2　分析条件

对于性质稳定的样品如谷物，可以选择常压干燥；对于性质不稳定的样品如含果糖或脂肪高的食品，应选择减压（或真空）干燥。压力的差异本质上是加热温度的差异，常压可达高温；减压可用低温。常压干燥法通常选择100℃ ±5℃，减压(或真空)干燥法在压力40～53 kPa,70℃以下温度进行。为了提高分析速度,性质稳定的谷物样品分析可以在130～140℃进行。干燥时间的确定有使样品烘至恒重和根据经验确定两种方式。前者为标准方法,后者适合快速或常规测定。恒重法为干燥残留物重为2～5 g时,当连续两次干燥放冷称重后,质量相差不超过2 mg时可认为达到恒重状态,此时可结束干燥,样品质量可视为不再变化,称重后即可计算水含量。规定干燥时间法是指在规定的时间内样品内大部分水已被除去,进一步的干燥对测定结果的改变很小,可忽略不计。

5.2.1.1.3 分析设备

用于加热干燥测定水的设备为干燥箱或称烘箱,如图5－1所示。常压干燥箱与大气相通,为保证干燥室内的温度均匀,一般采用强制通风的形式,即配有电扇。减压干燥法需配置减压(或真空)系统,且样品室可以密封。常规干燥箱的加热元件都为电阻丝,快速水测定仪(图5－2)采用微波、红外或卤素加热方式。水含量分析用专门干燥箱的形式种类较多,加热功率和内室腔体大小可根据需要选择。

(a)常压干燥箱

(b)真空干燥箱

图5－1 电热干燥箱

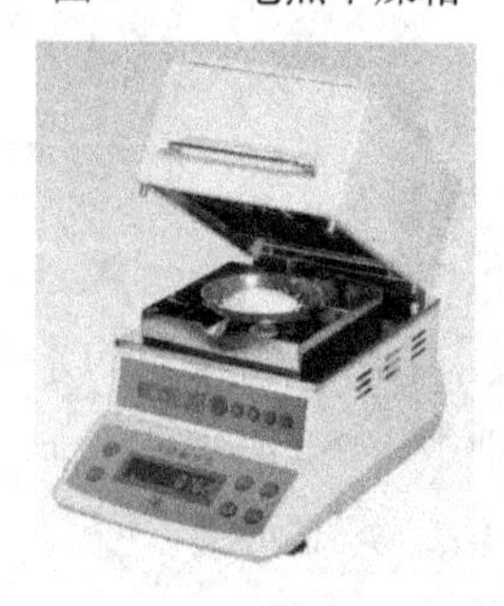

图5－2 快速水测定仪

样品皿可以是铝盒,也可以是玻璃或石英称量皿(图5－3)。用于分析的样品质量通常控制其干燥残留物为2～5 g。有的国家,对于番茄制品等蔬菜制品,规定每平方厘米称量皿底面积内，干燥残留物为9～12 mg。

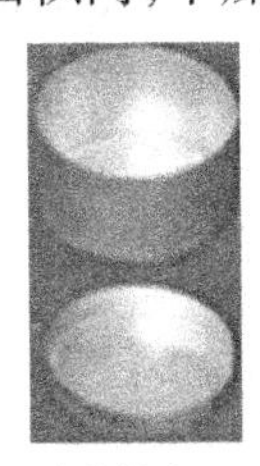

(a)铝盒

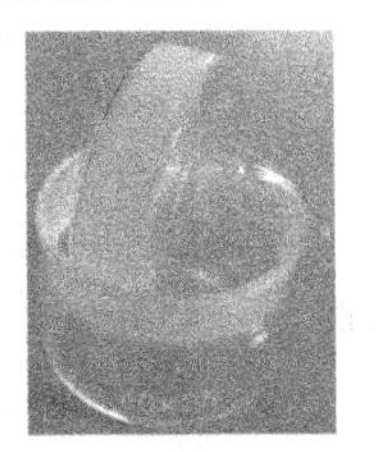

(b)称量瓶

图5－3 铝盒和称量瓶

样品皿底部直径选择原则一般为：固体和少量液体样品选4～5 cm；多量液体样品选6.5～9.0 cm；水产品样品选9 cm。

5.2.1.1.4 对样品的要求

加热干燥法是最基本的水测定法，适用于多数食品样品，但此法的应用必须符合以下三项条件。

(1)水是唯一的挥发物质。其他挥发性存在非常少，对结果的影响可以忽略不计。

(2)水能完全排除。这一点很难做到，结合水是不能去除的。

(3)食品中其他组分在加热过程中由于发生化学反应而引起的重量变化可忽略不计。果糖和高脂肪样品等很容易发生变化，还原糖和蛋白质或氨基酸也很容易发生反应，此时样品的预处理和干燥条件选择非常关键。

5.2.1.1.5 样品预处理

样品必须洁净，根据分析目的确定是总体还是可食部分。

(1)固体样品：必须磨碎过筛。谷类约为18目，其他食品为30～40目。样品颗粒过大，内部水扩散缓慢，不易干燥；样品颗粒过小，可能受空气搅动影响而"飞出"容器。

(2)液态样品：先在水浴上浓缩，然后用烘箱干燥。

(3)浓稠液体：如糖浆、甜炼乳等，需加入经预处理并干燥过的石英砂等分散剂，增加样品表面积，防止结膜等物理栅形成。

(4)高水含量食品(水含量大于16%)，采用二步(次)干燥法，即先在低温条件下干燥，再用较高温度干燥的方法测定。以新鲜面包为例：

称重→切片(2～3 mm)→风干(60℃以下，15～20 h)→称重→磨碎→过筛→加热干燥法测定水。

在二步操作法中，测定结果用下式表示：

$$X = \frac{m_1 - m_2(1 - x\%)}{m_1} \times 100$$

式中：X ——新鲜面包的水含量；

x ——风干面包的水百分含量；

m_1——新鲜面包的总质量；

m_2——风干面包的总质量。

二步操作法的分析结果准确度较高，但费时更长。

5.2.1.1.6　操作步骤

（1）样品皿处理：样品皿→清洗→烘干→干燥器中冷却→称重

（2）称取样品：精密称取2 g左右样品。一般精确至0.0001 g，有时有些方法只要求精确至0.001 g。

（3）烘箱烘干：样品皿+样品→烘干→冷却→称重。

（4）再次称重：样品皿+样品→烘干→冷却→称重。

重复（4），直至恒重。

恒重指称重前后两次称重差不超过2 mg。样品的冷却必须在干燥器（图5-4）中完成。普通干燥器一般常用白色玻璃制作，也有棕色玻璃的产品，真空干燥器盖子除玻璃材料外也有用塑料制成的，盖子与底座间涂抹真空脂或凡士林密封。干燥器下层放置变色硅胶等干燥剂，中间由孔板隔开。孔的大小设计兼顾了在灰分测定时坩埚的稳定放置。真空干燥器用于长时间存放样品。

（a）普通干燥器

（b）真空干燥器

图5-4　干燥器

5.2.1.1.7　结果计算

样品中的水含量根据下列公式计算。

$$X = \frac{m_2 - m_3}{m_2 - m_1} \times 100$$

式中：X ——样品中水的含量，g/100 g；

m_1——样品皿质量，g；

m_2——（干燥前样品皿 + 样品）质量，g；

m_3——（干燥后样品皿 + 样品）质量，g。

5.2.1.1.8　误差原因及解决办法

（1）烘干过程中，样品表面出现物理栅（physical barriers），可阻碍水从食品内部向外扩散。例如：干燥糖浆，富含糖分的水果、蔬菜等在样品表层结成薄膜，水不能扩散，测定结果出现负偏差。像糖浆、富含糖分的果蔬样品测定时，可加水稀释，或加入干燥助剂（如海砂、石英砂），增加蒸发面积，提高干燥效率，减少误差。

（2）样品水含量高，干燥温度也较高时，样品可能发生化学反应，这些变化会使水损失。例如：淀粉的糊精化，水解作用等。可采用红外线干燥或二步干燥法。

（3）对热不稳定的样品，温度高于70℃会发生分解，产生水及其他挥发物质。如蜂蜜、果浆、富含果糖的水果。可采用真空烘箱法，在较低温度下进行测定。

（4）样品中含有除水以外的其他易挥发物，如乙醇、醋酸等将影响测定。应选择合适的测定方法。

（5）样品中含有双键或其他易于氧化的基团。如不饱和脂肪酸、酚类等会使残留物增重，水含量偏低。应选择合适的测定方法。

（6）样品冷却必须在有效的干燥器中存放。

5.2.1.1.9　常压和减压干燥法的比较

常压干燥法使用方便，设备简单，操作时间长，不适用于胶体、高脂肪、高糖食品以及易氧化、易挥发物质的食品且不可能测出食品中的真正水，残留1%的水。

减压干燥法常被用作标准法，测定结果比较接近真正水，重现性好。操作温度低，时间短，可防止样品变化。

减压干燥法需配置减压和空气干燥装置，如图5－5。干燥测定时，关闭二通活塞，使真空泵抽出干燥箱中的水汽和空气，干燥结束后，在保持真空泵继续工作的情况下，将二通活塞通向空气，直至干燥箱回复常压。干燥塔的作用是为了保证在解除干燥箱负压时进入干燥箱的空气为干燥状态，否则已经干燥的样品又会吸收空气中的水。应注意及时更换干燥塔中的填料。

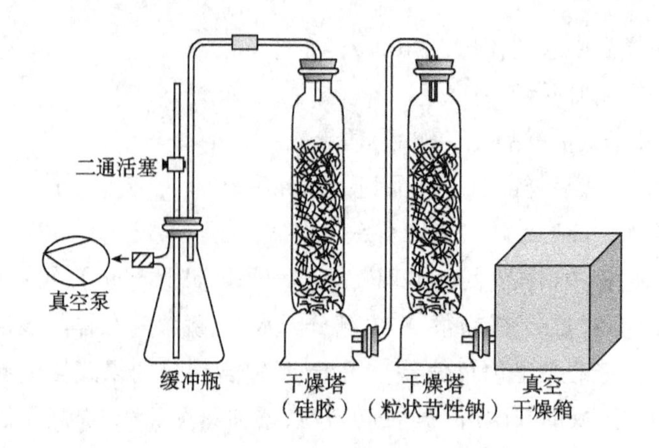

图 5－5　真空干燥装置示意图

5.2.1.2　干燥剂干燥法

在室温常压或减压条件下利用干燥剂吸收样品中扩散出来的水直至达到平衡状态(恒重)。这种方法实用性较差,可用化学测定法替代。

(1)常用干燥剂:浓硫酸、氢氧化钠、硅胶、活性氧化铝、无水氯化钙、五氧化二磷等。最常使用的是变色硅胶,干燥状态时呈蓝色,吸湿后变红至无色,干燥(常用 130℃)后又显蓝色,但干燥后的硅胶吸湿速度明显加快。

(2)特点:花费时间较长,数天至数月,但简便,比较实用,多用于样品保存。

(3)适用范围:对热不稳定的样品及含有易挥发组分的样品易采用干燥剂法,如茶叶、香料。

5.2.2　蒸馏法

蒸馏法出现在 20 世纪初,是利用液体混合物中各组分挥发度的不同而分离为纯组分的方法。蒸馏方法分为:常压蒸馏、水蒸气蒸馏、扫集共蒸馏、减压蒸馏、分馏。

5.2.2.1　原理

水测定方法中蒸馏法的原理是,向样品中加入与水互不溶解的有机溶剂(有些与水形成共沸混合物)进行蒸馏,蒸馏出的蒸汽被冷凝,收集于标有刻度的接收管中,因密度和性质不同,馏出液中有机溶剂与水分离,根据水的体积计算水的含量。

5.2.2.2　有机溶剂的选择

常用的有机溶剂有甲苯、二甲苯、苯(苯、甲苯可与水形成共沸混合物)、CCl_4

(比水重)、四氯(代)乙烯和偏四氯乙烷。样品的性质是选择溶剂的重要依据。有机溶剂的密度应与水有显著差异。对热不稳定的食品,一般不用二甲苯(沸点高),而常选用低沸点的苯、甲苯或甲苯—二甲苯的混合液。对一些含糖可分解产生水的样品,如脱水洋葱和脱水大蒜,可选用苯。表 5 - 3 为蒸馏法测定水常用有机溶剂的性质。

表 5 - 3 蒸馏法测定水常用有机溶剂的性质

载 体			载体—水恒沸化合物		25℃时水在载体中的溶解度/(g/kg)	载体在水中的溶解度/(g/kg)	适用样品
化合物	沸点/℃	密度/(g/cm^3)(25℃)	沸点/℃	水占比例/%			
甲苯	110	0.866	84.1	19.6	0.05	0.06	谷类及加工品,食品,油脂,糖类,果酱等
二甲苯	约 140	0.864	94.5	40.0	0.04	0.05	食品,油脂,肉类,糖类,糖浆等
苯	80.2	0.879	69.25	8.8	0.06	0.08	谷类,油脂,蛋白质,糖类,糖浆等
庚烷	98.5	0.683	80.0	12.9	0.015	0.01	油料种子,油脂等
四氯乙烯	120.8	1.627	88.5	17.2	0.03	0.01	水果,食品
石油馏分	不定	不定	—	—	不定	—	谷类及加工品,食品,油脂等

5.2.2.3 主要仪器

(1)迪恩—斯塔克(Dean Stark)装置,如图 5 - 6 所示。按美国公职分析化学家协会(AOAC)标准法规定,其用于比重小于和大于水的溶剂。接受器下部刻度量管容量为 5 mL,可以读到 0.01 mL,由于小水滴会黏附在仪器内壁,有机相与水相的界面不够清晰,测量水的体积不够精密,但作为一般常规分析,都选用这种简易装置。

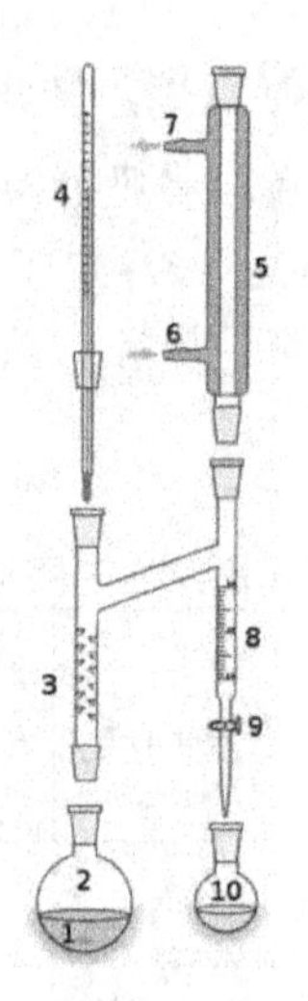

图 5－6　迪恩—斯塔克(Dean Stark)装置

1—搅拌子/防暴沸小珠　2—蒸馏瓶　3—分馏柱　4—温度计　5—冷凝管
6—冷却水进　7—冷却水出　8—刻度管　9—活塞　10—收集瓶

(2)巴尔—亚伍德(Barr Yarwood)蒸馏装置,如图 5－7 所示。适用于精密分析用,并可加速蒸馏过程。因为:

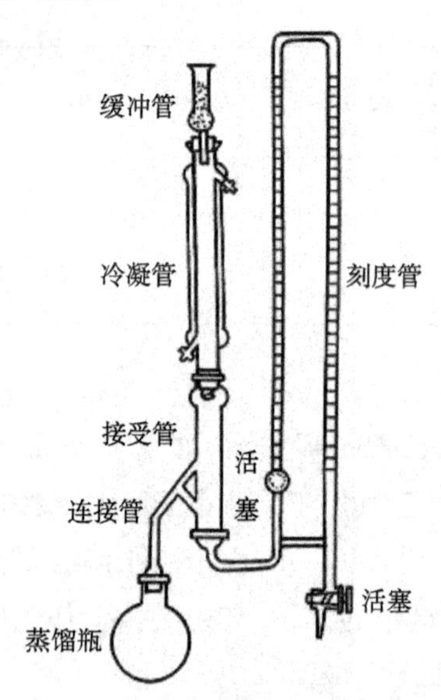

图 5－7　巴尔—亚伍德(Barr Yarwood)蒸馏装置

①接受器左壁向上倾斜的流出管可以使小水滴流入接受器而不像 Dean Stark 装置中回流入蒸馏瓶;

②接受器右边的刻度量管用外径 8 mm 玻璃管制作,两壁各长 50 cm,内经约

4 mm,可以让小水滴在此集合并与水层结合起来;

③仪器内壁用硅酮聚合物涂膜,可防小水滴黏附。用此仪器测定水的误差不超过 0.027 g,因此样品水含水少至 0.5 g 时仍可以可靠地测定。

5.2.2.4　操作步骤

(1)用迪恩—斯塔克装置:先将接受器和冷凝器用铬酸—硫酸洗液仔细洗涤,再用水充分淋洗,然后用乙醇洗涤,移入烘箱中烘干,以防测定时有水滴黏附内壁。

将准确称取的样品(估计含水为 2 ~ 4 mL)装入干燥的烧瓶中,加入甲苯约 75 mL 使样品全部淹没,按图 5 - 6,将仪器各部分连接好。从冷凝器的上口注入甲苯,充满接受器。

加热蒸馏瓶:因水与甲苯的混合物沸点为 84.1℃,先需要缓缓蒸馏,调节蒸馏出的速度为冷凝后馏分滴下的速度约 2 滴/s,至大部分水蒸出后再增大蒸馏速度至约 4 滴/s。水近于全部蒸出时再由冷凝器上口注入少量甲苯,洗下内壁可能黏附的小水滴。继续蒸馏片刻,直至接受管中的水量不再增加,上层的甲苯液体澄清透明,不再因含微水粒而混浊为止。如果冷凝器内壁还黏附水滴,可用蘸有甲苯的小长柄毛刷将其推刷下。全部操作过程约需 1 h。

卸下接受器,放冷至室温,如有水滴黏附接受器内壁。可以用包有橡皮头的铜丝将其推下。待水与甲苯完全分离后,读取水的体积,计算样品的水含量。

(2)用巴尔—亚伍德装置:新的仪器充分洗涤并且用硅酮聚合物涂膜,以防测定时内壁黏附小水滴。

将图 5 - 7 所示的蒸馏瓶卸下,换一橡皮帽堵住接受器。从冷凝器上口注入无水甲苯,在活塞尖口处用橡皮吸球吸一下,使甲苯充满虹吸的刻度量管,关闭活塞。

将装有样品(含水 1 ~ 3 mL)和甲苯的蒸馏瓶连接好,加热蒸馏,馏速约为 1 滴/s。当水不再蒸出时,稍稍拧开活塞,使水达到量管的基部圆球处为止,然后全部拧开活塞,把水引到量管向下开口的右壁为止,关闭活塞,读取水的体积,计算样品的水含量。

5.2.2.5　结果计算

$$X = \frac{V}{m} \times 100$$

式中:X——样品中的水含量,mL/100 g;

V——接收管内水的体积,mL ;

m——样品质量,g。

5.2.2.6 蒸馏法的特点

蒸馏法的特点:热交换充分,水可被迅速移去;发生的化学变化如氧化、分解、挥发等比常压加热干燥法小;设备简单经济,管理方便;准确度能满足常规分析的要求,能够快速测定水;适于含有较多挥发性成分的样品的水测定,分析结果准确。

美国公职分析化学家协会(AOAC)规定蒸馏法用于饲料、啤酒花、调味品的水测定,特别是香料,蒸馏法是唯一的、公认的水分析方法。

5.2.2.7 误差原因及解决办法

蒸馏法产生结果误差的原因主要有:①样品中水没有完全挥发出来;②水附集在冷凝器、蒸馏器及连接管内壁;③水溶解在有机溶剂中;④水与有机溶剂易发生乳化现象,形成乳浊液(选用比水重的溶剂 CCl_4 等容易形成乳浊液),分层不明显,造成读数误差。

相应的解决办法有:①对分层不理想,造成读数误差,可加少量戊醇或异丁醇防止出现乳浊液;②对富含糖分,蛋白质的黏性样品,将样品分散涂布于硅藻土上或用蜡纸包裹;③充分清洗仪器,防止水附集于内壁。

5.2.3 化学反应法

1935 年德国化学家卡尔·费休(Karl Fischer,1901—1958)首先提出了一种利用库伦滴定即容量分析测定水的方法,现在被许多国家定为标准分析方法。在食品工业,凡是用烘箱法得到异常结果的样品(或用真空烘箱法测定的样品),均可用本法测定。适用范围有脱水果蔬、糖果、巧克力、油脂、乳粉、炼乳及香料等。

5.2.3.1 原理

水存在时,碘与二氧化硫可发生氧化还原反应。在有吡啶和甲醇共存时,1 mol 碘只与 1 mol 水作用,反应式如下:

$H_2O + I_2 + SO_2 + 3C_5H_5N$(吡啶)$+ CH_3OH$(甲醇)$\longrightarrow 2C_5H_5N \cdot HI$(氢碘酸吡啶)$+ C_5H_5N(H)SO_4CH_3$(甲基硫酸酐吡啶)

容量法测定的碘是作为滴定剂加入的,滴定剂中碘的浓度是已知的,根据消耗滴定剂的体积,计算消耗碘的量,从而计算出被测物质水的含量。库仑法测定的碘是通过化学反应产生的,电解液中存在水时,所产生的碘会与水以 1∶1 的关系按照化学反应式进行反应。当所有的水都参与了化学反应,过量的碘会在电极的阳极区域形成,反应终止。

实际上,水、碘与二氧化硫的氧化还原反应是可逆的,当硫酸浓度达到 0.05% 以上时,即能发生逆反应。要使反应向正方向进行,需要加入适当的碱性物质以中和反应过程中生成的酸。实验证明，在体系中加入吡啶，反应会正向顺利进行。但生成的硫酸酐吡啶不稳定，能与水发生反应，消耗一部分水而干扰测定，为了使它稳定，可加无水甲醇。分部反应方程式如下：

$2H_2O + I_2 + SO_2 \longrightarrow 2HI + H_2SO_4$

$C_5H_5 \cdot I_2 + C_5H_5N \cdot SO_2 + 3C_5H_5N + H_2O \longrightarrow 2C_5H_5N \cdot HI$（氢碘酸吡啶）$+$ $C_5H_5N \cdot SO_3$（硫酸酐吡啶）

$C_5H_5N \cdot SO_3$（硫酸酐吡啶）$+ CH_3OH$（甲醇）$\longrightarrow C_5H_5N(H)SO_4CH_3$

合并以上反应，得

$H_2O + I_2 + SO_2 + 3C_5H_5N$（吡啶）$+ CH_3OH$（甲醇）$\longrightarrow 2C_5H_5N \cdot HI$（氢碘酸吡啶）$+ C_5H_5N(H)SO_4CH_3$（甲基硫酸酐吡啶）

可以看出，理论上1 mol水需要1 mol碘，1 mol二氧化硫和3 mol吡啶及1 mol甲醇而产生2 mol氢碘酸吡啶和1 mol甲基硫酸吡啶。实际上，SO_2、吡啶、CH_3OH都采用过量，反应完毕后多余的游离碘呈现红棕色，即可确定为到达终点。

常用的卡尔·费休试剂，以甲醇做溶剂，试剂溶度每毫升相当于3.5 mg水，$I_2 : SO_2 : C_5H_5N = 1:3:10$。

5.2.3.2 分析仪器

从简易手动到完全自动，卡尔·费休水测定装置经历了很长的历史发展过程，产品形式多样，如图5-8所示。

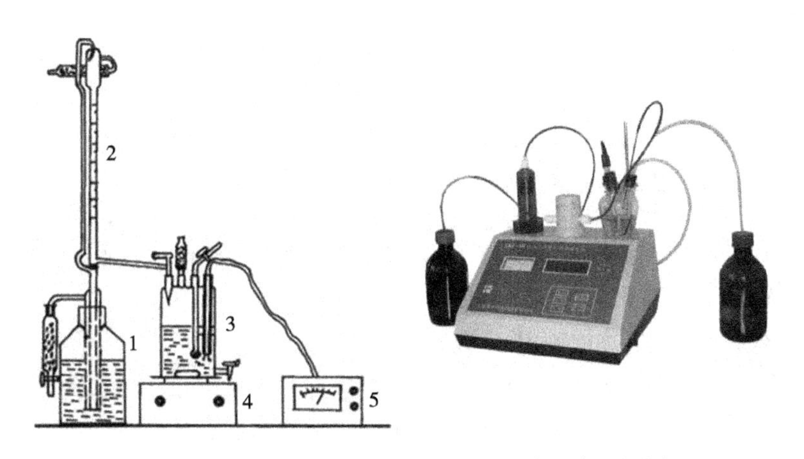

(a)仪器原理图　　(b)仪器商品形式之一

图5-8 卡尔·费休水测定装置

1—试剂储瓶 2—微量滴定管 3—滴定池 4—磁力搅拌器 5—电流表

5.2.3.3 说明及注意事项

(1)卡尔·费休法适用于多数有机样品,包括食品中糖果、巧克力、油脂、乳糖和脱水果蔬类等样品;

(2)卡尔·费休法不仅可测得样品中的自由水,而且可测出结合水,即此法测得结果更客观地反映出样品中总水含量。

(3)卡尔·费休试剂的有效浓度取决于碘的浓度。新鲜配制的试剂有效浓度会降低,由于试剂中各组分本身也会有水。主要是因为发生一些副反应,消耗了一部分碘。新配试剂需放置一定时间后才能使用。临用前均需标定,可采用稳定的水合盐和标准水溶液进行标定,常用的水合盐为酒石酸钠二水合物($Na_2C_4H_4O_6 \cdot 2H_2O$)其理论含水量为15.66%。

(4)滴定终点可用试剂碘本身作为指示剂,试剂中有水存在时,呈淡黄色,接近终点时呈琥珀色,当刚出现微弱的黄棕色时,即为滴定终点,棕色表示有过量碘存在。

容量分析适用于含有1%或更多水的样品,产生误差不大。如测微量水或测深色样品时,常用库伦滴定“永停法”确定终点。

(5)含有强还原性物质,包括维生素C的样品不能测定;样品中含有酮、醛类物质时,会与试剂发生缩酮、缩醛反应,必须采用专用的醛酮类试剂测试。对于部分在甲醇中不溶解的样品,需要另寻合适的溶剂溶解后检测,或者采用卡氏加热炉将水汽化后测定。

(6)固体样品细度以40目为宜,最好用粉碎机而不用研磨,防止水损失。

5.3 固形物含量测定

当物料中的水含量很高时,如果蔬、饮料等,为了实际使用方便,通常用可溶性固形物表示,显然:

固形物含量+水含量=100%,或

水含量=100-固形物含量

固形物测定主要有密度法、折光法和干燥法。干燥法同以上介绍的水测定法,即通过加热,将水蒸发掉,最终烘干至恒重。这是绝对法,即需要明确了解固形物的绝对含量时才会使用这种方法。密度法采用密度计或密度瓶测量,密度计法直接用密度计测量并以密度表示固形物浓度,多为工业生产上使用,此法比较粗放。密度瓶法采用标准温度定体积称重,较精确。折光法根据样品中固形物的含量与折光相关的原理进行。以上方法的具体介绍参见相关仪器的使用说明书或用户手册，这里仅介绍折光法的应用。

5.3.1　折光法方法提要

在 20℃ 用折光计（图 5－9）测量待测样液的折光率，并用折光率与可溶性固形物含量的换算表查得或折光计上直接读出可溶性固形物含量。

5.3.2　折光仪

阿贝（Abe）折光仪或其他折光仪：测量范围 0～80%，精确度 ± 0.1%。

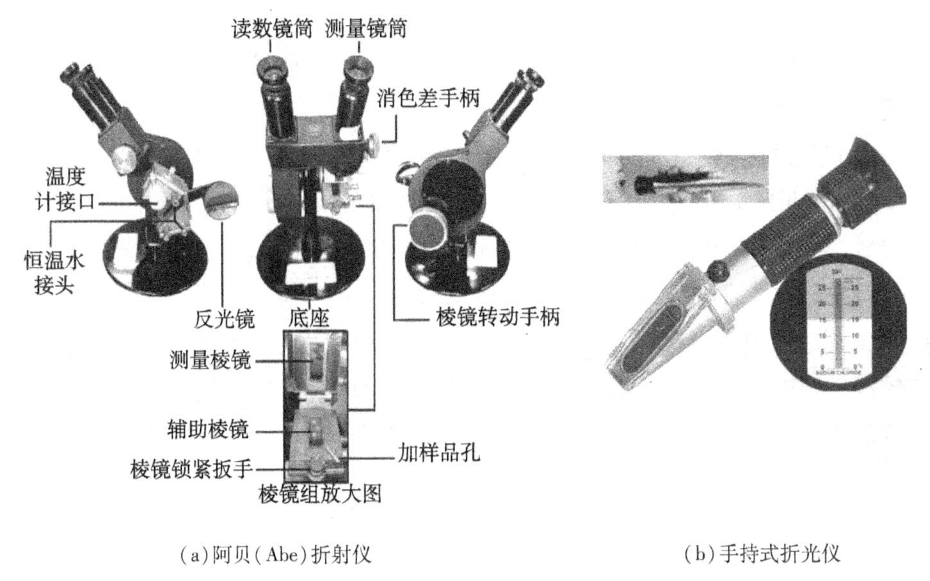

（a）阿贝（Abe）折射仪　　（b）手持式折光仪

图 5－9　折光仪

5.3.3　样品制备

澄清果汁、糖液等，试样混匀后直接用于测定，混浊制品用双层擦镜纸或纱布挤出汁液测定。所有过程都必须定量进行。

（1）新鲜果蔬、罐藏和冷冻制品：取试样的可食部分切碎、混匀（冷冻制品须预先解冻），高速组织捣碎机捣碎，用两层擦镜纸或纱布挤出匀浆汁液测定。

（2）酱体制品：果酱、果冻等，放入烧杯中，加入蒸馏水，用玻棒搅匀，在电热板上加热至沸腾，轻沸 2～3 min，放置冷却至室温，然后通过滤纸或布氏漏斗过滤，滤液供测定用。

(3)干制品:把试样可食部分切碎,混匀,放入称量过的烧杯,加入蒸馏水,置沸水浴上浸提30 min,不时用玻璃棒搅动。取下烧杯,待冷却至室温,过滤。

(4)半黏稠制品(果浆、菜浆类):将试样充分混匀,用四层纱布挤出滤液,弃去最初几滴,收集滤液供测试用。

(5)含悬浮物质制品(果粒果汁饮料):将待测样品置于组织捣碎机中捣碎,用四层纱布挤出滤液,弃去最初几滴,收集滤液供测试用。

5.3.4 分析步骤

(1)测定前按说明书校正折光仪。

(2)分开折光仪两面棱镜,用脱脂棉蘸乙醚或乙醇擦净。

(3)用末端熔圆之玻璃棒蘸取试液2~3滴,滴于折光计棱镜面中央(注意勿使玻璃棒触及镜面)。

(4)迅速闭合棱镜,静置1 min,使试液均匀无气泡,并充满视野。

(5)对准光源,通过目镜观察接物镜。调节指示规,使视野分成明暗两部,再旋转微调螺旋,使明暗界限清晰,并使其分界线恰在接物镜的十字交叉点上。读取目镜视野中的百分数或折光率,并记录棱镜温度。

(6)如目镜读数标尺刻度为百分数,即为可溶性固形物的百分含量;如目镜读数标尺为折光率,可按表5-4换算为可溶性固形物百分含量。将上述百分含量按表5-5换算为20℃时可溶性固形物百分含量。

表5-4 20℃时折光率与可溶性固形物换算表

折光率	可溶性固形物/%	折光率	可溶性固形物/%	折光率	可溶性固形物/%	折光率	可溶性固形物/%	折光率	可溶性固形物/%	折光率	可溶性固形物/%
1.3330	0.0	1.3395	4.5	1.3464	9.0	1.3533	13.5	1.3606	18.0	1.3681	22.5
1.3337	0.5	1.3403	5.0	1.3471	9.5	1.3541	14.0	1.3614	18.5	1.3689	23.0
1.3344	1.0	1.3411	5.5	1.3479	10.0	1.3549	14.5	1.3622	19.0	1.3698	23.5
1.3351	1.5	1.3418	6.0	1.3487	10.5	1.3557	15.0	1.3631	19.5	1.3706	24.0
1.3359	2.0	1.3425	6.5	1.3494	11.0	1.3565	15.5	1.3639	20.0	1.3715	24.5
1.3367	2.5	1.3433	7.0	1.3502	11.5	1.3573	16.0	1.3647	20.5	1.3723	25.0
1.3373	3.0	1.3441	7.5	1.3510	12.0	1.3582	16.5	1.3655	21.0	1.3731	25.5
1.3381	3.5	1.3448	8.0	1.3518	12.5	1.3590	17.0	1.3663	21.5	1.3740	26.0
1.3388	4.0	1.3456	8.5	1.3526	13.0	1.3598	17.5	1.3672	22.0	1.3749	26.5

续表

折光率	可溶性固形物/%	折光率	可溶性固形物/%	折光率	可溶性固形物/%	折光率	可溶性固形物/%	折光率	可溶性固形物/%	折光率	可溶性固形物/%
1.3758	27.0	1.3939	37.0	1.4137	47.0	1.4351	57.0	1.4581	67.0	1.4825	77.0
1.3767	27.5	1.3949	37.5	1.4147	47.5	1.4362	57.5	1.4593	67.5	1.4838	77.5
1.3775	28.0	1.3958	38.0	1.4158	48.0	1.4373	58.0	1.4605	68.0	1.4850	78.0
1.3781	28.5	1.3968	38.5	1.4169	48.5	1.4385	58.5	1.4616	68.5	1.4863	78.5
1.3793	29.0	1.3978	39.0	1.4179	49.0	1.4396	59.0	1.4628	69.0	1.4876	79.0
1.3802	29.5	1.3987	39.5	1.4189	49.5	1.4407	59.5	1.4639	69.5	1.4888	79.5
1.3811	30.0	1.3997	40.0	1.4200	50.0	1.4418	60.0	1.4651	70.0	1.4901	80.0
1.3820	30.5	1.4007	40.5	1.4211	50.5	1.4429	60.5	1.4663	70.5	1.4914	80.5
1.3829	31.0	1.4015	41.0	1.4221	51.0	1.4441	61.0	1.4676	71.0	1.4927	81.0
1.3838	31.5	1.4026	41.5	1.4231	51.5	1.4453	61.5	1.4688	71.5	1.4941	81.5
1.3847	32.0	1.4036	42.0	1.4242	52.0	1.4464	62.0	1.4700	72.0	1.4954	82.0
1.3856	32.5	1.4046	42.5	1.4253	52.5	1.4475	62.5	1.4713	72.5	1.4967	82.5
1.3865	33.0	1.4056	43.0	1.4264	53.0	1.4486	63.0	1.4737	73.0	1.4980	83.0
1.3874	33.5	1.4066	43.5	1.4275	53.5	1.4497	63.5	1.4725	73.5	1.4993	83.5
1.3883	34.0	1.4076	44.0	1.4285	54.0	1.4509	64.0	1.4749	74.0	1.5007	84.0
1.3893	34.5	1.4086	44.5	1.4296	54.5	1.4521	64.5	1.4762	74.5	1.5020	84.5
1.3902	35.0	1.4096	45.0	1.4307	55.0	1.4532	65.0	1.4774	75.0	1.5033	85.0
1.3911	35.5	1.4107	45.5	1.4318	55.5	1.4544	65.5	1.4787	75.5		
1.3920	36.0	1.4117	46.0	1.4329	56.0	1.4555	66.0	1.4799	76.0		
1.3929	36.5	1.4127	46.5	1.4340	56.5	1.4570	66.5	1.4812	76.5		

表5-5 20℃时可溶性固形物百分含量

温度/℃	可溶性固形物含量/%														
	0	5	10	15	20	25	30	35	40	45	50	55	60	65	70
	应减去之校正值														
10	0.50	0.54	0.58	0.61	0.64	0.66	0.68	0.70	0.72	0.73	0.74	0.75	0.76	0.78	0.79
11	0.46	0.49	0.53	0.55	0.58	0.60	0.62	0.64	0.65	0.66	0.67	0.68	0.69	0.70	0.71
12	0.42	0.45	0.48	0.50	0.52	0.54	0.56	0.57	0.58	0.59	0.60	0.61	0.61	0.63	0.63
13	0.37	0.40	0.42	0.44	0.46	0.48	0.49	0.50	0.51	0.52	0.53	0.54	0.54	0.55	0.55
14	0.33	0.35	0.37	0.39	0.40	0.41	0.42	0.43	0.44	0.45	0.45	0.46	0.46	0.47	0.48

续表

温度/℃	可溶性固形物含量/%														
	0	5	10	15	20	25	30	35	40	45	50	55	60	65	70
应减去之校正值															
15	0.27	0.29	0.31	0.33	0.34	0.34	0.35	0.36	0.37	0.37	0.38	0.39	0.39	0.40	0.40
16	0.22	0.24	0.25	0.26	0.27	0.28	0.28	0.29	0.30	0.30	0.30	0.31	0.31	0.32	0.32
17	0.17	0.18	0.10	0.20	0.21	0.21	0.21	0.22	0.22	0.23	0.23	0.23	0.23	0.24	0.24
18	0.12	0.13	0.13	0.14	0.14	0.14	0.14	0.15	0.15	0.15	0.15	0.16	0.16	0.16	0.16
19	0.06	0.06	0.06	0.07	0.07	0.07	0.07	0.08	0.08	0.08	0.08	0.08	0.08	0.08	0.08
应加入之校正值															
21	0.06	0.07	0.07	0.07	0.07	0.08	0.08	0.08	0.08	0.08	0.08	0.08	0.08	0.08	0.08
22	0.13	0.13	0.14	0.14	0.15	0.15	0.15	0.15	0.15	0.16	0.16	0.16	0.16	0.16	0.16
23	0.19	0.20	0.21	0.22	0.22	0.23	0.23	0.23	0.23	0.24	0.24	0.24	0.24	0.24	0.24
24	0.26	0.27	0.28	0.26	0.30	0.30	0.31	0.31	0.31	0.31	0.31	0.32	0.32	0.32	0.32
25	0.33	0.35	0.36	0.37	0.38	0.38	0.39	0.40	0.40	0.40	0.40	0.40	0.40	0.40	0.40
26	0.40	0.42	0.43	0.44	0.45	0.46	0.47	0.48	0.48	0.48	0.48	0.48	0.48	0.48	0.48
27	0.48	0.50	0.52	0.53	0.54	0.55	0.55	0.56	0.56	0.56	0.56	0.56	0.56	0.56	0.56
28	0.55	0.57	0.60	0.61	0.62	0.63	0.63	0.63	0.64	0.64	0.64	0.64	0.64	0.64	0.64
29	0.64	0.66	0.68	0.69	0.71	0.72	0.72	0.73	0.73	0.73	0.73	0.73	0.73	0.73	0.73
30	0.72	0.74	0.77	0.78	0.79	0.80	0.80	0.81	0.81	0.81	0.81	0.81	0.81	0.81	0.81

5.3.5 注意事项

同一样品两次测定值之差，不应大于0.5%。取两次测定的算术平均值作为结果，精确到小数点后一位。

需加水稀释的试样，应适当减少加水量，以避免扩大测定误差。

5.4 水活度测定

水活度的测定方法很多，有蒸汽压力法、电湿度法、溶剂萃取法、扩散法、测定仪法和近似计算法等，本节介绍最常用的康威（Conway）扩散法和水活度仪法。

5.4.1　康威扩散法

5.4.1.1　原理

样品在康威氏微量扩散皿(图 5－10)的密封和恒温条件下,分别在 A_w 较高和较低标准的饱和溶液中扩散平衡后,根据样品质量的增加(在较高 A_w 标准溶液中平衡后)和减少(在较低 A_w 标准溶液中平衡后)的量,求出样品的 A_w 值。

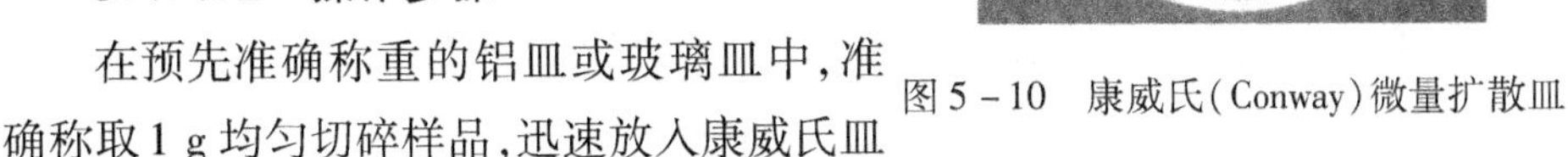

图 5－10　康威氏(Conway)微量扩散皿

5.4.1.2　操作步骤

在预先准确称重的铝皿或玻璃皿中,准确称取 1 g 均匀切碎样品,迅速放入康威氏皿内室中,在康威氏皿的外室预先放入标准饱和试剂 5 mL,或标准的上述盐 5.0 g,加入少许蒸馏水润湿。一般进行操作时选样 3～4 份标准饱和试剂(每只皿装一种),其中 1～2 份的 A_w 值大于或小于试样的 A_w 值。然后在扩散皿磨口边缘均匀地涂上一层真空脂或凡士林,加盖密封。在 25 ℃ ±0.5 ℃下放置 2 h ±0.5 h,然后取出铝皿或玻璃皿,用分析天平迅速称量,分别计算样品每 g 质量的增减数。表 5－6 为标准水活度试剂及其 25℃时的 A_w。

表 5－6　标准水活度试剂及其 25℃时的 A_w

试剂名称	A_w	试剂名称	A_w
重铬酸钾($K_2Cr_2O_7 \cdot 2H_2O$)	0.986	溴化钠($NaBr \cdot 2H_2O$)	0.577
硝酸钾(KNO_3)	0.924	硝酸镁[$Mg(NO_3)_2 \cdot 6H_2O$	0.528
氯化钡($BaCl_2 \cdot 2H_2O$)	0.901	硝酸锂($LiNO_3 \cdot 3H_2O$)	0.476
氯化钾(KCl)	0.842	碳酸钾($K_2CO_3 \cdot 3H_2O$)	0.427
溴化钾(KBr)	0.807	氯化镁($MgCl_2 \cdot 6H_2O$)	0.330
氯化钠(NaCl)	0.752	醋酸钾($KAc \cdot H_2O$)	0.224
硝酸钠($NaNO_3$)	0.737	氯化锂($LiCl \cdot H_2O$)	0.110
氯化锶($SrCl_2 \cdot 6H_2O$)	0.708	氢氧化钠($NaOH \cdot H_2O$)	0.070

5.4.1.3　结果计算

以各种标准饱和溶液 25℃时的 A_w 值为横坐标,每 g 样品增减数为纵坐标作图,将各点连结成一条直线,此线与横轴的交点即为所测样品的 A_w 值。或根据以下公式计算。

$$A_w = \frac{bx - ay}{x - y}$$

式中：a——饱和溶液 A 的 A_w 值；

b——饱和溶液 B 的 A_w 值；

x——使用饱和溶液 A 时试样质量的增加量，g；

y——使用饱和溶液 B 时试样质量的增加量，g。

[**例**]　若某食品样品在硝酸钾中增重 7 mg，在氯化钡中增重 3 mg，在氯化钾中减重 9 mg，在溴化钾中减重 15 mg，则通过作图可求得 A_w = 0.878。

该例中，未告知样品的总质量，故不能用计算法计算结果。

5.4.1.4　注意事项

(1)每个样品测定时应做平行试验，操作要迅速，测定误差不得超过 0.02；

(2)康威氏(Conway)微量扩散皿密封性要好；

(3)绝大多数样品可在 2 h 后测定 A_w 值，但米饭类、油脂类、鱼类则需 4 d 左右时间才能测定。为此，需加入样品量 0.2% 的山梨酸防腐剂，并以山梨酸的水溶液作空白；

(4)必须保证饱和溶液饱和度；

(5)先在康威氏皿的外室加饱和溶液，然后再准确称量内室中的样品；

(6)操作要迅速，尤其是称量好样品后，应马上将盛样品的小玻璃皿放入内室，并密封好；

(7)正确涂抹凡士林，位置不对会导致样品被凡士林污染，平衡后样品质量变化错误，应该减重的结果反而表现出增重。

5.4.2　水活度计法

5.4.2.1　原理

利用氯化钡饱和溶液(A_w = 0.901)校正水活度计(图 5－11)，测定样品蒸汽压力的变化确定水活度。

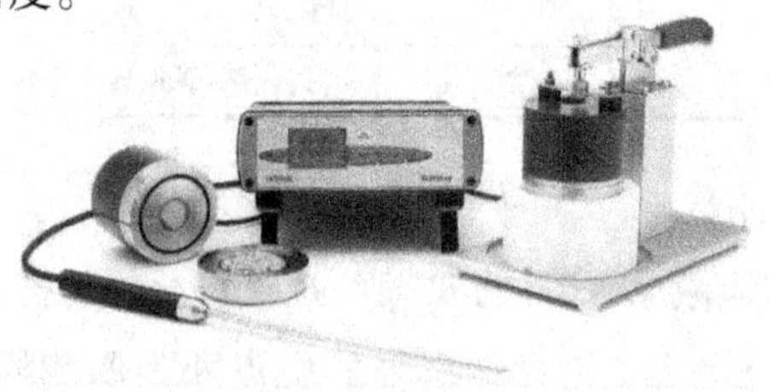

图 5－11　水活度计

5.4.2.2 操作

根据仪器使用手册或说明书进行操作。

复习思考题

1. 食品中的水存在的形式有哪些?
2. 烘箱干燥法测定水分有什么要求?测定结果的误差来源有哪些?
3. 试说明蒸馏法测定水分的应用范围。
4. 试说明化学反应法(Karl Fischer 法)测定水分的原理和应用范围。
5. 试说明直接测定固形物的方法和原理。
6. 如何测定水活度?
7. 说明康威(Conway)扩散法测定水活度的原理和要求。

第6章　灰分分析

本章学习重点：

掌握加速灰化的方法；

熟悉总灰分的测定原理，测定条件的选择，测定方法，灰分测定的注意事项；

了解灰分的定义、分类和测定意义，水不溶性灰分的测定，酸不溶性灰分的测定。

6.1　概述

样品经高温灼烧后残留的物质即为灰分。而所谓的高温一般指的是550～600℃，可用马福炉或灰化炉实现。

灰分成分由氧化物与盐组成，包括金属元素和非金属元素，还有微量元素，即除去C、H、N之外的元素。根据食品组成的特点，灰分中约含50余种元素，包括金属元素如K、Na、Ca、Mg、Fe；非金属元素如Cl、S、P、Si；微量元素如Mn、Co、Cu、Zn。这些成分对人体具有很大生理价值，占人体体重的4%～5%。

通常认为动物制品的灰分是一个恒定常数，但是植物来源的情况却是复杂得多。表6－1给出了部分食品的平均灰分含量，大部分新鲜食品的灰分含量不高于5%，纯净的油脂的灰分一般很少或不含灰分，而烟熏肉制品可含有6%的灰分，干牛肉含有高于11.6%的灰分（按湿基计）。

表6－1　常见食品的灰分含量

样　品	灰分含量/%	样　品	灰分含量/%
鲜肉	0.5～1.2	蛋黄	1.6
鲜鱼（可食部分）	0.8～2.0	新鲜水果	0.2～1.2
牛乳	0.6～0.7	蔬菜	0.2～1.2
淡炼乳	1.6～1.7	小麦胚乳	0.5
甜炼乳	1.9～2.1	小麦	1.5
全脂奶粉	5.0～5.7	精制糖、硬糖	痕量～1.8
脱脂奶粉	7.8～8.2	糖浆、蜂蜜	痕量～1.8
蛋白	0.6	纯油脂	0

脂肪、糖类和起酥油含有0～4.09%的灰分，而乳制品含有0.5%～5.1%的灰分，水果、水果汁和瓜类含有0.2%～0.6%的灰分，而干果含有较高的灰分(2.4%～3.5%)，面粉类和麦片含有0.3%～4.3%的灰分，纯淀粉含有0.3%的灰分，小麦胚芽含有4.3%的灰分。含糠的谷物及其制品比无糠的谷物及其制品灰分含量高，坚果及其制品含有0.8%～3.4%的灰分，肉、家禽和海产品类含有0.7%～1.3%的灰分。

根据灰分的物理性质，可将灰分分为水溶性灰分和水不溶性灰分；水溶性灰分一般为K、Na、Ca的氧化物和可溶性盐。而水不溶性灰分是食品加工过程中污染的泥砂，铁、铝的金属氧化物，碱土金属的碱性硫酸盐等。

根据灰分的酸碱性，可将灰分分为酸溶性灰分和酸不溶性灰分。其中酸溶性灰分为可溶解于酸中的灰分；而酸不溶性灰分为污染的泥砂及其本身含有的SiO_2。

食品中的总灰分是一有效的质量控制指标。如通过测定灰分可判断小麦、大米加工的精度。在面粉划分等级时往往采用灰分指标，这是因为小麦麸皮的灰分含量比胚乳高20倍。如富强粉灰分应为0.3%～0.5%，标准粉灰分应为0.6%～0.9%。

方便面也是灰分越小，其加工精度越高，灰分一般要求控制在0.4%以下。

灰分的多寡还可以判定食品是否符合卫生要求，有无污染。文献记载，牛乳总灰分在0.6%～0.9%范围，而在实际测定中，牛乳总灰分很少低于0.68%或者高于0.74%，即在0.68%～0.74%范围内。如果牛乳中测定的总灰分含量低于0.68%或者高于0.74%，则可判断牛乳中可能掺假了。

果汁、果酱的浓度与其水果汁含量有关，测定其灰分，便可知果酱是否掺假。灰分是明胶、果胶类凝胶制品胶冻性能的标志。

测定产品的灰分含量也可检验食品加工过程中的污染情况。所以，灰分也是食品成分全分析的项目之一。

6.2　样品制备

测定灰分时，既可以用测定水分之后的样品，也可以用未经处理的样品。样品制备过程中要根据其含水量、组成等要素进行处理。

液态样品或者水分含量较高的样品不能直接进入高温炉灰化，必须先进行蒸发或者烘干等预处理才能进行后续的步骤。果汁、牛乳等液体试样，应准确称取适量试样于已知重量的瓷坩埚(或蒸发皿)中,置于水浴上蒸发至近干,再进行炭化。这类样品若直接炭化,液体沸腾,易造成溅失。果蔬、动物组织等水分含量较高的样品,先制备成均匀样品,再准确称取样品置于已知重量的坩埚中,放烘箱中干燥(先 60 ~ 70 ℃,后 105 ℃),再炭化。也可取测定水分后的干燥试样直接进行炭化。

富含脂肪的样品,应把试样制备均匀,准确称取一定量的试样,先提取脂肪,再将残留物移入已知重量的坩埚中,进行炭化。

谷物、豆类等水分含量较少的固体试样,先粉碎成均匀的试样,取适量试样于已知重量的坩埚中再进行炭化。样品不能磨得太细,过细时往往导致有机物氧化不完全。

富含糖、蛋白质、淀粉的样品在灰化前滴加几滴纯植物油,以防止炭化过程中发泡溢出而导致损失。

在灰化之前,大多数的干制品无须制备(如完整的谷粒、谷类食品、脱水蔬菜),而新鲜蔬菜则必须干燥;高脂样品(如肉类)必须先干燥、脱脂;水果和蔬菜必须考虑水溶性灰分和灰分的碱度,并按湿基或干基计算食品的灰分含量;灰分的碱度可有效地测定食品的酸碱平衡和矿物质含量,以检测食品的掺杂情况。

根据试样的种类和性状决定取样量。食品中的灰分与其他成分相比,相对含量较少,例如谷物及豆类为 1% ~4%,蔬菜为 0.5% ~2%,水果为 0.5% ~1%,鲜鱼、贝为 1% ~5%,而精糖只有 0.01%。所以取样时应考虑称量误差,以灼烧后得到的灰分量为 10 ~100 mg 来决定取样量。

乳粉、大豆粉、麦乳精、调味料、水产品等取样 1 ~2 g。谷物及制品、肉及制品、糕点、牛乳等取 3 ~5 g。蔬菜及制品、砂糖及制品、蜂蜜、奶油等取 5 ~10 g。水果及制品取 20 g、油脂取 50 g。

6.3 总灰分测定

6.3.1 炭化和灰化

炭化同碳化,一般指生物质在缺氧或贫氧条件下的一种热解技术,在灰分测定过程中,为了防止样品在高温灰化时由于反应过度剧烈而导致灰分损失而采取的步骤。

准确称取一定量已处理好的样品至坩埚中,半盖坩埚盖,用电炉或煤气灯加热,样品逐渐炭化,直至无黑烟产生。炭化时要注意热源强度,缓慢进行,干馏时会产生大量气体,如温度升高太急,会急速产生气体将颗粒带走。对易膨胀、发泡的如含糖、蛋白多的样品,可在样品上加数滴辛醇或纯植物油,再进行炭化。

炭化处理的目的是:①防止在直接高温灼烧时,因灼烧温度过高,试样中的水分急剧蒸发,而使试样飞扬损失;②防止糖、蛋白质、淀粉等易发泡膨胀的物质在高温灼烧时发泡膨胀而溢出坩埚;③不经炭化而直接灰化时,碳粒易被包裹住,导致灰化不完全。

炭化后,把坩埚移入已达规定温度(500~600℃)的高温炉炉口处,稍停留片刻,再慢慢地移入炉膛内,坩埚盖斜倚在坩埚口,关闭炉门。灼烧时间视样品种类、性状而异,至灰中无碳粒存在即可。打开炉门,将坩埚移至炉口处冷却至200℃左右,移入干燥器中冷却至室温,准确称重,再灼烧、冷却、称重,直至达到恒重,该过程称为灰化。

食品在灰化过程中发生的化学变化。

(1)有机物中脂肪、蛋白质、碳水化合物等首先脱水,炭化,然后碳与空气中氧气生成 CO_2,一部分逸散。

(2)蛋白质中的氮生成 N_2 或 NH_3,逸散。

(3)有机酸盐转变成无机酸盐,如植物性食品中常含有草酸钙,经高温加热分解成 $CaCO_3$,进一步加热分解为 CaO。

(4)含 S、P 的氨基酸生成含 S、P 的盐类,如硫酸根离子和磷酸根离子。

(5)磷酸盐在阴离子多的情况下产生 P_2O_5。

(6)砷在 100℃以上直接挥发。

6.3.2 灼烧条件选择

灼烧温度通常控制在500~700℃,选择原则是经过高温灼烧后,样品中的有机成分被去除而无机成分保留。灼烧温度较低时,灰化时间则较长。为了缩短灰化时间,可采用快速灰化方法,即选择灼烧温度为700℃,但是在快速灰化过程中需要加入固定剂,使无机成分不易因温度过高而有所损失。

在快速灰化过程中,有机物会发生以下的变化:碳水化合物,一般在330~350℃易发生分解,以二氧化碳气体和水蒸气形式逸出坩埚($CO_2\uparrow + H_2O\uparrow$);对于高糖或胶体食品,可能产生炭化,从而引起发泡或膨胀,使样品逸出,引起损失,所以这类物质应缓慢加热,控制发泡,或者加1滴植物油。脂肪在350℃冒烟,此时要控制温度,防止脂肪着火,否则脂肪燃烧后可能使部分微粒散失。蛋白质在350℃冒烟，不采用灼烧的方式，往往采用湿法灰化。蛋白质在350℃时易分解，但赖氨酸不易分解，故蛋白质中赖氨酸含量较大时，应延长消化时间。蛋白质中组氨酸、色氨酸都含有杂环，也不易分解。若用干法灰化，动物蛋白质需要在高温(550～600℃)下才能灰化。

灼烧时间一般不固定，而是通过观察残留物(灰分)的颜色是否为全白色或浅灰色，内部无残留的碳块，并是否达到恒重为止，即两次结果相差 <0.5 mg 进行判断。

若样品灰化完全，残灰一般呈白色或浅灰色。若残留物(灰分)的颜色呈红褐色，则说明食品中含有大量的 Fe_2O_3；若残留物(灰分)的颜色呈蓝绿色，说明食品中存在较高含量的锰盐和铜盐。有时即使残留物(灰分)的表面呈白色，内部仍残留有黑色的碳块，则表明灼烧时间不足，应继续高温灼烧。所以，应根据样品的组成、性状注意观察残灰的颜色，正确判断灰化程度。

对于已做过多次测定或常规灰分项目的样品，可根据经验限定灰化时间。总的灰化时间一般为2～5 h，要注意灰化时间一般是从指定的温度开始计时。

6.3.3 坩埚

测定灰分通常以坩埚作为灰化容器，个别情况下也可使用蒸发皿。坩埚盖子与埚要配套。坩埚材质分为素烧瓷坩埚(图6－1)、铂坩埚(图6－2)、石英坩埚、铁坩埚和镍坩埚等。

图6－1　素烧瓷坩埚

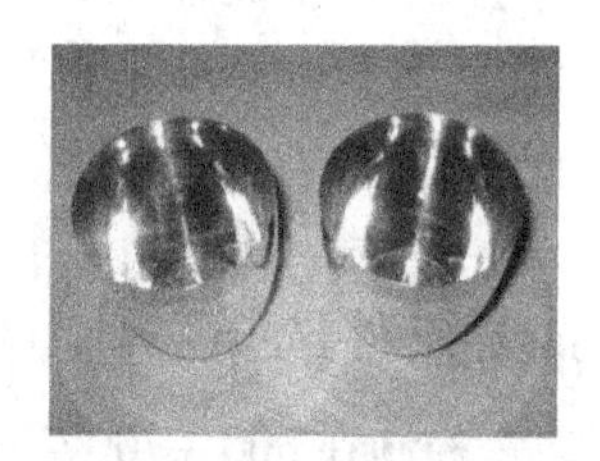

图6－2　铂坩埚

素烧瓷坩埚的优点是耐高温，灼烧温度可达1200℃，内壁光滑，耐酸，价格低廉。缺点是耐碱性差，灰化成碱性食品如水果、蔬菜、豆类等时，坩埚内壁的釉质会部分溶解，经反复多次使用后，往往难以得到恒重。如将坩埚移入预热高温炉时或者将坩埚从经高温灼烧的高温炉中移出时，由于温度骤变易炸裂破碎。

铂坩埚的优点是耐高温，灼烧温度可高达1773℃，导热性良好，耐碱，耐 HF，吸湿性小。其缺点是价格昂贵，约为黄金的9倍，需有专人保管，以免丢失；使用不当会腐蚀或发脆。

近年来，一些国家采用铝箔杯作灰化容器。它自身质量轻，在525～600℃范围内使用稳定、冷却效果好，在一般温度下没有吸湿性；如果将铝箔杯上缘折叠封口，具有良好的密封性；冷却阶段，铝箔杯可不放入干燥器内，几分钟后就可以降到室温，缩短了冷却时间。

灰化容器的大小要根据试样的性状选用，需要前处理的液态样品、加热易膨胀的样品及灰分含量低、取样量较大的样品，需选用稍大的坩埚；或选用蒸发皿，但灰化容器过大会使称量误差增大。

使用坩埚时要注意：放入高温炉或从炉中取出时，要放在炉口停留片刻，使坩埚预热或冷却，防止因温度剧变而使坩埚破裂。从干燥器中取出冷却后的坩埚时，因内部成真空，开盖恢复常压时应让空气缓缓进入，以防残灰飞散。使用过的坩埚，应把残灰及时倒掉，初步洗刷后，用粗（废）HCl浸泡10～20 min，再用水冲刷洗净。

6.3.4　高温炉

高温炉，又名马弗炉、电阻炉、箱式回火炉、箱式电阻炉（图6－3），用于金属熔融、有机物灰化及重量分析沉淀的灼烧等。高温炉由加热、保温、测温等部分组成，有配套的自动控温仪设定、控制、测量炉内的温度。

图6－3　高温炉（马弗炉）

高温炉的最高使用温度可达到1000℃左右，炉膛以传热性能良好、耐高温而无胀碎裂性的炭化硅材料制成，外壁有形槽，槽内嵌入电阻丝以供加热。耐火材料外围包裹着一层很厚的绝缘耐热镁砖石棉纤维，以减少热量损失。钢质外壳以铁架支撑。炉门以绝缘耐火材料垫衬，正中有一孔以透明云母片封闭用做观察炉膛的加热情况。伸入炉膛中心的是一支热电偶，做测定温度用。热电偶的冷端与高温计输入端连接，构成一套温度指示和自动控温系统。

使用时，先用毛刷仔细扫清炉膛内的灰尘和机械性杂质，放入已经炭化完全的盛有样品的坩埚，关闭炉门。开启电源，指示灯亮，将高温计的黑色指针拨至所需的灼烧温度。随着炉膛温度的升高,高温计上指示温度的红针向黑针移动,当红针与黑针对准时,控温系统自动断电;当炉膛温度降低,红针偏离与黑针对准的位置时,电路自动导通,如此实现自动恒温。达到所需要的灼烧时间后,切断电源。待炉膛温度降低至200℃左右,开启炉门,用长柄坩埚钳取出灼烧样品,在炉门口放置片刻,进一步冷却后置于干燥器内保存备用。关闭炉门,做好整理工作。

马弗炉和控制器必须在相对湿度不超过85%、没有导电尘埃、爆炸性气体或腐蚀性气体的场所工作。凡有油脂之类需进行加热时,有大量挥发性气体将影响和腐蚀电热元件表面,使之销毁和缩短寿命。因此,加热时应及时预防和做好密封容器或适当开孔加以排除。

6.3.5 操作步骤

总灰分测定的流程如下:

马弗炉的准备→坩埚的准备→称样→样品炭化→灰化1 h→取出→移入干燥器冷却→恒重→结果计算

(1)马弗炉(高温炉)的准备。接通电源,设定使用温度,开启加热开关,预热至设定温度。

(2)坩埚的准备。常用瓷坩埚,无论是新购或者陈旧的坩埚,均用HCl(1:4)煮沸1~2 h,洗净凉干。用0.5%氯化铁与蓝墨水的混合物在坩埚外壁及盖子上编号。打开马弗炉,用长柄坩埚钳夹住瓷坩埚,先移放在炉口预热,置于马弗炉中灼烧1 h,移至炉口稍冷,然后移至干燥器中冷却至室温,准确称重。然后再至马弗炉中灼烧0.5 h,冷却干燥后称重,恒重(两次称重之差不大于0.5 mg)后,此为空坩埚质量。

炉内各部位的温度有差异,假如设定550 ℃,炉内热电偶附近为550 ℃ ±10 ℃,中间部位为540 ℃ ±10 ℃,前面部分为510 ℃ ±10 ℃,无论炉子大小,门口部分温度均为最低,因此,应尽量将坩埚入炉膛内部。每次放取时,都要放在门口缓冲一下温差,否则由于温差过大会导致瓷坩埚破裂。坩埚盖侧盖锅体上。

(3)结果计算。

$$\text{灰分} = \frac{m_3 - m_1}{m_2 - m_1} \times 100\%$$

如有空白试验,则为 $\text{灰分} = \dfrac{m_3 - m_1 - B}{m_2 - m_1} \times 100\%$

式中：m_1 ——空坩埚质量，g；

m_2 ——样品 + 空坩埚质量，g；

m_3 ——残灰 + 空坩埚质量，g；

B ——空白试验残灰重，g。

6.3.6　加速灰化的方法

贝类、内脏、种子等含有大量蛋白质和磷，灰化时间较长，需加速，可采用以下方法。

（1）添加灰化助剂。初步灼烧后，放冷，加入几滴氧化剂（1∶1 硝酸或 30% 双氧水），蒸干后再灼烧至恒重，氧化速率大大加快。若食盐较多，则可添加 30% 双氧水。糖类样品残灰中加入硫酸，可以进一步加速。

疏松剂（固定剂）如 10% $(NH_4)_2CO_3$ 等，在灼烧时分解为气体逸出，使灰分呈松散状态，促进灰化。$MgAc_2$、$Mg(NO_3)_2$ 等助灰化剂随灰化分解，与过剩的磷酸结合，残灰不熔融而呈松散状态，避免碳粒被包裹，可缩短灰化时间。但生成的 MgO 会导致结果偏高，应做空白试验。添加 MgO、$CaCO_3$ 等惰性不熔物质，与灰分混杂，产生疏松作用，使氧能完全进入样品内部，使碳完全氧化。这些盐不挥发，保留在样品内，使残灰增重，应做空白试验。

（2）采用二步法。首先按常压法炭化，取出，冷却，从灰化容器边缘慢慢加入少量无离子水，使残灰充分湿润（不可直接洒在残灰上，以防残灰飞扬损失），用玻璃棒研碎，使水溶性盐类溶解，被包住的碳粒暴露出来，把玻璃棒上的黏着物用水冲进容器里，在水浴上蒸发至干，然后在 120 ~ 130℃ 烘箱内干燥，再灼烧灰化至恒重。

6.4　水不溶性灰分测定

将测定所得的总灰分，称量计算后，加约 25 mL 热去离子水，加热，接近沸腾时用无灰滤纸过滤，分多次洗涤坩埚、滤纸及残渣（不超过 60 mL）。将残渣及无灰滤纸一起移回原坩埚中，在水浴上蒸发至干，移入干燥箱中干燥，再进行炭化、灼烧灰化、冷却、称量，至恒重。

计算公式：

$$水不溶性灰分 = \frac{m_4 - m_1}{m_2 - m_1} \times 100\%$$

式中：m_4——不溶性灰分 + 原坩埚质量，g；

m_1——原坩埚质量，g；

m_2——样品 + 原坩埚质量，g。

水溶性灰分 = 总灰分 - 水不溶性灰分

6.5 酸不溶性灰分测定

取水不溶性灰分或总灰分的残留物，加入 25 mL 0.1 mol/L 的 HCl 替代水，使灰分溶解，放在小火上轻微煮沸，用无灰滤纸过滤后，用 0.1 mol/L HCl 洗涤滤纸、坩埚数次后，再用热水洗涤至不显酸性为止，将滤渣连同无灰滤纸置坩埚中进行干燥、炭化、灰化，直到恒重。

计算公式：

$$酸不溶性灰分 = \frac{m_5 - m_1}{m_2 - m_1} \times 100\%$$

式中：m_5——酸不溶性灰分 + 原坩埚的质量，g；

m_1——原坩埚的质量，g；

m_2——样品 + 原坩埚的质量，g。

酸溶性灰分 = 总灰分 - 酸不溶性灰分

无灰滤纸（定量滤纸）的化学纯度高度纯洁，疏松多孔，有一定过滤速度，显中性，耐稀酸，按灰分分为三个等级：甲级滤纸灰分含量 $<0.01\%$，乙级滤纸灰分含量 $<0.03\%$，丙级滤纸灰分含量 $<0.06\%$。

6.6 误差产生的原因

（1）产生挥发性物质。

样品中的汞，低温时就可以蒸汽形式蒸发。铁、铬、镉易与氯生成氯化物而易蒸发（可加入固定剂来避免损失）。

（2）生成不熔性残留物。

（3）生成无机盐的熔融物。

（4）与瓷坩埚发生反应（特别是碱金属与釉发生反应）。

（5）灰分过度灼烧。

（6）灼烧后重新吸湿。

6.7　说明和注意事项

从干燥器中取出冷却的坩埚时,因内部成真空,开盖恢复常压时应让空气缓缓进入,以防残灰飞散。灰化后的残渣可留作 Ca、P、Fe 等成分的分析。用过的坩埚,应把残灰及时倒掉,初步洗刷后,用粗(废)HCl 浸泡 10 ~ 20 min,再用水冲刷洗净。测定值中小数点后保留一位小数。测定食糖中总灰分可用电导法,简单、迅速、准确,免泡沫的麻烦。

复习思考题

1. 简述食品在炭化和灰化过程中的化学变化。
2. 灰分测定时为什么要采取低温和高温灼烧两个阶段?
3. 灰分测定时如何选择灼烧条件? 测定结果的误差来源有哪些?

第7章　矿物质的测定

本章学习重点：

了解矿物质的分类、动植物性食品中的矿物质；

掌握重量分析法、EDTA 络合滴定法、氧化还原法、沉淀滴定法、比色法、离子选择性电极测定法的原理及应用。

7.1　概述

现代仪器有可能一次就可完成对所有矿物质的测定，而且有些仪器对矿物质的检测限可达到十亿分之一，但这些分析仪器的价格昂贵，超出了很多质检实验室的经济能力。大量样品的分析需要自动化仪器，这些仪器往往也非常昂贵，而用于零星样品的几种矿物质的分析则不需要太多的费用，一般有两种方法可供选择：①把样品送到有关有资质的单位或机构分析；②运用传统的分析方法进行分析，这些分析方法所需的仪器和化学试剂一般分析实验室都有。

本章主要介绍食品中矿物质的分析方法，包括重量分析、滴定分析、比色分析以及电化学分析法。增加了目前仍在使用的传统分析方法的例子。

7.1.1　矿物质在膳食中的重要性

人体中大约98%的 Ca 和80%的 P 存在于骨骼中，Mg、K、Ca、Na 则与神经传导和肌肉收缩有关。胃中的盐酸对膳食中的矿物质溶解及吸收有很大的影响。膳食中的矿物质主要有 Ca、P、Na、K、Mg、Cl 和 S，成人每天至少需要 100 mg 这些矿物质，每一种矿物质在人体内都有其特殊的功能，如果日常膳食中这些矿物质不能正常供给，肌体就会发生病变。另外还有每天需要量很少（以 mg 计）的 10 种微量元素，包括 Fe、I、Zn、Cu、Cr、Mn、Mo、F、Se 和 Si。在维持机体的功能方面，每种元素都有其特殊的生理作用，如铁是血红蛋白和肌红蛋白分子的组成成分，与细胞间传送氧气的功能有关。

还有一类元素被称为超微量矿物质，目前正处于研究阶段，还不能明确解释其生物作用，这类矿物质包括：V、Sn、Ns、As 和 B。

一些矿物质则已被证明对人体有毒，因此在膳食中应该避免摄入，这些元素包括：Pb、Hg、Cd和Al。必需矿物质如F和Se，在正常的饮食水平下，对人体健康有益，但如果摄入过多则对人体有害。

水作为膳食中需求量最大的一种营养物质（成人每天需2.0～3.0 L），可以从饮用水、其他饮料及食物中获得。作为饮料的水很少是纯水，而是含有矿物质的，其组成取决于水源。这些饮用水是一些矿物质的主要膳食来源。当烹调水中氟的含量强化在0.7～1.0 mg/kg水平时，可以使10～12岁人群的龋齿、掉牙或补牙的发生率下降70%。

7.1.2 动物性食品中的矿物质

（1）牛乳中的矿物质：牛乳中的矿物质含量约为0.7%，其中Na、K、Ca、P、S、Cl等含量较高，Fe、Cu、Zn等含量较低。牛乳因富含Ca常作为人体Ca的主要来源；乳清中的钙占总Ca的30%且以溶解态存在；剩余的Ca大部分与酪蛋白结合，以磷酸钙胶体形式存在；少量的Ca与α－乳清蛋白和β－乳球蛋白结合而存在。牛奶加热时Ca、P从溶解态转变为胶体态。牛奶中的主要矿物质含量见表7－1。

表7－1　牛乳中主要矿物质含量

矿物质	范围/（mg/100g）	平均值/（mg/100g）	溶解相分布/%	胶体相分布/%
总Ca	110.9～120.3	117.7	33	67
离子Ca	10.5～12.8	11.4	100	0
Mg	11.4～13.0	12.1	67	33
Na	47～77	58	94	6
K	113～171	140	93	7
P	79.8～101.7	95.1	45	55
Cl	89.8～127.0	104.5	100	0

（2）肉中的矿物质：肉类是矿物质的良好来源（表7－2）。其中K、Na、P含量相当高，Fe、Cu、Mn、Zn含量也较多。肉中的矿物质有的呈溶解状态，有的呈不溶解状态。不溶解的矿物元素与蛋白质结合在一起。肉在解冻时由于滴汁发生Na的大量损失，而Ca、P、K损失较小。

表7－2　牛肉中的矿物质含量

矿物质	含量/（mg/100g）	矿物质	含量/（mg/100g）
全Ca	86	可溶性无机盐	95.2
可溶性Ca	38	钠	168.0

续表

矿物质	含量/(mg/100g)	矿物质	含量/(mg/100g)
全P	24.2	钾	244.0
可溶性P	17.7	氯	48.0
全无机P	233.0		

(3)蛋中的矿物质:蛋中的Ca主要存在于蛋壳中,其他矿物质主要存在于蛋黄中。蛋黄中富含Fe,但由于卵黄磷蛋白(Prosvitin)的存在大大影响了Fe在人体内的生物利用率。此外,鸡蛋中的伴清蛋白(Conalbumin)可与金属离子结合,影响了其在体内的吸收与利用。鸡蛋中的伴清蛋白与金属离子亲和性大小依次为$Fe^{3+} > Cu^{2+} > Mn^{2+} > Zn^{2+}$。

7.1.3 植物性食品中的矿物质

植物性食品中的矿物质分布不均匀,其钾的含量比钠高。谷类食品中的矿物质主要集中在麸皮或米糠中,胚乳中含量很低(表7-3)。当谷物精加工时会造成矿物质的大量损失。豆类食品K、P含量较高,是人体的优质来源(表7-4),但大豆中的磷70%~80%与植酸结合,影响人体对其他矿物质如钙、锌等的吸收。

表7-3 小麦不同部位中矿物质含量

部　位	P/%	K/%	Na/%	Ca/%	Mg/%	Mn/(mg/kg)	Fe/(mg/kg)	Cu/(mg/kg)
全胚乳	0.10	0.13	0.0029	0.017	0.016	24	13	8
全麦麸	0.38	0.35	0.0067	0.032	0.11	32	31	11
中心部分	0.35	0.34	0.0051	0.025	0.086	29	40	7
胚尖	0.55	0.52	0.0036	0.051	0.13	77	81	8
残余部分	0.41	0.41	0.0057	0.036	0.13	44	46	12
整麦粒	0.44	0.42	0.0064	0.037	0.11	49	54	8

表7-4 大豆(干重)中矿物质含量

矿物质	范围/%	平均值/%
灰分	3.30~6.35	4.60
K	0.81~2.39	1.83
Ca	0.19~0.30	0.24
Mg	0.24~0.34	0.31

续表

矿物质	范围/%	平均值/%
P	0.50~1.08	0.78
S	0.10~0.45	0.24
Cl	0.03~0.04	0.03
Na	0.14~0.61	0.24

蔬菜中的矿物质以K最高(表7-5),而水果中的矿物质含量低于蔬菜(表7-6)。不同品种、产地的蔬菜和水果中矿物质含量有差异,主要是与植物富集矿物质的能力有关。虽然蔬菜和水果中水分高,矿物质含量低,但它们仍然是膳食中矿物质的一个重要来源。

表7-5 部分蔬菜中矿物质含量

蔬 菜	Ca/(mg/100g)	P/(mg/100g)	Fe/(mg/100g)	K/(mg/100g)
菠菜	72	53	1.8	502
莴笋	7	31	2.0	318
茭白	4	43	0.3	284
苋菜(青)	180	46	3.4	577
苋菜(红)	200	46	4.8	473
芹菜(茎)	160	61	8.5	163
韭菜	48	46	1.7	290
毛豆	100	219	6.4	579

表7-6 部分水果中矿物质含量

水 果	Mg/(mg/100g)	P/(mg/100g)	K/(mg/100g)
橘子	10.2	15.8	175
苹果	3.6	5.4	96
葡萄	5.8	12.8	200
樱桃	16.2	13.3	250
梨	6.5	9.3	129
香蕉	25.4	16.4	373
菠萝	3.9	3.0	142

食品中矿物质的含量对食品的营养价值、潜在毒性、适当的加工工艺和安全性等具有非常重要的意义。

7.2 矿物质的测定方法

7.2.1 样品制备

在用传统的分析方法进行矿物质分析的,必须先进行样品制备,样品经预处理能去除某些干扰因素,但也会增加外来的污染物质或损失一些挥发性元素。分析前样品的正确处理对食品中矿物质含量的分析结果非常重要。

(1)样品制备:使用近红外和中子活化等手段进行矿物质分析可不破坏碳水化合物、脂肪、蛋白质和维生素的碳链结构。而传统的分析方法通常要求把矿物质以某种形式从有机介质中分离出来。用灰化方法处理食品样品以测定食品中几种特殊的矿物质。水样不需预处理就可进行矿物质的测定。

矿物质分析的关键是矿物元素的污染问题。溶剂(如水)一般都含有大量矿物质,因此,在矿物质分析的所有步骤中都要求使用最纯的试剂。但是,有时没有高纯度的试剂可供使用。在这种情况下,只有进行空白对照试验。空白对照试验所用的试利量和分析样品时加入的量相同,但不加待测样品,最后定量时从测得样品的总含量中扣除因试剂产生的空白值。

(2)干扰因素:pH 值、样品的质构、温度以及其他分析条件和试剂等因素都会对矿物质含量的精确测定产生影响。如果可预测分析中的干扰因素,就可采用标准样品制作一条标准曲线。标准样品应由已知的、与存在于待测样品中含量相近的元素组成,如测定样品中 Ca 的含量时,就用统一用含有 Na、K、Mg 和 P 的水溶液配制钙的标准溶液,制作标准曲线。如果采用已知主要矿物质含量的溶液制作标准溶液(即作为标准溶液的介质溶液),那么此标准溶液就近似待测样品溶液,如果待测样品中主要矿物质之间存在干扰,则标准溶液中也存在着同样的干扰。因此,如果标准溶液采用待测样品的介质,那么标准溶液和待测样品中的干扰是相似的,为了对某一矿物质能进行精确分析,必须对特殊的干扰物质加以控制。

7.2.2 重量分析法

7.2.2.1 原理

重量分析法用于测定不溶性矿物质。样品经沉淀、洗涤、干燥、称重后可测得矿物质的含量。重量分析法基于待测元素在样品的元素组成中有固定的比例，如 NaCl 中总是含有 39.3% 的 Na。待测组分是以选择性的形式与其他杂质分离，然后洗涤以减少吸附或夹杂的其他元素，最后将沉淀物干燥称重；当样品中待测矿物元素全部形成了沉淀物后，样品中待测矿物元素的质量与沉淀物中的质量是一致的，如氯化物通常以 AgCl 的形式沉淀，AgCl 经洗涤、烘干称重；因为氯在每摩尔 AgCl 中的含量为 24.74%，所以氯的含量可通过 AgCl 的质量计算出来。

7.2.2.2　改良重量法测定钙含量

钙含量的测定可通过灰化已称重的样品，用稀盐酸溶解灰分，然后加入草酸铵，使钙形成草酸钙沉淀，然后再将草酸钙沉淀反复洗涤干净后，进行第 2 次灰化形成 CaO，利用 CaO 的质量来计算样品中钙的含量（Ca/CaO = 0.7147）。

7.2.2.3　应用

重量分析法最适合于测定大量样品，通常只局限于测定待测元素含量较高的样品，如用硝酸银来测定氯元素的含量。而大多数微量元素在食品中的含量很低，而重量分析法定量测定灵敏度低，故没有测定价值。

重量法的缺点是当草酸钙转变成氧化钙时，需要的灰化时间较长，而且洗涤草酸钙沉淀时，可能使部分沉淀溶解，此外其他矿物质可能产生的共沉淀也使得洗涤过程变得相当重要。

7.2.3　EDTA 络合滴定法

7.2.3.1　概述

有很多含有叔胺的羧酸能与金属离子形成稳定的络合物，乙二胺四乙酸（EDTA）是一种极重要的络合剂，常用的为它的二钠盐，写作 Na_2H_2Y，是以极纯的二水合物形式存在的。由于 EDTA 有氮和氧原子作为供体，因此它可以和碱金属以外的其他金属形成多达 6 个五元环状的络合物。

通常 EDTA 与金属离子以 1∶1 的比例形成络合物，典型的反应式如下：

$$m^{2+} + H_2Y^{2-} \longrightarrow mY^{2-} + 2H^+$$

$$m^{3+} + H_2Y^{2-} \longrightarrow mY^{-} + 2H^+$$

$$m^{4+} + H_2Y^{2-} \longrightarrow mY + 2H^+$$

很显然，pH 值能影响到络合物的形成。由于 EDTA 络合物非常稳定，所以 EDTA 滴定常用于定量分析。

7.2.3.2　EDTA 滴定法测定钙含量

钙与氨羧络合剂能定量地形成金属络合物，其稳定性较钙与指示剂所形成的络合物更强。在适当的pH值范围内,以氨羧络合剂EDTA滴定,在达到当量点时,EDTA就自指示剂络合物中夺取钙离子,使溶液呈现游离指示剂的颜色(终点)。根据EDTA络合剂用量,由下列公式计算钙的含量。

$$X = \frac{T \times (V - V_0) \times f \times 100}{m}$$

式中:X ——样品中Ca含量,mg/100g;

T ——EDTA滴定度,mg/mL;

V ——滴定样品时所用EDTA量,mL;

V_0——滴定空白时所用EDTA量,mL;

F ——样品稀释倍数;

M ——样品的质量,g。

7.2.3.3 应用

EDTA络合滴定法适用于富含钙而不含过多镁、磷的水果,蔬菜和其他的食品。在滴定前,先在pH=3.5条件下经Omberlite 1R-4B层析柱除去灰化原料中的磷,而镁的含量可使用钙镁指示剂通过差值法计算出来(AOAC法967.30)。

7.2.4 氧化还原反应

7.2.4.1 概述

许多分析方法都是以氧化还原反应为基础,一种物质与氧的反应被定义为氧化反应,因此还原反应也就是失去氧。众所周知,氧化反应实际上是原子失去电子,而还原反应则是得到电子,其他一些不包括氧的反应均包括电子的得失,因此任何导致正电荷增加的反应都是氧化反应,同样,不管是否含氧,导致汇电荷减少的反应都是还原反应。

既然电子在化学反应中不能产生和消失,那么任何一个氧化反应必然伴随着一个相应的还原反应,所有氧化还原反应都可以认为是氧化剂和还原剂的反应。氧化还原反应使氧化剂变成了还原剂,而还原剂变成了氧化剂。

在一些氧化还原滴定中,可用有颜色变化的反应物或生成物作为指示剂。高锰酸盐显深紫色,而二价锰离子显粉红色,这样,高锰酸盐本身的颜色变化就成了滴定反应的指示剂。

7.2.4.2 氧化还原滴定法测定钙含量

样品经灰化后,用盐酸溶解,在酸性溶液中,钙与草酸生成草酸钙沉淀。沉淀经洗涤后,加入硫酸溶解,把草酸游离出来,再用高锰酸钾标准溶液滴定与钙等摩尔结合的草酸。稍过量的高锰酸钾使溶液呈现微红色,即为滴定终点。根据消耗的高锰酸钾量,根据下列公式计算食品中钙的含量。

$$X=\frac{C\left(\frac{1}{5}\mathrm{KMnO_4}\right)\times(V-V_0)\times 40.80}{\frac{2}{5}\times m\times\frac{V_1}{V_2}}$$

式中: X——样品中 Ca 的含量,mg/kg;

$C\left(\frac{1}{5}\mathrm{KMnO_4}\right)$——高锰酸钾的浓度,mol/L;

V——样品滴定消耗高锰酸钾标准溶液的体积,mL;

V_0——试剂空白试验消耗高锰酸钾标准溶液的体积,mL;

V_1——测定用样品稀释液的体积,mL;

V_2——样液定容总体积,mL;

m——样品的质量,g;

40.80——钙的摩尔质量,g/mol。

7.2.4.3 氧化还原比色法测定铁的含量

许多有机化合物可形成稳定的颜色作为反应的指示剂,它们能在特定吸收波长下用比色法定量测定。铁离子具有与有机化合物形成络合物的能力,形成络合物颜色的深浅与铁离子含量成正比,从而可对铁离子定量测定。分析过程中所用的玻璃器皿必须先用酸洗,并用去离子水冲洗三次以避免其他铁离子的污染。因为许多试剂都含有少量的铁,所以测定时使用空白对照非常重要。

根据朗伯—比耳定律:$A=\varepsilon bc$(ε 为摩尔吸光系数),当入射光波长 λ 及光程 b 一定时,在一定浓度范围内,有色物质的吸光度 A 与该物质的浓度 c 成正比。只要绘出以吸光度 A 为纵坐标,浓度 c 为横坐标的标准曲线,测出试液的吸光度,就可以由标准曲线查得对应的浓度值,即未知样的含量。同时,还可应用相关的回归分析软件,将数据输入计算机,得到相应的分析结果。

用分光光度法测定试样中的微量铁,可选用的显色剂有邻二氮菲(又称邻菲罗啉)及其衍生物、磺基水杨酸、硫氰酸盐等。而目前一般采用邻二氮菲法,该法具有高灵敏度、选择性大,稳定性好,干扰易消除等优点。

在 pH 值为 2~9 的溶液中,Fe^{2+} 与邻二氮菲(phen)生成稳定的橘红色配合物 $Fe(phen)_3^{2+}$:

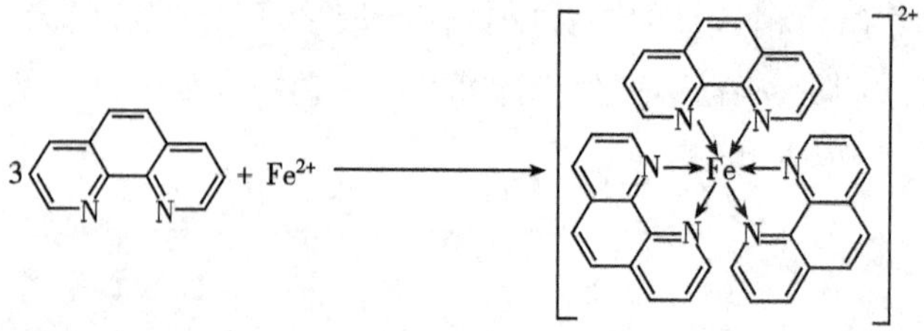

此配合物的 $lgK_{稳}=21.3$,摩尔吸光系数 $\varepsilon_{510}=1.1\times10^{4}$ L · imol^{-1} · cm^{-1},而 Fe^{3+} 能与邻二氮菲生成 3∶1 配合物,呈淡蓝色,$lgK_{稳}=14.1$。所以在加入显色剂之前,应用盐酸羟胺($NH_2OH\cdot HCl$)将 Fe^{3+} 还原为 Fe^{2+},其反应式如下:

$$2Fe^{3+}+2NH_2OH\cdot HCl\longrightarrow 2Fe^{2+}+N_2+H_2O+4H^{+}+2Cl^{-}$$

测定时控制溶液的酸度为 pH≈5 较为适宜。

一般而言,氧化还原反应在食品中金属含量测定的运用十分有限,钙、镁、铜、碘的含量可以通过这种方法测定。使用这种方法对食品中铁含量的分析结果超过了用原子吸收光谱法。与原子吸收法相比,采用氧化还原比色法测定铁样品具有更大的回收率,也更适合测定美国国家标准与技术学会(前称为美国国家标准局)推荐的范围更广的各种不同的标准样品。

在食品工业中,氧化还原反应被广泛应用于测定元素和化合物,如使用氧化还原滴定来检测食品中的硫含量。

7.2.5 沉淀滴定

7.2.5.1 概述

当滴定产物至少有一个产物是不溶沉淀物时,被称作沉淀滴定法。重量测定法很少能用于精确的定量,阻碍其应用的因素主要有:①完成反应所需时间影响到形成复合物的沉淀;②反应不能只产生一种明确的沉淀物;③缺少指示反应终点的指示剂。

目前主要有两种沉淀滴定法广泛应用于食品工业,一种是测定氯化物的 Mohr 法。该法基于银从硝酸银中被置换出来,与氯化物完全结合后,多余的银形成橘红色的铬酸银沉淀。

$$Ag^{+}+Cl^{-}\longrightarrow AgCl\downarrow$$(至所有 Cl 全部结合)

$$2Ag^{+}+CrO_4^{2-}\longrightarrow Ag_2CrO_4\downarrow$$(只有在所有的 Cl^{-} 被反应完后才形成橘红色沉淀)

另一种是 Volhard 法。该法则是一种间接或反滴定的方法,即将过量的硝酸银溶液加至氯化物溶液中。过量的硝酸银再用硫氰化钾或硫氰化铵标准液反滴定，并用二价铁作为指示剂，用反滴定过量银方法来计算在第一步反应中沉淀银所用的氯的量。

$$Ag^+ + Cl^- \longrightarrow AgCl\downarrow \text{（至所有 Cl 全部结合）}$$

$$Ag^+ + SCN \longrightarrow AgSCN\downarrow \text{（用以定量没有与 }Cl^-\text{ 反应的 Ag）}$$

$$3SCN^- + Fe^{3+} \longrightarrow Fe(SCN)_3\downarrow \text{（当存在没有与 }Ag^+\text{ 结合的 }SCN^-\text{ 时，溶液呈红色）}$$

7.2.5.2 沉淀滴定法测定食品中食盐的含量

试样中食盐采用炭化浸出法或灰化浸出法。浸出液以铬酸钾为指示液，用硝酸银标准滴定溶液滴定，根据硝酸银消耗量，按以下公式计算含量。

$$X = \frac{(V_1 - V_2) \times c \times 0.0585}{m \times \frac{V_3}{V_4}} \times 100$$

式中：X——试样中食盐的含量（以 NaCl 计），g/100g；

V_1——试样消耗硝酸银标准溶液的体积，mL；

V_2——试剂空白消耗硝酸银标准溶液的体积，mL；

V_3——滴定时吸取的试样滤液的体积，mL；

V_4——试样处理时定容的体积，mL；

c——硝酸银标准溶液的实际浓度，mol/L；

0.0585——于 1.00 mL 硝酸银标准滴定溶液[$c(AgNO_3) = 0.100$ mol/L]相当的 NaCl 的质量，g；

M——样品的质量，g。

计算结果精确到小数点后一位。

7.2.5.3 应用

沉淀滴定法非常适合于各种含氯量高的食品，如在制造干酪和肉类时要加入很多食盐，采用沉淀滴定法测定就能非常快速地得出其盐的含量。NaCl 的浓度在 0.3% ~10% 范围内时，其测定精确度可达到 ±10%。

7.2.6 比色法

7.2.6.1 概述

用可见波长范围内的电磁波照射一物体，某一波长的电磁波被吸收，而其他则被反射回来，反射回来的这些波长的电磁波就是我们所看到的颜色。在比色法中，一个化学反应必须快速生成一种稳定的颜色，并且其最终产物是单色的，这个发色反应可应用于分析金属元素。

随着溶液颜色的加深，能够透过溶液的光的强度也越来越弱，同样，光通过溶液传播的距离越长，传递的光的强度也越弱。根据光透过溶液或转换成被溶液吸收的能力，就可以定量测定反应物浓度，此原理已被广泛应用于许多金属元素的含量分析。

7.2.6.2 比色法测定磷含量

磷钼矾酸盐的颜色强度可以通过使用分光光度法来定量分析。这种方法与其他大多数方法相比，具有产生的颜色更稳定的优点，因此为首选方法。

食品中的有机物经酸破坏以后，磷在酸性条件下与钼酸铵结合生成磷钼酸铵。用氯化亚锡、硫酸肼还原磷钼酸铵生成蓝色化合物－钼蓝。蓝色强度与磷含量成正比，故样品中磷含量根据下列公式计算：

$$X=\frac{(c-c_0)\times V_1}{m\times V_2}\times\frac{100}{1000}$$

式中：X——样品中磷含量，mg/100g；

c——由标准曲线上查得样品测定溶液中磷含量，μg；

c_0——空白溶液中磷含量，μg；

m——样品质量，g；

V_1——样品消化液的总体积，mL；

V_2——测定用样品消化液的体积，mL。

7.2.6.3 比色法测定锌含量

样品经消化后，在pH值为4.0～5.5时，锌离子与二硫腙形成紫红色络合物，溶于四氯化碳中，加入硫代硫酸钠，可防止铜、汞、铅、铋、银和镉等离子干扰，与标准系列比较定量，样品中锌含量根据下列公式计算：

$$X=\frac{(m_1-m_2)\times 1000}{m\times\frac{V_2}{V_1}\times 1000}$$

式中：X——样品中锌的含量，mg/kg或mg/L；

V_2——测定用样品消化液体积，mL；

V_1——样品消化液总体积，mL；

m——样品的质量或体积，g或mL；

m_1——测定用样品消化液中锌的质量，μg；

m_2——试剂空白液中锌的质量，μg。

7.2.6.4 比色法测定锡含量

样品经消化后，在弱酸性条件下，Sn^{4+}与苯芴铜生成微溶性的橙红色配合物，在保护性胶体存在下进行比色测定，加入酒石酸，维生素 C 以掩蔽铁离子等的干扰。样品中锡含量根据下列公式计算：

$$X = \frac{(m_1 - m_0) \times 1000}{m \times \frac{V_2}{V_1} \times 1000}$$

式中：X ——样品中锡的含量，mg/kg 或 mg/L；

m_1——测定用样品消化液中锡的含量，μg；

m_0——试剂空白液中锡的含量，μg；

m ——样品质量（或体积），g 或 mL；

V_1——样品消化液的总体积，mL；

V_2——测定用样品消化液的体积，mL。

7.2.6.5 应用

比色法广泛应用于各种金属元素的测定，如铁的测定就提供了一个采用比色法对氧化还原反应进行定量分析的例子，其中氧化还原反应引起了发色反应。

有些去垢剂含磷，因此在使用比色法测定磷时必须对测磷所用的容器进行净化，即仔细地用去离子水冲洗至少 3 遍以上，以防止污染。

7.2.7 离子选择性电极测定法

7.2.7.1 概述

$[H^+]$的测量关键性的问题是电位计是否能被用来测定其他离子。最近几年这个问题已引起了广泛的重视。实际上，许多电极已经发展为可直接对多种阳离子和阴离子进行测定，如溴化物、钙、氯化物、氟化物、钾、钠和硫，甚至有可以测定可溶性气体的电极，如氨、CO_2 和 O_2。由于其他离子的干扰，使得一些方法在应用上有一定的限制，通常这一问题的解决可以通过调节 pH 来减少干扰或通过络合作用、沉淀反应来去除干扰。

改变玻璃电极的组成可改变玻璃膜对其他离子的敏感性，一种对钾敏感的电极的膜组成为：71% SiO_2、11% Na_2O 和 18% Al_2O_3。

一种典型的钠离子电极可在 0.000001 ~ 1 mol/L 或 0.023 ~ 23000 mg/kg 范围内进行测定。但是可能会受到银离子、锂离子，钾离子，铵离子的干扰，反应时间少于 30 s。在这个系统中也可使用复合钠离子选择性电极，其中包含了甘汞参比电极。

固态离子选择性电极也同样可靠。这些电极不使用玻璃传感膜，其活性膜是由单一的经稀土元素处理的无机结晶体组成，氟电极就是一个很好的例子，其电极是由经铕处理过的氟化镧组成,改变了电荷通透性并且降低了电阻,用这种电极可以测出浓度达到0.02 mg/kg浓度的氟化物。其他普遍使用的固态离子选择性电极同样可靠,例如溴电极可以测定的浓度极限为0.04 mg/kg,氯电极为0.178 mg/kg;相应地,所有固态离子选择性电极的响应时间都少于30 s,但这些电极同样遇到其他干扰离子的干扰问题。

除了各种玻璃膜电极和固态电极外,值得强调的是,还有许多其他类型的电极,如沉淀—渗透膜,液—液膜,甚至酶电极—气体感应电极的应用也日益增加,这些电极具有气体渗透性膜和与内部缓冲溶液相连接的pH复合电极,透过这层膜,气体能溶解于包裹着复合电极的pH缓冲溶液的薄膜层中,溶解的气体引起了溶液pH的变化,同时复合电极也能探测到这种变化,氨、CO_2、SO_2和O_2都能由该类电极进行测定。

7.2.7.2 相对活度

在使用离子选择性电极时,必须注意活度与浓度的概念。活度是化学反应的量度,而浓度则是溶液中所有离子(游离态和结合念)的量度。考虑到离子自身或与溶剂发生反应的因素,有效浓度或活度往往低于实际浓度,活度和浓度的关系可由下式表示:

$$A = V \times c$$

式中:A——活度;

V——活度系数;

c——浓度。

活度系数是离子强度的函数,离子强度则是溶液中所有离子的浓度和电荷数的函数。通过调整所有待测样品和标样的离子强度,使之成为一个接近于恒定的水平,则可以用能斯特方程把电极反应与测定的离子浓度相对应起来。实际上,样品和标样都被离子调节缓冲溶液,一种中性或无干扰性离子溶液,调整到了一个高而且稳定的离子强度水平,以避免其他离子的干扰。这些缓冲溶液同样可以用来控制pH,消除离子干扰,限制可引起解离或合成的化学反应的干扰。因此,使用离子选择性电极精确测定不同种类离子的浓度,必须注意满足下列条件:①保持恒定的参比电势;②操作温度保持恒定;③调节离子强度;④调整pH;⑤消除电极干扰;⑥消除方法误差。

7.2.7.3 标准曲线

使用离子选择性电极时,通常需制作标准曲线,将两个电极(指示电极和参比电极)放入一系列已知浓度的溶液中,将这些标准溶液中的电极电势(mV)记录下来，并在半对数图纸上对标样浓度的对数作图（图7－1）。通过测得待测样品的电极电势，就可从标准曲线上算出待测样品的浓度。

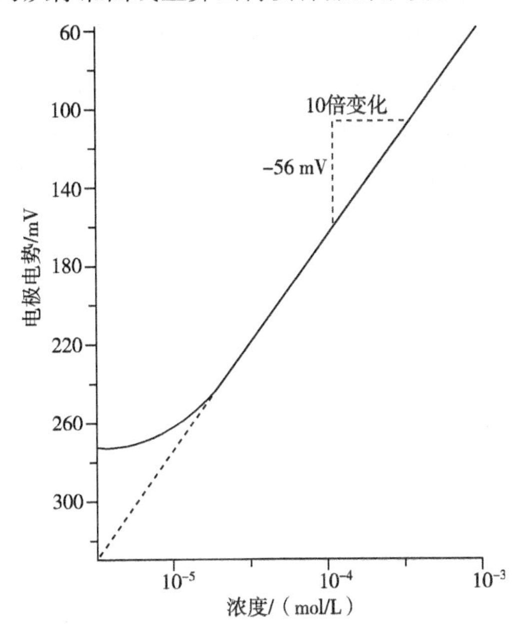

图7－1　典型的离子选择性电极标准曲线

标准曲线有一线性区域，在此区域内，电极对浓度的变化有一恒定的反应，符合能斯特方程。必须注意到，在低浓度时同时也有非线性区。在实际应用中，干扰离子的总离子强度和浓度是决定待测离子浓度最低检测限的因素之一。各种离子的标准曲线可以参见图7－2。

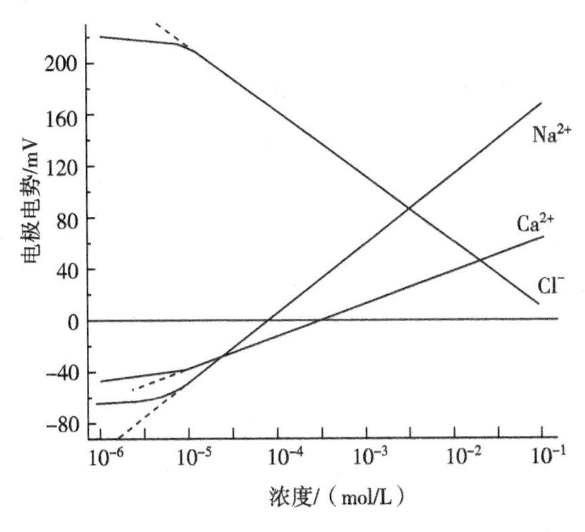

图7－2　用于食品中离子测定的离子选择性电极标准曲线图例

7.2.7.4 其他离子选择性电极的测定方法

尽管在使用离子选择性电极时,最普遍的方法是制作标准曲线,实际上还有其他方法,例如在氟离子选择电极(ISE)滴定中还被用来确定滴定的等当点,ISE可对待测样品(S滴定)或滴定剂(T滴定)产生响应,而后者的应用更广泛。

在T滴定中,因为滴定剂与样品反应,所以随着滴定剂的加入就会引起电极电势的微小变化,而如果所有的待测离子都与滴定剂反应,那么电极电势就会有很大的增长,滴定的等当点如图7-3所示。

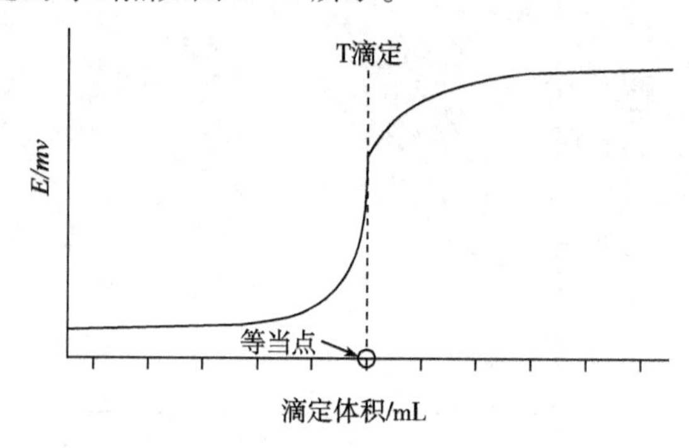

图7-3 典型的T型滴定图

另外,还可考虑采用标准添加法。

实际上,此法已应用于ISE方法中。将电极(指示电极和参比电极)浸入待测样品,则最初的电极电势就可以确定,然后向样品中添加含有已知浓度的待测溶液,则可得到第二次测量的电极电势。通过这两次电极电势的测量值就可计算得到起始待测样品中活性离子浓度。这种方法不需要用缓冲溶液调整离子强度。当需要分析的样品量很少,而且时间又不允许绘制标准曲线时,这种方法很有效,同时也可消除复杂的未知背景因素的影响。

7.2.7.5 氟的测定(氟离子选择电极法)

氟离子选择电极(ISE)的氟化镧单晶膜对氟离子产生选择性的响应,将氟电极和饱和甘汞电极插入被测溶液中组成原电池,电池的电动势随溶液中氟离子的活度变化而变化,电位变化规律符合能斯特方程。

$$E = E_0 - \frac{2.303RT}{F}\lg c_{F^-}$$

E 与 $\lg c_{F^-}$ 呈线性关系,2.303 RT/F 为该直线的斜率(25℃时为59.16)。

与氟离子形成配合物的铁、铝等离子会干扰测定,其他常见离子对测定无影响。测定溶液的酸度的pH值为5~6,用总离子强度缓冲剂,可消除干扰离子及酸度的影响。

根据所测试样的电位值 EX,从标准曲线上查出对应 $\lg c_x$,并求出样液中氟的浓度 C_x(μg /mL)。

$$X = \frac{c_x \times 50 \times 1000}{m \times 1000}$$

式中:X——样品中氟的含量,mg/kg;

m——样品质量,g;

50——样液总体积,mL。

7.2.7.6　应用

离子选择性电极的应用有许多例子,如肉制品中的盐分和硝酸盐,黄油和乳酪中的盐分,牛乳中的钙,低钠冰激凌中的钠,软饮料中的 CO_2,酒中的钾、钠,蔬菜罐头中的硝酸盐等。一种用于测定钠含量小于 100 mg/100g 食品的 ISE 方法,也是一种 AOAC 法定方法(AOAC 法,926 · 25)。这种方法使用钠复合 ISE 电极、pH 计、磁力搅拌器和一种特殊的用于作标准曲线的坐标纸。很明显,电子选择性电极除了可进行这种有价值的测定之外,还有许多其他应用。

使用离子选择性电极的主要优点是可直接测定许多种阴阳离子。这种分析测定法与其他分析方法比较相对较简单,特别是可把 pH 计当伏特计使用。当进行直接测定时,与分析物的体积无关,同时也与样品的状态无关,混浊、有色、黏度等对它都不受影响。

使用离子选择性电极的主要缺点是不能测定含量低于 3 mg/kg 的样品,尽管理论上某些电极的灵敏度可达到 1 μg/kg,但在低水平测定时(低于 0.0001 mol/L),电极的响应时间太慢,最终使得有些电极在测定时具有较高的失败几率,工作寿命较短及过多的干扰信号。

7.2.8　几种方法的比较

所有涉及营养、食品加工和毒理的矿物质是不可能由任何单一的具有相同准确度的方法进行测定。通常在一个具有熟练操作技能人员的小型实验室里,使用经典的测定方法,具有快捷、精确、耗资少的特点。如有大量特殊的元素需要分析,考虑到时间因素,最好用原子吸收或原子发射分光光度计测定。原子吸收石墨炉法具有十亿分之一的灵敏度,这是经典方法所无法达到的。但是,对大多数与食品工业有关的矿物质分析而言,如此高的灵敏度是没有必要的。

在选择一个矿物质的分析方法时,必须考虑到完成一次分析所需的费用,有无设备可用、设备的费用，分析所需的时间，分析价值，需要的灵敏度，所选方法的可用性等，以最终决定使用哪一种分析方法。

由于营养价值、潜在的毒性、正确的加工和食品的质构等因素，使得水和食品中的矿物质变得非常重要。经典的矿物质分析方法包括重量分析法、滴定法和比色法。因为这些方法通常需要先将矿物质从食品的有机介质中分离出来，所以食品通常需要先灰化，样品的制备必须包括防止污染、防止挥发性元素损失，并消除任何的干扰因素等步骤。本章阐述了重量分析法、滴定法，比色法和离子选择性电极法等测定矿物质的基本原理，并且对食品工业中的一些矿物质的分析进行详细的介绍。

本章描述的矿物质分析步骤只需要分析实验室现有的化学试剂和设备，而不需要昂贵的设备。这些方法很适合具有熟练操作人员的小型实验室，但只适合分析数量有限的样品，样品的量必须足够，不需很高的灵敏度。

经典的矿物质测定方法现都采用试剂盒以便进行快速测定，如今正在应用的水的硬度的测定就是一个例子。在这些经典分析方法基本原理的基础上，将继续发展、优化用于食品和饮料中矿物质含量测定的新型快速分析方法。

离子选择性电极（ISE）可直接测定许多阴离子和阳离子，如 Na、K 和 Ca，同时还可测定一些可溶气体如氨气和 CO_2。因为 pH 计有毫伏量程，所以可以用离子选择性电极代替玻璃电极来进行测定。

复习思考题

1. 动植物性食品中的矿物质有哪些？
2. 矿物质测定的基本原理是什么？
3. 重量分析法的原理是什么？
4. EDTA 络合滴定法的原理是什么？
5. 氧化还原法的原理是什么？
6. 沉淀滴定法的原理是什么？
7. 比色法的原理是什么？
8. 离子选择性电极测定法的原理是什么？

第8章 碳水化合物的测定

本章学习重点：

掌握兰—艾农法测定法；

熟悉可溶性糖类的提取和澄清方法，常用提取剂及提取液的澄清方法，常用的澄清剂、除铅剂，测定用试剂、指示剂和注意事项；

了解碳水化合物的存在方式、分类和测定意义，总糖的测定方法，淀粉的测定，粗纤维的测定。

8.1 概述

碳水化合物是一类化学组成、结构都非常相似的有机化合物。其主要成分是C、H、O，并且通常O∶H=1∶2，即可用通式$C_n(H_2O)_m$表示，式中，m不一定等于n，n=3～数千。碳水化合物这个名称并不确切，但因使用已久，迄今仍在沿用。如有些物质结构符合$C_n(H_2O)_m$通式，但性质却与碳水化合物完全不同，如甲醛(CH_2O)、乙酸($C_2H_4O_2$)、乳酸($C_3H_6O_3$)等；而有些物质其性质与碳水化合物完全相似，但是不具有上述通式，如脱氧核糖($C_5H_{10}O_4$)、鼠李糖($C_6H_{12}O_5$)等。从化学结构角度看，它们用多羟基醛或多羟基酮及其衍生物来命名，更能表示它们的性质和意义。

根据聚合度(n)的大小，可将碳水化合物分为单糖、低聚糖（聚合度$1<n\leq 10$）和多糖($n>10$)。单糖是糖的基本组成单位，食品中的单糖主要有葡萄糖、果糖和半乳糖，它们都是含有6个碳原子的多羟基醛或者多羟基酮，分别为已醛糖（葡萄糖、半乳糖）和已酮糖（果糖），此外还有核糖、阿拉伯糖、木糖等戊醛糖。食品中的低聚糖主要有双糖（蔗糖、乳糖和麦芽糖）、三糖（棉籽糖）和四糖（水苏糖）。蔗糖由一分子葡萄糖和一分子果糖缩合而成，普遍存在于具有光合作用的植物中，是食品工业中最重要的甜味剂。乳糖由一分子葡萄糖和一分子乳糖缩合而成，存在于哺乳动物的乳汁中。麦芽糖由2分子葡萄糖缩合而成，游离的麦芽糖在自然界并不存在，通常由淀粉水解生产得到。由若干单糖缩合而成的高分子化合物称为多糖，如淀粉、纤维素、果胶等。淀粉广泛存在于各类植物的果实中。

这些碳水化合物中,根据能否在人体被消化利用又分为有效碳水化合物和无效碳水化合物。有效碳水化合物包括人体能消化利用的单糖、低聚糖、糊精、淀粉、糖原等。无效碳水化合物指人们的消化系统或消化系统中的酶不能消化分解、吸收的物质。主要指果胶、半纤维素、纤维素、木质素。但是这些碳水化合物在体内能促进肠道蠕动,改善消化系统机能,对维持人体健康有重要作用,是人们膳食中不可缺少的物质,又称膳食纤维。

食品中碳水化合物的测定方法主要有物理法、化学法、色谱法、酶法、发酵法和重量法等。其中,物理法包括相对密度法、折光法、旋光法。化学法包括还原糖法,即直接滴定法(改良的兰—爱农法)、高锰酸钾法、萨氏法;碘量法(3,5 - 二硝基水杨酸);比色法(酚—硫酸法、蒽酮法、半胱氨酸—咔唑法)。色谱法包括纸色谱、薄层色谱法、气相色谱法、高压液相法等。酶法包括测定半乳糖、乳糖的 β - 半乳糖脱氢酶法,测定葡萄糖的葡萄糖氧化酶法。发酵法可测定不可发酵糖。果胶、纤维素、膳食纤维素的测定一般采用重量法。

8.2 单糖与低聚糖的测定

8.2.1 提取与澄清

由于食品体系复杂,一般通过选择适当的溶剂提取样品中的可溶性糖,并对其提取液进行纯化和排除干扰物质后,再进行测定。

糖类的提取步骤一般包括:先将样品磨碎,再用石油醚提取除去其中的脂类和叶绿素,除去易被水提取的干扰物质,选择水或者其他极性溶剂作为提取剂,得到待测定的糖类样品。

8.2.1.1 常用提取剂

水为最常用提取剂。提取时控制温度在 40 ~ 50℃,温度过高时,会提取出过多的淀粉和糊精,影响测定结果。另外,还可能提取出所有的氨基酸、色素等,导致测定结果偏高。为了防止糖类被酶水解,常常加入 $HgCl_2$ 来抑制酶的活性。

糖类在乙醇溶液中也具有一定的溶解度,故可用乙醇水溶液作为提取剂,其优点是能抑制酶的活性。乙醇浓度一般选择 70% ~ 75%,该浓度下可以排除蛋白质,即蛋白质完全沉淀析出,多糖类也不溶解于该混合提取剂中。

8.2.1.2 提取液的澄清

为了消除影响糖类测定的干扰物质,如果胶、蛋白质等物质,常常采用澄清剂沉淀影响糖类测定的干扰物质。

澄清剂必须符合以下条件：①能完全除去干扰物质；②不会吸附或沉淀糖类；③不会改变糖类的比旋光度等理化性质。过剩的澄清剂应不干扰后面的分析操作或易于去除。

常见的澄清剂有：

(1)中性醋酸铅 $Pb(Ac)_2 \cdot 3H_2O$。中性醋酸铅可除去蛋白质、单宁、有机酸、果胶等，还会聚集其他胶体，适用范围广。其特点为作用较可靠，不会使还原糖从溶液中沉淀出来，在室温下也不会生成可溶性的铅糖。缺点是脱色能力差，不能用于深色溶液的澄清。可应用于植物性样品，浅色的糖和糖浆样品、果蔬制品、焙烤制品。

(2)碱性醋酸铅。它能除去蛋白质、色素、有机酸，又能凝聚胶体。但是生成的沉淀体积大，可带走还原糖（如果糖）。过量的碱性乙酸铅因其碱度及铅糖的生成而改变糖类的旋光度，故只能用于处理深色的蔗糖溶液。

(3)乙酸锌溶液和亚铁氰化钾溶液。利用乙酸锌与亚铁氰化钾生成的亚铁氰酸锌沉淀来吸附干扰物质，发生共同沉淀作用。这种澄清剂澄清效果良好，除蛋白质能力强。故适用于色泽较浅，富含蛋白质样液的澄清，如乳制品、豆制品等。

(4)硫酸铜（$CuSO_4$）。10 mL $CuSO_4$ 溶液（69.28 g $CuSO_4 \cdot 5H_2O$ 溶于 1 L 水中）与 4 mL 1 mol/L NaOH 组成的混合液进行澄清，在碱性条件下，Cu^{2+} 可使蛋白质沉淀。适于富含蛋白质的样品的澄清，如牛乳。

(5)氢氧化铝[$Al(OH)_3$]。氢氧化铝能凝聚胶体，但对非胶态杂质的澄清效果不好，适用于浅色糖溶液的澄清或作为附加澄清剂。

(6)活性炭。活性炭能除去植物样品中的色素，但是吸附能力强，能吸附糖类而造成损失。

澄清剂的种类很多，性能也各不相同，应根据样品溶液的种类、干扰物质的种类及含量予以适当的选择，同时还必须考虑所采用的分析方法，如用直接滴定法测定还原糖时不能硫酸铜—氢氧化钠溶液澄清样品，以免样品溶液中带入 Cu^{2+}；用高锰酸钾滴定法测定还原糖时，不能用乙酸锌—亚铁氰化钾溶液澄清样品溶液，以免样品溶液中引入 Fe^{2+}。

澄清剂用量太少达不到澄清的目的，但是使用过量会使分析结果产生误差。

采用乙酸铅作澄清剂时，澄清后的样品溶液中残留有铅离子，在测定过程中加热样品溶液时，铅能与还原糖（特别是果糖）结合生成铅糖化合物，使测定得到的还原糖含量降低。因此,经铅盐澄清的样品溶液必须除铅。

常用的除铅剂有草酸钠、草酸钾、硫酸钠、磷酸氢二钠等。使用时可以用固态加入(如固体草酸钠),也可以液态加入(如10% Na_2SO_4 或10% Na_2HPO_4)。除铅剂的用量也要适当,在保证使铅完全沉淀的前提下,尽量少用。

8.2.2 样品预处理

在糖的提取过程中,常常有干扰物质对糖的提取产生干扰,常见的干扰物质包括:①将糖包围在其内部的脂类;②影响过滤的果胶等多糖干扰物质;③植物中含有的有机酸,其将参与糖的化学反应,导致蔗糖发生水解;④对比色法、旋光法测定糖产生影响的色素;⑤氨基酸、糖苷(甙)等具有旋光性的光活性物质,会影响糖的旋光法测定。

去除干扰物质的常见方法是:将称重样品放在滤纸上,先用50 mL石油醚,分五次洗涤,除去样品中所含有的脂类、叶绿素等。再加入澄清剂,除去果胶、蛋白质及有旋光性的物质。若有机酸存在时,只需将反应保持在中性进行即可。新鲜果实常含有糖的分解酶,如鲜橘水提取液,其酶的活性很大,可加入少量氯化汞。

(1)含高脂肪的食品,如巧克力、蛋黄酱、奶酪等,通常须经脱脂后再用水进行提取。一般以石油醚处理一次或几次,必要时可加热;每次处理后,倒去石油醚,然后用水进行提取。

(2)含有大量淀粉、糊精及蛋白质的食品,如谷物制品、某些蔬菜、调味品,通常用70%~75%乙醇溶液进行提取。若单独使用水提取,会使样品中部分淀粉和糊精溶出或吸水膨胀,影响分析测定,同时过滤也困难。操作时,要求乙醇溶液的浓度应高到足以使淀粉和糊精沉淀,若样品含水量较高,混合后的最终浓度应控制在上述范围内。提取时,可加热回流,然后冷却并离心,倒出上清液,如此提取2~3次,合并提取液,蒸发除去乙醇。在70%~75%乙醇溶液中,蛋白质不会溶解出来,因此,用乙醇溶液作提取剂时,提取液不用除蛋白质。

(3)含酒精和二氧化碳的液体样品,通常蒸发至原体积的1/3~1/4,以除去酒精和 CO_2。若样品呈酸性,则在加热前应预先用氢氧化钠调节样品溶液的pH值至中性,以防止低聚糖在酸性条件下被部分水解。

8.2.3 测定方法

单糖中葡萄糖、半乳糖和果糖为还原糖,双糖中乳糖和麦芽糖也为还原糖,而其他双糖如蔗糖、三糖及多糖（如糊精、淀粉）则不是还原糖，但是都可以通过水解生成相应的还原糖，测定水解液的还原糖含量就可以求得样品中相应糖类的含量，因此，还原糖的测定是糖类定量的基础。

根据糖的还原性来测定糖类的方法叫还原糖法。可测定葡萄糖、果糖、麦芽糖和乳糖等还原糖。常用试剂是菲林试剂，即硫酸铜的碱性溶液。1964 年“国际食糖分析方法统一委员会”把兰—埃农法（Laneand Eynons Method）和姆松—华尔格法（Munson and walkers Method）定为还原糖的标准分析法。

8.2.3.1　还原糖法（兰·埃农法）

利用还原糖的还原性将菲林试剂中的 Cu^{2+} 还原为 Cu_2O，Cu_2O 再与亚铁氰化钾反应生成可溶性化合物，稍微过量的糖将次甲基蓝还原为无色化合物，因此可用次甲基蓝作为终点指示剂，无色次甲基蓝隐色体很容易被 O_2 所氧化，所以要沸腾排除 O_2。整个过程在沸腾条件下进行，溶液由蓝色变为无色即为滴定终点。方法原理可由下列反应式表示。

$$CuSO_4 + 2NaOH \longrightarrow Na_2SO_4 + Cu(OH)_2$$

$$Cu(OH)_2 \rightleftharpoons CuO(+H_2O)$$

$$\underset{\text{酒石酸钾钠}}{HCOONa{-}HC(OH){-}HC(OH){-}HCOOK} + CuO(+H_2O) \longrightarrow 2H_2O + \underset{\text{酒石酸钾钠铜}}{HCOONa{-}HC(O){-}HC(O){-}HCOOK\,(\text{Cu})}$$

$$\text{酒石酸钾钠铜} + \underset{\text{葡萄糖}}{HC{=}O{-}(HC{-}OH)_4{-}H_2COH} \longrightarrow \underset{\text{葡萄糖醛酸}}{HC{=}O{-}(HC{-}OH)_4{-}C{-}OOH} + Cu_2O\downarrow + HCOONa{-}HCOH{-}HCOH{-}HCOOK$$

次甲基蓝的氧化还原过程如下式所示。

$$\underset{\text{还原型（无色）}}{(H_3C)_2N{-}C_6H_3{<}^{NH}_{S}{>}C_6H_3{-}N(CH_3)_2} \underset{[H]}{\overset{[O]}{\rightleftharpoons}} \underset{\text{氧化型（蓝色）}}{(H_3C)_2\overset{+}{N}{=}C_6H_3{<}^{N}_{S}{>}C_6H_3{-}N(CH_3)_2}$$

（1）样品的预处理。乳类、乳制品及含蛋白质的冷食类。称（吸）取适量样品，置于 250 mL 容量瓶中，加入 50 mL 水，摇匀后慢慢地加入 5 mL 乙酸锌和 5 mL 亚铁氰化钾溶液，加水至刻度，混匀，静置 30 min，用干燥滤纸过滤，弃去初滤液，剩余滤液供分析检测用。

含酒精饮料。样品置于蒸发皿中，用 40 g/L 氢氧化钠溶液中和至中性。在水浴上蒸发至原体积的 1/4 后，移入 250 mL 容量瓶中，加水至刻度。

含多量淀粉的食品。样品置于 250 mL 容量瓶中，加 200 mL 水，在 45 ℃水浴中加热 1 h，并时时振摇，冷却后加水至刻度，混匀，静置，沉淀，用干燥滤纸过滤，弃去初滤液，滤液供分析检测用。

汽水等含有二氧化碳的饮料。在蒸发皿中蒸干后的样品，移入 250 mL 容量瓶中，用水洗涤蒸发皿，洗液并入容量瓶中，再加水至刻度，混匀后，备用。

（2）菲林试剂的标定。准确吸取菲林试剂甲液和菲林试剂乙液各 5 mL，置于 150 mL 锥形瓶中，加水 10 mL，加玻璃珠 2 粒，从滴定管滴加约 9 mL 葡萄糖标准溶液，严格控制加热使其在 2 min 内沸腾。准确沸腾 30 s，趁沸以每 2 s 1 滴的速度继续滴加葡萄糖标准溶液，直至溶液蓝色刚好褪去为终点。

记录消耗葡萄糖标准溶液的总体积，同时平行操作 3 份，取其平均值，按下式计算每 10 mL（甲，乙液各 5 mL）菲林试剂溶液相当于葡萄糖的质量（mg）。

$$F = cV$$

式中：F ——10 mL 菲林试剂溶液（菲林试剂甲液、乙液各 5 mL）相当于还原糖的质量，mg；

c ——葡萄糖标准溶液的浓度，mg/mL；

V ——标定时平均消耗葡萄糖标准溶液的总体积，mL。

（3）样品溶液的粗滴定。吸取菲林试剂甲、乙各 5 mL，置于 150 mL 锥形瓶中，加玻璃珠 2 粒，加水 10 mL，在石棉网上加热，控制在2 min内加热至沸，趁沸以先快后慢的速度，从滴定管中滴加样品溶液，并保持溶液沸腾状态，待溶液颜色变浅时，以每 2 s 1 滴的速度滴定，直至溶液蓝色刚好褪去为终点，记录样液消耗体积（样品中还原糖浓度根据预测加以调节，对于熟练人员，测定误差为 ±1% 满足常规分析。以 0.1 g/100g 为宜，即控制样液消耗体积在 10 mL 左右，否则误差大）。

（4）精密滴定。准确吸取菲林试剂甲、乙各 5 mL，置于 150 mL 锥形瓶中，加水 10 mL，加入玻璃珠 2 粒，从滴定管加比预测体积少 1 mL 的样品溶液，控制在 2 min内加热至沸，趁沸继续以每 2 s 1 滴的速度滴定，直至蓝色刚好褪去为终点，记录样液消耗体积。同法平行操作 3 次，计算平均消耗体积。

（5）结果计算。

$$还原糖 = \frac{f \times v \times K_f}{U \times W} \times 100\%$$

式中：f ——还原糖因数，即与 10 mL 菲林试剂相当的还原糖毫克数，可从附录中查到；

V ——样品试液总体积，mL；

U ——样品试液滴定量，mL；

W ——样品重量，mg；

K_f ——实际滴定量，从附录中查得的滴定量；

V_1 ——标准葡萄糖溶液的滴定量。

菲林试剂用标准还原糖液加以标定。

在测定加糖乳制品时，若蔗糖与乳糖的含量比超过 3∶1 时，应在滴定量中加入附录中查到的校正值进行计算。

(6)说明与讨论。

①本法为直接滴定法，测得的是总还原糖量。经过标定的菲林试剂，可与定量的还原糖作用，根据样品溶液消耗体积，可计算样品中还原糖含量。

②在样品处理时，不能用铜盐作为澄清剂，以免样液中引入 Cu^{2+}，得到错误的结果。

③ 碱性酒石酸铜甲液和乙液应分别储存，用时才混合，否则酒石酸钾钠铜络合物长期在碱性条件下会慢慢分解析出氧化亚铜沉淀，使试剂有效浓度降低。加入少量亚铁氰化钾，可使生成的红色氧化亚铜沉淀络合，形成可溶性络合物，消除观察红色沉淀对滴定终点的干扰，使终点变色更明显。

④滴定必须在沸腾条件下进行，其原因一是可以加快还原糖与 Cu^{2+} 的反应速度；二是次甲基蓝变色反应是可逆的，还原型次甲基蓝遇空气中氧时又会被氧化为氧化型。此外，氧化亚铜也极不稳定，易被空气中氧所氧化。保持反应液沸腾可防止空气进入，避免次甲基蓝和氧化亚铜被氧化而增加耗糖量。

⑤滴定时不能随意摇动锥形瓶，更不能把锥形瓶从热源上取下来滴定，以防止空气进入反应溶液中。

⑥样品溶液预测的目的：一是本法对样品溶液中还原糖浓度有一定要求(0.1%左右)，测定时样品溶液的消耗体积应与标定葡萄糖标准溶液时消耗的体积相近，通过预测可了解样品溶液浓度是否合适，浓度过大或过小应加以调整，使预测时消耗样液量在 10 mL 左右；二是通过预测可知道样液大概的消耗量，以便在正式测定时，预先加入比实际用量少 1 mL 左右的样液，只留下 1 mL 左右样

液在续滴定时加入，以保证在 1 min 内完成续滴定工作，提高测定的准确度。

⑦影响测定结果的主要操作因素是反应液碱度、热源强度、煮沸时间和滴定速度。反应液碱度直接影响二价铜与还原糖反应的速度、反应进行的程度及测定结果。在一定范围内，溶液的碱度越高，二价铜的还原越快。因此，必须严格控制反应液的体积，标定和测定时消耗的体积应接近，使反应体系碱度一致。热源一般采用 800 W 电炉，电炉温度恒定后才能加热，热源强度应控制在使反应液在 2 min 内沸腾，且应保持一致。否则加热至沸腾所需时间就会不同，引起蒸发量不同，使反应液碱度发生变化，从而引入误差。沸腾时间和滴定速度对结果影响也较大，一般沸腾时间短，消耗糖液多，反之，消耗糖液少；滴定速度过快，消耗糖量多，反之，消耗糖量少。因此，测定时应严格控制上述实验条件，应力求一致。平行试验样液消耗量相差不应超过 0.1 mL。

8.2.3.2 高锰酸钾滴定法

高锰酸钾滴定法又称为贝尔德蓝（Bertrand）法。其原理是先将一定量的样液与一定量过量的碱性酒石酸铜溶液混合，还原糖将二价铜还原为氧化亚铜，经过滤，得到氧化亚铜沉淀，再加入过量的酸性硫酸铁溶液将其氧化溶解，而三价铁盐被定量地还原为亚铁盐，然后用高锰酸钾标准溶液滴定所生成的亚铁盐，根据高锰酸钾溶液消耗量可计算出氧化亚铜的量，再从检索表中查出与氧化亚铜量相当的还原糖量，即可计算出样品中还原糖含量。

本法是国家标准分析方法，适用于各类食品中还原糖的测定，有色样液也不受限制。方法的准确度高，重现性好，准确度和重现性都优于直接滴定法。但操作复杂、费时，需使用特制的高锰酸钾法糖类检索表。

样品处理的方法同上述还原糖法。测定时将处理后的样品溶液倒入 400 mL 烧杯中，加入碱性酒石酸铜甲液及乙液，于烧杯上盖一表面皿，加热，控制在4 min 内沸腾，再准确煮沸 2 min，趁热用铺好石棉的古氏坩埚或垂融坩埚抽滤，并用 60℃热水洗涤烧杯及沉淀，至洗液不呈碱性为止。将古氏坩埚或垂融坩埚放回原 400 mL 烧杯中，加硫酸铁溶液及水，用玻璃棒搅拌使氧化亚铜完全溶解，以 0.02 mol/L 高猛酸钾标准溶液滴定至微红色为终点，记录高锰酸钾标准溶液消耗量。

以水为对照，加与测样品测定时相同量的碱性酒石酸铜甲液、乙液，硫酸铁及水，按同一方法做试剂空白试验。

测定结果按下式计算：

$$X_1 = (V - V_0) \times C \times 71.54$$

式中：X_1——样品中还原糖质量相当于氧化亚铜的质量，mg；

V——测定用样品液消耗高锰酸钾标准溶液的体积，mL；

V_0——试剂空白消耗高锰酸钾标准溶液的体积，mL；

C——高锰酸钾标准滴定溶液的浓度，moL/L；

71.54——1 mL 高锰酸钾标准滴定溶液[$c(1/5KMnO_4) = 1.000$ moL/L]，相当于氧化亚铜的质量，mg。

根据上式中计算所得的氧化亚铜质量，查附录“氧化亚铜质量相当于葡萄糖、果糖、乳糖、转化糖的质量表”，再计算样品中还原糖的含量。

$$X_2 = \frac{m_1}{m_2 \times \frac{V_1}{250} \times 1000} \times 100$$

式中：X_2 ——样品中还原糖含量，g/100g；

m_1——查表得还原糖质量，mg；

m_2——样品质量（或体积），g（mL）；

V_1——测定用样品处理液的体积，mL；

250——样品处理后的总体积，mL。

8.2.3.3　萨氏（Somogyi）法

将一定量的样液与过量的碱性铜盐溶液共热，样液中的还原糖定量地将二价铜还原为氧化亚铜，生成的氧化亚铜在酸性条件下溶解为一价铜离子，并能定量地消耗游离碘，碘被还原为碘化物，而一价铜被氧化为二价铜。剩余的碘用硫代硫酸钠标准溶液滴定，同时做空白试验，根据硫代硫酸钠标准溶液消耗量可求出与一价铜反应的碘量，从而计算出样品中还原糖含量。各步反应式如下：

$$2Cu^+ + I_2 = 2Cu^{2+} + 2I^-$$

$$I_2 + 2\ Na_2S_2O_3 = Na_2S_4O_6 + 2NaI$$

8.2.3.4　碘量法

样品经处理后，取一定量样液于碘量瓶中，加入一定量过量的碘液和过量的氢氧化钠溶液，样液中的醛糖在碱性条件下被碘氧化为醛糖酸钠，由于反应液中碘和氢氧化钠都是过量的，两者作用生成次碘酸钠残留在反应液中，当加入盐酸使反应液呈酸性时，析出碘，用硫代硫酸钠标准溶液滴定析出的碘，则可计算出氧化醛糖所消耗的碘量，从而计算出样液中醛糖的含量。

本法适用于醛糖和酮糖共存时单独测定醛糖，故可用于各类食品，如硬糖、异构糖、果汁等样品中葡萄糖的测定。

8.2.3.5 蔗糖的测定

蔗糖是葡萄糖和果糖组成的双糖,没有还原性,不能用碱性铜盐试剂直接测定,但在一定条件下,蔗糖可水解为具有还原性的葡萄糖和果糖(转化糖)。因此,可以用测定还原糖的方法测定蔗糖含量。

对于纯度较高的蔗糖溶液,其相对密度、折光率、旋光度等物理常数与蔗糖浓度都有一定关系,故也可用物理检验法测定。

8.2.3.6 总糖的测定

食品中的总糖通常是指具有还原性的糖(葡萄糖、果糖、乳糖、麦芽糖等)和在测定条件下能水解为还原性单糖的蔗糖的总量。总糖是食品生产中常规分析项目。它反映的是食品中可溶性单糖和低聚糖的总量,其含量高低对产品的色、香、味、组织形态、营养价值、成本等有一定影响。总糖是乳粉、糕点、果蔬罐头、饮料等许多食品的重要质量指标。总糖的测定通常是以还原糖的测定方法为基础的,常用的是直接滴定法,此外还有蒽酮比色法等。

8.3 淀粉测定

测定食品中的淀粉含量对于决定其用途具有重要意义,淀粉是供给人体热量的主要来源。淀粉在食品中的作用是作为增稠剂、凝胶剂、保湿剂、乳化剂、黏合剂等。

直链淀粉不溶于冷水,但可溶于热水,支链淀粉常压下不溶于水。只有在加热并加压时才能溶解于水。淀粉不溶于浓度在30%以上的乙醇溶液。在酸或酶的作用下,淀粉可以发生水解,其水解最终产物是葡萄糖。淀粉水溶液具有右旋性$[\alpha]^{20}$为(+)201.5~205。与碘发生呈色反应,这也是碘量法的专属指示剂。

淀粉的测定方法有多种,可根据淀粉的理化性质而建立。淀粉因其品种不同,淀粉的大小和形状也不同,故淀粉的物理检验法常用显微镜分析法,可鉴别不同品种的淀粉。淀粉含量的常用化学测定方法包括酸水解法、酶水解法、旋光法和酸化酒精沉淀法等。

8.3.1 酶水解法

淀粉用麦芽淀粉酶水解成二糖,再用酸将二糖水解为单糖,然后测定由水解所得到的单糖,即还原糖。常用于液化的淀粉酶是麦芽淀粉酶。它是α-淀粉酶和β-淀粉酶的混合物。酶水解法的优点在于:在一定条件下,用α-淀粉酶处理样品,则能使淀粉与半纤维素等某些多糖分开来。因为 α - 淀粉酶具有严格的选择性,只能使淀粉液化变成低分子糊精和可溶性糖分,而对半纤维素不起作用。在用 α - 淀粉酶液化淀粉除去半纤维素等不溶性残留物后,再用酸水解使生成葡萄糖,所得结果比较准确。这种酶水解作用被称之为选择性水解。

酶水解法测定淀粉的具体步骤如下。

样品的处理。将磨碎样品置于漏斗中,用 50 mL 乙醚分数次洗涤,除去脂肪,再用 10% 乙醇洗去可溶性糖分,共 5 次。

酶水解开始要使淀粉糊化,将烧杯置沸水浴上加热 15 min,使放冷至 60 ℃以下,然后再加入 20 mL 淀粉酶溶液,在 55 ~ 60 ℃保温 1 h,并不断搅拌。

取 1 滴此液于白色点滴板上,加 1 滴碘液应不呈蓝色,若呈蓝色,再加热糊化,冷却至 60 ℃以下,再加 20 mL 淀粉酶溶液,继续保温,直至酶解液加碘液后不呈蓝色为止,加热至沸使酶失活,冷却后移入 250 mL 容量瓶中,加水定容。混匀后过滤,弃去初滤液,收集滤液备用。

用菲林试剂测定葡萄糖含量,同时做空白试验。

计算：

$$\text{淀粉} = \frac{(A - B) \times 0.9 \times 100}{W \times (50/250) \times (V/100) \times 100}$$

式中:A——样品中淀粉相当于还原糖的重量,mg;

B——空白相当于还原糖的重量;

0.9——还原糖换算为淀粉因数;

$V/100$——样液酶解后稀释至 100 mL,取 V mL;

W——样品重量,g。

注意:淀粉酶水解时,发生了下述反应:$(C_6H_{10}O_5)_n + nH_2O \longrightarrow nC_6H_{12}O_6$

故 0.9 份淀粉,水解后可得 1 份葡萄糖。所以,根据定量所得葡萄糖量乘以 0.9,即得相应的淀粉含量。

8.3.2　酸水解法

样品经乙醚除去脂肪,乙醇除去可溶性糖类后,用盐酸水解淀粉为葡萄糖,按还原糖测定方法测定还原糖含量,再折算为淀粉含量。

此法适用于淀粉含量较高,而半纤维素等其他多糖含量较少的样品。该法操作简单、应用广泛,但选择性和准确性不及酶法。

于 250 mL 锥形瓶中加入 30 mL 6 mol/L 盐酸,装上冷凝管,置沸水浴中回流 2 h,速冷,定容,过滤,弃去初滤液,收集滤液备用。用菲林试剂测定葡萄糖含量,同时做空白试验。

8.3.3 旋光法

淀粉具有旋光性,在一定条件下旋光度的大小与淀粉的浓度成正比。用氯化钙溶液提取淀粉,使之与其他成分分离,用氯化锡沉淀提取液中的蛋白质后,测定旋光度,即可计算出淀粉含量。

本法适用于淀粉含量较高,而可溶性糖类含量很少的谷类样品,如面粉、米粉等。操作简便、快速。

将样品研细并通过40目以上的标准筛,称取2 g样品,置于250 mL烧杯中,加水10 mL,搅拌使样品湿润,加入70 mL氯化钙溶液,盖上表面皿,在5 min内加热至沸并继续加热15 min,加热时随时搅拌以防样品附在烧杯壁上。如泡沫过多可加1 ~2滴辛醇消泡。迅速冷却后,移入100 mL容量瓶中,用氯化钙溶液洗净烧杯中附着的样品,洗液并入容量瓶中。加5 mL氯化锡溶液,用氯化钙溶液定容到刻度,混匀,过滤,弃去除滤液,收集滤液装入旋光管中,测定旋光度。根据下式计算淀粉含量:

$$\text{淀粉}=\frac{\alpha\times100}{L\times203\times m}\times100\%$$

式中:α——旋光度读数,度;

L——旋光管长度,dm;

m——样品质量,g;

203——淀粉的比旋光度,度。

8.4 果胶测定

果胶物质由半乳糖醛酸、乳糖、阿拉伯糖、葡萄糖醛酸等组成的高分子聚合物,是一种植物胶。果胶物质以原果胶、果胶酯酸、果胶酸三种形态存在。平均分子量为5万~30万。存在于果蔬类植物组织中,是构成植物细胞的主要成分之一。可作为食品生产中的胶冻材料和增稠剂,如用制造果冻和糖果。果胶物质是影响果酱制品稠度和凝冻性的重要因素。果胶在柑橘汁生产中对混浊体起稳定剂的作用等;果胶在医药上的应用,也具有重要意义,特别是低甲氧基果胶,能与铅、汞等有害金属形成人体不能吸收的溶解物,可用作金属中毒的良好解毒剂和预防剂,也可以用于治疗胃肠道及胃溃疡等疾病。

测定果胶的方法有重量法、咔唑比色法、果胶酸钙滴定法等。

8.4.1　重量法

重量法是利用沉淀剂使果胶物质沉淀析出后测定重量的方法。常用的沉淀剂有电解质和有机溶剂两大类。电解质有氯化钠、氯化钙；有机溶剂有甲醇、乙醇、丙酮等。

样品加水煮沸提取，冷却后，定容，过滤，定量吸取滤液，加入 NaOH 溶液，充分搅拌，放置 0.5 h；再加入醋酸溶液，放置 5 min，边搅拌边缓缓加入 $CaCl_2$ 溶液，放置 1 h 陈化，加热沸腾 5 min 后，立即用烘干至恒重的滤纸过滤，用热水洗涤至无氯离子（用 10% 硝酸银溶液检验）。把滤渣连同滤纸放入预先烘干至恒重的称量瓶内，置 105℃烘箱中烘至恒重。按下式计算结果：

$$果胶质 = \frac{0.9235 \times G}{W \times (25/250)} \times 100\%$$

式中：G——滤渣的重量，g，$G = W_1 - W_2$；

W——样品的重量，g；

W_1——果胶酸钙重量和玻璃灯芯漏斗重量之和，g；

W_2——玻璃灯芯漏斗重量，g；

0.9235——果胶酸钙换算为果胶质的系数。

8.4.2　咔唑比色法

咔唑比色法基于果胶物质经强酸水解，生成物——半乳糖醛酸与咔唑发生缩合反应，生成的化合物呈紫红色，其呈色强度与半乳糖醛酸浓度成正比。

本法的结果以半乳糖醛酸表示，因不同来源的果胶中半乳糖糖醛酸的含量不同，如甜橙为 77.7%，柠檬为 94.2%，柑橘为 96%，苹果为 72%～75%。若要以果胶表示结果时，可按比例折算。

糖的存在会使测定结果偏大，应尽量除去。

常用硫酸，其浓度对呈色反应影响大，应使用相同规格和批号的试剂。

复习思考题

1. 化学法测定还原糖有几种方法?

2. 说明直接滴定法、高锰酸钾法的测定原理。

3. 说明可溶性糖提取剂、澄清剂的种类和操作条件与要求。

4. 在还原糖测定过程中需要注意哪些事项? 如何提高准确度和灵敏度?

5. 总糖的测定方法有哪些? 说明其原理。

6. 淀粉的测定方法有哪些? 说明其原理。

7. 果胶的测定方法有哪些? 说明其原理。

8. 已知样品质量为 M mg,制成溶液 100 mL,从比旋光度的公式即 $[\alpha] = \alpha / LC$ 如何推算出样品中淀粉的百分含量?

9. 旋光法测定食品中淀粉含量时,常常加入氯化钙溶液,其目的是什么? 为什么要添加氯化锡?

第9章　膳食纤维的测定

本章学习重点：

了解膳食纤维的概念与主要成分及测定意义；

了解膳食纤维的化学组成；

掌握膳食纤维分析的原理及其方法和应用。

9.1　概述

膳食纤维是指不能被人体小肠消化吸收的而在人体大肠内能被部分或全部发酵的可食用的植物性成分、碳水化合物及其相类似物质的总和，包括多糖、寡糖、抗性淀粉、纤维素、半纤维素、木质素、蜡质以及相关的植物物质。膳食纤维按溶解性可分为可溶性膳食纤维和不溶性膳食纤维。膳食纤维具有辅助预防便秘、调节控制血糖浓度、降血脂等生理功能。

膳食纤维存在于糙米和胚芽精米，以及玉米、小米、大麦、小麦皮（米糠）和麦粉（黑面包的材料）等杂粮中；此外，根菜类和海藻类中食物纤维较多，如牛蒡、胡萝卜、四季豆、红豆、豌豆、薯类和裙带菜等。植物性食物是膳食纤维的天然食物来源。部分常见食物原料中膳食纤维的含量状况为：小白菜 0.7%、白萝卜 0.8%、空心菜 1.0%、茭白 1.1%、韭菜 1.1%、蒜苗 1.8%、黄豆芽 1.0%、鲜豌豆 1.3%、毛豆 2.1%、苦瓜 1.1%、生姜 1.4%、草莓 1.4%、苹果 1.2%、鲜枣 1.6%、枣（干）3.1%、金针菜（干）6.7%、山药 0.9%、小米 1.6%、玉米面 1.8%、绿豆 4.2%、口蘑 6.9%、银耳 2.6%、木耳 7.0%、海带 9.8%。

国际相关组织推荐的膳食纤维素日摄入量：美国防癌协会推荐每人 30～40 g/d；欧洲共同体食品科学委员会推荐每人 30 g/d；世界粮农组织建议正常人群摄入量每人 27 g/d；中国营养学会提出中国居民摄入的食物纤维量及范围低能量饮食 1800 kcal（约 7531 kJ）为 25 g/d，中等能量饮食 2400 kcal（约 10042 kJ）为 30 g/d，高能量饮食 2800 kcal（约 11715 kJ）为 35 g/d。

膳食纤维的含量是果蔬制品的一项质量指标，用它可以鉴定果蔬的鲜嫩度。例如豌豆按其鲜嫩程度分为 3 级，其粗纤维含量分别为：一级 1.8% 左右；二级 2.2% 左右；三级 2.5% 左右。

9.2 样品的制备

对低脂(5% ~10%)样品,先干燥粉碎,再测定;如果样品脂肪含量超过10%,则可使用25%石油醚或正己烷抽提脂肪,离心除去有机溶剂,一般重复抽提2次以上,然后在70℃的真空干燥箱中干燥过夜,研磨过筛。记录除去脂肪和水分后的重量损耗,以校正膳食纤维的测定值。

膳食纤维含量大于10%的非固体样品可通过冷冻干燥和上述前处理步骤进行纤维含量分析;而对于膳食纤维含量少于10%的非固体样品,如果样品均匀、低脂肪,并可有效去除可消化碳水化合物和蛋白质的话,则可在干燥的条件下测定。

9.3 测定方法

测定膳食纤维可用两种基本方法:重量法和化学法。①重量法:将可消化的碳水化合物、脂肪和蛋白质,选择性地溶解在化学试剂或酶制剂中,然后用过滤的方法收集滤液,对残留物称重定量;②化学法:用酶解法除去可消化的碳水化合物,再用酸水解膳食纤维部分,并测定单糖含量,酸水解物中的单糖总量,代表膳食纤维的含量。Southgate 等人对食品中的膳食纤维进行了广泛而系统地测定。目前虽然 Southgate 采用的碳水化合物化学测定法已被改良,但该方法仍是重量法和化学法测定膳食纤维的基础。在重量法中,要么除去样品中所有可被消化的物质,只留下不可消化的残留物;要么将不可消化的残留物中残余的可消化杂质进行校正。使用有机溶剂可把脂类从样品中除去,此步骤一般不会给膳食纤维分析带来影响,同时必须通过凯氏定氮法和通过灰分测定来校正没有除去的蛋白质和矿物质。

9.3.1 粗纤维测定法

粗纤维是膳食纤维的旧称。在19世纪50年代,粗纤维测定法已被用来测定动物饲料中不可消化的碳水化合物。由于没有一种简便的方法可供选择,直到20世纪70年代初才把食品中的膳食纤维用粗纤维测定法测定。即用1.25%硫酸与样品共煮沸,水解淀粉、果胶、部分半纤维素,再用1.25%的氢氧化钠共煮,使蛋白质溶解、脂肪皂化,过滤后去除,滤渣分别用乙醇、丙酮、乙醚洗涤,去除残余脂肪、单宁和色素等,收集不溶物并干燥称重。然后灰化残留物,并测定灰分含量。此法测定的是样品中的纤维素和木质素,但半纤维素、果胶和亲水胶体并未被检测出来,因此,该法测定的并非全部膳食纤维。

9.3.2　洗涤测定法

酸性洗涤法(十六烷基三甲基溴化铵)和中性洗涤法(十二烷基硫酸钠)已用于更精确地测定动物饲料中的木质素、纤维素和半纤维素。酸性洗涤法测定样品中的木质素和纤维素;中性洗涤法测定值相当于酸性洗涤法测定值加上半纤维素含量,而食品中微量的果胶和亲水胶体仍没有办法测定。中性洗涤测定法采用 GB/T 9822—2008《粮油检验　谷物不溶性膳食纤维的测定》的方法测定。但由于果胶和亲水胶体对人体健康十分重要,因此仅使用这些测定方法很难全面正确地评估食品中的膳食纤维。

9.3.3　酶重量法

洗涤测定法只能测定不溶性膳食纤维,但不能测定可溶性膳食纤维。目前常规的膳食纤维分析主要是酶重量法。这种方法能够用于测定总膳食纤维、不溶性膳食纤维和可溶性膳食纤维的测定。酶重量法于 20 世纪 80 年代在国外首先发展起来,现已成为 AOAC 认可的分析方法,已被美国、日本、瑞典及北欧许多国家广泛采用,这也是我国 GB 22224—2008(食品中膳食纤维的测定)中的第一法,与 AOAC 相比主要做了细小程度修改。

9.3.3.1　原理

干燥试样,经 α-淀粉酶、蛋白酶和葡萄糖苷酶水解消化,去除蛋白质和淀粉,酶解后样液用乙醇沉淀、过滤,残渣用乙醇和丙酮洗涤,干燥后物质称重即为总膳食纤维(Total Dietary Fiber,TDF)残渣;另取试样经上述三种酶酶解后直接过滤,残渣用热水洗涤,经干燥后称重,即得不溶性膳食纤维(Insolubledietary Fiber,IDF)残渣;滤液用 4 倍体积的 95% 乙醇沉淀、过滤、干燥后称重,得可溶性膳食纤维(Solu-ble Dietary Fiber,SDF)残渣。以上所得残渣干燥称重后,分别测定蛋白质和灰分。总膳食纤维,不溶性膳食纤维和可溶性膳食纤维的残渣扣除蛋白质、灰分和空白即可计算出试样中总的、不溶性和可溶性膳食纤维的含量。

9.3.3.2　结果计算

空白的质量根据下列公式计算:

$$m_B = \frac{m_{BR_1} + m_{BR_2}}{2} - m_{P_B} - m_{A_B}$$

式中： m_B——空白的质量，mg；

m_{BR_1}和m_{BR_2}——双份空白测定的残渣质量，mg；

m_{P_B}——残渣中蛋白质质量，mg；

m_{A_B}——残渣中灰分质量，mg。

膳食纤维的含量根据下列公式计算：

$$X = \frac{\left(\frac{m_{R_1} + m_{R_2}}{2}\right) - m_P - m_A - m_B}{\frac{m_1 + m_2}{2}} \times 100$$

式中： X——膳食纤维的含量，g/100g；

m_{R_1}和m_{R_2}——双份试样残渣的质量，mg；

m_P——试样残渣中蛋白质的质量，mg；

m_A——试样残渣中灰分的质量，mg；

m_B——空白的质量，mg；

m_1和m_2——试样的质量，mg。

计算结果保留到小数点后两位。总膳食纤维、不溶性膳食纤维、可溶性膳食纤维均用此公式计算。

9.3.4 酶—化学测定法

9.3.4.1 概述

在测定纤维含量的化学法中，纤维含量等于所有不含淀粉的多糖加上木质素的总和，单糖可直接用比色法或色谱法来测定。

在强酸存在的条件下，碳水化合物与许多物质结合形成发色基团，然后利用分光光度法测定。在特定的标准化条件下，用蒽酮法测定己糖，用地衣酚法测定戊糖，用咔唑法测定糖醛酸，校正因多种糖的存在而引起的相互干扰，将己糖、戊糖和糖醛酸的总量作为多糖含量。

用色谱法测定糖醛酸在技术上非常困难，更多的是使用咔唑法，在己糖和戊糖并存的情况下，糖醛酸含量必须如前所述加以校正。

9.3.4.2 Englyst 法

该法是酶—化学法的代表。其原理是测定样品中的非淀粉性多糖（NSP）作为膳食纤维测定指标，首先将淀粉用酶完全水解，溶液离心后，残渣通过酸水解后，通过 GC 测定单糖，或比色法测定单糖，通过转换系数得总糖即为非淀粉性多糖 NSP。本法不仅能测定总、不可溶、可溶性的膳食纤维，而且能测定组成膳食纤维的单糖组成，为确立膳食纤维成分和功能之间的关系提供了有效的手段，该法为欧盟 EEC 推荐方法，也是 AOAC 法合理的替代方法。

9.3.4.3　酶重量法—液相色谱法

该法是我国 GB 22224—2008（食品中膳食纤维的测定）中的第二法，适用于含有抗性麦芽糊精的糖果蜜饯（含巧克力及制品）、粮食及制品、糕点、饮料、乳制品、肉制品和保健食品等食品中总膳食纤维的测定。先采用酶重量法测定不溶性膳食纤维和高分子质量可溶性膳食纤维的总含量。然后用高效液相色谱法测定试样中的低分子质量抗性麦芽糊精的含量。

9.3.5　几种方法的比较

用于测定膳食纤维的酶重量法和酶重量法—色谱法是应用最广泛的测定方法，这些方法和一些其他的方法非常相似，能适用的食品范围很宽，因为在 Englyst 法中木质素和抗性淀粉没有作为膳食纤维的组成部分，所以该法提供了最低的膳食纤维值。

显然，使用 Englyst 法测定含有大量抗性淀粉的食品（如玉米粉）和含有大量木质素的食品（如谷糠）中的膳食纤维含量时会出现很大的偏差。现代酶重量法建议使用 85% 的乙醇提取富含单糖（葡萄糖、果糖和蔗糖）的食品。在测定膳食纤维之前，如果不提取食品（如干果、复合麦片）中的糖类，则使测定结果偏高，这并不是酶—化学测定法的方法问题，而是相对于沉淀可溶性膳食纤维所用的乙醇的量来说，样品的取样量太少；在酶—化学测定法中只用少量的样品量（≤200 mg干物质），所以食品样品必须彻底均匀混合，才能使膳食纤维分析的结果准确。

酶重量法和酶重量—液相色谱法都使用水解蛋白酶。蛋白水解反应使一些膳食纤维溶解度增加，即把一些不溶的膳食纤维转变为可溶性膳食纤维。另外，水解蛋白酶使木质素的测定值偏低。

酶重量法将抗性淀粉作为膳食纤维的一部分，如果用酶重量法测定焙烤、片状和挤压食品时，比用酶重量法—液相色谱法测定的膳食纤维含量高；用酶重量法测定经校正抗性淀粉的膳食纤维含量与用酶重量法—液相色谱法测定值相接近。

酶重量法—液相色谱法与其他方法相比,需要更长的时间,同时对实验技能和设备的要求也更高。但酶重量法—液相色谱法较酶重量法具有更好的重现性。

如果只需分析总膳食纤维,可溶性膳食纤维和不溶性膳食纤维的含量,酶重量法和酶重量法—液相色谱法都较合适。

复习思考题

1. 膳食纤维的概念是什么?
2. 膳食纤维的主要化学成分有哪些?
3. 酶重量法测定膳食纤维的原理是什么?
4. 化学测定法测定膳食纤维的原理是什么?
5. 各种膳食纤维测定方法的主要步骤有哪些?

第 10 章　脂类的测定

本章学习重点：

了解食品中的脂类物质和脂肪含量，以及脂类物质测定的意义；

掌握脂类测定方法的原理及应用。

10.1　概述

10.1.1　食品中的脂类物质和脂肪含量

食品中的脂类主要包括甘油三酸酯以及一些类脂，如脂肪酸、磷脂、糖脂、甾醇、脂溶性维生素、蜡等。大多数动物性食品与某些植物性食品（如种子、果实、果仁）含有天然脂肪和脂类化合物。食品中所含脂类最重要的是甘油三酸酯和磷脂。室温下呈液态的甘油三酸酯称为油，如豆油和橄榄油，属于植物油。室温下呈固态的甘油三酸酯称为脂肪，如猪脂和牛脂，属于动物油。“脂肪”一词，适用于所有的甘油三酸酯，不管其在室温下呈液态还是固态。各种食品含脂量不相同，其中植物性或动物性油脂中脂肪含量最高，而水果、蔬菜中脂肪含量很低。不同食品的脂肪（甘油三酸酯）含量见表 10－1。

表 10－1　不同食品中脂肪的含量

食　品	脂肪含量/%	食　品	脂肪含量/%
谷物食品、面包、通心粉		液体全脂牛乳	3.3
大米	0.7	液体脱脂牛乳	0.2
高粱	3.3	干酪	33.1
小麦胚芽	2.0	酸奶	3.2
黑麦	2.5	**脂肪和油脂**	
天然小麦粉	9.7	猪脂	100
黑麦面包	3.3	黄油（含盐）	81.1
小麦面包	3.9	人造奶油	80.5
干通心粉	1.6	**色拉调味料**	
乳制品		意大利产品	48.3

续表

食　品	脂肪含量/%	食　品	脂肪含量/%
千岛产品	35.7	成熟的生黑豆	1.4
法国产品	41.0	**肉、家禽和鱼**	
蛋黄酱(豆油制)	79.4	牛肉	10.7
水果和蔬菜		焙烤或油炸的鸡肉	1.2
苹果(带皮)	0.4	新鲜的咸猪肉	57.5
橙子	0.1	新鲜的生猪腰肉	12.6
黑莓(带皮)	0.4	大西洋和太平洋的生比目鱼	2.3
鳄梨(美国产)	15.3	大西洋生鳕鱼	0.7
芦笋	0.2	**坚果类**	
利马豆	0.8	生椰子	33.5
甜玉米(黄色)	1.2	干核桃	52.2
豆类		干核桃	56.6
成熟的生大豆	19.9	新鲜全蛋	10.0

食品中脂肪的存在形式有游离态的,如动物性脂肪和植物性脂肪;也有结合态的,如天然存在的磷脂、糖脂、脂蛋白及其某些加工食品(如焙烤食品、麦乳精等)中的脂肪,与蛋白质或碳水化合物等形成结合态。对于大多数食品来说,游离态的脂肪是主要的,结合态脂肪含量较少。

10.1.2 脂类物质测定的意义

脂肪是食品中重要的营养成分之一,是一种富含热能的营养素。每克脂肪在体内可提供的热能比碳水化合物和蛋白质要多1倍以上;它还可为人体提供必需脂肪酸—亚油酸和脂溶性维生素,是脂溶性维生素的含有者和传递者;脂肪与蛋白质结合生成的脂蛋白,在调节人体生理机能和完成体内生化反应方面起着十分重要的作用。但摄入含脂过多的动物性食品,如动物的内脏等,又会导致体内胆固醇增高,从而导致心血管疾病的产生。

食品生产加工过程中,原料、半成品、成品的脂类的含量直接影响到产品的外观、风味、口感、组织结构、品质等。蔬菜本身的脂肪含量较低,在生产蔬菜罐头时,添加适量的脂肪可改善其产品的风味。对于面包之类的焙烤食品,脂肪含量特别是卵磷脂等组分,对于面包心的柔软度、面包的体积及其结构都有直接影响。因此,食品中脂肪含量是一项重要的控制指标。测定食品中脂肪含量,不仅可以用来评价食品的品质,衡量食品的营养价值,而且对实现生产过程的质量管理、实行工艺监督等方面有着重要的意义。

10.2　脂类的测定方法

根据处理方法的不同,食品中脂类测定的方法可分为三类。第一类为直接萃取法:利用有机溶剂(或混合溶剂)直接从天然或干燥过的食品中萃取出脂类;第二类为经化学处理后再萃取法:利用有机溶剂从经过酸或碱处理的食品中萃取出脂肪;第三类为减法测定法:对于脂肪含量超过80%的食品,通常通过减去其他物质含量来测定脂肪的含量。

10.2.1　提取剂的选择与样品的预处理

10.2.1.1　提取剂的选择

天然的脂肪并不是单纯的甘油三酸酯,而是各种甘油三酸酯的混合物。它们在不同溶剂中的溶解度因多种因素而变化,这些因素有脂肪酸的不饱和性、脂肪酸的碳链长度、脂肪酸的结构以及甘油三酸酯的分子构型等。显然,不同来源的食品,由于它们结构上的差异,不可能企图采用一种通用的提取剂。

脂类不溶于水,易溶于有机溶剂。测定脂类大多采用低沸点的有机溶剂萃取的方法。常用的溶剂有乙醚、石油醚、氯仿—甲醇混合溶剂等。其中乙醚溶解脂肪能力强,应用最多,但它沸点低(34.6℃),易燃,可含有约2%的水分。含水乙醚会同时抽出糖分等非脂类成分,所以实用时,必须采用无水乙醚做提取剂,并要求样品无水分。石油醚溶解脂肪的能力比乙醚弱些,但含水分比乙醚少,没有乙醚易燃,使用时允许样品含有微量水分。这两种溶剂只能直接提取游离的脂肪,对于结合态脂类,必须预先用酸或碱破坏脂类和非脂成分的结合后才能提取。因二者各有特点,故常常混合使用。

根据相似溶于相似的经验规律,非极性的脂肪要用非极性的脂肪溶剂,极性的糖脂则可用极性的醇类进行提取。

有时,结合脂类与溶剂之间也会发生混溶,这是由于分子之间的相互作用。例如,存在于卵黄中的卵磷脂,分子中的季胺碱使它呈碱性,可溶解于弱酸性的乙醇等溶剂中;以钾盐形式存在于花生中的丝氨酸磷脂,其结构与卵磷脂有相似之处,但它是极性的、酸性较强的化合物,不溶于弱酸性的乙醇,而溶于极性较弱的氯仿。它们之间所以能够混溶,是由于氯仿很容易和酸性的极性化合物发生缔合现象的缘故。值得注意的是,当有另一种脂类存在时,还会影响到某种脂类的溶解度。例如卵磷脂与丝氨酸磷脂共存时,丝氨酸磷脂可在乙醇中部分溶解。氯仿通常是一种有用的脂肪溶剂,可是若有糖脂或蛋白质存在,则氯仿在提取、定量这类结合脂肪的效果并不能令人满意。

有时,可以采用醇类使结合态的脂类与非脂成分分离。它或者可以直接作为提取剂,或者可以先破坏脂类与非脂成分的结合,然后,再用乙醚或石油醚等脂肪溶剂进行提取。常用的醇类有乙醇或正丁醇。水饱和的正丁醇是一种谷类食品脂肪的有效提取剂,但它无法抽出其中的全部脂类,又由于正丁醇有令人不快的气味,以及驱除它所需的温度较高,因此它的应用范围受到了一定限制。

氯仿—甲醇混合溶剂是另一种有效的提取剂。它对于脂蛋白、蛋白质、磷脂的提取效率很高,适用范围很广,特别适用于鱼、肉、家禽等食品。

10.2.1.2 样品的预处理

用溶剂提取食品中的脂类时,要根据食品种类、性状及所选取的分析方法,在测定之前对样品进行预处理。在预处理中,有时需将样品粉碎。粉碎的方法很多,不论是切碎、碾磨、绞碎或均质等处理方法,都应当使样品中脂类的物理、化学性质变化以及酶的降解减少到最小程度。为此,要注意控制温度并防止发生化学变化。

水分含量是另一重要因子。乙醚渗入细胞中的速度与样品的含水量有关。样品很潮湿时,乙醚不能渗入组织内部,而且乙醚被水分饱和后,抽提脂肪的效率降低,只能提取出一部分脂类。样品干燥方法要掌握适当,低温时要设法使酶失去活力或降低活力,以免脂肪降解;温度过高,则可能使脂肪氧化,或者脂类与蛋白质及碳水化合物形成结合态的脂肪,以致无法用乙醚提取。较理想的方法是冷冻干燥法,由于样品组成及结构的变化较少,故对提取效率的影响较小。

样品中脂肪被提取的程度还取决于它的颗粒度大小。有的样品易结块,可加入4~6倍量的海砂;有的样品含水量较高,可加入无水硫酸钠使样品成粒状,用量以样品呈颗粒状为宜。以上处理的目的都是为了增加样品的表面积、减少样品含水量,使有机溶剂更有效地提取出脂类。

10.2.2 直接萃取法

直接萃取法是利用有机溶剂直接从食品中萃取出脂类。通常这类方法测得的脂类含量称为“游离脂肪”。选择不同的有机溶剂往往会得到不同的结果。例如,乙醚为溶剂时测得的总脂含量远远大于使用正己烷所测得的总脂含量。直接萃取法包括索氏提取法、氯仿—甲醇提取法等。

10.2.2.1　索氏提取法

索氏提取法是溶剂直接萃取的典型方法，也是普遍采用的测定脂肪含量的经典方法。

将经前处理的样品用无水乙醚或石油醚回流提取，使样品中的脂肪进入溶剂中，蒸去溶剂后所得到的残留物，即为脂肪（或粗脂肪）。本法提取的脂溶性物质为脂肪类物质的混合物，除含有脂肪外还含有磷脂、色素、树脂、固醇、芳香油等脂溶性物质。因此，用索氏提取法测得的脂肪称为粗脂肪。

操作在索氏抽提器（图 10－1）中完成，现有同时处理多个样品的商品仪器，提取过程为半连续过程。

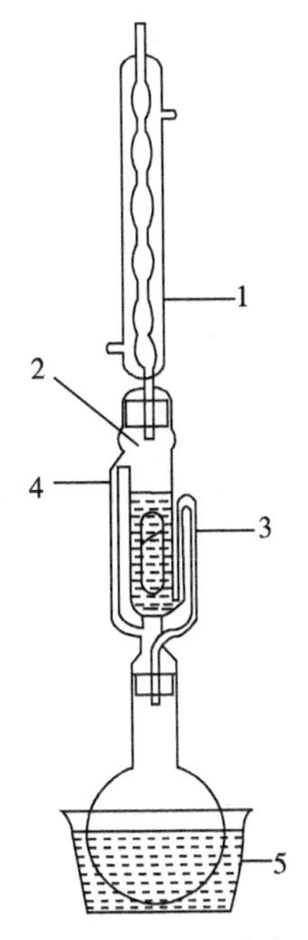

图 10－1　索氏抽提器

1—冷凝管　2—提取管　3—虹吸管　4—联接管　5—接收瓶

样品中的脂肪含量根据下列公式计算：

$$W = \frac{m_2 - m_1}{m} \times 100$$

式中：W ——样品中脂肪含量，g/100g；

m_2——（接收瓶＋脂肪）质量，g；

m_1——接收瓶质量,g;

m ——样品质量,g。

使用索氏提取法测定脂肪应注意以下方面。

(1)样品必须干燥,样品中含水分会影响溶剂提取效果,造成非脂成分的溶出。样品筒的高度不要超过回流弯管,否则超过弯管中的样品的脂肪不能提尽,带来测定误差。

(2)乙醚回收后,剩下的乙醚必须在水浴上彻底挥净,否则放入烘箱中有爆炸的危险。乙醚在使用过程中,室内应保持良好的通风状态,不能有明火,以防空气中有乙醚蒸汽而引起着火或爆炸。

(3)脂肪接收瓶反复加热时,会因脂类氧化而增重。质量增加时,应以增重前的质量为恒重。对富含脂肪的样品,可在真空烘箱中进行干燥,这样可避免因脂肪氧化所造成的误差。

(4)抽提是否完全,可凭经验,也可用滤纸或毛玻璃检查,由提取管下口滴下的乙醚(或石油醚)滴在滤纸或毛玻璃上,挥发后不留下痕迹即表明已抽提完全。

(5)抽提所用的乙醚或石油醚要求无水、无醇、无过氧化物,挥发残渣含量低。因水和醇会导致糖类及水溶性盐类等物质的溶出,使测定结果偏高。过氧化物会导致脂肪氧化,在烘干时还有引起爆炸的危险。

过氧化物的检查方法:取乙醚 10 mL,加 2 mL 100 g/L 的碘化钾溶液,用力振摇,放置 10 mL,若出现黄色,则证明有过氧化物存在。此乙醚应经处理后方可使用。

乙醚的处理:于乙醚中加入 1/10 ~ 1/20 体积的 20% 硫代硫酸钠溶液洗涤,再用水洗,然后加入少量无水氯化钙或无水硫酸钠脱水,于水浴上蒸馏,蒸馏温度略高于溶剂沸点,能达到烧瓶内沸腾即可。弃去最初和最后的 1/10 馏出液,收集中间馏出液备用。

索氏提取法适用于脂类含量较高,结合态的脂类含量较少,能烘干磨细,不易吸湿结块的样品的测定。

食品中的游离脂肪一般都能直接被乙醚、石油醚等有机溶剂抽提,而结合态脂肪不能直接被乙醚、石油醚提取,需在一定条件下进行水解等处理,使之转变为游离脂肪后方能提取,故索氏提取法测得的只是游离态脂肪,而结合态脂肪测不出来。

索氏提取法对大多数样品结果比较可靠,但费时间,溶剂用量大,且需专门的索氏提取器。

10.2.2.2 氯仿—甲醇提取法

将试样分散于氯仿—甲醇(CM)混合溶液中,在水浴中轻微沸腾,氯仿、甲醇和试样中的水分形成三种成分的溶剂,可把包括结合态脂类在内的全部脂类提取出来。经过滤除去非脂成分,回收溶剂,残留的脂类用石油醚提取,蒸馏除去石油醚后定量。

氯仿—甲醇混合溶液提取装置见图 10-2。

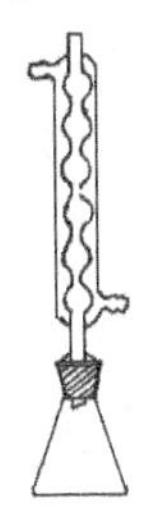

图 10-2 氯仿—甲醇混合溶液提取装置

$$w = \frac{m_2 - m_1}{m} \times 100$$

式中:w——样品中脂肪含量,g/100g;

m_2——(称量瓶 + 脂肪)质量,g;

m_1——称量瓶质量,g;

m——样品质量,g。

说明及注意事项如下。

(1)提取结束后,用玻璃过滤器过滤,用溶剂洗涤烧瓶,每次 5 mL 洗 3 次,然后用 30 mL 溶剂洗涤试样残渣及滤器。洗涤残渣时一边用玻璃棒搅拌残渣,一边用溶剂洗涤。

(2)溶剂回收到残留物尚具有一定流动性,不能完全干涸,否则脂类难以溶解于石油,使测定值偏低。因此,最好在残留有适量的水时停止蒸发。

(3)无水硫酸钠必须在石油醚之后加入,以免影响石油醚对脂肪的溶解。根据残留物中水分的多少,可加 5.0 ~15.0 g。

(4)从加入石油醚至用移液管吸取部分醚层的操作中,应注意避免石油醚挥发。

氯仿—甲醇提取法适合于结合态脂类,特别是磷脂含量高的样品,如鱼、贝类、肉、禽、蛋及其制品,大豆及其制品(发酵大豆类制品除外)等。

对这类样品,用索氏提取法测定时,脂蛋白、磷脂等结合态脂类不能被完全提取出来;用酸水解法测定时,又会使磷脂分解而损失。但在有一定水分存在下,用极性的甲醇和非极性的氯仿混合液却能有效地提取出结合态脂类。氯仿—甲醇提取法对高水分试样的测定更为有效,对于干燥试样,可先在试样中加入一定量的水,使组织膨润,再用 CM 混合溶液提取。

10.2.3 经化学处理后再萃取法

通过这类方法所测得的脂类含量通常称为“总脂”。根据化学处理方法的不同可分为:酸水解法、罗兹—哥特里法、巴布科克氏法和盖勃氏法等。

10.2.3.1 酸水解法

将试样与盐酸溶液一同加热进行水解,使结合或包藏在组织里的脂肪游离出来,再用乙醚和石油醚提取脂肪,回收溶剂,干燥后称量,提取物的重量即为脂肪含量。

提取和测定仪器为 100 mL 具塞量筒,如图 10 - 3 所示。

图 10 - 3　具塞量筒

样品中的脂肪含量根据下列公式计算:

$$w = \frac{m_2 - m_1}{m} \times 100$$

式中:w——样品中脂肪含量,g/100g;

m_2——(锥形瓶 + 脂肪)质量,g;

m_1——锥形瓶质量,g;

m——样品的质量,g。

说明及注意事项如下。

(1)固体样品必须充分磨细,液体样品必须充分混匀,以便充分水解。

(2)水解时应水分大量损失使酸浓度升高。

(3)水解后加入乙醇可使蛋白质沉淀,降低表面张力,促进脂肪球聚合,还可以使碳水化合物、有机酸等溶解。后面用乙醚提取脂肪时,由于乙醇可溶于乙醚,所以需要加入石油醚,以降低乙醇在乙醚中的溶解度,使乙醇溶解物残留在水层,进而使分层清晰。

(4)挥干溶剂后,残留物中如有黑色焦油状杂质,是分解物与水混入所致,将使测定值增大,造成误差,可用等量乙醚及石油醚溶解后过滤,再次进行挥干溶剂的操作。

酸水解法适用于各类食品中脂肪的测定,对固体、半固体、黏稠液体或液体食品,特别是加工后的混合食品,容易吸湿、结块、不易烘干的食品,不能采用索氏提取法时,用此法效果较好。此法不适于含糖高的食品,因糖类遇强酸易炭化而影响测定结果。酸水解法测定的是食品中的总脂肪,包括游离脂肪和结合脂肪。

10.2.3.2　罗兹—哥特里法(碱性乙醚提取法)

利用氨—乙醇溶液破坏乳的胶体性状及脂肪球膜,使非脂成分溶解于氨—乙醇溶液中,而脂类游离出来,再用乙醚—石油醚混合溶剂提取,蒸馏去除溶剂后,残留物即为乳脂。

测定使用 100 mL 具塞量筒或抽脂瓶(内径 2.0 ~ 2.5 cm,体积 100 mL),如图 10 - 4 所示。

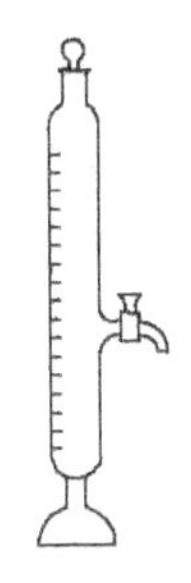

图 10 - 4　抽脂瓶

样品中的脂肪含量根据下列公式计算:

$$w = \frac{m_2 - m_1}{m \times \left(\frac{V_1}{V}\right)} \times 100$$

式中:w——样品中脂肪含量,g/100g;

m_2——(烧瓶 + 脂肪)质量,g;

m_1——烧瓶质量,g;

m——样品的质量,g;

V_1——放出醚层的体积,mL;

V——读取醚层的总体积,mL。

说明及注意事项如下。

(1)加入乙醇的作用是沉淀蛋白质以防止乳化,并溶解醇溶性物质,使其留在水中,避免干扰物进入醚层,影响结果。

(2)加入石油醚的作用是降低乙醚极性,使乙醚不与水混溶,只抽提出脂类,并可使分层清晰。

罗兹—哥特里法主要用于乳及乳制品中脂类的测定。此法为国际标准化组织(ISO)、联合国粮农组织/世界卫生组织(FAO/WHO)等采用,为乳及乳制品脂类定量的国际标准方法。此法需使用专门的抽脂瓶。

10.2.3.3 巴布科克氏法和盖勃氏法

用浓硫酸溶解乳中的乳糖和蛋白质等非脂成分,将乳中的酪蛋白钙盐转变成可溶性的重硫酸酪蛋白,使脂肪球膜被破坏,脂肪游离出来,再通过加热离心,使脂肪能充分分离,在脂肪瓶中直接读取脂肪层,从而得出被检乳的含脂率。

巴布科克氏乳脂瓶如图 10-5 所示,盖勃氏乳脂瓶如图 10-6 所示。

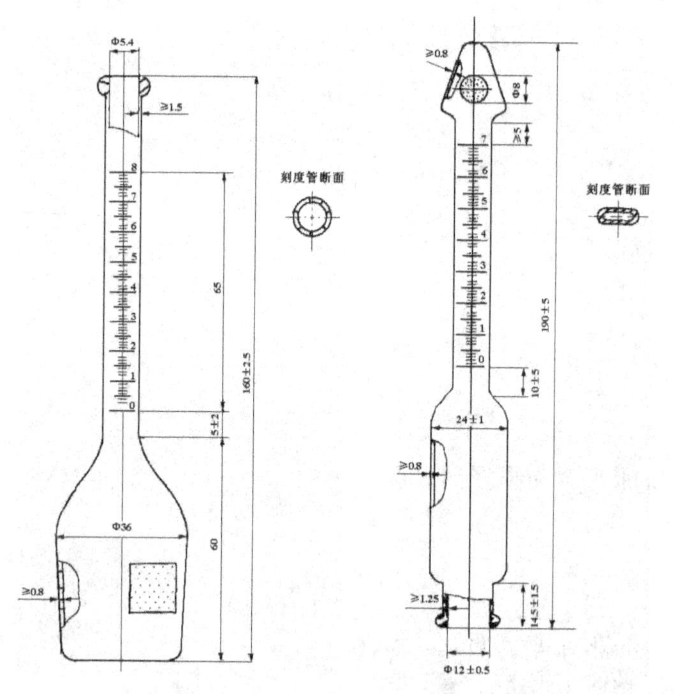

图 10-5 巴布科克氏乳脂瓶　　图 10-6 盖勃氏乳脂瓶

说明及注意事项如下。

(1)硫酸的浓度要严格遵守规定的要求,如过浓会使乳炭化成黑色溶液而影响读数;过稀则不能使酪蛋白完全溶解,会使测定值偏低或使脂肪层混浊。

(2)硫酸除可破坏脂肪球膜,使脂肪游离出来外,还可增加液体相对密度,使脂肪容易浮出。

(3)盖勃氏法中所用异戊醇的作用是促使脂肪析出,并能降低脂肪球的表面张力,以利于形成连续的脂肪层。

(4)1 mL 异戊醇应能完全溶于酸中,但由于质量不纯,可能有部分析出掺入到油层,而使结果偏高。

(5)加热(65 ~ 70℃水浴中)和离心的目的是促使脂肪离析。

巴布科克氏法和盖勃氏法适用于鲜乳及乳制品中脂肪的测定。对含糖多的乳品(如甜炼乳、加糖乳粉等),用此法时糖易焦化,使结果误差较大,故不宜采用。样品不需事前烘干,操作简便、快速,对大多数样品来说可以满足要求。改良巴布科克氏法可用于测定风味提取液中芳香油的含量及海产品中脂肪的含量。

对比研究表明,罗兹—哥特里法的准确度较巴布科克氏法和盖勃氏法高,而巴布科克氏法的准确度比盖勃氏法的稍高些,后两者差异显著。

10.2.4　减法测定法

富含脂类物质的食品(比如食用油等)中非脂成分或杂质的含量通常都少于0.2%,此时,直接测定脂肪含量是不可能得到很精确的结果的。可以通过测定非脂成分的量来确定脂肪的含量。

10.2.4.1　水分及挥发物的测定

将所取食品样品置于(105 ± 2)℃条件下加热 3 h,样品所恒定减少的质量即被认为是其所含水分及挥发物的质量。实际上,食品在加热条件下,因为某些成分氧化吸氧以及发生羰氨反应放出二氧化碳等过程,都会影响到样品的质量变化。但由于本法简单方便,容易规范化,所以通常情况下都可以采用该方法来测定样品中的水分和挥发物。

样品中的水分及挥发物含量根据下列公式计算:

$$w = \frac{m - m_1}{m} \times 100$$

式中:w——样品中水分及挥发物含量,g/100g;

m_1——烘后试样的质量,g;

m——烘前试样的质量,g。

如果测定条件允许,也可用真空烘箱法代替本法,以避免氧化吸氧等问题。

真空烘箱法是将样品置于(75 ±2)℃的真空箱内,在真空环境中测定样品的水分及挥发性物质。操作方法及结果计算与上述直接干燥法相似。

10.2.4.2 不溶性杂质的测定

脂类中的不溶性杂质主要包括机械类杂质(如土、沙、碎屑等)、矿物质、碳水化合物、含氮物质及某些胶质等。

过量有机溶剂处理试样,过滤溶液,再用溶剂洗涤残渣,直到洗出溶液完全透明,(105 ±2)℃烘干称重。所选有机溶剂的不同,可能会导致不溶性杂质的不同。

样品中杂质含量根据下列公式计算:

$$w = \frac{m_1 - m_2}{m} \times 100$$

式中:w——样品中杂质含量,g/100g;

m_2——滤纸质量,g;

m_1——经过滤、干燥后滤纸的质量,g;

m——样品的质量,g。

10.3 食用油脂几项理化特性的测定

10.3.1 酸值的测定

酸值是指中和1 g油脂中的游离脂肪酸所需氢氧化钾的质量(mg)。酸值是反映油脂酸败的主要指标。测定油脂酸值可以评定油脂品质的好坏和储藏方法是否恰当,并能为油脂碱炼工艺提供需要的加碱量。我国食用植物油都有国家标准规定的酸值。

用中性乙醇和乙醚混合溶剂溶解油样,然后用碱标准溶液滴定其中的游离脂肪酸,根据油样质量和消耗碱液的量计算出油脂酸值。

样品的酸值根据下列公式计算:

$$X = \frac{V \times c \times 56.11}{m}$$

式中:X——样品的酸值;

V——滴定消耗氢氧化钾溶液的体积,mL;

c——氢氧化钾溶液的浓度,mol/L;

m——样品的质量，g。

说明及注意事项如下。

（1）测定深色油的酸值，可减少试样用量，或适当增加混合溶剂的用量，以酚酞为指示剂，终点变色明显。

（2）滴定过程中如出现混浊或分层，表明由碱液带入的水过多（水：乙醇超过 1:4），乙醇量不足以使乙醚与碱溶液互溶。一旦出现此现象，可补加 95% 的乙醇，促使均一相体系的形成，或改用碱性乙醇溶液滴定。

（3）蓖麻油不溶于乙醚，因此测定蓖麻油的酸值时，只能用中性乙醇，不能用混合溶剂。

（4）对于深色油的测定，为便于观察终点，也可以用 2% 碱性蓝 6B 乙醇溶液或 1% 麝香草酚酞乙醇溶液作为指示剂。碱性蓝 6B 指示剂的变色范围为 pH = 9.4 ~ 14，酸性显蓝色，中性显紫色，碱性显淡红色；麝香草酚酞指示剂的变色范围为 pH = 9.3 ~ 10.5，从无色到蓝色为终点。

10.3.2　碘值的测定

碘值系表示不饱和脂肪酸的数量，即以 100 g 油脂所能吸收碘的克数来表示。如果油脂中含有不饱和脂肪酸时，则在双键处不仅能结合氢原子，且能和碘结合。根据碘值也就可以测知不饱和脂肪酸的含量，即凡含双键多的油脂吸收碘的数量也多。同时双键多则熔点低，因此凡是碘值高的油脂熔点也就低。测定碘值时，常不用游离的卤素而是用它的化合物（氯化碘、溴化碘、次碘酸等）作为试剂，在一定的反应条件下，能迅速地定量饱和双键，而不发生取代反应。最常用的是氯化碘—乙酸溶液法（韦氏法）。

在溶剂中溶解试样并加入韦氏（Wijs）试剂（韦氏碘液），氯化碘则与油脂中的不饱和脂肪酸发生加成反应。

$$CH_3\cdots\cdots CH{=}CH\cdots\cdots COOH + ICl \Longrightarrow \underset{\displaystyle I}{\underset{|}{CH_3}}\cdots\cdots CH{-}CH\cdots\cdots Cl$$

再加入过量的碘化钾与剩余的氯化碘作用，以析出碘。

$$KI + ICl \Longrightarrow KCl + I_2$$

析出的碘用硫代硫酸钠标准溶液进行滴定。

$$I_2 + 2Na_2S_2O_3 \Longrightarrow Na_2S_4O_6 + 2NaI$$

同时做空白试验进行对照，从而计算试样加成的氯化碘（以碘计）的量，求出碘值。

操作方法参照 GB/T 5532—2008 进行,样品的碘值根据下列公式计算:

$$X = \frac{(V_2 - V_1) \times c \times 0.1269}{m} \times 100$$

式中:X——样品的碘值,g/100g;

V_2——试样用去的 $Na_2S_2O_3$ 溶液体积,mL;

V_1——空白试验用去的 $Na_2S_2O_3$ 溶液体积,mL;

c——$Na_2S_2O_3$ 溶液的浓度,mol/L;

m——样品的质量,g;

0.1269——1/2 I_2 的毫摩尔质量,g/mmol。

说明及注意事项如下。

(1)光线和水分对氯化碘起作用,影响很大,要求所用仪器必须清洁、干燥,碘液试剂必须用棕色瓶盛装且放于暗处。

(2)加入碘液的速度,放置作用时间和温度要与空白试验相一致。

10.3.3 过氧化值的测定

脂类氧化是油脂和含油脂食品变质的主要原因之一,它能导致食用油和含脂食品产生不良的风味和气味(哈味),使食品不能被消费者接受。此外,氧化反应降低了食品的营养质量,有些氧化产物还是潜在的毒物。

过氧化值是 1 kg 样品中的活性氧含量,以过氧化物的物质的量(mmol)表示,是反映油脂氧化程度的指标之一。一般来说,过氧化值越高,其酸败就越厉害,过氧化值过高的油脂或含油食品不能食用。

油脂在氧化过程中产生的过氧化物很不稳定,氧化能力较强,能氧化碘化钾成为游离碘,用硫代硫酸钠标准溶液滴定,根据析出碘量计算过氧化值,以活性氧的毫克当量来表示。

```
—CH—CH— + 2KI ══ K₂O + I₂ + —CH—CH—
  |   |                         \ /
  O———O                          O
```

$$I_2 + Na_2S_2O_3 = Na_2S_4O_6 + 2NaI$$

操作方法参照 GB/T 5538—2005 进行,样品的过氧化值根据下列公式计算:

$$X = \frac{(V_1 - V_0) \times c}{m} \times 1000$$

式中:X ——样品的过氧化值;

V_1——样品消耗 $Na_2S_2O_3$ 标准溶液的体积,mL;

V_0——空白实验消耗 $Na_2S_2O_3$ 标准溶液的体积,mL;

c ——$Na_2S_2O_3$ 标准溶液的浓度,mol/L;

m——样品的质量,g。

说明及注意事项如下。

(1)饱和碘化钾溶液中不能存在游离碘和碘酸盐。验证方法:在 30 mL 乙酸三氯甲烷溶液中加 2 滴淀粉指示剂和 0.5 mL 饱和碘化钾溶液,如果出现蓝色,需要 0.01 mol/L $Na_2S_2O_3$ 标准溶液 1 滴以上才能消除,则需重新配制此溶液。

(2)光线会促进空气对试剂的氧化,因此应将样品置于暗处进行反应或保存。

(3)三氯甲烷、乙酸的比例,加入碘化钾后静置时间的长短及加水量多少等,对测定结果均有影响。操作过程应注意条件一致。

(4)用 $Na_2S_2O_3$ 标准溶液滴定被测样品时,只有在溶液呈淡黄色时,才能加入淀粉指示剂,否则淀粉会包裹或吸附碘而影响测定结果。

10.3.4　皂化值的测定

将 1 g 油脂完全皂化时所需要的氢氧化钠的毫克数称为皂化值。皂化值与脂肪酸的分子量成反比,即分子量越大皂化值越小。由于各种植物油的脂肪酸组成不同,故其皂化值也不相同。因此,测定油脂皂化值结合其他检验项目,可对油脂的种类和纯度等质量进行鉴定。我国植物油国家标准中对皂化值有规定。

利用油脂与过量的碱醇溶液共热皂化,待皂化完全后,过量的碱用盐酸标准溶液滴定,同时做空白试验,由所消耗碱液量计算出皂化值。皂化反应式如下:

$$C_3H_5(OCOR)_3 + 3KOH \longrightarrow C_3H_5(OH)_3 + 3RCOOK$$

操作方法参照 GB/T 5534—2008 进行,样品的皂化值根据下列公式计算:

$$X = \frac{(V_0 - V_1) \times c \times 56.1}{m}$$

式中:X ——样品的皂化值(以 KOH 计),mg/g;

V_1——滴定试样用去的盐酸溶液体积,mL;

V_0——滴定空白用去的盐酸溶液体积,mL;

c ——盐酸溶液的浓度,mol/L;

m——样品的质量,g;

56.1——氢氧化钾的摩尔质量，g/mol。

说明及注意事项如下。

（1）用氢氧化钾—乙醇溶液不仅能溶解油脂，而且也能防止生成的肥皂水解。

（2）皂化后剩余的碱用盐酸中和，不能用硫酸滴定，因为生成的硫酸钾不溶于酒精，易生成沉淀而影响结果。

（3）若油脂颜色较深，可用碱性蓝6B乙醇溶液作指示剂，这样容易观察终点。

10.3.5 羰基价的测定

油脂氧化所生成的过氧化物，进一步分解为含羰基的化合物。一般油脂随储藏时间的延长和不良条件的影响，其羰基价的数值都呈不断增高的趋势，它和油脂的酸败劣变紧密相关。因为多数羰基化合物都具有挥发性，且其气味最接近于油脂自动氧化的酸败臭，因此，用羰基价来评价油脂中氧化产物的含量和酸败劣变的程度，具有较好的灵敏度和准确性。目前，我国已把羰基价列为油脂的一项食品卫生检测项目。大多数国家都采用羰基价作为评价油脂氧化酸败的一项指标。羰基价的测定可分为油脂总羰基价和挥发性或游离羰基分离测定两种情况。后者可采用蒸馏法或柱色谱法。下面介绍总羰基价的测定原理和方法。

油脂中的羰基化合物和2,4二硝基苯肼反应生成腙，在碱性条件下生成醌离子，呈葡萄酒红色，在波长440 nm处具有最大的吸收，可计算出油样中的总羰基值。其反应式如下：

$$R—CHO + NH_2—NH—C_6H_3(NO_2)—NO_2 \rightleftharpoons R—CH=N—NH—C_6H_3(NO_2)—NO_2 + H_2O$$

$$\downarrow$$

$$R—CH=N—N=C_6H_3(NO_2)=N(O^-)O \quad \text{醌离子}$$

操作方法参照GB/T 5009.37—2003进行，样品的羰基价根据下列公式计算。

$$X = \frac{A \times V}{854 \times m \times V_1} \times 1000$$

式中：X——样品的羰基价，meq/kg；

A——测定时样液吸光度；

m——样品的质量，g；

V_1——测定用样品稀释液的体积，mL；

V——样品稀释后的总体积，mL；

854 ——各种醛毫克当量吸光系数的平均值。

说明及注意事项如下。

(1)所用仪器必须洁净、干燥。

(2)所用试剂若含有干扰试验的物质时，必须精制后才能用于试验。

(3)空白试验的吸收值（在波长 440 nm 处，以水作对照）若超过 0.20 时，则试验所用试剂的纯度不够理想。

复习思考题

1. 索氏提取法测定脂类的原理是什么？有哪些注意事项？
2. 氯仿—甲醇提取法测定脂类的原理是什么？适用什么样品？
3. 酸水解法测定脂类的原理是什么？适用什么样品？
4. 罗兹—哥特里法测定脂类的原理是什么？适用什么样品？
5. 巴布科克氏法和盖勃氏法测定脂类的原理是什么？适用什么样品？
6. 减法测定法测定脂类的原理是什么？适用什么样品？
7. 酸值测定的原理是什么？
8. 皂化值测定的原理是什么？

第 11 章　蛋白质与氨基酸的测定

本章学习重点:

了解蛋白质与氨基酸测定的意义;

熟悉食品中蛋白质的组成及含量;

掌握蛋白质测定方法的原理及应用;

掌握氨基酸测定方法的原理及应用。

11.1　概述

11.1.1　蛋白质的组成及含量

蛋白质是由 20 多种氨基酸通过肽链连接起来的具有生命活动的生物大分子,相对分子质量可达到数万至百万,并具有复杂的立体结构。元素分析结果表明,所有蛋白质分子都含有碳(50% ~55%)、氢(6% ~8%)、氧(19% ~24%)、氮(13% ~19%)、硫(0% ~4%)。除此之外,有些蛋白质还含有少量磷、硒或金属元素铁、铜、锌、锰、钴、钼等,个别蛋白质还含有碘。蛋白质在食品中含量的变化范围很宽。动物来源和豆类食品是优良的蛋白质资源。不同种类食品的蛋白质含量见表 11 -1。

表 11 -1　部分食品的蛋白质含量

食　品	蛋白质含量/%	食　品	蛋白质含量/%
谷类和面食		乳制品	
大米(糙米、长粒、生)	7.9	牛乳(全脂、液体)	3.3
大米(白色、长粒、生、强化)	7.1	牛乳(脱脂、干)	36.2
小麦粉(整粒)	13.7	切达干酪	24.9
玉米粉(整粒、黄色)	6.9	酸奶(普通的、低脂)	5.3
意大利面条(干、强化)	12.8	水果和蔬菜	
玉米淀粉	0.3	苹果(生、带皮)	0.2

续表

食 品	蛋白质含量/%	食 品	蛋白质含量/%
芦笋(生)	2.3	**肉、家禽、鱼**	
草莓(生)	0.6	牛肉(颈肉、烤前腿)	18.5
莴苣(冰、生)	1.0	牛肉(腌制、干牛肉)	29.1
土豆(整粒、肉和皮)	2.1	鸡(鸡胸肉、烤或煎、生)	23.1
豆类		火腿(切片、普通的)	17.6
大豆(成熟的种子、生)	36.5	鸡蛋(生、全蛋)	12.5
豆(腰子状、所有品种、成熟的种子、生)	23.6	鱼(太平洋鳕鱼、生)	17.9
豆腐(生、坚硬)	9.8	鱼(金枪鱼、白色、罐装、油浸、滴干的固体)	26.5
豆腐(生、均匀)	8.1		

不同蛋白质中氨基酸的构成比例及方式不同,所以不同的蛋白质含氮量不同。一般蛋白质含氮量为16%,即1份氮素相当于6.25份蛋白质,此数值称为蛋白质系数。不同种类食品的蛋白质系数不同,如:玉米、荞麦、青豆、鸡蛋等为6.25;花生为5.64;大米为5.95;大豆及其制品为5.71;小麦粉为5.70;高粱为6.24;大麦、小米、燕麦等为5.83;牛乳及其制品为6.38;肉与肉制品为6.25;芝麻、葵花子为5.30。

11.1.2 蛋白质与氨基酸测定的意义

人和动物不能通过体内的平衡制备蛋白质,只能通过食物及其分解物中获得。测定食品中蛋白质的含量,对于评价食品的营养价值、合理开发利用食品资源、提高产品质量、优化食品配方、指导经济核算及生产过程控制均具有极重要的意义。

此外,在构成蛋白质的氨基酸中,亮氨酸、异亮氨酸、赖氨酸、苯丙氨酸、蛋氨酸、苏氨酸、色氨酸和缬氨酸等多种氨基酸在人体中不能合成,必须依靠食品供给,故被称为必需氨基酸。它们对人体有着极其重要的生理功能,如果缺乏或减少其中某一种,人体的正常生命代谢就会受到障碍。随着食品科学的发展和营养知识的普及,食物蛋白质中必需氨基酸含量的高低及氨基酸的构成,越来越得到人们的重视。为提高蛋白质的生理功效而进行食品氨基酸互补和强化的理论,对食品加工工艺的改革,保健食品的开发及合理配膳等工作都具有积极的指导作用。因此,食品及其原料中氨基酸的分离、鉴定和定量也具有极其重要的意义。

11.2 蛋白质的测定方法

测定蛋白质的方法可分为两大类:一类是利用蛋白质的共性,即含氮量、肽键和折射率等测定蛋白质含量;另一类是利用蛋白质中特定氨基酸残基、酸性和碱性基团以及芳香基团等测定蛋白质含量。但因食品种类繁多,食品中蛋白质含量各异,特别是其他成分,如碳水化合物、脂肪和维生素等干扰成分很多,因此蛋白质含量测定最常用的方法是凯氏定氮法。此外,双缩脲法、染料结合法、酚试剂法等,由于方法简便快速,故也多用于生产单位质量控制分析的蛋白质含量测定。经不断的研究改进,凯氏定氮法在应用范围、分析结果的准确度、仪器装置及分析操作速度等方面均取得了新的进步。另外,采用红外分析仪,利用波长在0.75~3.0 μm 范围内的近红外线具有被食品中蛋白质组分吸收及反射的特性,依据红外线的反射强度与食品中蛋白质含量之间存在的函数关系建立了近红外光谱快速定量方法。

11.2.1 凯氏定氮法

凯氏定氮法由丹麦化学家约翰·凯耶达尔(Johan Gutsav Christoffer Thorsager Kjeldahl)于1883 年首先提出,经过长期改进,迄今已演变成常量法、微量法、半微量法、自动定氮仪法等多种。它是测定总有机氮的最准确和操作较简便的方法之一,在国内外应用普遍。该法是通过测出样品中的总含氮量再乘以相应的蛋白质系数而求出蛋白质含量的,由于样品中常含有少量非蛋白质含氮化合物,故此法的结果称为粗蛋白质含量。凯氏定氮法不适用于添加无机含氮物质、有机非蛋白质含氮物质的食品测定。

样品与硫酸和催化剂一同加热消化,使蛋白质分解,其中碳和氢被氧化成二氧化碳和水逸出,而样品中的有机氮转化为氨与硫酸结合成硫酸铵。然后加碱蒸馏,使氨游离,用硼酸吸收后再用盐酸或硫酸标准溶液滴定。根据标准酸消耗量可计算出蛋白质的含量。

(1)消化:消化反应方程式如下:

$$2NH_2(CH_2)_2COOH + 13H_2SO_4 = (NH_4)_2SO_4 + 6CO_2\uparrow + 12SO_2\uparrow + 10H_2O$$

在消化反应中,为了加速蛋白质的分解,缩短消化时间,常加入硫酸钾和硫酸铜。

①硫酸钾:加入硫酸钾可以提高溶液的沸点而加快有机物分解。它与硫酸

作用生成硫酸氢钾可提高反应温度，一般纯硫酸的沸点在 340℃左右，而添加硫酸钾后，可使温度提高至 400℃以上，原因主要在于随着消化过程中硫酸不断地被分解，水分不断逸出而使硫酸钾浓度增大，故沸点升高，其反应式如下：

$$K_2SO_4 + H_2SO_4 = 2KHSO_4$$

$$2KHSO_4 \xlongequal{\triangle} K_2SO_4 + H_2O + SO_3 \uparrow$$

但硫酸钾加入量不能太大，否则消化体系温度过高，又会引起已生成的铵盐发生热分解放出氨而造成损失。

$$(NH_4)_2SO_4 \xrightarrow{\triangle} NH_3 \uparrow + (NH_4)HSO_4$$

$$NH_4HSO_4 \xrightarrow{\triangle} NH_3 \uparrow SO_3 \uparrow + H_2O$$

除硫酸钾外，也可以加入硫酸钠、氯化钾等盐类来提高沸点，但效果不如硫酸钾。

②硫酸铜：硫酸铜起催化剂的作用。凯氏定氮法中可用的催化剂种类很多，除硫酸铜外，还有氧化汞、汞、硒粉、二氧化钛等，但考虑到效果、价格及环境污染等多种因素，应用最广泛的是硫酸铜。使用时常加入少量过氧化氢、次氯酸钾等作为氧化剂以加速有机物氧化，硫酸铜的作用机理如下：

$$2CuSO_4 \xrightarrow{\triangle} Cu_2SO_4 + SO_3 \uparrow + O_2 \uparrow$$

$$C + 2CuSo_4 \xrightarrow{\triangle} Cu_2SO_4 + SO_2 \uparrow + CO^2 \uparrow$$

$$Cu_2SO_4 + 2H_2SO_4 \xrightarrow{\triangle} 2CuSO_4 + H_2O + SO_2 \uparrow$$

上述反应不断进行，待有机物全部被消化完后，不再生成硫酸亚铜，溶液呈现清澈的蓝绿色。故硫酸铜除起催化剂的作用外，还可指示消化终点的到达，以及下一步蒸馏时作为碱性反应的指示剂。

(2)蒸馏：在消化完全的样品溶液中加入浓氢氧化钠使呈碱性，加热蒸馏即可释放出氨气，反应方程式如下：

$$2NaOH + (NH_4)_2SO_4 \xrightarrow{\triangle} 2NH_3 \uparrow + Na_2SO_4 + 2H_2O$$

(3)吸收、滴定：加热蒸馏所放出的氨，可用硼酸溶液进行吸收，待吸收完全后，再用盐酸标准溶液滴定，因硼酸呈微弱酸性，用酸滴定不影响指示剂的变色反应，但它有吸收氨的作用。吸收与滴定反应方程式如下：

$$2NH_3 + 4H_3BO_3 = (NH_4)_2B_4O_7 + 5H_2O$$

$$(NH_4)_2B_4O_7 + 5H_2O + 2HCl = 2NH_4Cl + 4H_3BO_3$$

凯氏定氮法按照样品量的大小分为常量、半微量和微量，相应装置分别如图 11－1～图 11－3 所示。

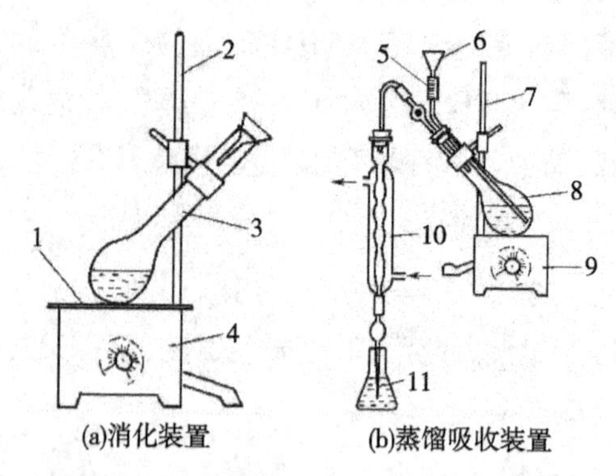

图 11－1　常量凯氏定氮消化、蒸馏装置

1—石棉网　2—铁支架　3—凯氏烧瓶　4—电炉　5—玻璃珠　6—进样漏斗
7—铁支架　8—蒸馏烧瓶　9—电炉　10—冷凝管　11—吸收液

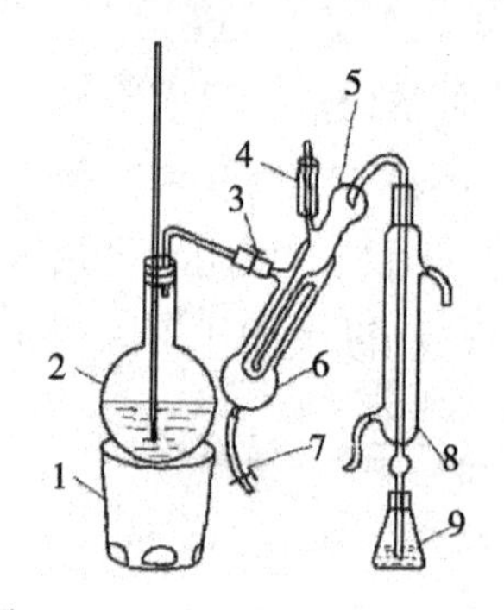

图 11－2　半微量凯氏定氮装置

1—电炉　2—水蒸气发生器　3—螺旋夹　4—小玻璃杯及棒状玻璃塞　5—反应室
6—反应室外层　7—橡皮管及螺旋夹　8—冷凝管　9—蒸馏液接受瓶

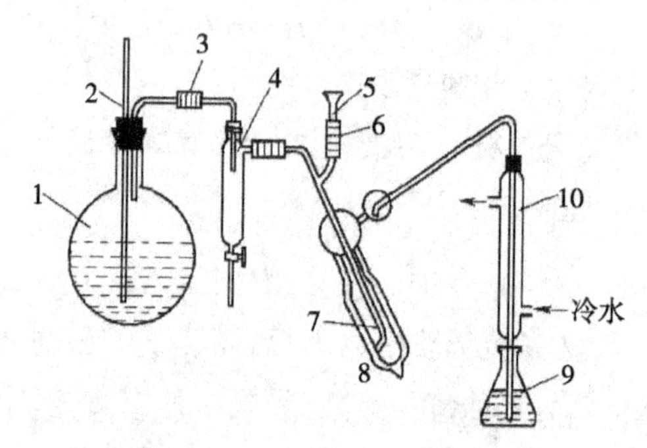

图 11－3　微量凯氏定氮装置

1—蒸汽发生器　2—安全管　3—导管　4—汽水分离器　5—进样口　6—玻璃珠
7—反应管　8—隔热套　9—吸收瓶　10—冷凝管

样品中蛋白质含量计算，常量和微量法采用公式（11－1），半微量法采用公式（11－2）。

$$X=\frac{c\times(V_1-V_2)\times\frac{M}{1000}}{m}\times F\times 100 \tag{11-1}$$

$$X=\frac{c\times(V_1-V_2)\times\frac{M}{1000}}{m\times\frac{10}{100}}\times F\times 100 \tag{11-2}$$

式中:X ——样品中蛋白质的含量,g/100 g 或 g/100 mL;

c ——盐酸标准溶液的浓度,mol/L;

V_1——滴定样品吸收液时消耗盐酸标准溶液的体积,mL;

V_2——滴定空白吸收液时消耗盐酸标准溶液的体积,mL;

m——样品的质量或体积,g 或 mL;

M——氮的摩尔质量,14.01 g/mol;

F ——氮换算为蛋白质的系数。

说明及注意事项如下。

(1)所用试剂溶液均用无氨蒸馏水配制。

(2)消化时不要用强火,应保持和缓沸腾,注意不时转动凯氏烧瓶,以便利用冷凝酸液将附在瓶壁上的固体残渣洗下并促进其消化完全。有机物如分解完全,消化液呈蓝色或浅绿色,但含铁量多时,呈较深的绿色。

(3)样品中若含脂肪或糖较多时,消化过程中易产生大量泡沫,为防止泡沫溢出瓶外,在开始消化时应用小火加热,并不断摇动;或者加入少量辛醇或液体石蜡或硅油消泡剂,并同时注意控制热源强度。

(4)若取样量较大,如干试样超过 5 g,可按每克试样 5 mL 的比例增加硫酸用量。当样品消化液不易澄清透明时,可将凯氏烧瓶冷却,加入 30% 过氧化氢 2 ~3 mL 后再继续加热消化。

(5)一般消化至透明后,继续消化 30 min 即可,但对于含有特别难以消化的含氮化合物的样品,如含赖氨酸、组氨酸、色氨酸、酪氨酸或脯氨酸等时,需适当延长消化时间。

(6)蒸馏装置不能漏气。蒸馏时蒸汽要充足均匀,加碱要够量,动作要快,防止氨损失。

(7)硼酸吸收液的温度不应超过 40℃,否则对氨的吸收作用减弱而造成损失,此时可置于冷水浴中使用。

(8)蒸馏完毕后,应先将冷凝管下端提离液面清洗管口,再蒸 1 min 后关掉热源，否则可能造成吸收液倒吸。

(9)混合指示剂在碱性溶液中呈绿色，在中性溶液中呈灰色，在酸性溶液中呈红色。

11.2.2 蛋白质的快速测定法

凯氏定氮法是各种测定蛋白质含量方法的基础，经过长期的应用和不断改进，具有应用范围广、灵敏度较高、回收率较好以及可以不用昂贵仪器等优点。但操作费时，对于高脂肪、高蛋白质的样品消化需要5 h以上，且在操作中会产生大量有害气体而污染工作环境，影响操作人员健康。

为了满足生产单位对工艺过程的快速控制分析，尽量减少环境污染和操作简便省时，因此又陆续创立了不少快速测定蛋白质的方法，如双缩脲法、紫外分光光度法、染料结合法、水杨酸比色法、折光法、旋光法及近红外光谱法等，现对前四种方法分别介绍如下。

11.2.2.1 双缩脲法

当脲被小心地加热至150～160℃时，可由2个分子间脱去1个氨分子而生成二缩脲（也叫双缩脲），反应式如下：

$$H_2NCONH_2 + H—N(H)—CO—NH_2 \xrightarrow{\triangle} H_2NCONHCONH_2 + NH_3\uparrow$$

双缩脲与碱及少量硫酸铜溶液作用生成紫红色的配合物，此反应称为双缩脲反应：

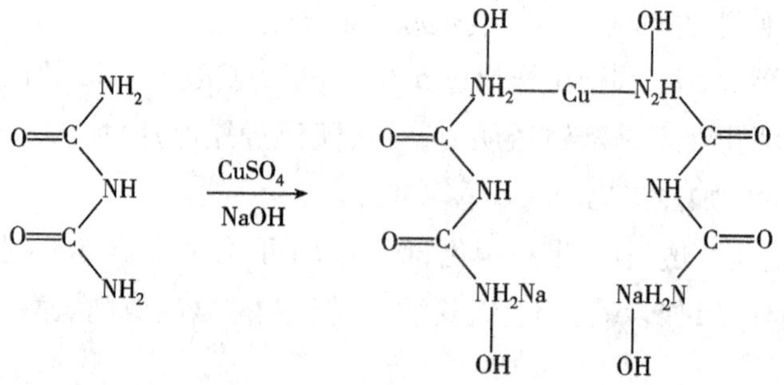

NH_2
O═C
NH
O═C
NH_2
$\xrightarrow[NaOH]{CuSO_4}$
OH　OH
NH_2—Cu—N_2H
O═C　C═O
NH　NH
O═C　C═O
NH_2Na　NaH_2N
OH　OH

由于蛋白质分子中含有肽键（—CO—NH—），与双缩脲结构相似，故也能呈现此反应而生成紫红色的配合物，在一定条件下其颜色深浅与蛋白质含量成正比，据此可用吸收光度法来测定蛋白质含量，该配合物的最大吸收波长为560 nm。

样品中蛋白质含量根据下列公式计算。

$$X = \frac{m_0 \times 100}{m}$$

式中：X ——样品中蛋白质的含量，mg/100 g；

m_0——由标准曲线查得的蛋白质质量，mg；

m ——样品的质量，mg。

说明及注意事项如下。

(1)有大量脂类物质共存时，会产生混浊的反应混合物，可用乙醚或石油醚脱脂后测定。

(2)在配制试剂加入硫酸铜溶液时必须剧烈搅拌，否则会生成氢氧化铜沉淀。

(3)蛋白质的种类不同，对发色程度的影响不大。

(4)当样品中含有脯氨酸时，若有大量糖类共存，则显色不好，测定结果偏低。

双缩脲法灵敏度较低，但操作简单快速，故在生物化学领域中测定蛋白质含量时常用此法。双缩脲法亦适用于豆类、油料、米谷等作物种子及肉类等样品的测定。

11.2.2.2　紫外分光光度法

蛋白质及其降解产物的芳香环残基（$-\mathrm{NH}-\underset{\displaystyle |}{\overset{\mathrm{R}}{\overset{|}{\mathrm{CH}}}}-\mathrm{CO}-$）在紫外区内对一定波长的光具有选择吸收作用。在 280 nm 波长下，光吸收程度与蛋白质浓度（3 ~ 8 mg/mL）呈直线关系，因此，通过测定蛋白质溶液的吸光度，并参照事先用凯氏定氮法测定蛋白质含量的标准样所作的标准曲线，即可求出样品的蛋白质含量。

样品中蛋白质含量根据下列公式计算：

$$X = \frac{m'}{m} \times 100$$

式中：X ——样品中蛋白质的含量，mg/100 mg；

m'——由标准曲线查得的蛋白质质量，mg；

m ——测定样品溶液所相当于样品的质量，mg。

说明及注意事项如下。

(1)测定牛乳样品时的操作步骤为：准确吸取混合均匀的样品 0.2 mL，置于 25 mL 纳氏比色管中，用 95% ~97% 的冰乙酸稀释至标线，摇匀，以 95% ~97%

冰乙酸为参比液,用1 cm比色皿于280 nm处测定吸光度,并用标准曲线法确定样品蛋白质含量(标准曲线以采用凯氏定氮法已测出牛乳标准样的蛋白质含量绘制)。

(2)测定糕点时,应将表皮的颜色去掉。

(3)温度对蛋白质水解有影响,操作温度应控制在20~30℃。

紫外分光光度法操作简便、迅速,常用于生物化学研究,但由于许多非蛋白质成分在紫外光区也有吸收作用,加之光散射作用的干扰,故在食品分析领域中的应用并不广泛,最早用于测定牛乳的蛋白质含量,也可用于测定小麦、面粉、糕点、豆类、蛋黄及肉制品中的蛋白质含量。

11.2.2.3 染料结合法

在特定的条件下,蛋白质可与某些染料(如胺墨10B或酸性橙12等)定量结合而生成沉淀,用分光光度计测定沉淀反应完成后剩余的染料量,即可计算出反应消耗的染料量,进而可求得样品中蛋白质含量。

说明及注意事项如下。

(1)取样要均匀。

(2)绘制完整的标准曲线可供同类样品长期使用,而不需要每次测样时都作标准曲线。

(3)脂肪含量高的样品,应先用乙醚脱脂,然后再测定。

(4)在样品溶解性能不好时,也可用此法测定。

(5)本法具有较高的经验性,故操作方法必须标准化。

(6)本法所用染料还包括橙黄G和溴酚蓝等。

(7)本法适用于牛乳、冰激凌、酪乳、巧克力饮料,脱脂乳粉等食品。

11.2.2.4 水杨酸比色法

样品中的蛋白质经硫酸消化而成铵盐溶液后,在一定的酸度和温度条件下可与水杨酸钠和次氯酸钠作用生成蓝色的化合物,可以在波长660 nm处比色测定,求出样品含氮量,进而可计算出蛋白质含量。

样品中含氮量根据下列公式计算。

$$N=\frac{m_0\times K}{m\times 1000\times 1000}\times 100$$

式中:N——样品中含氮量,g/100g;

m_0——从标准曲线查得的样品的含氮量,μg;

m——样品的质量,g;

K——样品溶液的稀释倍数。

样品中蛋白质含量根据下列公式计算：

$$X = N \times F$$

式中：X——样品中蛋白质的含量，g/100 g；

F——蛋白质系数。

说明及注意事项如下。

(1)样品消化完成后当天进行测定结果的重现性好，样液放至第二天比色即有变化。

(2)温度对显色影响极大，故应严格控制反应温度。

(3)对谷物及饲料等样品的测定证明，此法结果与凯氏定氮法基本一致。

11.3　氨基酸的测定方法

11.3.1　双指示剂甲醛滴定法

氨基酸含有酸性的 COOH 基，也含有碱性的—NH_2，它们相互作用使氨基酸成为中性的钠盐，不能直接用碱液滴定它的羧基。当加入甲醛时，—NH_2 与甲醛结合，其碱性消失，使 COOH 基显示出酸性，可用氢氧化钠标准溶液滴定。

用此法滴定的结果表示 α - 氨基酸态氮的含量，其精确度仅达氨基酸理论含量的 90%。如果样品中只含有某一种已知的氨基酸，从甲醛滴定的结果可算出该氨基酸的含量。如果样品是多种氨基酸的混合物(如蛋白水解液)，则滴定结果不能作为氨基酸的定量依据，但一般常用此法测定蛋白质水解程度，当水解完成后，滴定值不再增加。但应注意，脯氨酸与甲醛作用产生不稳定的化合物，使结果偏低；酪氨酸含有酚羟基，滴定时要消耗一些碱，使结果偏高；溶液中若有铵存在也可与甲醛反应，使结果偏高。

样品中氨基酸含量根据下列公式计算：

$$X = \frac{(V_2 - V_1) \times C \times 0.014}{V} \times 100$$

式中：X ——氨基酸含量，g/100 mL；

V_1 ——中性红作指示剂时消耗氢氧化钠标准液的体积，mL；

V_2 ——百里酚酞作指示剂时消耗氢氧化钠标准液的体积，mL；

C ——氢氧化钠标准液的浓度，mol/L；

V ——样品液取用量,mL;

0.014 ——氮的毫摩尔质量,g/mmol。

说明及注意事项如下。

(1)此法适用于测定食品中的游离氨基酸。

(2)固体样品应先进行粉碎,准确称样后用水萃取,然后测定萃取液;液体试样如酱油、饮料等可直接吸取试样进行测定。萃取可在50℃水浴中进行0.5 h即可。

(3)若样品颜色较深,可加适量活性炭脱色后再测定,或用电位滴定法进行测定。

(4)与本法类似的还有单指示剂(百里酚酞)甲醛滴定法,此法用标准碱完全中和COOH基时的pH值为8.5~9.5,但分析结果稍偏低,即双指示剂法的结果更准确。

11.3.2 电位滴定法

本法根据酸度计指示pH值控制滴定终点,适合有色样液的检测。

样品中氨基酸含量根据下列公式计算:

$$X = \frac{(V_1 - V_2) \times C \times 0.014}{5 \times V} \times 100$$

式中:X ——氨基酸含量,g/100mL;

V_1 ——测定用样品加入甲醛稀释后消耗氢氧化钠标准液,mL;

V_2 ——试剂空白试验加如甲醛后消耗氢氧化钠标准溶液的体积,mL;

C ——氢氧化钠标准液的浓度,mol/L;

V ——样品稀释液取用量,mL;

0.014 ——氮的毫摩尔质量,g/mmol。

说明及注意事项如下。

(1)本法准确快速,可用于各类样品游离氨基酸含量测定。

(2)对于混浊和色深样液可不经处理而直接测定。

11.3.3 茚三酮比色法

氨基酸在碱性溶液中能与茚三酮作用,生成蓝紫色化合物(除脯氨酸外均有此反应),该蓝紫色化合物的颜色深浅与氨基酸含量成正比,其最大吸收波波长为570 nm,据此可以用吸光光度法测定样品中氨基酸含量。

样品中氨基酸含量根据下列公式计算:

$$X = \frac{c}{m \times 1000} \times 100$$

式中：X ——氨基酸含量，μg/100g；

c ——从标准曲线上查得的氨基酸的含量，μg；

m ——测定的样品溶液相当于样品的质量，g。

说明及注意事项如下。

茚三酮在放置过程中易被氧化呈淡红色或深红色，使用前须进行纯化。方法为：取 10 g 茚三酮溶于 40 mL 热水中，加入 1 g 活性炭，摇动 1 min，静置 30 min，过滤；将滤液放入冰箱中过夜，即出现蓝色结晶，过滤，用 2 mL 冷水洗涤结晶，置干燥器中干燥，装瓶备用。

11.3.4　氨基酸自动分析仪法

食物蛋白质经盐酸水解成为游离氨基酸，经氨基酸分析仪的离子交换柱分离后，与茚三酮溶液产生颜色反应，再通过分光光度计比色测定氨基酸含量。可同时测定天冬氨酸、苏氨酸、丝氨酸、谷氨酸、脯氨酸、甘氨酸、丙氨酸、缬氨酸、蛋氨酸、异亮氨酸、亮氨酸、酪氨酸、苯丙氨酸、组氨酸、赖氨酸和精氨酸 16 种氨基酸，其最低检出限为 10 pmol。

测定在氨基酸自动分析仪上完成，可控制的操作条件包括缓冲液流量、茚三酮流量、柱温、色谱柱规格。

上机样品液中氨基酸总量根据下列公式计算：

$$N = \frac{c \times A_1}{A_0}$$

式中：N ——上机样品液中氨基酸量，nmol/50 μL；

c ——上机标准液中氨基酸量，nmol/50 μL；

A_1 ——样品峰面积；

A_0 ——氨基酸标准峰面积。

样品中氨基酸含量根据下列公式计算：

$$X = \frac{N \times f \times M_r \times 100}{m \times V \times 10^6}$$

式中：N ——上机样品液中氨基酸量，mg/100 g；

f ——样品的稀释倍数；

M_r ——氨基酸的相对分子质量；

m ——样品的质量,g;

V ——上机时的进样量(此处为50 μL)。

说明及注意事项如下。

(1)样品中氨基酸的含量在1.00 g/100 g以下,保留两位有效数字;含量在1.00 g/100 g以上,保留三位有效数字。

(2)16种氨基酸相对分子质量;天冬氨酸133.1;苏氨酸119.1;丝氨酸105.1;谷氨酸147.1;脯氨酸115.1;甘氨酸75.1;丙氨酸89.1;缬氨酸117.2;蛋氨酸149.2;异亮氨酸131.2;亮氨酸131.2;酪氨酸181.2;苯丙氨酸165.2;组氨酸155.2;赖氨酸146.2;精氨酸174.2。

(3)标准出峰顺序和保留时间见表11-2,标准图谱如图11-4所示。

表11-2 标准出峰顺序和保留时间

序 号	出峰顺序	保留时间/min	序 号	出峰顺序	保留时间/min
1	天冬氨酸	5.55	9	蛋氨酸	19.63
2	苏氨酸	6.60	10	异亮氨酸	21.24
3	丝氨酸	7.09	11	亮氨酸	22.06
4	谷氨酸	8.72	12	酪氨酸	24.52
5	脯氨酸	9.63	13	苯丙氨酸	25.76
6	甘氨酸	12.24	14	组氨酸	30.41
7	丙氨酸	13.10	15	赖氨酸	32.57
8	缬氨酸	16.65	16	精氨酸	40.75

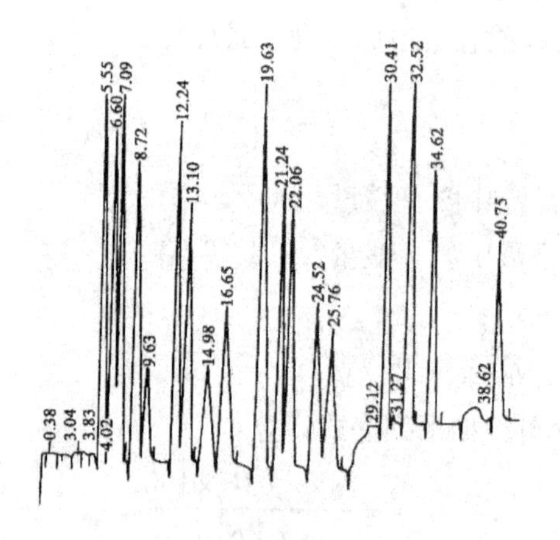

图11-4 氨基酸标准图谱

(4)本法为国家标准食物中氨基酸的测定方法,适用于食物中的16种氨基酸的测定,最低检出限为10 pmol。但本方法不适用于蛋白质含量低的水果、蔬菜、饮料和淀粉类食物的测定。

复习思考题

1. 凯氏定氮法测定蛋白质的原理及主要步骤是什么?
2. 凯氏定氮法测定蛋白质时可用哪些助剂? 其作用是什么?
3. 双缩脲法测定蛋白质的原理、主要步骤及注意事项是什么?
4. 水杨酸比色法测定蛋白质的原理、主要步骤及注意事项是什么?
5. 紫外分光光度法测定蛋白质的原理、主要步骤及注意事项是什么?

第12章　维生素的测定

本章学习重点：

了解维生素的分类及测定的意义；

熟悉各种维生素测定方法的原理及应用。

12.1　概述

维生素是促进人体生长发育和调节生理功能所必需的一类低分子有机化合物。维生素的种类很多，化学结构各不相同，在体内的含量极微，但它们在体内调节物质代谢和能量代谢中起着十分重要的作用。各种维生素均为有机化合物，都是以本体（维生素本身）的形式或可被机体利用的前体（维生素原）的形式存在于天然食品中，其在体内不能合成或合成量不足，也不能大量储存于机体的组织中，虽然需要量很小，但必须由食物供给。人体一般仅需少量维生素就能满足正常的生理需要。若供给不足就要影响相应的生理功能，严重时会产生维生素缺乏病。

各种维生素的化学结构差别很大。科学家们发现维生素的生理作用与它们的溶解度有很大关系，所以其按溶解性的不同有脂溶性和水溶性维生素之分。脂溶性维生素包括维生素A、维生素D、维生素E、维生素K。在食物中它们常与脂类共存，在酸败的脂肪中容易被破坏。水溶性维生素包括B族维生素（维生素B_1、维生素B_2、烟酸、叶酸、维生素B_6、维生素B_{12}、泛酸、生物素等）和维生素C。水溶性维生素易溶于水而不溶于脂肪及有机溶剂中，对酸稳定，易被碱破坏。

食品和其他生物样品中的维生素分析，在测定动物和人体的营养需要量方面发挥了关键的作用。科学家需要准确的食品成分信息来计算营养素的膳食摄入，以在全世界范围内改善人类营养；从消费和工业生产角度出发，也需要可靠的分析方法来确保食品标签的准确性。

12.2　维生素的测定方法

维生素的测定方法主要有化学法、仪器法。仪器分析法中紫外、荧光法是多种维生素的标准分析方法。它们灵敏、快速，有较好的选择性。另外，各种色谱法以其独特的高分离效能，在维生素分析方面占有越来越重要的地位。化学法中的比色法、滴定法，具有简便、快速、不需特殊仪器等优点，正为广大基层实验室所普遍采用。

12.2.1　脂溶性维生素的测定

12.2.1.1　维生素A的测定

维生素A是不饱和的一元多烯醇。在自然界有维生素A_1和维生素A_2两种。A_1存在于哺乳动物及咸水鱼的肝脏中，即视黄醇。A_2存在于淡水鱼的肝脏中，是3-脱氢视黄醇，其活性大约只有A_1的一半。视黄醇的分子式为$C_{20}H_{30}O$，相对分子质量为286，结构式如下：

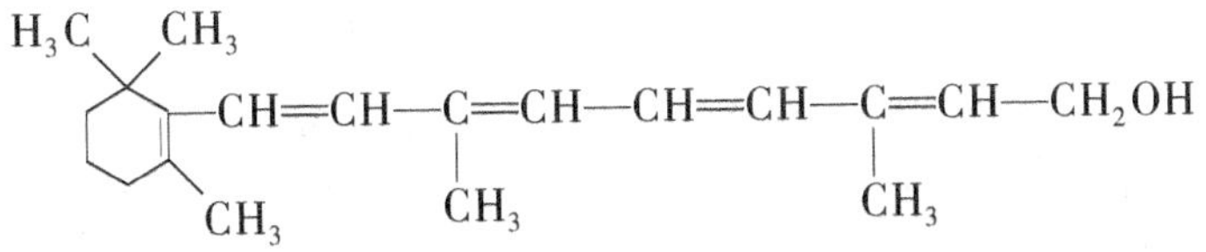

H_3C　CH_3

—CH═CH—C═CH—CH═CH—C═CH—CH_2OH

CH_3　　CH_3　　CH_3

维生素A_1还有许多种衍生物，包括视黄醛（维生素A_1末端的$-CH_2OH$氧化成$-CHO$）、视黄酸（$-CHO$进一步被氧化成COOH）、3-脱氢视黄醛、3-脱氢视黄酸及其各类异构体，它们也都具有维生素A的作用，总称为类视黄素。

维生素A的测定方法有三氯化锑比色法、紫外分光光度法、荧光法、气相色谱法和高效液相色谱法等，其中比色法应用最为广泛，这里主要介绍三氯化锑比色法。

维生素A在三氯甲烷中与三氯化锑相互作用，产生蓝色物质，其深浅与溶液中所含维生素A的含量成正比。该蓝色物质虽不稳定，但在一定时间内可用分光光度计于620 nm波长处测定其吸光度。

根据样品性质，可采用皂化法或研磨法对样品进行处理。

（1）皂化法适用于维生素A含量不高的样品，可减少脂溶性物质的干扰，但全部试验过程费时，且易导致维生素A损失。

（2）研磨法适用于每克样品维生素A含量大于5.0 μg样品的测定，如动物肝的检测。步骤简单，省时，结果准确。

样品中维生素A含量根据下列公式计算：

$$X = \frac{\rho}{m} \times V \times \frac{100}{1000}$$

式中:X——样品中维生素 A 的含量,μg/100 g(或国际单位,每国际单位 =0.3 μg 维生素 A);

ρ——由标准曲线上查得样品中含维生素 A 的含量,μg/mL;

m——样品的质量,g;

V——提取后加三氯甲烷定量之体积,mL;

$\frac{100}{1000}$——将样品中维生素 A 由 μg/g 折算成 mg/100 g。

说明及注意事项如下。

(1)三氯化锑比色法为国家标准方法,适用于食品中维生素 A 的测定。

(2)乙醚为溶剂的萃取体系,易发生乳化现象。在提取前,洗涤操作中,不要用力过猛,若发生乳化,可加几滴乙醇消除乳化。

(3)所用氯仿中不应含有水分。原因是三氯化锑遇水会出现沉淀,干扰比色测定。故在每 1 mL 氯仿中应加入乙酸酐 1 滴,以保证脱水。

(4)由于三氯化锑与维生素 A 所产生的蓝色物质很不稳定,通常 6 s 以后便开始退色,因此要求反应在比色杯中进行,产生蓝色后立即读取吸光值。

(5)如果样品中含 β - 胡萝卜素(如奶粉、禽蛋等食品)干扰测定,可将浓缩蒸干的样品用正己烷溶解,以氧化铝为吸附剂,丙酮己烷混合液为洗脱剂进行柱层析。

(6)三氯化锑腐蚀性强,不能洒在皮肤上,且三氯化锑遇水生成白色沉淀,因此用过的仪器要先用稀盐酸浸泡后再清洗。

12.2.1.2 维生素 D 的测定

维生素 D 为一组存在于动植物组织中的类固醇的衍生物,因其有抗佝偻病作用,也称之为抗佝偻病维生素。目前已知的维生素 D 至少有 10 种,但最重要的是维生素 D_2 和维生素 D_3。维生素 D_2 又名麦角钙化醇,分子式为 $C_{28}H_{44}O$,相对分子质量为 396.66;维生素 D_3 又名胆钙化醇,分子式为 $C_{27}H_{44}O$,相对分子质量为 384.65。维生素 D_2 和维生素 D_3 结构式如下:

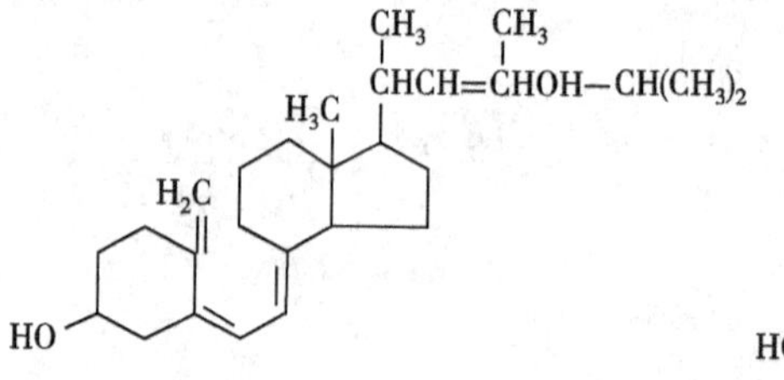

维生素D_2

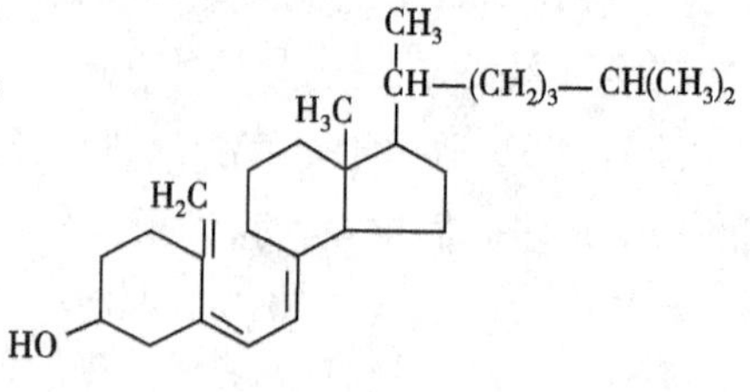

维生素D_3

食品中维生素 D 的含量很少，且主要存在于动物性食品中。维生素 D 的含量一般用国际单位（IU）表示，1 国际单位的维生素 D 相当于 0.025 μg 的维生素 D。几种富含维生素 D 的食品中维生素 D 的含量（IU/100 g）如下：奶油 50，蛋黄 150～400，鱼 40～150，肝 10～70，鱼肝油 800～30000。

维生素 D 的测定方法有比色法、紫外分光光度法、气相色谱法、液相色谱法及薄层层析法等。其中比色法灵敏度较高，但操作十分复杂、费时。气相色谱法虽然操作简单，精密度也高，但灵敏度低，不能用于含微量维生素 D 的样品。液相色谱法的灵敏度比比色法高 20 倍以上，且操作简便，精度高，分析速度快，是目前分析维生素 D 的最好方法。这里主要介绍三氯化锑比色法。

在三氯甲烷溶液中，维生素 D 与三氯化锑结合生成一种橙黄色化合物，呈色强度与维生素 D 的含量成正比。

皂化与提取同维生素 A 的测定。如果样品中有维生素 A 共存，可用以下方法进行分离纯化。

（1）分离柱的制备：取一支具有活塞和砂蕊板的玻璃层析柱。

第一层：加入无水硫酸钠，铺平整。

第二层：将 celite 540 置于碘值瓶中，加入石油醚，振摇，再加入聚乙二醇 600，剧烈振摇，使其黏合均匀，然后倒入层析柱内。

第三层：加中性氧化铝。

第四层：加入无水硫酸钠。

轻轻地转动层析柱（图 12－1），使第二层的高度保持在 12 cm 左右。

（2）纯化：先用石油醚淋洗分离柱，然后将样品提取液倒入柱内，再用石油醚继续淋洗。弃去最初收集的滤液，再用容量瓶收集淋洗液至刻度。将淋洗液移入分液漏斗中，加水洗涤 3 次（去除残留的聚乙二醇，以免与三氯化锑作用形成混浊物，影响比色）。将上述石油醚层通过无水硫酸钠脱水后，置于浓缩器中减压浓缩至干或在水浴上用水泵减压抽干，立即加入三氯甲烷溶解备用。

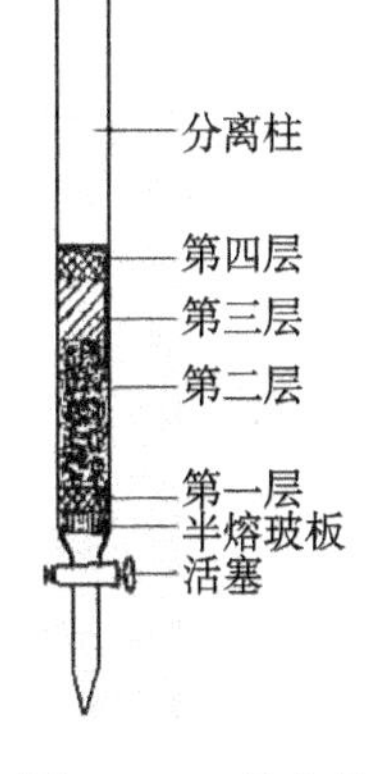

图 12－1　分离柱

根据样品溶液的吸收值，从标准曲线上查出相应的含量，然后样品中维生素 D 含量根据下列公式计算：

$$X = \frac{\rho \times V}{m \times 1000} \times 100$$

式中：X——样品中维生素 D 的含量，mg/100g；

ρ——标准曲线上查得样品溶液中维生素 D 的含量，μg/mL（如按国际单位，每国际单位 = 0.025 μg 维生素 D）；

V——样品提取后用三氯甲烷定容之体积，mL；

m——样品的质量，g。

说明及注意事项如下。

（1）食品中维生素 D 的含量一般很低，而维生素 A、维生素 E、甾醇等成分的含量往往都大大超过维生素 D，严重干扰维生素 D 的测定，因此测定前必须经柱层析除去这些干扰成分。

（2）操作时加入乙酰氯可以消除温度的影响，使灵敏度比仅用三氯化锑提高约 3 倍，并可减少部分甾醇的干扰。

（3）此法不能区分维生素 D_2 和维生素 D_3，测定值是两者的总量。

12.2.1.3 维生素 E 的测定

维生素 E 又名生育酚，属于脂溶性维生素，是一组具有 α-生育酚活性的化合物。食物中存在着 α、β、γ、δ 四种不同化学结构的生育酚和四种生育三烯酚，各种食物中它们的含量有很大差别，生理活性也不相同，其中以 α-生育酚的活性最强，含量最多（约 90%），其结构式如下：

$$\text{(HO, }CH_3\text{, }H_3C\text{, }CH_3\text{-取代色满环, 2位 }CH_3\text{)}-(CH_2)_3-\underset{|}{\overset{CH_3}{CH}}-(CH_2)_3-\overset{CH_3}{\underset{|}{CH}}-(CH_2)_3-CH(CH_3)_2$$

维生素 E 广泛分布于动、植物食品中，含量较多的为麦胚油、棉子油、玉米油、花生油、芝麻油、大豆油等植物油料，此外肉、鱼、禽、蛋、乳、豆类、水果以及绿色蔬菜中也都含有维生素 E。膳食中维生素 E 的活性以 α-生育酚当量（α-TEs，mg）来表示，规定 1 mg α-TE 相当于 1 mg d-α-生育酚的活性。1 个国际单位（IU）维生素 E 的定义是 1 mg d-α-生育酚乙酸酯的活性，1 mg d-α-生育酚 = 1.49 IU 维生素 E。

维生素 E 的测定方法有：比色法、荧光法、气相色谱法、液相色谱法等。比色法操作简单，灵敏度较高，但对维生素 E 没有特异的反应，需要采取一些方法消除干扰。荧光法特异性强、干扰少、灵敏、快速、简便。高效液相色谱法具有简便、分辨率高等优点，可在短时间完成同系物的分离定量，是目前测定维生素 E 最好的分析方法。这里主要介绍荧光法。

样品经皂化、提取、浓缩蒸干后，用正己烷溶解不皂化物，在 295 nm 激发波长，324 nm 发射波长下测定其荧光强度，并与标准 α－维生素 E 作比较，即可计算出样品中维生素 E 的含量。

样品中维生素 E 含量根据下列公式计算：

$$X=\frac{U\times c\times V}{S\times m}\times\frac{100}{1000}$$

式中：X——样品中 α－维生素 E 的含量，mg/100 g；

U——样品溶液的荧光强度；

c——标准使用液的浓度，μg/mL；

V——样品稀释体积，mL；

S——标准使用液的荧光强度；

m——样品的质量，g。

说明及注意事项如下。

(1)对于 α－维生素 E 含量高的样品，此方法灵敏度较比色法高得多；对于植物性样品，一般 α－维生素 E 含量不多，而其他异构体含量较多。每一种同系物的激发波长和发射波长的荧光强度不尽相同，因此测定值多数不能代表真实值，测定误差较大。特别是当含有大量 δ－维生素 E 时，测定值比真实值高得多，因为 δ 体的荧光强度比 α 体强 70%。

(2)荧光法测定的样品为花生油，如测其他食品，需先抽提脂肪。经抽提脂肪后的样品其发射波长改为 330 nm。

12.2.1.4　胡萝卜素的测定

胡萝卜素广泛存在于有色蔬菜和水果中，它有多种异构体和衍生物，包括：α－胡萝卜素、β－胡萝卜素、γ－胡萝卜素、玉米黄素，还包括叶黄素、番茄红素。其中 α－胡萝卜素、β－胡萝卜素、γ－胡萝卜素、玉米黄素在分子结构中含有 β－紫罗宁残基，在人体内可转变为维生素 A，故称为维生素 A 原。其中以 β－胡萝卜素效价最高，每 1 mg β－胡萝卜素约相当于 167 μg(或 560 IU)维生素 A。β－胡萝卜素的结构式如下：

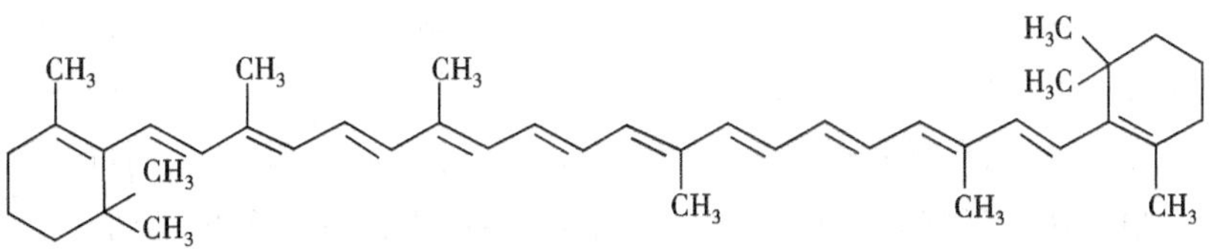

胡萝卜素对热及酸、碱比较稳定，但紫外线和空气中的氧可促进其氧化分

解。其属于脂溶性维生素,故可用有机溶剂从食物中提取。

胡萝卜素本身是一种色素,在 450 nm 波长处有最大吸收,故只要能完全分离,便可对其进行定性和定量测定。但在植物体内,胡萝卜素经常与叶绿素、叶黄素等共存,在提取 β - 胡萝卜素时,这些色素也能被有机溶剂提取,因此在测定前,必须将胡萝卜素与其他色素分开。常用的方法有高效液相色谱法、纸层析法、柱层析法和薄层层析法。这里主要纸层析法。

试样经过皂化后,用石油醚提取食品中的胡萝卜素及其他植物色素,以石油醚为展开剂进行纸层析,胡萝卜素极性最小,移动速度最快,从而与其他色素分离。剪下含胡萝卜素的区带,洗脱后于 450 nm 波长下定量测定。

样品中胡萝卜素含量根据下列公式计算:

$$X = \frac{m_1}{m} \times \frac{V_2}{V_1} \times 100$$

式中:X ——样品中胡萝卜素的含量,以 β - 胡萝卜素计,μg/100g;

m_1——在标准曲线上查得的胡萝卜素的含量,μg;

V_1——点样体积,mL;

V_2——样品提取液浓缩后定容体积,mL;

m ——样品的质量,g。

说明及注意事项如下。

(1)纸层析法简便,色带清晰,最小检出量为 0.11 μg。

(2)样品和标准液的提取一定要注意避免丢失。

(3)浓缩提取液时,一定要防止蒸干,避免胡萝卜素在空气中氧化或因高温、紫外线直射等分解。

(4)定容、点样、层析后剪样点等操作环节一定要迅速。

12.2.2 水溶性维生素的测定

12.2.2.1 维生素 B_1 的测定

维生素 B_1 因其分子中含有硫和胺,又称硫胺素。因其发现还与预防和治疗脚气病有关,故又称为抗脚气病维生素、抗神经炎维生素。它是维生素中最早发现的一种,由 1 个嘧啶环和 1 个噻唑环通过亚甲基连接形成。维生素 B_1 为白色结晶,易溶于水,在干燥和酸性溶液中稳定,在碱性环境,尤其在长时间煮烧时维生素 B_1 则迅速分解破坏。还原性物质亚硫酸盐、二氧化硫等能使维生素 B_1 失活,当使用亚硫酸盐作防腐剂或用二氧化硫熏蒸谷仓时,维生素 B_1 被分解破坏。

食物中维生素 B_1 定量分析，可利用游离型维生素 B_1 与多种重氮盐偶合呈各种不同颜色，进行分光光度测定；也有将游离型维生素 B_1 氧化成硫色素，测定其荧光强度；还有利用带荧光检测器的高效液相色谱法测定。分光光度法适用于测定维生素 B_1 含量较高的食物，如大米、大豆、酵母、强化食品等；荧光法和高效液相色谱法适用于微量测定。这里主要介绍荧光法。

样品经热稀酸处理，以提取维生素 B_1。如果所含维生素 B_1 为游离态，可直接在碱性铁氰化钾溶液中被氧化成噻嘧色素（硫色素），在紫外线照射下，噻嘧色素发出荧光。在给定的条件下，以及没有其他荧光物质干扰时，此荧光之强度与噻嘧色素量成正比，即与溶液中维生素 B_1 量成正比。结构式如下：

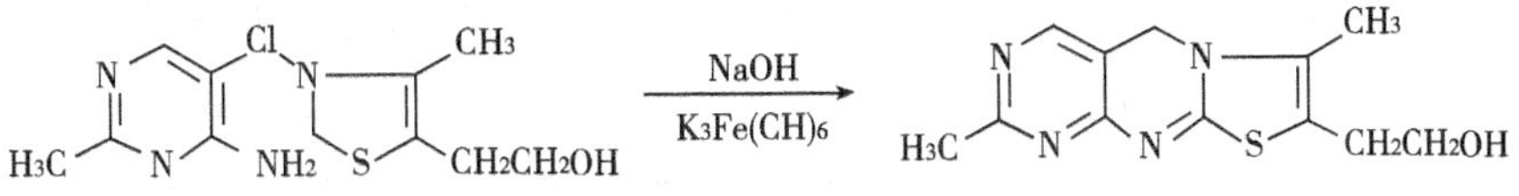

$\xrightarrow[K_3Fe(CH)_6]{NaOH}$

维生素 B_1　　　　硫色素

如试样中含杂质过多，应经过离子交换剂处理，使维生素 B_1 与杂质分离，然后以所得溶液作测定。

样品中维生素 B_1 含量根据下列公式计算：

$$X = (U - U_b) \times \frac{\rho \times V}{S - S_b} \times \frac{V_1}{V_2} \times \frac{1}{m} \times \frac{100}{1000}$$

式中：X——样品中维生素 B_1 含量，mg/100g；

U——样品荧光强度；

U_b——样品空白荧光强度；

S——标准荧光强度；

S_b——标准空白荧光强度；

ρ——维生素 B_1 标准使用液浓度，μg/mL；

V——用于净化的维生素 B_1 标准使用液体积，mL；

V_1——样品水解后定容之体积，mL；

V_2——样品用于净化的提取液体积，mL；

m——样品的质量，g；

$\frac{100}{1000}$——样品含量由 μg/g 换算成 mg/100g 的系数。

说明及注意事项如下。

（1）一般食品中维生素 B_1 有游离型的，也有结合型，即与淀粉、蛋白质等结合在一起的,故需用酸和酶水解,使结合型 B_1 成为游离型,再采用此法测定。

(2)硫色素能溶解于正丁醇,在正丁醇中比在水中稳定,故用正丁醇等提取硫色素。萃取时振摇不宜过猛,以免乳化,不易分层。

(3)紫外线破坏硫色素,所以硫色素形成后要迅速测定,并力求避光操作。

(4)用甘油 - 淀粉润滑剂代替凡士林涂盐基交换管下活塞,因凡士林具有荧光。

(5)谷类物质不需酶分解,样品粉碎后用 25% 酸性氯化钾直接提取,氧化测定。

12.2.2.2 维生素 B_2 的测定

维生素 B_2 又名核黄素,由异咯嗪加核糖醇侧链组成,并有许多同系物。在自然界中主要以磷酸酯的形式存在于黄素单核苷酸(FMN)和黄素腺嘌呤二核苷酸(FAD)两种辅酶中。纯净的维生素 B_2 为橘黄色晶体,味苦,微溶于水。在中性和酸性溶液中稳定,但在碱性环境中受热易分解。游离的维生素 B_2 对光敏感,特别是在紫外线照射下可发生不可逆的降解而失去生物活性。食物中的维生素 B_2 一般为与磷酸和蛋白质结合的复合化合物,对光比较稳定。

维生素 B_2 广泛存在于动植物食物中,但由于来源和收获、加工储存方法的不同,不同食物中维生素 B_2 的含量差异较大。乳类、蛋类、各种肉类、动物内脏中维生素 B_2 的含量丰富;绿色蔬菜、豆类中含量中等;粮谷类的维生素 B_2 主要分布在谷皮和胚芽中,碾磨加工会丢失一部分维生素 B_2,故植物性食物中维生素 B_2 的量一般都不高。

测定维生素 B_2 的方法有荧光分光光度法、高效液相色谱法、微生物法等。其中荧光法操作简单、灵敏度高,是应用最普遍的方法。这里介绍硅镁吸附剂净化荧光法。

维生素 B_2 在 440 ~ 500 nm 波长光照射下发生黄绿色荧光。在稀溶液中其荧光强度与维生素 B_2 的浓度成正比。利用硅镁吸附剂对维生素 B_2 的吸附作用除去样品中的干扰荧光测定的杂质,然后洗脱维生素 B_2,测定其荧光强度。试液再加入低亚硫酸钠($Na_2S_2O_4$),将维生素 B_2 还原为无荧光物质,再测定试液中残余杂质的荧光强度,两者之差即为食品中维生素 B_2 所产生的荧光强度。

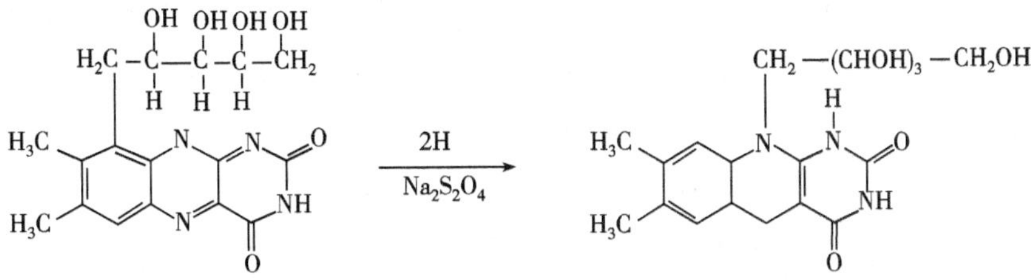

$$\text{维生素 } B_2 \xrightarrow[Na_2S_2O_4]{2H} \text{无色维生素 } B_2$$

维生素 B_2　　　　无色维生素 B_2

样品中维生素 B_2 含量根据下列公式计算：

$$X = (U - U_b) \times \frac{\rho \times V}{S - S_b} \times \frac{V_1}{V_2} \times \frac{1}{m} \times \frac{100}{1000}$$

式中：X ——样品中维生素 B_2 含量，mg/100g；

U ——样品管荧光值；

U_b——样品管空白荧光值；

S ——标准管荧光值；

S_b——标准管空白荧光值；

ρ ——维生素 B_2 标准使用液浓度，μg/mL；

V ——于氧化去杂质操作的维生素 B_2 标准使用液体积，mL；

V_1——用于氧化去杂质操作的试样提取液体积，mL；

V_2——样品水解酶解后定容总体积，mL；

m——样品的质量，g；

$\frac{100}{1000}$ ——样品含量由 μg/g 换算成 mg/100g 的系数。

说明及注意事项如下。

(1)本法适用于粮食、蔬菜、调料、饮料等脂肪含量少的样品，脂肪含量过高及含有较多不易除去色素的样品不适用。

(2)维生素 B_2 对光敏感，整个操作应尽可能在暗室中进行。

(3)氧化去杂质，加入高锰酸钾的量不易过多，以避免加入双氧水的量大，产生气泡，影响维生素 B_2 的吸附及洗脱。

(4)维生素 B_2 可被低亚硫酸钠还原成无荧光型；但摇动后很快就被空气氧化成有荧光物质，所以要立即测定。

12.2.2.3　维生素 B_6 的测定

维生素 B_6 实际上包括吡哆醇(PN)、吡哆醛(PL)、吡哆胺(PM)三种衍生物，三种形式间通过酶可互相转换。最常见的市售维生素 B_6 是盐酸吡哆醇。维生

素 B_6 参与100余种酶反应，在氨基酸代谢、糖异生作用、脂肪酸代谢和神经递质合成中起重要作用，还与机体免疫功能有关。吡哆醛、吡哆醇和吡哆胺性质相似，它们易溶于水和乙醇，在酸性溶液中稳定，在碱性溶液中易被分解破坏，对光敏感，所以进行实验时需要避光。三者结构式如下：

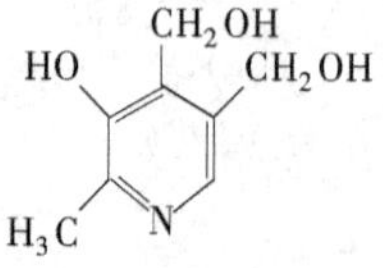

吡哆醛 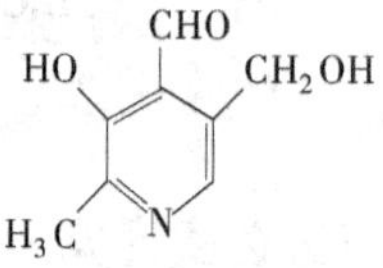　　吡哆醇 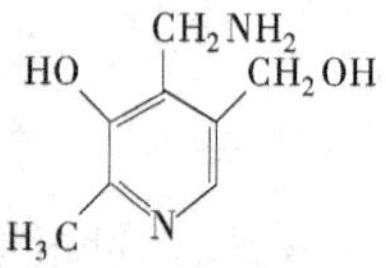　　吡哆胺

维生素 B_6 广泛存在于各种动植物食品中，但一般含量不高。酵母及鸡肉、鱼肉等白色肉类含量最高，小麦、玉米、豆类、葵花子、核桃、水果、蔬菜及蛋黄、肉类、动物肝脏等含量也较多。

测定维生素 B_6 的方法有微生物法、荧光法和高效液相色谱法等。其中，微生物法是经典法，它的优点是：特异性高、精密度好、准确度高、操作简便、样品不需要提纯。其缺点是：耗时长、必须经常保存菌种、试剂较贵。荧光法样品需经提纯，操作复杂。高效液相色谱法是目前最先进简便的方法。GB/T 5009.154—2003 采用的是微生物法，故这里只介绍微生物法。

微生物的生长与它们对某些特定的维生素的需求有关，因此在微生物分析法中，将某些微生物在含维生素的样品抽提液中的生长速率，与在含已知量维生素对照溶液中的生长速率进行对比，从而得出样品中该维生素的含量。受试微生物可用细菌、酵母等，生长速率可通过测定浊度、产酸量、质量变化或呼吸作用，其中，浊度分析（或光密度）是最常用的方法。维生素 B_6 的含量在 2 ng/mL 以内，其浓度对卡尔斯伯酵母菌的生长速率有良好的线性关系，可用微生物定量。

（1）菌种的制备与保存：以卡尔斯伯酵母菌（*Saccharomyces Carlsbergernsis* ATCC No. 9080 简称 SC）纯菌种接入 2 个或多个琼脂培养基管中，在（30 ± 0.5）℃恒温箱中保温 18 ~ 20 h，取出于冰箱中保存，至多不超过两星期。保存数星期以上的菌种，不能立即用作制备接种液之用，一定要在使用前每天移种 1 次，连续 2 ~ 3 d，方可使用，否则生长不好。

（2）种子培养液的制备：加 0.5 mL 50 ng/mL 的维生素 B_6 标准应用液于尖头管中，加入 5 mL 基本培养基，塞好棉塞，于高压锅 121 ℃下消毒 10 min，取出，置于冰箱中，此管可保留数星期之久。每次可制备 2 ~ 4 管。

（3）样品制备：取样 0.5 ~ 10.0 g（维生素 B_6 含量不超过 10 ng）放入 100 mL 锥形瓶中，加 0.22 mol/L H_2SO_4 72 mL，放入高压锅 121 ℃下水解 5 h，取出，于水

中冷却，用 10 mol/L NaOH 和 0.5 mol/L H_2SO_4 调 pH 至 4.5，用溴甲酚绿做指示剂（指示剂由黄色变成黄绿色）。将锥形瓶内的溶液转移到 100 mL 容量瓶中，定容至 100 mL，滤纸过滤，保存滤液于冰箱内备测（保存期不超过 36 h），此为样液。

（4）接种液的制备：使用前一天，将卡尔斯伯酵母菌种由储备菌种管移种于已消毒的种子培养液中，可同时制备两根管，在（30 ± 0.5）℃的恒温箱中培养 18 ~ 20 h。取出离心 10 min（3000 r/min），倾去上部液体，用已消毒的生理盐水淋洗 2 次，再加 10 mL 消毒过的生理盐水，将离心管置于液体快速混合器上混合，使菌种成为混悬体，将此液倒入已消毒的注射器内，立即使用。

每个试样各测定管的吡哆醇含量为 ρ_1、ρ_2、ρ_3；取液量分别为 V_1、V_2、V_3，各样管的吡哆醇含量 ρ 为：

$$\rho = \frac{\left(\frac{\rho_1}{V_1} + \frac{\rho_2}{V_2} + \frac{\rho_3}{V_3}\right)}{3} (\mathrm{ng/mL})$$

样品重为 m(g)，取液量为 V(mL)，定容至 100 mL，则样品的吡哆醇含量为：

$$\omega = \frac{\rho \times V \times 10^2}{m \times 10^6} = \frac{\rho \times V}{m \times 10^4} (\mathrm{mg/100g})$$

说明及注意事项如下。

（1）所有步骤需要避光处理。

（2）试管应先用洗衣粉清洗后，用水冲净，再放入酸缸中浸泡 1 d 左右，捞出后再用自来水和蒸馏水清洗干净，晾干，方可再用。

12.2.2.4　维生素 C 的测定

维生素 C，又称抗坏血酸、抗坏血病维生素，为水溶性的维生素。它是一种不饱和的多羟基化合物，以内酯形式存在，在 2 位与 3 位碳原子之间烯醇羟基上的氢可游离 H^+，所以具有酸性。自然界存在还原型和氧化型两种抗坏血酸，都可被人体利用。它们可以互相转变，但当氧化型（DHVC）一旦生成二酮基古洛糖酸或其他氧化产物，则活性丧失。

抗坏血酸 $\underset{+2H}{\overset{-2H}{\rightleftharpoons}}$ 脱氢抗坏血酸 $\xrightarrow{+H_2O}$ 二酮基古洛糖酸

维生素 C 主要食物来源为新鲜蔬菜与水果，如西兰花、菜花、塌棵菜、菠菜、柿子椒等深色蔬菜和花菜,以及柑橘、红果、柚子等水果含维生素 C 量均较高。野生的苋菜、苜蓿、刺梨、沙棘、猕猴桃、酸枣等含量尤其丰富。维生素 C 难溶于脂肪,易溶于水,其水溶液具有酸性,对酸稳定,遇碱或遇热极易破坏,具有较强的还原性,易氧化,铜盐可促进其氧化。

测定维生素 C 的方法有 2,6 - 二氯靛酚滴定法,2,4 - 二硝基苯肼比色法、荧光法、高效液相色谱法等。

12.2.2.4.1 2,6 - 二氯靛酚滴定法

具有烯醇式分子结构的抗坏血酸分子具有还原性,在中性或弱酸性条件下能定量还原 2,6 - 二氯靛酚染料为无色。此染料在中性或碱性溶液中呈蓝色,在酸性溶液中呈红色。终点时,稍过量的 2,6 - 二氯靛酚使溶液呈现微红色。根据染料消耗量即可计算出样品中还原型抗坏血酸的含量。

样品中维生素 C 含量根据下列公式计算:

$$X = \frac{T \times (V - V_0)}{m \times \frac{5}{100}} \times 100$$

式中:X ——样品中维生素 C 的含量,mg/100g;

T ——1 mL 染料溶液(2,6 - 二氯靛酚溶液)相当于维生素 C 的质量,mg;

V ——滴定样液时消耗染料溶液的体积,mL;

V_0——滴定空白时消耗染料溶液的体积,mL;

m ——样品的质量,g。

说明及注意事项如下。

(1)2,6 - 二氯靛酚滴定法测定的结果为食品中的还原型 L - 抗坏血酸含量,而非维生素 C 总量。此法是测定还原型 L - 抗坏血酸最简便的方法,适合于大批果蔬,但对红色果蔬不太适宜。

(2)维生素 C 在酸性条件下较稳定,故样品处理或浸提都应在弱酸性环境中进行。浸提剂以偏磷酸(HPO_3)稳定维生素 C 效果最好,但价格较贵。一般可采用 2% 草酸代替偏磷酸,价廉且效果也较好。

(3)测定维生素 C 时,应尽可能分析新鲜样品,在不发生水分及其他成分损失的前提下,样品尽量捣碎,研磨成浆状。需特别注意的是:研磨时,加入与样品等量的酸提取剂以稳定维生素 C。

(4)所有试剂应用新鲜重蒸馏水配制。

(5)测定过程中应避免溶液接触金属、金属离子。

(6)样品匀浆在100 mL容量瓶中,可能出现泡沫,可加入戊醇2~3滴消除之。同时作空白实验,消除系统误差。

(7)整个操作过程应迅速,滴定开始时,染料溶液应迅速加入直至红色不立即消失,而后尽可能一滴一滴地加入,并不断摇动三角瓶,至粉红色15 s内不消失为止。样品中某些杂质还可以还原染料,但速度较慢,故滴定终点以出现红色15 s不褪色为终点。

12.2.2.4.2 2,4-二硝基苯肼法

总抗坏血酸包括还原型、脱氢型和二酮基古洛糖酸。样品中还原型抗坏血酸经活性炭氧化为脱氢抗坏血酸,再与2,4-二硝基苯肼作用生成红色的脎,根据脎在硫酸溶液中的含量与总抗坏血酸含量成正比,进行比色定量。

样品中抗坏血酸含量根据下列公式计算:

$$X = \frac{\rho \times V}{m} \times f \times \frac{100}{1000}$$

式中:X——样品中抗坏血酸含量,mg/100 g;

ρ——由标准曲线得"样品氧化液"中总抗坏血酸的浓度,μg/mL;

V——试样用1%草酸溶液定容的体积,mL;

f——样品氧化处理过程中的稀释倍数;

m——样品的质量,g。

说明及注意事项如下。

(1)苯肼比色法容易受共存物质的影响,特别是谷物及其加工食品,必要时可用层析法纯化。

(2)实验过程应避光操作。

(3)硫脲可保护抗坏血酸不被氧化,且可帮助脎的形成。最终溶液中硫脲的浓度应一致,否则影响色度。

(4)试管从冰水中取出后,样品中因糖类的存在会造成颜色逐渐加深,故必须计时,30 min后准时比色。

12.2.2.4.3 荧光法

样品中还原型抗坏血酸经活性炭氧化为脱氢抗坏血酸后,与邻苯二胺(OPDA)反应生成有荧光的喹喔啉。其荧光强度与抗坏血酸的浓度在一定条件下成正比,以此测定食品中抗坏血酸和脱氢抗坏血酸的总量。

脱氢抗坏血酸与硼酸可形成复合物而不与OPDA反应,以此排除样品中荧光杂质产生的干扰。

样品中抗坏血酸及脱氢抗坏血酸总含量根据下列公式计算：

$$X = \frac{\rho \times V}{m} \times f \times \frac{100}{1000}$$

式中：X——样品中抗坏血酸及脱氢抗坏血酸总含量，mg/100g；

ρ——由标准曲线查得或由回归方程算得的样品溶液浓度，μg/mL；

V——荧光反应所用试样体积，mL；

f——样品溶液的稀释倍数；

m——样品的质量，g。

说明及注意事项如下。

（1）实验全部过程应避光。

（2）活性炭用量应准确，其氧化机理是基于表面吸附的氧进行界面反应，加入量不足，氧化不充分；加入量过高，对抗坏血酸有吸附作用。实验证明，2g 用量时，吸附影响不明显。

（3）邻苯二胺溶液在空气中颜色会逐渐变深，影响显色，故应临用现配。

复习思考题

1. 三氯化锑比色法测定维生素 A 的原理是什么？

2. 三氯化锑比色法测定维生素 D 的原理是什么？

3. 荧光法测定维生素 E 的原理是什么？

4. 纸层析法测定胡萝卜素的原理是什么？

5. 荧光法测定维生素 B_1 的原理是什么？

6. 硅镁吸附剂净化荧光法测定维生素 B_2 的原理是什么？

7. 微生物法测定维生索 B_6 的原理是什么？

8. 2，6－二氯靛酚滴定法测定维生素 C 的原理是什么？结果是还原态的、氧化态的还是总的抗坏血酸？

9. 2，4－二硝基苯肼法测定维生素 C 的原理是什么？

第13章　食品添加剂的测定

本章学习重点：

了解食品添加剂的分类及测定的意义；

熟悉各类食品添加剂测定方法的原理及应用。

13.1　概述

按照GB 2760—2011《食品安全国家标准　食品添加剂使用标准》的规定，食品添加剂是指为改善食品品质和色、香、味，以及为防腐和加工工艺的需要而加入食品中的化学合成或者天然物质。食品添加剂种类繁多，据统计，国际上目前使用的食品添加剂种类已达14000种，其中直接使用的大约为4000种，常用的有1000多种。而我国2011年批准使用的食品添加剂在2000种以上。

食品添加剂作为一类外来物质，不论是其本身生产工艺中带入的少量有害杂质还是添加剂本身（尤其是合成食品添加剂）都可能对人体健康带来一定的危害，如具有一定的急性毒性，甚至具有慢性毒性、致癌、致畸及致突变等各种潜在的危害。此外，食品添加剂的超范围、超标准、重复、多环节使用、违法违禁使用，以及不断增加的食品添加剂新种类已成为目前食品行业存在的客观问题。为充分发挥食品添加剂对食品工业的促进作用，同时保障食品的质量安全，保障人体身体健康，需要规范食品添加剂的使用，同时需要通过检测手段对食品中添加剂的含量进行检测，然后与标准进行判断，判断其安全性。

13.2　防腐剂的测定

目前，测定防腐剂的方法主要有：气相色谱法、薄层色谱法、高效液相色谱法、毛细管电泳等。其中，气相色谱法因具有较高的灵敏度和分离度而成为检测防腐剂最重要的分析手段之一。

13.2.1　苯甲酸及苯甲酸钠的测定

苯甲酸又称为安息香酸，为白色有丝光的鳞片或针状结晶，在热空气中微挥发，于100℃左右升华，酸性条件下可随水蒸气蒸馏。苯甲酸的化学性质稳定，微溶于水，易溶于乙醇、氯仿、丙酮、乙醚等有机溶剂。苯甲酸钠为白色颗粒或晶体粉末，无臭或微带安息香气味，在空气中稳定，易溶于水和乙醇，难溶于有机溶剂。苯甲酸及苯甲酸钠作为防腐剂在食品中应用十分广泛，允许添加的食品种类繁多；在各类食品中允许添加量范围不同，其在食品中的最大使用量从0.2～2.0 g/kg不等。

检测食品中苯甲酸的方法有很多种，包括气相色谱法/高效液相色谱法(HPLC)/薄层层析法、超高效液相色谱法(UPLC)、导数光谱法、毛细管胶束电动色谱法(MECC)、镧系元素感光法、分光光度法、高效薄层层析法(HPTLC)和电势法等，国家标准采用气相色谱法、液相色谱法和薄层层析法3种。

样品处理按以下步骤进行。称取事先混合均匀的样品，置于带塞量筒中，加盐酸(1+1)酸化，用乙醚提取2次，振摇，将上层乙醚提取液吸入另一个带塞量筒中。合并乙醚提取液，用氯化钠酸性溶液洗涤2次，静止，用滴管将乙醚层通过无水硫酸钠滤入容量瓶中，加乙醚至刻度，混匀。准确吸取乙醚提取液于带塞刻度试管中，置水浴上挥发干，加入石油醚—乙醚(3+1)混合溶剂溶解残渣。

13.2.1.1 气相色谱法

样品酸化后，所含的苯甲酸钠转变为苯甲酸。用乙醚提取苯甲酸，用带氢火焰离子化检测器的气相色谱仪进行分离测定，与标准系列比较定量。

气相色谱仪的操作按仪器操作说明进行。注意点火前严禁打开氮气调节阀，以免氢气逸出引起爆炸；点火后，不允许再转动放大调零按钮。此方法可同时测定山梨酸(钾)。此法的最低检出限为1.0 μg，当试样为1.0 g时，最低检出浓度为1.0 mg/kg。

13.2.1.2 高效液相色谱法

将样品加热除去二氧化碳和乙醇，调节pH至近中性，过滤后进高效液相色谱仪，经反相色谱分离后，根据保留时间和峰面积进行定性和定量。

不同样品处理方法如下。

(1)汽水：称取试样，放入小烧杯中，微热，搅拌除去CO_2，用氨水(1+1)调pH值至约为7，加水定容，经0.45 μm滤膜过滤。

(2)果汁类：称取试样，用氨水(1+1)调pH值至约为7，加水定容，离心沉淀，上清液经0.45 μm滤膜过滤。

(3)配制酒类：称取试样，放入小烧杯中，水浴加热除去乙醇，用氨水(1+1)调pH值至约为7，加水定容至适当体积，经0.45 μm滤膜过滤。

样品中如含有CO_2、酒精时应先加热除去。富含脂肪和蛋白质的样品应除去脂肪和蛋白质，以防用乙醚提取时发生乳化。被测溶液pH值对测定和色谱柱使用寿命均有影响，pH>8或pH<2时影响被测组分的保留时间，对仪器有腐蚀作用，故pH以中性为宜。本法可同时测定山梨酸和糖精钠。山梨酸的灵敏波长为254 nm，但在此波长测苯甲酸、糖精钠灵敏度较低；苯甲酸、糖精钠的灵敏波长为230 nm。为照顾三种被测组分灵敏度，方法采用波长为230 nm。对共存物进行干扰试验表明：蔗糖在230 nm处无吸收，柠檬酸吸收很小，在此色谱条件下，咖啡因和人工合成色素不被洗脱，因此，这些共存物不影响苯甲酸、山梨酸、糖精钠的定性和定量测定。食品样品往往含有大量的油脂、蛋白质，对提取极为不利；如处理不干净也会污染色谱柱，影响检测工作。对于豆粉、奶粉、月饼等高油脂、高蛋白样品可用10%钨酸钠溶液作为沉淀剂，效果好些，用10%亚铁氰化钾溶液和20%醋酸锌溶液则效果更理想。

13.2.1.3　薄层层析法

样品酸化后，用乙醚提取苯甲酸。将样品提取液浓缩，点于聚酰胺薄层板上，展开。显色后，根据薄层板上苯甲酸、山梨酸的比移值，与标准比较定性，并可进行定量。

薄层色谱用的溶剂系统不可存放太久，否则浓度和极性都会变化，影响分离效果，应在使用前配制。用湿法制薄层，应在水平的台面上，否则会造成薄层厚度不一致；晾干应放在通风良好的地方，无灰尘，以防薄层被污染；烘干后应放在干燥器中冷却、储存。在展开之前，展开剂在缸中应预先平衡1 h，使缸内蒸汽压饱和，以免出现边缘效应。展开剂液层高度0.5～1.0 cm不能超过原线高度，展开至上端，待溶液前沿上展至10 cm时，取出挥干。在点样时最好用吹风机边点边吹干，在原线上点，直至点完一定量，且点样点直径不宜超2 mm。本法可同时测定食品中苯甲酸、山梨酸和糖精钠的含量，适用于酱油、果汁、果酱。

13.2.1.4　其他方法

除以上3种国家标准方法外，测定苯甲酸的常用方法还有紫外分光光度法和酸碱滴定法。其中，紫外分光光度法是利用样品中的苯甲酸在酸性条件下可随水蒸气蒸出，与样品中的非挥发组分分开，然后用硫酸和重铬酸钾溶液处理，使苯甲酸以外的其他有机物氧化分解，将此氧化后的溶液再次蒸馏，用碱液吸收苯甲酸。纯净的苯甲酸钠在225 nm处有最大吸收，测定吸光度值并与标准品比较即可计算出样品中苯甲酸的含量。酸碱滴定法则是将样品加入饱和氯化钠溶液在碱性条件下进行提取，分离除去蛋白质、脂肪等，经酸化，用乙醚提取样品中的苯甲酸,将乙醚蒸去,溶于中性醚醇混合液中,以酚酞作为指示剂,用标准氢氧化钠溶液进行滴定。

13.2.1.5 几种方法的比较

紫外分光光度法检出限为1.2 μg/mL,可用于饮料、蜜饯、调味品等中的苯甲酸测定。仪器普及,方法简便,灵敏度高,分析时间短,成本低,结果准确,适于批量检测。薄层色谱法灵敏度高,但用乙醚反复提取浓缩后再进行测定,这种方式存在着费时费力,有机溶剂消耗量大,工作强度高,且易受时间、杂质等因素干扰,准确性相对较低,重现性差等缺点。高效液相色谱法、气相色谱法检出限低,快速、准确、稳定;但所需仪器设备投资大,对操作技术要求高。而且单纯的色谱法只通过保留时间进行定性,专属性和特异性较差,易产生假阳性或假阴性结果。此外,气相色谱法亦采用乙醚反复提取浓缩后再进行测定,故存在着费时费力,有机溶剂消耗量大的缺点。而液相色谱样品处理方法简单,但成分复杂的样品易出现干扰。

食品中苯甲酸检测方法已较多。但随着待测食品种类扩大和食品基质成分复杂化,来自食品中非测定成分干扰将日益增多,因此对检测样品纯化、检测手段的要求将越来越高,简单、准确、廉价、灵敏、专一、快速净化手段和检测方法将是今后的研究方向。将色谱—质谱联用,集合色谱的高分离能力和质谱的高灵敏度、极强的定性专属特异性于一体是发展的一个方向。此外,食品中苯甲酸含量的分析方法很多,选择何种方法取决于分析的对象,现在主要的方法是用于检测液体食品如酱油、果汁、乳及乳制品等。未来的发展方向是开发出适合于所有食品中苯甲酸的检测方法。

13.2.2 山梨酸及山梨酸钾的测定

山梨酸,学名为2,4－己二烯酸($CH_3CH=CHCH=CHCOOH$),又名花楸酸,为无色针状结晶体粉末。对光、热具有较好的稳定性,但在空气中长期放置易被氧化着色,难溶于水,溶于乙醇、乙醚、丙二醇、植物油等。山梨酸钾为白色至浅黄色鳞片状结晶或颗粒或粉末状,对于霉菌、酵母菌以及好气性细菌具有较好的抑制作用,其防腐作用的pH值范围为5~6,防腐效果随pH值升高而降低。由于山梨酸类防腐剂安全性高、毒性小,常用作果酱、果汁、榨菜等食品的防霉剂。山梨酸及山梨酸钾在食品中应用广泛,根据GB 2760—2011,其在各类食品中的最大使用量(以山梨酸计)从0.075 g/kg到2.0 g/kg不等。

检测食品中山梨酸(盐)的方法有很多,包括气相色谱法、高效液相色谱法、分光光度计法、高效薄层层析、毛细管胶束电动色谱法等。其中气相色谱法、高效液相色谱法测定山梨酸(钾),其原理、样品制备、所用试剂、仪器及操作都与苯甲酸的测定完全相同,只是将苯甲酸的标准储备液及标准使用液换为山梨酸(钾)。下面介绍分光光度法。

13.2.2.1　硫代巴比妥酸分光光度法

提取样品中山梨酸及其盐类,经硫酸—重铬酸钾氧化成丙二醛,再与硫代巴比妥酸形成红色化合物,其颜色深浅与山梨酸含量成正比,可在 530 nm 处比色定量。

13.2.2.2　紫外分光光度法

样品经氯仿提取后,再加入碳酸氢钠,使山梨酸形成山梨酸钠而溶于水溶液中。纯净的山梨酸钠水溶液在 254 nm 处有最大吸收,经紫外分光光度计测定其吸光度后即可测得其含量。

13.2.2.3　几种方法的比较

分光光度法样品处理及操作简单,而气相色谱法、高效液相色谱法的优缺点与苯甲酸相同。

食品中山梨酸含量的分析方法很多,选择何种方法取决于分析的对象,现在主要的方法是用于检测液体食品如饮料、调味汁和酸奶等。未来的发展方向是开发出适合于所有食品的检测方法。

13.3　抗氧化剂 BHA 和 BHT 的测定

抗氧化剂主要是为了防止食品被氧化而变质,延长食品的保质期和保鲜作用的一种食品添加剂。抗氧化剂主要用于油脂产品,种类繁多,常见的有丁基羟基茴香醚(BHA)、二丁基羟基甲苯(BHT)、叔丁基对苯二酚(TBHQ)、没食子酸丙酯(PG)、异抗坏血酸及其钠盐等。由于过量摄入该类物质会对人体健康造成毒害,对食品中抗氧化剂的添加量作有严格限制。根据 GB 2760—2011 的规定,BHT 及 BHA 在脂肪、油和乳化脂肪制品等食品中最大使用量为 0.2 g/kg,在胶基糖果中最大使用量为 0.4 g/kg。而 PG、TBHQ 在允许使用的食品中的最大使用量则分别为 0.1 g/kg、0.2 g/kg。

抗氧化剂的测定方法主要有气相色谱法、液相色谱法、分光光度法、极谱法和薄层色谱法、毛细管胶束电动色谱法、气质联用法等。

涉及 BHT 和 BHA 检测的标准主要有 GB/T 23373—2009、GB/T 5009.30—

2003、NY/T 1602—2008，其中 GB/T 23373—2009 中采用的是气相色谱法，NY/T 1602—2008 采用的是高效液相色谱法，而 GB/T 5009.30—2003 则包括气相色谱法、薄层层析和分光光度计法。对 BHA、BHT 等的测定主要是针对植物油，除国家标准和行业标准中涉及的 3 种方法外，还有气相色谱 - 质谱联用法和薄层色谱法等。

13.3.1 气相色谱法

试样中的 BHA 和 BHT 用石油醚提取，通过层析柱使 BHA 与 BHT 净化，浓缩后，经气相色谱分离后用氢火焰离子化检测器检测，根据试样峰高与标准峰高比较定量。

试样混合均匀，置于具塞锥形瓶中，加 1 ~ 2 倍石油醚（沸程为 30 ~ 60℃），放置过夜，用快速滤纸过滤后，减压回收溶剂，残留脂肪备用。称取此制备脂肪，用石油醚溶解移入层析柱上，再以二氯甲烷分五次淋洗，合并淋洗液，减压浓缩近干时，用 CS_2 定容，该溶液为待测溶液。若试样为植物油，则称取混合均匀试样，放入烧杯中，加石油醚溶解，转移到层析柱上，再用石油醚分数次洗涤烧杯中，并转移到层析柱，用二氯甲烷分五次淋洗，合并淋洗液，减压浓缩近干，用二硫化碳定容，该溶液为待测溶液。

抗氧化剂本身会被氧化，样品随着存放时间的延长含量会下降，所以样品进入实验室应尽快分析，避免结果偏低。用柱层分离含油脂多的食品，会受到温度的影响，室温温度低，流速缓慢，使分离效果受一些影响，最好温度在 20℃ 以上进行分离。BHT 稳定性较差，易受阳光，热的影响，操作时应尽量避光。脂肪过柱净化处理时应注意：待湿法装柱石油醚自色谱柱停止流出时，立即将样品提取液倒入柱内，以防止时间过长柱层断裂，影响净化效果。

色谱柱进样口端管壁如出现小油点，必须换掉柱头玻璃棉。抗氧化剂在层析柱中停留的时间不宜太长，但淋洗速度也不能太快，控制在每分钟为 4.0 mg/kg。气相色谱最佳线性范围为 0.0 ~ 100.0 μg。本方法适用于糕点和植物油等食品中 BHA、BHT 的测定。检出限为 2.0 μg，油脂取样量为 0.50 g 时检出浓度为 4.0 mg/kg，最佳线性范围为 0 ~ 100 μg。若样品为油脂时，另加 5 mL 正己烷溶解分散样品；对于凝固点低的油脂样品，应先于超声波清洗器上超声 30 min，再于振荡器上振荡 30 min，反复 2 次。

13.3.2 薄层色谱法

用甲醇提取油脂或食品中的抗氧化剂，用薄层色谱定性，根据其在薄层板上显色后的最低检出量与标准品最低检出量比较而概略定量，对高脂肪食品中的BHT、BHA 能定性检出。

（1）植物油（花生油、豆油、菜籽油、芝麻油）样品处理：于 1 具塞离心管中称取油样，加入甲醇，密塞振摇，放置后离心。吸取上层清液置容量瓶中，如此重复提取共 5 次，合并每次甲醇提取液，用甲醇定容。吸取甲醇提取液置于浓缩瓶中，于水浴减压浓缩，留作薄层色谱用。

（2）猪油样品的处理：于具塞磨口的锥形瓶中称取猪油，加入甲醇，装上冷凝管于水浴上放置，待猪油完全溶解后将锥形瓶连同冷凝管一起自水浴中取出，振摇，再放入水浴；如此振摇 3 次后放入水浴，使甲醇层与油层分清后，将锥形瓶同冷凝管一起置冰水浴中冷却，猪油凝固。甲醇提取液通过滤纸滤入；置容量瓶中，再自冷凝管顶端加入甲醇，重复振摇提取 1 次，合并 2 次甲醇提取液，将该容量瓶置暗处放置，待升至室温后，用甲醇定容。吸取甲醇提取液置浓缩瓶中，于水浴上减压浓缩，留作薄层色谱用。

此法也适用于其他含油食品的测定。对于油炸花生米、酥糖、巧克力、饼干等食品的处理分析可首先测定脂肪含量，与气相色谱法中固体样品提取脂肪方法相同。而后称取约 2.00 g 的脂肪，视提取的油脂是植物油还是动物油而决定提取方法。此法可同时定性检出 PG。BHT、BHA、PG 薄层色谱最低检出量、Rt 值及斑点颜色变化见表 13－1。如果试样点的色斑颜色较标准点深，可稀释后重新点样，估算含量。显色剂溶液见光易变质，应将此溶液配制后存于棕色瓶，最好临用时配制。配制时的溶液保存于冰箱中可供 3 d 使用。若点样量较大，可采取边点样边用吹风机吹干，点上一滴吹干后再继续点加。以免样点过大，影响展开结果。增大点样量，杂质干扰明显，尤其对硅胶板上的 BHA。薄层板必须涂布均匀。当点大量样液时，由于杂质多，样品中 BHT 或 BHA 点的 Rt 值可能略低于标准点。这时应在样品点上滴加标准溶液作内标，比较 Rt 值。

表 13－1　色斑颜色与最低检出量关系

抗氧化剂	硅胶 G 板结果			聚酰胺板结果		
	Rt 值	最低检出量/μg	色斑颜色	Rt 值	最低检出量/μg	色斑颜色
BHT	0.73	1.00	桔红→紫红	—	—	—
BHA	0.37	0.30	紫红→蓝紫	0.52	0.30	灰棕
PG	0.04	0.30	灰→黄棕	0.66	0.30	蓝

注：PG 在硅胶 G 板上定性及半定量不可靠，有干扰，且 Rt 值太小，应进一步用聚酰胺板展开。

13.3.3 比色法

试样通过水蒸气蒸馏，使 BHT 分离，用甲醇吸收，遇邻联二茴香胺与亚硝酸钠溶液生成橙红色，用三氯甲烷提取，与标准比较定量。

称取试样于蒸馏瓶中，加无水氯化钙粉末及水，当甘油浴温度达到 165℃ 恒温时，将蒸馏瓶浸入甘油浴中，连接好水蒸气发生装置及冷凝，冷凝管下端浸入盛有甲醇的容量瓶中，进行蒸馏，蒸馏速度 1.5 ~ 2.0 mL/min，在 50 ~ 60 min 内收集约 100 mL 馏出液，用温热的甲醇分次洗涤冷凝管，洗液并入容量瓶中并稀释至刻度。

本方法检出量为 10.0 μg，油脂取样量为 0.25 g 时检出浓度为 4.0 mg/kg。

13.3.4 高效液相色谱法

直接用甲醇提取样品中的 BHT、BHA，然后经反相 C_{18} 柱分离后，用紫外检测器 280 nm 检测，外标法定量。

取混合均匀的样品，加甲醇浸没样品，置于振荡器上振荡，静置，上清液用 0.45 μm 滤膜过滤，进样 20 μL 进行分析。

此法适用于植物油中 BHT、BHA 的检测，此外，可同时检测 TBHQ。

13.3.5 几种方法的比较

比色法仪器普及，方法较简便。薄层色谱法费用低、较快捷且简便易行。气相色谱法在样品前处理中，使用石油醚溶解油样过层析柱，用二氯甲烷分数次淋洗减压提干，最后用二硫化碳定容。其前处理净化、分离过程复杂繁琐容易造成样品中测定成分损失、净化不彻底，且采用试剂毒性大。而高效液相色谱法检测很好地避免了这些缺点，但在日常检测工作中，使用该标准方法进行检测，会因不同抗氧化剂的提取率不一致，而造成检测回收率偏低的问题。

用于分析脂肪类食品中 BHA、BHT 的方法现有很多，选择哪种方法取决于待分析的食品。这些检测方法主要应用于液态食品，比如油脂类，随着方法的进一步发展，将使分析检测方法可适用于所有食品中 BHA 和 BHT 的检测。

13.4 护色剂的测定

护色剂是能与肉及肉制品中呈色物质作用，使之在食品加工、保藏等过程中不致分解、破坏，呈现良好色泽的物质。我国食品添加剂使用标准中公布的发色剂有硝酸钠（钾）和亚硝酸钠（钾），它们主要用于肉类加工，用于固定和增强肉的红色，改善肉的感官性状，并兼具抑制细菌，尤其是肉毒梭状芽孢杆菌生长的作用。但摄入多量亚硝酸盐进入血液后，可使正常的血红蛋白变成高铁血红蛋白，从而失去携氧功能，导致组织缺氧，出现头晕、恶心，严重者出现呼吸困难、昏迷等症状，且在一定条件下，亚硝酸盐可与二级胺形成具有致癌作用的亚硝胺类化合物，而硝酸钠（钾）的毒性主要是在食品中、水中或胃肠道内被还原成亚硝酸盐所致。因此，食品标准除规定了发色剂的使用量外，还规定了残留量标准。在GB 2760—2011中，目前亚硝酸钠（钾）在允许使用的食品中的最大添加量为0.15 g/kg，残留量≤30 mg/kg（西式火腿类残留量≤70 mg/kg）；硝酸钠（钾）在允许使用的食品中的最大添加量为0.5 g/kg，残留量≤30 mg/kg（以亚硝酸钠计）。

硝酸盐和亚硝酸盐测定方法很多，公认的测定方法为格里斯试剂比色法测定亚硝酸盐含量，镉柱法测定硝酸盐含量。其他还有示波极谱法、气相色谱法、荧光法和离子选择性电极法等。

13.4.1　亚硝酸盐的测定

亚硝酸盐的测定方法包括盐酸萘乙二胺比色法、极谱法、荧光法等。此外，还包括离子交换色谱法、流动分析法、差示脉冲极谱法、毛细管电泳法、导数光度法、催化动力学法、气相色谱法以及各种联用技术等。我国的国家标准方法为离子色谱法（GB/T 5009.33—2010第一法）、分光光度计法（GB/T 5009.33—2010第二法）、乳及乳制品中亚硝酸盐与硝酸盐的测定（GB/T 5009.33—2010第三法）。

13.4.1.1　离子色谱法

试样经沉淀蛋白质、除去脂肪后，采用相应的方法提取和净化，以氢氧化钾溶液为淋洗液，阴离子交换柱分离，电导检测器检测。以保留时间定性，外标法定量。

不同样品处理方法如下。

(1)水果、蔬菜、鱼类、肉类、蛋类及其制品、腌鱼类、腌肉类及其他腌制品等：称取试样匀浆（精确至0.01 g，可适当调整试样的取样量，以下相同），以水洗入容量瓶中，超声提取，每隔5 min振摇1次，保持固相完全分散。于水浴中放置，取出放置至室温，加水稀释至刻度。溶液经滤纸过滤后，取部分溶液离心，上清液备用。

（2）乳和乳粉：称取试样（精确至0.01 g），置于容量瓶中，加水，摇匀，超声，加入3 %乙酸溶液，于4℃放置20 min，取出放置至室温，加水稀释至刻度。溶液经滤纸过滤，取上清液备用。

取上述备用的上清液，通过0.22 μm 水性滤膜针头滤器、C_{18}柱，弃去前面3 mL（如果氯离子大于100 mg/L，则需要依次通过针头滤器、C_{18}柱、Ag 柱和 Na 柱，弃去前面7 mL），收集后面洗脱液待测。

13.4.1.2 分光光度法

亚硝酸盐采用盐酸萘乙二胺法测定。试样经沉淀蛋白质、除去脂肪后，在弱酸条件下亚硝酸盐与对氨基苯磺酸重氮化后，再与盐酸萘乙二胺偶合形成紫红色染料，外标法测得亚硝酸盐含量。

称取（精确至0.01 g）制成匀浆的试样（如制备过程中加水，应按加水量折算），置于烧杯中，加饱和硼砂溶液，搅拌均匀，以水将试样洗入容量瓶中，于沸水浴中加热，取出置冷水浴中冷却，并放置至室温。在振荡上述提取液时加入亚铁氰化钾溶液，摇匀，再加入乙酸锌溶液沉淀蛋白质。加水至刻度，摇匀，放置，除去上层脂肪，上清液用滤纸过滤，弃去初滤液，滤液备用。

本方法最低检出限为1.0 mg/kg，本实验用水应为重蒸馏水。

油脂多的样品，可冷却使脂肪凝固后再滤去或撇去脂肪；对有色样品，如红烧肉类，可取滤液于容量瓶中，加氢氧化铝乳液定容，过滤取其无色滤液进行比色测定。若加氢氧化铝乳后还有颜色，可加氢氧化铝乳液进行2次甚至3次脱色，直至无色为止。

13.4.1.3 其他方法

除以上两种常见方法外，食品中亚硝酸盐与硝酸盐的测定方法还包括分光光度法、示波极谱法等。分光光度计法是利用磺胺和N－1－萘基－乙二胺二盐酸盐，使亚硝酸盐显粉红色，然后用分光光度计在538 nm 波长下测其吸光度。而示波极谱法则是利用样品经沉淀蛋白质、除去脂肪后，在弱酸性的条件下亚硝酸盐与对氨基苯磺酸重氮化后，在弱碱性条件下再与8－羟基喹啉偶合形成橙色染料，该偶氮染料在汞电极上还原产生电流，电流与亚硝酸盐的浓度呈线性关系，与标准曲线比较定量。

13.4.2 硝酸盐的测定

硝酸盐可用电极法、气相色谱法测定，也可通过被还原为亚硝酸盐来定量。

13.4.2.1　离子色谱法

离子色谱法测定原理、仪器设备等与离子色谱法亚硝酸盐的含量一样。区别主要在于标准溶液不同，及结果计算不同。

13.4.2.2　分光光度计法(镉柱法)

样品经沉淀蛋白质、除去脂肪后，溶液通过镉柱，或加入镉粉，使其中的硝酸根离子还原成亚硝酸根离子，在弱酸性条件下，亚硝酸根与对氨基苯磺酸重氮化后，再与 *N*-1-萘基乙二胺偶合形成红色染料，测得亚硝酸盐总量，由总量减去亚硝酸盐含量即得硝酸盐含量。

样品预处理：同“亚硝酸盐的测定——盐酸萘乙二胺法”。

硝酸盐的还原：先以稀氨缓冲液冲洗镉柱，流速控制在 3～5 mL/min，取处理过的样液于烧杯中，加氨缓冲溶液，混合后注入储液漏斗，使硝酸盐经镉柱还原，收集流出液，当储液漏斗中的样液流完后，再加水置换柱内留存的样液。将全部收集液如前再经镉柱还原 1 次，收集流出液，以水洗涤镉柱 3 次，洗涤液一并收集，加水定容。

亚硝酸钠总量的测定：取还原后的样液于比色管中。以下按盐酸萘乙二胺法测得亚硝酸盐总量，由总量减去亚硝酸盐含量即得硝酸盐含量。

本方法硝酸盐最低检出限为 1.4 mg/kg。如无上述镉柱玻璃管时，可以 25 mL 酸式滴定管代用。在制取海绵状镉和装填镉柱时最好在水中进行，勿使镉粒暴露于空气中以免氧化。镉柱填装好及每次使用完毕后，应先用 0.1 mol/L 盐酸洗涤，再以水洗两次，镉柱不用时用水封盖，镉层不得夹有气泡。

为保证硝酸盐测定结果的准确性，应常检验镉柱的还原效率。镉柱维护得当，使用一年效能尚无显著变化。镉柱还原效率的测定：取硝酸钠标准使用液，加入稀氨缓冲液，混匀后按照分析步骤中“硝酸盐的还原”进行操作。取还原后的溶液于比色管中，按照“亚硝酸盐的测定”进行操作，根据标准曲线计算测得结果，与加入量相比较，还原效率应大于98%为符合要求。

在沉淀蛋白质时，硫酸锌溶液的用量不宜过多。否则，在经镉柱还原时，由于加氯化铵缓冲液而生成 $Zn(OH)_2$ 白色沉淀，堵塞镉柱，影响测定。

镉是有毒元素之一，不要接触到皮肤，一旦接触，立即用水冲洗。另外，不要将含有大量镉的溶液弃入下水道，应处理后弃去。

13.4.2.3　电极测定法

在 0.1 mol/L 硫酸钾介质中，用硫酸银去除氯离子的干扰，硝酸根离子浓度在 $1\times10^{-2}\sim8\times10^{-5}$ mol/L 之间，电位值与硝酸根浓度的负对数呈线性关系，由此可求出样品中硝酸盐的含量。

准确取切碎混匀的样品置于研钵中，加入少量硫酸钾溶液磨匀后，用硫酸钾溶液稀释，摇匀，离心，吸取上清液，置于小烧杯中，加入硫酸银，用磁力搅拌器搅拌，静置后，取部分上清液约置于另一小烧杯中，插入电极，在磁力搅拌下读取电位值，然后根据标准曲线求出待测液中硝酸盐的含量。

离子选择电极法是一种快速、简便、准确的方法，测定硝酸盐的线性范围宽，在 $1\times10^{-2}\sim8\times10^{-5}$ mol/L 之间，方法简单易行，便于掌握和操作，溶液有颜色或混浊时均不影响测定，适合于批量分析。

硝酸银电极使用前应在 0.01 mol/L 硝酸钠溶液中浸泡 1 h，然后水洗 30 min 至空白电位达 320 mV 以上。

此法亚硝酸盐含量占硝酸盐含量的 30% ~40% 时，不影响硝酸盐的测定，若超过该比例，可适当加入一定量的硝酸盐标准溶液，以提高硝酸盐水平。

13.4.2.4　气相色谱法

硝酸根可与苯作用生成硝基苯。硝酸根与苯的反应需要严格控制。按上面镉柱法处理样品，取 30 mL 样品处理液和 20 mL 苯于分液漏斗中，充分振摇后，静置，分层，分出水层，收集于 100 mL 三角瓶中，加 10 mL 苯。滴加 50 mL80% 的硫酸，滴加速度以苯刚刚沸腾或将要沸腾为宜，反应 5 min。然后将全部混合物移入分液漏斗中，用碳酸钠和水洗苯层，收集苯层。然后用气相色谱法分析生成的硝基苯，以 2－氯萘为内标物，给出一定的峰值和保留时间，据此可推算出样液中亚硝酸盐和硝酸盐的浓度。

该方法优点是避免了使用致癌物质萘胺类的化合物，有色物质也不影响测定，可测定 10 mg/kg 以下的硝基苯，回收率达 95% ~99%。本方法还可用高锰酸钾将亚硝酸盐氧化成硝酸盐，测定亚硝酸盐含量。

13.4.2.5　几种方法的比较

食品中亚硝酸和硝酸盐检测的方法很多，各有利弊。吸光光度法所用仪器设备简单、价廉，灵敏度也较高，实用性和可操作性强，易于在基层单位使用。紫外分光光度法的优点是不经分离可直接同时测定硝酸盐和亚硝酸盐，具有较好的选择性，操作简便。荧光分析法不受检测液本身颜色和混浊及样品稀释度的干扰，但操作较复杂，对环境因素敏感，适用范围不广。镉柱法结果准确，但是操作复杂，时间较长，不适宜大批量样品的检测，且其还原剂镉对环境构成很大威胁。色谱法测定准确，但是测定速度一般，且需昂贵的仪器。离子色谱法具有高灵敏度、选择性好、操作步骤简单、无污染等优点，适合广泛推广和应用。离子选择电极法快速、简便，测定硝酸根的线性范围较宽，是普通比色法所不能比的，但是该法费用较高，影响结果准确性的因素较多。极谱法灵敏度较低。

13.5　漂白剂的测定

漂白剂是指能够破坏、抑制食品的发色因素，使其褪色或使食品免于褐变的物质。目前我国允许使用的漂白剂包括还原型和氧化型两种。其中还原型漂白剂主要是亚硫酸及其盐类，如亚硫酸钠、低亚硫酸钠（保险粉）、焦亚硫酸钾和焦亚硫酸钠、亚硫酸氢钠及硫磺燃烧生成的二氧化硫等；氧化漂白剂主要有过氧化苯甲酰、过氧化氢、高锰酸钾、二氧化氯、过氧化丙酮等。使用时，可单一使用，也可混合使用。我国使用的大都是以亚硫酸类化合物为主的还原型漂白剂，主要利用的是二氧化硫还原作用。1994 年 FAO/WHO 规定了亚硫酸盐的 ADI 值为 0.0 ~0.7 mg/kg 体重，并要求在控制使用量的同时还应严格控制 SO_2 的残留量。漂白剂用于多种食品中，在允许使用的食品中的最大使用量（以 SO_2 残留量计）为 0.01 ~0.4 g/L。

测定二氧化硫和亚硫酸盐的方法有：盐酸副玫瑰苯胺比色法、滴定法、碘量法、高效液相色谱法、极谱法、差分脉冲极谱，离子排阻色谱法，流动注射分析，连续注射分析，毛细管电泳法和气相傅立叶变换红外光谱等，其中常用的是前两种方法。

13.5.1　盐酸副玫瑰苯胺比色法

硫酸盐与四氯汞钠反应生成稳定的络合物，再与甲醛及盐酸副玫瑰苯胺作用生成紫红色络合物，在 550 nm 处有最大吸收，其颜色深浅与亚硫酸盐含量成正比，可用于分光光度计测定。

不同样品处理方法如下。

（1）固体样品（如饼干、粉丝等）：称取粉碎、均匀的样品，以少量水湿润并移入容量瓶中，然后加入四氯汞钠吸收液，浸泡，若上层溶液不澄清可加入亚铁氰化钾溶液及乙酸锌溶液，最后用水定容，过滤后备用。

（2）液体样品：可直接吸取，置于容量瓶中，以少量水稀释，加四氯汞钠吸收液，摇匀，最后加水至刻度，必要时过滤备用。

本法适于食品中亚硫酸盐残留物的测定，检出限为 1 mg/kg。对于颜色较深的样品需用活性炭脱色。亚硝酸对反应有干扰，可加入氨基磺酸铵使其分解。

配置盐酸副玫瑰苯胺溶液时，盐酸用量须严格控制，因为它对显色有影响，加入量过大，显色浅，加入量过少，显色深。亚硫酸和食品中的醛（乙醛等）、酮（酮戊二酸、丙酮酸）和糖（葡萄糖、果糖、甘露糖）相结合，以结合形式的亚硫酸存在于食品中。可以加碱将食品中的 SO_2 释放出来，再通过加硫酸中和碱，从而使显色反应在其适宜条件下（微酸性条件）进行。如样品处理中，对于水溶性固体样品（如白砂糖等），可将样品以少量水溶解，置于容量瓶中，加入氢氧化钠溶液，加入硫酸（1+71），再加入四氯汞钠吸收液，以水稀释至刻度。样品中加入四氯汞钠吸收液以后，溶液中的 SO_2 含量在 24 h 之内稳定，测定需在 24 h 内进行。盐酸副玫瑰苯胺加入盐酸调节成黄色，必须放置过夜后使用，以空白管不显色为宜，否则需重新用盐酸调节。显色反应的最适温度为 20～25℃，温度低，灵敏度低，因此样品管和标准管应在相同温度条件下进行。SO_2 标准溶液的浓度随放置时间的延长逐渐降低，因此临用前必须标定其浓度。本方法是用四氯汞钠作为萃取剂，如果用水做萃取剂易造成 SO_2 的丢失。

13.5.2 蒸馏滴定法

在密闭容器中对样品进行酸化，并加热蒸馏出其中的 SO_2，用乙酸铅溶液吸收后，用浓盐酸酸化。利用亚硫酸盐与碘发生氧化还原反应。以淀粉做指示剂，用碘标准溶液进行滴定，根据碘标准溶液的消耗量，计算出 SO_2 的含量。

固体试样用刀切或剪刀剪切成碎末后混匀称取，液体试样直接吸取。试样置入圆底蒸馏烧瓶中，加入水，装上冷凝装置，冷凝管下端应插入碘量瓶中的乙酸铅吸收液中，然后在蒸馏瓶中加入盐酸（1+1），立即盖塞，加热蒸馏。蒸馏结束后，用少量蒸馏水冲洗插入乙酸铅溶液的装置部分，在检测试样的同时做空白试验。

13.5.3 酸碱滴定法

亚硫酸盐在酸性条件下加热，蒸出的 SO_2 用过氧化氢溶液吸收并氧化成硫酸，再用标准碘溶液滴定。

本法适用于测定 $SO_2$0.1 g/kg 以上的食品。为防止 SO_2 被水中氧所氧化，试剂和样液的用水均为新煮沸过的蒸馏水。

13.5.4 几种方法的比较

盐酸副玫瑰苯胺法是我国国家标准规定的方法，也是 SO_2 测定通常采用的方法，此方法适用于含 SO_2 小于50 mg/kg的样本。如果样本中 SO_2 含量高时，适于用碘量法测定，此法是操作简单、灵敏度高、再现性好。但结果易偏低，准确性相对较低。此外，由于该法使用的四氯汞钠吸收液是剧毒试剂，易造成对实验室内外环境的汞污染。且检测时间长，对于某些种类的样品，可能存在干扰物质，干扰络合反应产生假阳性；红色或玫瑰红色的样品如葡萄酒等，则在550 nm处测定波长时会产生干扰，并且因偏差无规律可循，无法扣除干扰。而蒸馏滴定法所用吸收液中含铅，毒性较大且易造成环境污染和可能产生假阴性等问题。碘量法仪器设备简单，但操作不易控制，精密度较低，重现性也不好；滴定法操作简便，但灵敏度低，不适合乙酸等挥发性有机酸含量较高的食品，适用10 mg/L以上 SO_2 的测定。比色法适合10 mg/L以上 SO_2 的测定，但 S^{2-}、NO_2^-、乙醇、醛、带色物质等干扰严重，线性范围较窄。

GB/T 5009.34—2003中检测食品所含 SO_2 的两种方法（盐酸副玫瑰苯胺法、蒸馏滴定法）存在着环境污染较严重等问题，因此目前有一些研究者正在研究改良的方法，如目前有研究认为甲醛缓冲液代替四氯汞钠，方法可靠、准确，具有较高的灵敏度。此外，各种新型检测方法也不断应用于食品中亚硫酸盐的检测中，如荧光法、化学发光法、电化学法和酶法等，同时一些新的分离检测技术，如气体扩散膜分离、流动注射、离子色谱、毛细管电泳和各类传感器等的发展也十分迅速，未来的趋势是进一步建立更加简洁、精确、快速的检测方法。

13.6 甜味剂的测定

甜味剂是以赋予食品甜味为主要目的的一类食品添加剂。目前我国批准使用的甜味剂约有20种，按其来源可分为天然甜味剂和人工合成甜味剂。天然甜味剂按结构又分为糖醇类和非糖类，糖醇类甜味剂主要包括山梨糖醇、甘露糖醇、麦芽糖醇、木糖醇等。非糖类甜味剂包括：甜菊糖、甘草、甘草酸二钠、甘草酸三钠（钾）、竹芋甜素等。人工合成的甜味剂主要包括：糖精、糖精钠、环已基氨基磺酸钠（甜蜜素）、天门冬氨酰苯丙氨酸甲酯（甜味素或阿斯巴甜）、乙酰磺胺酸钾（安赛蜜）、三氯蔗糖等。

不同的甜味剂其允许使用的食品种类及用量有所不同，如糖精钠在不同食品中的最大使用量（以糖精计）从0.15 ~5.0 g/kg不等，甜蜜素的最大使用量从0.65 ~8.0 g/kg不等，而 D - 甘露糖醇、麦芽糖醇、山梨糖醇等则允许按照生产需要适量添加。

13.6.1 糖精钠的测定

糖精钠测定方法有多种,国家标准法有高效液相色谱法、薄层色谱柱、离子选择电极分析方法。国内文献报道的检测方法有紫外分光光度法、荧光分光光度法、电化学法、色谱法等。

13.6.1.1 高效液相色谱法

此法可同时测定山梨酸、苯甲酸和糖精钠。具体内容详见苯甲酸相关内容。

13.6.1.2 薄层色谱法

酸性条件下,食品中的糖精钠用乙醚提取、浓缩、薄层色谱分离、显色后,与标准比较,进行定性和半定量测定。

不同样品处理方法如下。

(1)饮料、冰棍、汽水:如样品中含有 CO_2,先加热除去。如样品中含有酒精,加氢氧化钠溶液使其呈碱性,在沸水浴中加热除去。取均匀试样置于分液漏斗中,加盐酸(1+1),用乙醚提取3次,合并乙醚提取液,用盐酸酸化的水洗涤1次,弃去水层。乙醚层通过无水硫酸钠脱水后,挥发乙醚,加乙醇溶解残留物,密塞保存,备用。

(2)酱油、果汁、果酱、固体果汁粉等:称取或吸取均匀试样,置于容量瓶中,加水,加硫酸铜溶液,混匀,再加氢氧化钠溶液,加水至刻度,混匀,静置,过滤,取滤液置于分液漏斗中,加盐酸(1+1),用乙醚提取3次,合并乙醚提取液,用盐酸酸化的水洗涤1次,弃去水层。乙醚层通过无水硫酸钠脱水后,挥发乙醚,加乙醇溶解残留物,密塞保存,备用。

(3)糕点、饼干等蛋白、脂肪、淀粉多的食品:称取均匀试样,置于透析用玻璃纸中,放入大小适当的烧杯内,加氢氧化钠溶液调成糊状,将玻璃纸口扎紧,放入盛有氢氧化钠溶液的烧杯中,盖上表面皿,透析过夜。量取透析液,加盐酸(1+1)使成中性,加硫酸铜溶液,混匀,再加氢氧化钠溶液,混匀,静置,过滤。取样品,置于分液漏斗中,加盐酸(1+1),用乙醚提取3次,合并乙醚提取液,用盐酸酸化的水洗涤1次,弃去水层。乙醚层通过无水硫酸钠脱水后,挥发乙醚,加乙醇溶解残留物,密塞保存,备用。

计算结果保留两位有效数字。在重复条件下获得的两次独立测定结果的绝对差值不得超过算术平均值的28%。样品提取时加入硫酸铜及氢氧化钠用于沉淀蛋白质,防止用乙醚萃取发生乳化,其用量可根据样品情况按比例增减。样品处理液酸化的目的是使糖精钠转化成糖精,以便用乙醚提取,因为糖精易溶于乙醚,而糖精钠难溶于乙醚。富含脂肪的样品,为防止用乙醚萃取糖精时发生乳化,可先在碱性条件下用乙醚萃取脂肪,然后酸化,再用乙醚提取糖精。因酒精既可溶于乙醚,又可溶于水,当用乙醚萃取时易乳化,分层不清,故含酒精的饮料应先加热挥发去酒精;对含 CO_2 的饮料,应除 CO_2,否则将影响样液的体积精度。聚酰胺薄层板,烘干温度不能高于 80℃,否则聚酰胺变色。在薄层板上的点样量,应估计其中糖精含量在 0.1 ~0.5 mg。

13.6.1.3　离子选择电极测定方法

本方法为 GB/T 5009.28—2003 第三法。

糖精选择电极是以季铵盐所制 PVC 薄膜为感应膜的电极,它和作为参比电极的饱和甘汞电极配合使用以测定食品中糖精钠的含量。当测定温度、溶液总离子强度和溶液接界电位条件一致时,测得的电位遵守能斯特方程式,电位差随溶液中糖精离子的活度(或浓度)改变而变化。被测溶液中糖精钠含量在0.02 ~1 mg/mL 范围内。电极值与糖精离子浓度的负对数成直线关系。

不同样品处理方法如下。

(1)液体样品:浓缩果汁、饮料、汽水、汽酒、配制酒等。准确吸取均匀试样(汽水、汽酒等需先除去二氧化碳后取样),置于分液漏斗中,加盐酸,用乙醚提取3 次,合并乙醚提取液,用经盐酸酸化的水洗涤 1 次,弃去水层,乙醚层转移至容量瓶,用少量乙醚洗涤原分液漏斗合并入容量瓶,并用乙醚定容至刻度,必要时加入少许无水硫酸钠,摇匀,脱水备用。

(2)含蛋白质、脂肪、淀粉量高的食品:蜜饯类、糕点、糯米制食品、饼干、酱菜、豆制品、油炸食品,称取切碎样品,置透析用玻璃纸中,加氢氧化钠溶液,调匀后将玻璃纸口扎紧,放入盛有氢氧化钠溶液的烧杯中,盖上表面皿,透析,并不时搅动浸泡液。量取透析液,使成中性,加硫酸铜溶液混匀,再加氢氧化钠溶液,混匀,静置,过滤。取滤液于分液漏斗中,加盐酸,用乙醚提取 3 次,合并乙醚提取液,用盐酸酸化的水洗涤 1 次,弃去水层。乙醚层通过无水硫酸钠脱水后,挥发乙醚,加乙醇溶解残留物,密塞保存,备用。

本法对糖精钠的含量在 100 ~150 mg/kg 范围内,有 3% ~10% 的正误差,水杨酸及对羟基苯甲酸酯等对本法的测定有严重干扰。

13.6.1.4　其他方法

(1)紫外分光光度法:现行国家标准法中已不包括紫外分光光度法,但因其实验成本低,所以在基层单位还经常使用。样品经处理后,在酸性条件下用乙醚提取食品中的糖精钠,然后挥发去乙醚,用乙醇溶解残留物。点样于硅胶 GF 254

薄层板或聚酰胺薄层板上，展开完毕后，硅胶 GF 254 板可直接在波长 254 nm 紫外灯下观察糖精钠的荧光条状斑。如用聚酰胺板，挥发干后喷显色剂，斑点成黄色，背景为蓝色。把斑点连同硅胶 GF 254 或聚酰胺刮入小烧杯中，同时刮一块与样品条状大小相同的空白薄层板，置于另一烧杯中作对照。经薄层分离后，溶于碳酸氢钠溶液中，经离心分离后，取上清液于波长 270 nm 下测定吸光度，与标准比较定量。此法操作简单、精度高，可测定微量的糖精。

（2）酚磺酞比色法：样品经除去蛋白质、果胶、CO_2、酒精等，在酸性条件下用乙醚提取分离后与酚和硫酸在 175℃ 作用，生成的酚磺酞与氢氧化钠反应产生红色化合物。测定吸光度值，与标准系列比较定量。本法受温度影响较大，要使糖精充分与酚在硫酸作用下生成酚磺酞，应严格控制在（175 ± 2）℃ 温度下反应 2 h。

（3）气相色谱法：气相色谱法测定糖精钠是将样品酸化后，用乙酸乙酯提取糖精，提取液浓缩后，用甲基化试剂（如二甲基甲酰胺—二甲醛，DMF – Me）衍生成甲基化合物，用气相色谱法测定。此法检测下限为 10 mg/kg，回收率和重现性都很好。糖精难挥发，必须首先和甲基化试剂（碘化甲烷、重氮甲烷等）进行反应生成甲基糖精，然后用气相色谱法测定。此法检测下限为 10 mg/kg，回收率和重现性都很好。

（4）荧光法：从样品中提取出糖精，在硫酸酸性条件下用高锰酸钾将干扰成分除去，于激发波长 277 nm，发射波长 410 nm 处测定荧光强度，与标准比较定量。本法检测下限低，可测定微糖精，但干扰因素多，有待进一步完善。

（5）纳氏比色法：利用糖精的溶解特性，先在碱性条件下用水溶解、浸取，再在酸性条件下用乙醚萃取，然后挥发干乙醚，残渣在强酸性条件下加热水解，使糖精成为铵盐，与纳氏试剂作用生成一种黄色化合物，该化合物颜色深浅与糖精的含量成正比，可比色定量。此法操作简单、精度高，但干扰物质多。

（6）非水滴定法快速测定食品中的糖精钠：糖精钠是一种盐，显弱碱性，根据酸碱质子理论，为了增强其碱性，可以使用酸性溶剂，本法选择了冰乙酸为溶剂，为了提高滴定反应速率和滴定终点的灵敏性，在非水滴定中采用强酸做滴定剂，因此本法选择高氯酸的冰乙酸溶液作为标准溶液。冰乙酸中经常含有少量水，在配制标准溶液时加入乙酸酐，乙酸酐与冰乙酸中的少量水反应生成乙酸，从而消除了冰乙酸中的水。

（7）水杨酸钠—次氯酸钠比色法测定饮料中的糖精钠：样品经除蛋白质等处理后，用盐酸酸化、乙醚提取，再经硝化而转化成铵盐溶液。在一定的碱性和温度条件下，可与水杨酸钠和次氯酸钠作用生成蓝色化合物，在 653 nm 处进行比色测定。

13.6.1.5　几种方法的比较

目前测定糖精钠的方法有荧光分光光度法、紫外分光光度法、薄层层析法、酚磺酞比色法、高效液相色谱法、水滴定法、液膜电极法等。荧光光度法的优点是不含苯甲酸和山梨酸时，具有较高准确度，当含有苯甲酸或山梨酸时，在酸性条件下，它们与碳酸钠形成的荧光配合物产生荧光熄灭效应，方法灵敏度下降，回收率低。薄层层析法、酚磺酞比色法、紫外分光光度法这三种方法样品提取和分离过程繁杂，易受食品成分等因素影响，从而使重现性和回收率较差。水滴定法设备昂贵，操作繁琐，难推广。高效液相色谱法设备也较昂贵，但检出限低，准确性高。

针对糖精钠而言，各种方法均有自己的优缺点，应根据样品的特点选择适宜的方法。此外，目前食品中的甜味剂常多种同时使用，因此应研究同时测定多种甜味剂的检测方法。目前已有色谱、质谱联用技术同时测定的研究，发展前景甚好。

13.6.2　甜蜜素的测定

甜蜜素的化学名为环己基氨基磺酸钠，甜味好，后苦味比糖精低，但甜度不高，为蔗糖的 40 ~ 50 倍。由于其价格低廉、甜度高，在食品中多作为蔗糖的代用品。甜蜜素自面世以来对人体是否有害一直有争议。有研究表明，经常食用甜蜜素含量超标的食品，会对肝脏和神经系统造成伤害，特别是对代谢排毒能力较弱的老年人和儿童危害更明显，并且其代谢产物环己胺对心血管系统和睾丸有毒性作用。目前加拿大、日本、东南亚等国已禁止其作为添加剂使用。我国将其列为限量使用的食品添加剂，国家绿色食品规定绿色食品包括饮料、果脯和冷冻饮品中不能检出甜蜜素；GB 2760—2011 中对一般食品中添加甜蜜素含量做了严格的规定，最大用量（以环己基氨基磺酸计，g/kg）为：水果罐头、腌渍的蔬菜、腐乳类、面包、糕点、饼干等中均为 0.65；果酱、蜜饯凉果为 1.0；脱壳熟制坚果与籽类为 1.2；带壳熟制坚果与籽类为 6.0；凉果类、话化类（甘草制品）、果丹（饼）类为 8.0。

甜蜜素的测定方法有气相色谱法、分光光度计法、薄层层析法、气相色谱—质谱联用法、高效液相色谱法、离子色谱法等，其中前 3 种为国家标准方法，尤以气相色谱法研究最多。

13.6.2.1 气相色谱法

在硫酸介质中环己基氨基磺酸钠与亚硝酸反应，生成环己醇亚硝酸酯，利用气相色谱法进行定性和定量。

液体样品摇匀后可直接称取。固体样品如凉果、蜜饯类等，将其剪碎，称取样品，置于研钵中，加入少许层析硅胶（或海砂）研磨至呈干粉状，经漏斗倒入容量瓶中，加水冲洗研钵，洗液一并移入容量瓶中，加水定容至刻度。不时摇匀，过滤，即得滤液，准确吸取试液于带塞比色管中，置冰浴中，环己基氨基磺酸钠与亚硝酸钠反应。

本法适用于饮料、凉果等食品中环己基氨基磺酸钠的测定。含 CO_2 的样品需经加热除去 CO_2；含酒精的样品加氢氧化钠溶液调至碱性，于沸水浴中加热除去酒精。

13.6.2.2 分光光度法

在硫酸介质中环己基氨基磺酸钠与亚硫酸钠反应，生成环己醇亚硝酸酯，与磺胺重氮化后再与盐酸奈乙二胺耦合生成红色燃料，在 550 nm 波长处测其吸光度，与标准比较定量。

不同样品处理方法如下。

（1）液体试样：摇匀后可直接称取。含 CO_2 的样品要经加热后除去 CO_2，含酒精的样品则需加入氢氧化钠溶液调至碱性后，于沸水浴中加热以除去酒精，制成试样。称取处理后的试样于透析纸中，加透析剂，将透析纸口扎紧。放入盛有水广口瓶内，加盖，透析 20～24 h 得透析液。

（2）固体试样：凉果、蜜饯类样品，将其剪碎，称取已剪碎的试样于研钵中，加入少许层析硅胶（或海砂）研磨至呈干粉状，经漏斗倒入容量瓶中，加水冲洗研钵，洗液一并移入容量瓶中，加水定容至刻度。不时摇匀，过滤，即得试样。准确吸取经处理后的试样提取液于透析纸中，放入盛有水广口瓶内，加盖，透析 20～24 h 得透析液。

本法适用于饮料、凉果等食品中环己基氨基磺酸钠的测定。最低检出限为 4 μg。

13.6.2.3 薄层层析法

试样经酸化后，用乙醚提取，将试样提取液浓缩，点于聚酰胺薄层板上，展开，经显色后，根据薄层板上环己基氨基磺酸钠的比移值及显色斑深浅，与标准比较进行定性、定量。

不同样品处理方法如下。

(1)饮料、果酱:称取经混合均匀的试样(汽水需加热去除CO_2),置于带塞量筒中,加氯化钠饱和,加盐酸酸化,用乙醚提取2次,振摇,静置分层,用滴管将上层乙醚提取液通过无水硫酸钠滤入容量瓶中,用少量乙醚洗无水硫酸钠,加乙醚至刻度,混匀。吸取乙醚提取液分2次置于带塞离心管中,在水浴上挥干,加入无水乙醇溶解残渣,备用。

(2)糕点:称取试样,研碎,置于带塞量筒中,用石油醚提取3次,振摇,弃去石油醚,试样挥干后(在通风橱中不断搅拌试样,以除去石油醚),加入盐酸酸化,再加氯化钠,用乙醚提取2次,振摇,静置分层,用滴管将上层乙醚提取液通过无水硫酸钠滤入容量瓶中,用少量乙醚洗无水硫酸钠,加乙醚至刻度,混匀。吸取乙醚提取液分2次置于带塞离心管中,在水浴上挥干,加入无水乙醇溶解残渣,备用。

本法适用于饮料、果汁、果酱、糕点中环己基氨基磺酸钠的含量测定,最低检出限为4.0 g。同时还可以测定山梨酸、苯甲酸、糖精等成分。

13.6.2.4 几种方法的比较

分光光度法仪器普及,方法简便,灵敏度高,分析时间短,成本低;薄层色谱设备和操作简单,展开时间快,检测灵敏度高。气相色谱法检出限低,快速、准确、稳定;但所需仪器设备投资大,对操作技术要求高。

目前研究的检测方法主要适用于饮料、凉果、果酱、糕点等食品。但是对含脂肪、蛋白质较高的食品如含乳饮料、冰激凌、饼干面包,以及其他含糖较高的食品中的甜蜜素,则因受到其复杂基质的影响,测定较困难,实际使用中还发现气相色谱法使用的填充柱法易造成峰形拖尾,未来的发展方向是建立适用于所有食品中环己基氨基磺酸钠检测,且方便、快速、准确、权威的方法。

13.6.3 甜菊糖苷的测定

经国内外药理实验证明,甜菊糖苷为非致癌性物质,无毒无副作用,食用安全。日本有关科学机构和科学家就甜菊糖苷的安全性问题进行过大量的研究和试验,结果是无致畸、致突变及致癌性,摄入以后以原型经粪便和尿中排除。其安全性已得到国际FAO/WHO等组织的认可。其LD_{50} > 15.0 g/kg,ADI无特殊规定。甜菊糖是目前世界已发现并经我国卫生部、轻工业部批准使用的最接近蔗糖口味的天然低热值甜味剂,是继甘蔗甜菜糖之外第三种有开发价值和健康推崇的天然蔗糖替代品,被国际上誉为"世界第三糖源",在GB 2760—2011中允许按生产需要适量使用。

甜菊糖苷测定方法有多种，常用的有气相色谱法、蒽酮比色法，此外国内外报道有高效液相色谱法、流动注射化学发光法、薄层法等。

13.6.3.1 气相色谱法

在强酸条件下将甜菊苷的主要成分甜菊甙(stevioside)和甜菊双糖苷A(rebaudioside A)水解成酸基异甜菊醇(isosteviol)，同时在酸性溶液中，配糖基又与甲醇反应生成异甜菊醇(isosteviol)甲酯，它经三甲基硅醚化试剂处理后，注入色谱仪进行定量测定。

称取甜叶菊干叶和碳酸钙，移入烧杯中，加水，搅拌混合，于室温下放置过夜，过滤，加入水，用相同方法再抽提1次。然后用水分3次冲洗烧杯，过滤漏斗等，将提取液合并，顺次通过阳离子交换树脂柱和阴离子交换树脂柱。把滤液在磨口瓶内减压浓缩至干，再加甲醇，在水浴上回流，过滤后将滤液减压浓缩至干，再加入二噁烷回流，然后再加入甲醇，减压干燥后，再用硫酸甲醇在水浴上加热回流，过滤减压干燥，残渣用乙醚提取3次，合并乙醚层，用水洗后，再把乙醚挥干，加入氯仿(含黄体酮)，振摇抽提，静置后吸取上层清液，置于一带尾管的磨口瓶中，内放一些玻璃棉，其上放入无水硫酸钠的适当玻璃管。

每个操作环节都必须小心；标准品的纯度以及本法的回收率可根据实验和仪器操作，在样品计算时计算在内。

13.6.3.2 蒽酮比色法

将烘干的甜叶菊经几次热水抽提后，用硫酸铝沉淀脱色，再经水饱和的正丁醇萃取，浓缩得到除去色素和其他杂质的甜菊苷。在强酸性和加热条件下，甜菊苷和蒽酮作用生成绿色络合物，其颜色的深浅与样品中甜菊苷含量成正比关系，以甜菊苷标准作对照，可以求出样品中总的甜菊苷的含量。

称取经干燥粉碎的甜菊叶片，置于烧杯中，加水，在沸水浴中浸提，过滤于容量瓶中，将残渣加水后，再在沸水浴中加热浸提，将浸提液过滤于容量瓶中，如此反复3~4次，收集滤液于容量瓶中，用水定容。吸取过滤液，置于烧杯中，加入硫酸铝，溶解后用氢氧化钠调至pH=7，放置1 h。然后将其过滤于分流漏斗中，并用少量水洗涤滤纸及黄色沉淀物，用水饱和正丁醇萃取过滤液3次，弃去水层，合并正丁醇提取液于回收旋转浓缩装置中，减压回收正丁酸至底瓶恰好蒸干为止。用水将瓶内的甜菊苷经多次冲洗移入容量瓶中，最后用水定容至刻度，摇匀，备用。

蒽酮硫酸溶液加入到样液或标准液时，最好把试管放入冰浴中，用环形玻璃棒在样液中不断搅拌，使作用液均匀地冷却。样液必须清澈透明，呈不同的深浅绿色，加热后不应有蛋白质沉淀存在。本法检出线为20.0～100.0 μg。在操作过程中，加入蒽酮硫酸的浓度和量，以及加热时间前后要一致才能取得正确结果。同时本法与气相色谱法对比，回收率达80%以上，而操作时间可以大大地缩短。

13.6.3.3　几种方法的比较

气相色谱法定量准确，但操作过程复杂，时间长，样品中甜菊糖苷的提取涉及多种有机溶剂。而蒽酮相对操作时间短，但回收率比气相色谱法低。此外，甜菊糖苷还可以采用重量法、液相色谱法、薄层色谱法等法检测。其中，重量法简单易行，但具有操作条件差，分析过程冗长，分析结果平均相对偏差大，重现性差等缺点；液相色谱法快速、准确，一般一个样品只需10 min左右，其灵敏度也远远超过化学分析法，但其缺点是必须有标样。薄层色谱法能准确地进行定性定量分析，尤其是对甜菊苷进行定性分析可以说是最简单的快速分析方法。它不要求对样品进行仔细处理，设备也很简单，适合一般单位采用，但定量分析则不够精确。

食品基质条件复杂，且食品中的甜味剂常多种同时使用，因此应研究适合所有食品中甜菊糖苷及能同时测定多种甜味剂的检测方法。

13.7　着色剂的测定

食用色素是以食品着色、改善食品的色泽为目的的食品添加剂，可分为食用天然色素和食用合成色素两大类。天然色素是从动植物组织中提取的，其安全性高，但稳定性差，着色能力差，难以调出满意的色泽，且资源较短缺，目前还不能满足食品工业的需要；合成色素具有稳定性好、色泽鲜艳、附着力强、能调出任意色泽等优点，因而得到广泛应用，但由于许多合成色素本身或其代谢产物具有一定的毒性、致泻性与致癌性，因此必须对合成色素的使用范围及用量加以限制，确保其使用的安全性。GB 2760—2011规定了各类食品中各种着色剂的使用限量，其中日落黄为0.025～0.6 g/kg、亮蓝为0.025～0.5 g/kg、苋菜红为0.05～0.3 g/kg、喹啉黄为0.1 g/kg、专利蓝为0.05～0.5 g/kg、柠檬黄为0.05～0.5 g/kg、靛蓝为0.05～0.3 g/kg、胭脂红为0.05～0.5 g/kg、诱惑红为0.3 g/kg，而酸性红52、红色2G和酸性红26为不得添加物质。

在食品行业中使用单一色素已较少，需使用复合色素方可达到较满意的色泽，因而给其分析测定带来了一定困难。

食品合成色素测定方法有多种,国家标准方法有高效液相色谱法、薄层色谱法、示波极谱法。国内文献报道的检测方法有紫外－可见吸收光谱法、分光光度法、微柱法、纸层析法、毛细管电泳法、HPLC－MS法,毛细管胶束电动色谱法等,现代仪器分析方法已经成为色素分析的主流。

13.7.1 高效液相色谱法

食品中人工合成着色剂用聚酰胺吸附法或液－液分配法提取,制成水溶液,注入高效液相色谱仪,经反相色谱分离,根据保留时间定性和与峰面积比较进行定量。

橘子汁、果味水、果子露汽水等含 CO_2 样品加热驱除 CO_2。配制酒类加小碎瓷片数片,加热驱除乙醇。硬糖、蜜饯类、淀粉软糖粉碎样品,放入小烧杯中,加水温热溶解,若样品溶液pH值较高,用柠檬酸溶液调pH值到6左右。巧克力豆及着色糖衣制品放入小烧杯中,用水洗涤色素,到巧克力豆无色素为止,合并色素漂洗液为样品溶液。

本方法最小检出限,新红5 ng,柠檬黄4 ng、苋菜红6 ng、胭脂红8 ng、日落黄7 ng、赤藓红18 ng、亮蓝26 ng,当进样量为0.025 g时最低检出浓度分别为:0.2 mg/kg;0.16 mg/kg;0.24 mg/kg、0.32 mg/kg、0.28 mg/kg、0.72 mg/kg、1.04 mg/kg。

13.7.2 薄层色谱法

在酸性条件下,用聚酰胺吸附水溶性合成色素,而与天然色素、蛋白质、脂肪、淀粉等物质分离。然后在碱性条件下,用适当的溶液将其解吸,再用薄层层析法进行分离鉴别,与标准比较定性、定量。最低检出量50.0 μg,点样量为1.0 g,样品最低检出浓度约为50.0 mg/kg。

样品处理:果味水、果子露、汽水需加热驱除 CO_2。配制酒于烧杯中,加碎瓷片数块,加热驱除乙醇。硬糖、蜜饯类、淀粉软糖加水,温热溶解,若样液pH值较高,用柠檬酸溶液调至pH=4左右。奶糖加乙醇－氨溶液溶解,置水浴上浓缩,立即用硫酸溶液调至微酸性再加硫酸(1+10),加钨酸钠溶液,使蛋白质沉淀、过滤,用少量水洗涤,收集滤液。蛋糕类样品,加海砂少许,混匀,用热风吹干用品(用手摸已干燥即可以),加入石油醚搅拌,放置片刻,倾出石油醚,如此重复处理3次,以除去脂肪,吹干后研细,全部倒入 G_3 垂融漏斗或普通漏斗中,用乙醇—氨溶液提取色素,直至着色剂全部提完。置水浴上浓缩至约20 mL。

吸附分离:将处理后所得的溶液加热至70℃,加入聚酰胺粉充分搅拌,用柠檬酸溶液调pH值至4,使着色剂完全被吸附,如溶液还有颜色,可以再加一些聚酰胺粉。将吸附着色剂的聚酰胺全部转入 G_3 垂融漏斗中过滤(如用 G_3 垂融漏斗过滤可以用水泵慢慢地抽滤)。用 pH = 4 的 70℃水反复洗涤,边洗边搅拌。若含有天然着色剂,再用甲醇—甲酸溶液洗涤 1 ~ 3 次,至洗液无色为止。再用 70℃水多次洗涤至流出的溶液为中性。洗涤过程中必须充分搅拌。然后用乙醇—氨溶液分次解吸全部着色剂,收集全部解吸液,于水浴上驱氨。如果为单色,则用水准确稀释,用分光光度法进行测定。如果为多种着色剂混合液,则进行纸色谱或薄层色谱法分离后测定,即将上述溶液置水浴上浓缩至 2 mL 后移入 5mL 容量瓶中,用乙醇洗涤容器,洗液并入容量瓶中并稀释至刻度。

聚酰胺粉在偏酸性(pH 值为 4 ~6)条件下对色素吸附力较强。如溶液中仍有颜色,可再加入少量的聚酰胺粉。如样品色素浓度太高,要用水适当稀释,因为在浓溶液中,色素钠盐的钠离子不容易解离,不利于聚酰胺粉吸附。

样液中的色素被聚酰胺粉吸附后,用经 20% 柠檬酸调节 pH 值至 4 的 70℃水反复洗涤。若含天然色素,可用甲醇—甲酸溶液洗涤至无色,再用 70℃水洗涤至中性。

用乙醇—氨溶液分次解吸色素,收集全部解吸液,水浴驱氨。若是单一色素,用水定容,用分光光度计比色;若为混合色,将解吸液水浴浓缩,转入容量瓶中,用 50% 乙醇洗涤、定容。

苋菜红与胭脂红用甲醇—乙二胺—氨水 (10 +3 +2)展开剂; 靛蓝、亮蓝用甲醇—氨水—乙醇 (5 +1 +10)展开剂; 柠檬黄与其他色素用柠檬酸钠溶液(25g/L)—氨水—乙醇(8 +1 +2)展开剂。

测定波长分别为胭脂红 510 nm、苋菜红 520 nm、柠檬黄 430 nm、日落黄 482 nm、亮蓝 627 nm、靛蓝 620 nm。

13.7.3　示波极谱法

食品中的合成着色剂,在特定的缓冲溶液中,在滴汞电极上可产生敏感的极谱波,波高与着色剂的浓度成正比,当食品中存在一种或两种以上互不影响测定的着色剂时,可用其进行定性定量分析。

不同样品的处理方法如下。

(1)饮料和酒类:加热驱除 CO_2 和乙醇,冷却后用 NaOH 和 HCl 调至中性,然后加蒸馏水至原体积。

(2)表层色素类:用蒸馏水反复漂洗直至色素完全被洗脱,合并洗脱液并定容至一定体积。

(3)水果糖和果冻类:用水加热溶解,冷却后定容。

(4)奶油类:放入离心管中,用石油醚洗涤3次,用玻棒搅匀,离心,弃上清液。低温挥发,除去残留的石油醚后用乙醇—氨溶液溶解并定容,离心,取一定量上清液水浴蒸干,用适量的水加热溶解色素,用水洗入容量瓶并定容。

(5)奶糖类:溶于乙醇—氨溶液,离心。取上清液,加水,加热挥发,除去氨,冷却,用柠檬酸调至pH=4,加入200目聚酰胺粉,充分搅拌使色素完全吸附后,用酸性水洗入离心管,离心,弃上层液体。沉淀物反复用酸性水洗涤3~4次后,用适量酸性水洗入含滤纸的漏斗中。用乙醇—氨溶液洗脱色素,将洗脱液在水浴蒸干,用适量的水加热溶解色素,用水洗入容量瓶并定容。

13.7.4 其他方法

(1)分光光度法:将薄层色谱的条状色斑包括有扩散的部分,分别用刮刀刮下,移入漏斗中,用乙醇—氨溶液解吸色素,少量反复多次至解吸液于蒸发皿中,水浴上挥发去氨,移入比色管中,用水稀释至适当的浓度,在标准参照下,于最大吸收波长处测定吸光度,可知其含量,根据吸收光谱可确定为何种色素。用分光光度法测定混合食用合成色素时,常采用最小二乘法的多波长线性回归光度法,但最小二乘法受异常点影响显著,且对测量波长的位置等条件要求严格。

(2)微柱法:聚酰胺—硅胶填充的微柱法是根据水溶性酸性合成色素在酸性条件下被聚酰胺吸附,在碱性条件下被解吸的特性,利用被分离物质在吸附剂与展开剂之间分配系数不同,达到分离目的。

(3)紫外—可见吸收光谱法:根据物质对光的吸收具有选择性,应用紫外—可见分光光度计进行吸收光谱扫描,发现胭脂红、苋菜红、柠檬黄、日落黄和靓蓝等5种不同的食用合成色素具有不同的吸收谱图,与标准谱图对照,即可直观、快速地定性,且一定浓度下,峰高与含量成正比,可以定量检测,从而建立了紫外—可见吸收光谱法测定食用合成色素。

(4)纸层析法:纸层析法是以滤纸作为支撑体的分离方法,利用滤纸吸湿的水分作固定相,有机溶剂作流动相。流动相由于毛细作用自下而上移动,样品中的各组分将在两相中不断进行分配,由于它们的分配系数不同,不同溶质随流动相移动的速度不等,因而形成与原点距离不同的层析点,达到分离的目的。

(5)气相色谱法:水溶性酸性染料在酸性条件下被聚酰胺吸附,而在碱性条件下解吸附,再用纸色谱法或薄层色谱法进行分离后,与标准比较定性、定量。气相色谱测定使用合成色素时,样品中的脂肪、糖类、蛋白质等对测定有影响,水溶性杂质需用热水洗涤除去;脂肪用石油醚、丙酮洗涤脱脂,蛋白质用钨酸钠澄清剂沉淀分离，天然色素用甲醇—甲酸除去。

(6)微机极谱法：苋菜红、胭脂红、柠檬黄、赤藓红、诱惑红和日落黄等着色剂在磷酸盐缓冲溶液中，于滴汞电极上可产生导数极谱波，亮蓝在乙酸盐缓冲溶液中，于滴汞电极上可产生导数极谱波，波高与着色剂的含量成正比。

13.7.5　几种方法的比较

微柱法能很好的解决天然色素红曲米的广泛使用，给许多分析测定带来干扰问题，且不需特定的实验条件，使用的仪器设备简单。极谱法具有结果准确度高，检出限低，干扰少的优点，且样品处理无特殊的要求，较其他方法简单，只需选择好测定介质即可。极谱法适宜于食品中混合色素的分析，测定所用汞如果操作处理不当会给环境带来很大的污染问题，是方法的一点不足。紫外吸收光谱法的优点是测定线性范围宽，灵敏度高，操作简便、快速、准确，易普及推广，但如果存在多组分共存时，有些吸收峰可能存在叠加现象，对测定造成很大的误差。高效液相色谱法所用仪器设备比较昂贵，工作条件要求比较高，在一些基层单位不容易普及推广。此外国家标准方法采用梯度洗脱单波长检测，在该条件下会产生较严重的基线漂移，灵敏度较差，有待改进。但 HPLC 法对色素分析具有干扰小、测定快速、准确、简便的特点，是色素现代分析仪器分析测定的发展趋势。薄层色谱法简便快捷、现象明显、经济实用、结果可靠，尤其适合于基层检测机构及小工厂的有关食品检验。采用聚酰胺—硅胶填充的微柱法测定食用合成色素，不需特定实验环境，操作简便、快速。

复习思考题

1. 高效液相色谱法测定苯甲酸及苯甲酸钠的原理及要求是什么？
2. 硫代巴比妥酸分光光度法测定山梨酸及山梨酸钾的原理及要求是什么？
3. 气相色谱法测定 BHA 和 BHT 的原理及要求是什么？
4. 离子色谱法测定亚硝酸盐的原理及要求是什么？
5. 分光光度法测定亚硝酸盐的原理及要求是什么？
6. 盐酸副玫瑰苯胺比色法测定二氧化硫和亚硫酸盐的原理及要求是什么？
7. 薄层色谱法测定糖精钠的原理及要求是什么？
8. 蒽酮比色法测定甜菊糖苷的原理及要求是什么？
9. 高效液相色谱法测定食品合成色素的原理及要求是什么？

第14章　农药兽药残留分析

本章学习重点：

了解农兽药的一般知识；

基本掌握农药兽药残留分析中提取、净化、样品的衍生化及农药兽药残留分析方法原理和分析要求。

14.1　概述

14.1.1　农药

农药是指用于防治危害农牧业生产的有害生物（害虫、害螨、线虫、病原菌、杂草及鼠类等）和调节植物生长的化学药品。最早的农药指的是用于杀害作物寄生虫的化学品，包括天然的和合成的。

我国常用农药按照成分和来源分，有矿物源农药（无机化合物）、生物源农药（天然有机物、抗生素、微生物）及化学合成农药三大类；按照防治对象分，有杀虫剂（Insecticides）、杀螨剂（Acaricides）、杀线虫剂（Nematocides）、杀菌剂（Fungicides）、除草剂（Herbicides）、杀鼠剂、植物生长调节剂、杀软体动物剂等。生物农药相对较少，且比较安全，人们关心更多的是化学农药。

杀虫剂的分类通常有五类：有机磷化合物（Organophosphorus Compounds）、有机氯化合物（Organochlorine Compounds）、合成除虫菊酯（Pyrethroids）、氨基甲酸酯（Carbamates）和苯甲酰脲（Benzoylureas）。另外还有有机锡化合物如苯丁锡（Fenbutation）和生长调节剂如灭蝇胺（Cyromazine）等。

从商业角度看，有机磷化合物是最重要的一类，然后是合成除虫菊酯和氨基甲酸酯，有机氯和苯甲酰脲（Benzoylureas）的重要性相对较小。有机氯使用量减少的原因主要是世界范围内对滴滴涕（DDT）、艾氏剂（Aldrin）、狄氏剂（Dieldrin）、异狄氏剂（Endrin）等的禁用，而苯甲酰脲（Benzoylureas）是后来引入的。果蔬中使用农药最多（38.9%），然后是棉花、稻谷和玉米（分别为22.8%、16.1%和9.4%）。稻谷用农药的93%在亚洲，从而使亚洲成为农药的最大消费者。

有机磷杀虫剂（Organophosphorus Insecticides）最早于1937年在德国的巴伐

利亚合成，因为毒性大，所以是二次世界大战时作为化学武器开发的。1944 年，发现了杀虫剂对硫磷（Parathion），虽然其毒性高，由于效果显著，在环境中降解迅速，还是得到了广泛的应用。有机磷农药是我国使用量最大的一类农药，其中敌百虫［O,O－二甲基(2,2,2－三氯－1－羟基乙基)磷酸酯］因用途广泛在农林植保、水产养殖甚至卫生害虫控制上长期大量使用，但这类农药由于毒性较大，对环境的影响及其对农产品与食品的安全性问题也一直令人担忧。

二氯二苯基三氯乙烷（滴滴涕，Dichlorodiphenyltrichloroethane，DDT）是最早的合成农药和有机氯化合物（1939 年），随后很快就出现了许多同族化合物如林丹（Lindane，1942 年）、艾氏剂（1948 年）、狄氏剂（1949 年）和异狄氏剂（Endrin，1951 年）。该族化合物的特点是对多数昆虫效果好且长和亲脂性。最初这些特点对杀虫剂而言很理想，后来却发现，它们在环境中持久存在，并累积在食物链中。虽然不会致死，但是它们对很多野生物种的授精和繁殖都有直接或间接的影响。因此，自 1973 年起 DDT 和有机氯化合物逐渐被禁止在农业和严格限制在人类疾病载体上使用。从 20 世纪 80 年代中期开始，世界各国禁止在农业上使用DDT，我国 1983 年开始禁用 DDT。

在所有农药中，除草剂对脊椎动物的毒性最小。由于除草剂作用的机理是与蔬菜的生化过程相互作用，所以对动物没有毒性。使用除草剂的主要问题是一些除草剂可能滤过土层污染地下水。

使用农药的食品和原料销售时，其残留量必须低于法定限值。从法律角度看，残留不仅指农药活性成分本身，也指其中的有毒杂质和代谢及降解产物。水果蔬菜中的农药残留量取决于收获时的沉积量和消失速率。

农药的亲脂性很强，作用的方式取决于它能否穿透植物，因此，施药后触杀形的药物在植物表面的腊层和表皮扩散，传导性的药物则进一步向植物内部渗透。

药物如果透入植物内部，将按不同的酶作用途径降解；如果停留在植物的表面层，则主要根据环境的条件减少，如雨水冲刷、蒸发、水果蔬菜表面水分蒸发时共蒸馏或光降解。这些降解过程产生的残留减少是“真实的”，而在生长阶段由于果实重量的增加使得残留被稀释，其残留量的减少是“表观的”。

一些加工食品如葡萄酒是葡萄汁发酵而成，另有一些加工食品如水果干则需要浓缩脱水制得。如果食品加工过程不能减少残留量，反而进行浓缩等操作，那么终产品可能会比鲜果具有更高的农药残留。

根据农业部公告，六六六（BHC）、滴滴涕（DDT）、毒杀芬（Strobane）、二溴氯丙烷(Dibromochloropropane)、杀虫脒(Chlordimeform)、二溴乙烷(EDB)、除草醚(Nitrofen)、艾氏剂(Aldrin)、狄氏剂(Dieldrin)、汞制剂(Mercury Compounds)、砷(Arsenide)、铅(Plumbum Compounds)类、敌枯双、氟乙酰胺(Fluoroacetamide)、甘氟(Gliftor)、毒鼠强(Tetramine)、氟乙酸钠(Sodium Fluoroacetate)、毒鼠硅(Silatrane)、甲胺磷、对硫磷、甲基对硫磷、久效磷和磷胺等全面禁止使用。禁止在蔬菜、果树、茶叶、中草药材上使用的农药有:甲拌磷(Phorate)、甲基异柳磷(Isofenphos - methyl)、特丁硫磷(Terbufos)、甲基硫环磷(Phosfolan - methyl)、治螟磷(Sulfotep)、内吸磷(Demeton)、克百威(Carbofuran)、涕灭威(Aldicarb)、灭线磷(Ethoprophos)、硫环磷(Phosfolan)、蝇毒磷(Coumaphos)、地虫硫磷(Fonofos)、氯唑磷(Isazofos)和苯线磷(Fenamiphos)。三氯杀螨醇(Dicofol)、氰戊菊酯(Fenvalerate)禁止在茶树上使用。禁止氧乐果(Omethoate)在甘蓝上使用。禁止特丁硫磷(Terbufos)在甘蔗上使用。禁止丁酰肼(Daminozide)在花生上使用。

14.1.2 兽药

兽药也称兽用药或动物用药,狭义指家畜家禽用药,广义指防治除人类以外所有动物疾病及促进其生长繁育的药品。按照作用可分类为一般疾病防治药,传染病防治药,体内、体外寄生虫病防治药和促生长药等四类。除防治传染病的生化免疫制品(菌苗、疫苗、血清、抗毒素和类毒素等)及畜禽特殊寄生虫病药和促生长药等专用兽药外,均与人药相同,只是剂量、剂型和规格有所区别。按照化学结构可分为磺胺类、阿维菌素类、四环素类、苯并咪唑类、氯霉素类、β - 内酰胺类、喹诺酮类、硝基呋喃类、硝基咪唑类、氨基糖苷类、激素类、兴奋剂类和甲状腺抑制剂类等。

抗微生物药物和抗生素包括磺胺类、内酰胺类、四环素类、氨基糖苷类、大环内酯类、喹啉和氟代喹啉等,有选择性地抑制致病微生物的生长,尤其是细菌。促进生长的抗生素在低浓度下对于食品是安全的,因为使用的量与治疗相比相当低。然而,这些药物成分对某些细菌产生抗药性的研究成关注的焦点,导致了在动物饲料中禁止一些特定成分作为生长促长剂使用(如杆菌肽锌,螺旋霉素,泰乐菌素磷酸盐)。此外,人类(和动物)的健康受到抗药性细菌(沙门氏菌等)的威胁,导致了对类似药物(如氧喹诺酮)关注的增加。

近年来发现具有广谱抗菌活性的磺胺类药物在动物体内的残留现象很严重,如果人摄入超过限量的动物性食品,对人体可产生毒害作用,甚至引起超敏反应和造血系统反应。

激素在动物的生长过程中起重要作用，能促进肌肉组织生长。将激素类药物植入动物耳朵根部，能提高动物的新陈代谢，从而使饲料利用率提高并促进动物生长。屠宰时丢掉耳朵，可防止药物残留造成食品污染。

镇静剂和β-兴奋抑制剂常常被非法使用，用于减缓动物在运输或屠宰前的压力，尤其是猪。使用这些成分使肉类产品的品质变差。在一些欧洲国家，这类药物被禁用作饲料添加剂。

兽药残留（Veterinary Drug Residues）是指给动物使用兽药或饲料添加剂后，药物的原形及其代谢产物蓄积或储存于动物的细胞、组织、器官或可食性产品（如蛋、奶）中，简称兽药残留。人体若长期摄入含兽药残留的动物性食品，会导致药物在体内蓄积，药物达到一定浓度后，就会对人体产生毒性作用，如对肾脏的损害等。

14.2 农药兽药残留分析步骤

食品中农药兽药残留的分析步骤为：采集具有代表性的样本，提取样本中的残留农药兽药，对提取物进行净化处理（有时需要对待测物进行进一步的衍生化处理），采用相应的仪器和方法对样品进行定性定量分析，最后进行确证分析。

农药兽药残留分析主要依赖现代分析仪器和免疫学方法的发展。分析方法主要有气相色谱法、液相色谱法、离子色谱法、气相色谱—质谱法、液相色谱—质谱法、毛细管电泳法免疫学分析法等。不同种类动物的食物构成和组成成分不同，如家禽和牛的肌红蛋白和脂肪含量存在差异，这些变化会影响分析方法的回收率或干扰检测，因此一种动物组织的残留分析方法对其他动物组织样品不一定适用。

为了消除基质干扰，保护仪器，提高检测方法的灵敏度、选择性、准确度、精密度，需对样品进行预处理。样品预处理是食品分析很重要的环节，在农兽药残留分析中也占有很大的工作量，耗时可达整个分析过程的一半以上。“样品制备与预处理”的目的和方法已在第三章中进行了较系统的说明，因为农药兽药残留量处于很低的数量级，因此样品的制备和预处理显得尤为重要，这里针对分析的要求作具体说明。

14.2.1 样品采集、制备与预处理

农药兽药残留分析的样品主要是各种食用组织（肌肉、脂肪、肝、肾、皮、血

液、蛋、奶及其加工食品)。活体检测中一般采集血浆、尿液和粪便;屠宰场主要采集某种药物的靶组织及其他高浓度的样本,如肝、肾、胆汁、注射部位的组织等。对动物组织,分取一个完整解剖部分,如一个肝叶或一侧完整的肾,小动物应取完整的脏器。

样品预处理的要求:对于食品加工原料,需除去蔬菜、水果腐烂的叶和肉,除去水果的皮和核,除去坚果壳,除掉玉米壳和穗轴,除去蛋壳,除去鱼的头、尾、翅、鳞、内脏和非食用的鱼骨。对于加工食品产品,一般按照原样制备实验室样品,如浓缩、脱水等。

血液分为血清(Serum)、血浆(Plasma)、血细胞和全血(Whole Blood)。血浆和血清的化学成分与组织液相近,测定血浆或血清中药物浓度,比全血更能反映作用部位药物浓度的变化,测定方法一般可互相通用。因为从抗凝血制备血浆的速度较快,并且分离出的血浆量比血清多,所以应用血浆比较方便;若血浆中含有抗凝剂对测定有影响,则应使用血清样品。通常药物在血浆中均与血浆蛋白(白蛋白、球蛋白、糖蛋白、脂蛋白)发生一定程度的结合,一些药物的蛋白结合率甚至可达90%以上。因此在萃取之前,必须将结合态的药物分离出来。

奶是一种复杂的非均相体系。非解离性的或极性较低的药物易由血浆向奶中扩散,导致奶中残留。与血浆样品类似,奶中的药物可与蛋白质结合。

禽蛋由蛋黄和蛋清组成。与蛋清比较,蛋黄基本上为疏水性环境,低极性药物的残留较多。如果需要分别测定蛋黄和蛋清中的残留,应将刚产出后的蛋进行蛋黄和蛋清分离,避免药物由蛋黄向蛋清扩散。与尿液类似,蛋成分的pH值变化范围大,分析前需调节pH值。

肝或肾组织为代谢或排泄器官,消除缓慢,残留物浓度高,常被用作残留检测的靶组织。

药物在体内经第二相代谢反应之后,常形成葡萄糖苷酸及硫酸酯等结合物。以结合状态存在的药物大多存在于尿中,也存在于肝脏和血液中。倘若需测定这种呈结合状态药物的浓度,直接测定上述体液。若欲测定母体药物的浓度,则必须先将结合物水解。可用无机酸和酶水解。常用的酶为β-葡萄糖苷酸酶(β-glucuronidase)或芳基硫酸酯酶(Arylsulfatase),前者可水解药物的葡萄糖醛酸苷,后者水解药物的硫酸酯。两种酶混合可将生物样品中药物的葡萄糖醛酸苷及硫酸酯同时水解。

生物样品如肝脏、肾脏、血浆等含有大量的蛋白质,它们能结合药物,因此,通常要先去蛋白,选择蛋白质分离方法时应考虑该方法是否会导致生物样品中的药物发生分解或影响药物的提取。

14.2.2　提取

农药兽药提取方法的选择性、精密度和准确度决定采用的方法和条件,溶剂可以是单一的,更多使用的是混合溶剂。

乙酸乙酯可与样品中的水混合而易于进入样品内部,可溶解、提取极性的农药,而不需要用其他有机溶剂进行液—液分配,用无水硫酸钠即可去除这些水分。因此很多情况下乙酸乙酯提取物不需要再做净化处理,而直接用于仪器分析。

有机磷农药通常采用极性低的溶剂或混合溶剂提取,如正己烷、二氯甲烷、二氯甲烷—乙酸乙酯、丙酮—二氯甲烷、丙酮—二氯甲烷—正己烷、二甲苯—乙酸乙酯、正丙醇—石油醚、正己烷—乙腈或正已烷—乙醚。

农兽药提取前需进行必要的水解、去蛋白和脱脂处理,因为兽药存在于动物组织或产物(蛋或奶)中,或者一些含有活性基团的药物,如硝基咪唑、硝基呋喃和苯并咪唑类等,能与组织中的生物大分子共价结合形成难以提取的结合物。

为提高效率和加快速度,微波和超声波等辅助技术越来越多地应用于农药兽药的提取中。

14.2.3　净化

为减少共提取物的影响,样品在分析前都要进行净化处理。常用的净化技术有液—液分配、以弗罗里硅土、中性氧化铝或硅胶为吸附剂的柱色谱分离或吸附色谱、蒸汽蒸馏、低温沉淀等。弗罗里硅土被广泛用于脂质食品提取物的净化,极性较低的残留农药兽药可以用混合溶剂洗脱下来,而极性较强的共提取物则保留在柱上。增加洗脱液的极性可以提高农药兽药的回收率,但会影响非极性或弱极性农药兽药的净化。对强极性农药兽药残留物,往往采用非特异性的疏水吸附剂如活性碳作为吸附剂。凝胶渗透色谱(Gel Permeation Chromatography,GPC)较常用于多残留分析。大多数农药的相对分子质量为 200 ~400,GPC 柱中的填充物可以阻止相对分子质量为 600 ~1 500 的物质进入其小孔内而被先洗脱出来。

14.2.3.1　液—液萃取

液—液萃取是经典的提取方法之一,与其他方法相比,液—液萃取法仍是目前最常用的样品处理方法。

液一液萃取常用的有机溶剂有甲醇、乙腈、丙酮、氯仿、二氯甲烷、四氯化碳、乙醚、叔丁基甲醚、乙酸乙酯、苯、甲苯、正己烷。

溶剂选择应注意其极性、沸点和毒性及与水的互溶性。

(1)溶剂的极性:应根据被测组分的极性选择相似极性的溶剂。代谢物的极性一般比母体药物高,可选择极性较强的溶剂萃取,将其与母体药物分开。反之,若用较低极性的溶剂萃取,则可选择性地将母体药物同代谢物萃取分离开。生物材料中的内源成分大多为极性化合物,为了减少其混入萃取液中的量,宜使用极性低的溶剂萃取。实际操作中,常在萃取溶剂中加入第二种溶剂调整极性,提高萃取效果。

(2)溶剂的沸点:萃取溶剂的沸点宜低,便于萃取分离后,去除有机相一般采用加热、吹压缩空气或氮气的方法。

(3)溶剂的毒性:尽量使用低毒或无毒溶剂。常用溶剂中,乙酸乙酯安全无毒,对不同极性的被测组分均有较高的萃取回收率,且易于挥发去除,是较理想的首选溶剂。

(4)溶剂与水的互溶性:有的溶剂能与少量水互混。如乙醚,可饱和约2%的水,因此提取时可伴随带入一些水溶性杂质。乙醚萃取能力强,沸点低(34.6℃)易于挥发浓缩,为常用萃取溶剂。加入无水 Na_2SO_4 使乙醚脱水可减少提取物中的水溶性杂质量。

一些酸性或碱性较强的有机药物在体液中呈离解状态,以亲水性极强的带电离子存在,即使调节 pH 值也不能抑制它们的电离,无法用有机溶剂从体液中提取。此时可加入离子对试剂,使离解态的药物分子形成具有一定脂溶性的离子对络合物,用有机溶剂将其从水相中萃取出来。

阳离子药物配对的离子对试剂为阴离子,其中以烷基磺酸类(RSO_3H)为最常用,实际起配对作用的是其阴离子 RSO_3^-,R 为烷基,其碳链越长,生成的离子对络合物脂溶性越高。实际应用的试剂为其盐类,如戊烷磺酸钠($R=C_5H_{11}$)、己烷磺酸钠($R=C_6H_{13}$)和庚烷磺酸钠($R=C_7H_{15}$)。R 除为直链烷烃外,也可选用芳烃基,如可用 β-萘磺酸作为离子对试剂。还可使用一些无机酸,如用高氯酸的阴离子 ClO_4^- 与阳离子有机药物配对。

阴离子药物配对的离子对试剂主要为烷基季铵类化合物,可用通式 $R_4N^+ \cdot X^-$ 表示,X^- 可为酸根或氢氧基,R 为烷基。烷基碳链长度常用 $C_4 \sim C_{12}$,甚至可选用 C_{20},碳链越长,则生成的离子对络合物的脂溶性越高。常用的烷基季铵有四丁基铵、四戊基铵等,商品试剂常用其盐,如磷酸四丁基铵、硫酸氢四丁基铵或其氢氧化物,如氢氧化四丁基铵。

液—液提取有时会发生乳化现象使被测组分损失。可应用较大体积的有机溶剂,避免猛烈振摇或加入适当的试剂改变其表面张力而破乳。若已发生严重的乳化现象,可将样品置于冰箱中冷冻破乳。

14.2.3.2　固相萃取

实现样品固相分离纯化有两种途径,一是保留杂质,待测组分不被保留而自然流出或者被洗脱;另一种更为常用的方法是,先将待测物完全保留在柱上,使干扰杂质随样品溶剂或洗涤液洗出,然后以小体积溶剂洗脱待测物。

固相萃取(Solid Phase Extraction,SPE)柱是一个玻璃或塑料小柱,装入适当的填料(固相提取剂),常用的柱填料有活性炭、硅胶、氧化铝等吸附剂、高分子大孔树脂、离子交换树脂和键合硅胶等。与经典的液 - 液萃取法相比,固相萃取的优点有:快速,一般 1 ~ 2 min 即可完成;回收率高,通常超过 90%;精密度好;样品用量少,有一定的选择性,无乳化现象等。

14.2.3.3　固相微萃取

以液相色谱分离机制为基础迅速发展起来的分离和纯化方法——固相萃取法(Solid Phase Micro Extraction,SPME)法由加拿大 Waterloo 大学、美国 Supelco 公司和美国 Varian 公司联合开发。SPME 也利用“相似相溶原理”,不是将待测物质全部分离出来,而是通过样品与固相涂层之间的平衡来达到分离的目的。它主要依据分析物质的分子量(挥发性)与极性差异。SPME 装置似一只气相色谱微量注射器,由手柄(Holder)和萃取纤维头(Fiber)两部分构成其基本装置。SPME 纤维头上薄膜由极性的聚丙烯酸酯、聚乙二醇或非极性的聚二甲基硅氧烷组成,液膜厚度有不同厚度,从 100 μm 到 7 μm 不等。小分子或挥发性物质常用厚膜 100 μm 萃取头,较大分子或半挥发物质采用 7 μm 萃取头,非极性物质选择非极性固定相,极性物质选择极性固定相。

SPME 具有操作时间短,样品量小,无需萃取溶剂,适用于分析挥发性与非挥发性物质。很多研究结果表明,在样品中加入适当的内标进行定量分析时,其重现性和精密度都非常好。食品中残留物质的分析是固相微萃取主要应用之一。

14.2.3.4　基质同相分散技术

基质同相分散(Matrix Solid - phase Dispersion,MSPD)是将样品直接与适量反相键合硅胶一起混合研磨,使样品均匀分散于固定相颗粒的表面,制成半固态装柱,然后采用类似于 SPE 的操作进行洗脱。所用的填充料一般为 C_{18}或 C_8,样品和填充料的比例通常为 1:4。

MSPD是一种在SPE的基础上改进后的样品处理方法，相对于SPE法，它的优点在于依靠机械剪切力、C_{18}键合相的去垢效应和巨大的表面积使样品结构破碎并且在填料表面均匀分散，浓缩了传统的样品前处理中所需的样品匀化、组织细胞裂解、提取、净化等过程，避免了样品匀化、转溶、乳化、浓缩造成的待测物损失，而且固定相处理样品的比容量大，提取净化的效率较高。MSPD处理样品耗时短、节省溶剂、样品用量少，该方法已被用于近40种的兽药残留分析。

14.2.3.5 柱切换技术

柱切换技术是色谱分析中处理复杂样品的方法之一。利用切换阀改变不同的色谱系统，达到在线样品净化、组分富集等目的。此法常用一种长3~5 cm，填以粒径25~40 μm填料（类型取决于待测物的保留能力）的预柱，切换阀与分析柱联接，进样后流动相Ⅰ携带样品进入色谱柱，被测组分保留于预柱上，而杂质则随流动相Ⅰ作为废液流出。然后按预先设定的程序改变切换阀的流路，将流动相Ⅱ引入预柱中，流动相Ⅱ洗脱出的被测组分随即进入分析柱，经分离后进入检测器检测。柱切换法利用组分在预柱上的保留作用，可将采集的样品几乎全部注入色谱仪。

14.2.3.6 超临界流体萃取

超临界流体萃取（Super - critical Fluid Extraction，SFE）是介于气体和液体之间的一种既非气态又非液态的物态。超临界流体的密度较大，与液体相仿，而黏度较小接近气体，是十分理想的萃取剂，具有与液体相似的溶解能力和良好的传质性能。超临界流体没有表面张力，很容易穿进样品基质中，但溶质分子在超临界流体中的扩散系数却比在液体中大得多。超临界流体的压缩系数大，压力的微小变化就能导致较大的密度变化，而控制密度就可控制超临界流体对溶质的溶解能力，因此在不同温度和压力下能提取极性或分子大小都不同的化合物。

最常使用的超临界流体是CO_2，它的性质稳定，安全无害，价格低廉，临界点低（$T_c=31℃$，$P_c=7.4\times10^3$kPa），易于操作。

超临界流体萃取可以分为动态和静态萃取。动态超临界流体萃取就是连续不断地用超临界流体冲洗样品，流速一般控制在0.1~4 mL/min范围内。通过改变温度和压力改变流体密度，对样品实现组分分馏。此法既适用于离线操作，也常用于在线联用操作。动态萃取前常进行短时间的静态萃取。静态超临界流体萃取不如动态超临界流体萃取应用广泛，但在溶解度测定和动态超临界流体萃取条件的选择时却非常有用。虽然CO_2是非极性物质，对极性化合物的溶解能力很低，但加入极性改性剂如甲醇等能增加其溶解能力，通过衍生化也可增加待分析物在超临界流体中的溶解度，使 CO_2 能萃取从低极性的亲脂性化合物至含有多个羟基的极性化合物，扩大超临界流体萃取的应用范围。

超临界流体萃取具有速度快、萃取效率高、方法准确性好、节省溶剂等特点，技术易于自动化，而且避免使用易燃、有毒的有机溶剂，能与色谱、光谱等分析仪器直接联用。

14.2.3.7　免疫亲和色谱

免疫亲和色谱（Immunoaffinity Chromatography，IAC）是以抗原抗体的特异性、可逆性免疫结合反应为原理的色谱技术，其基本过程为将抗体与惰性基质（如珠状琼脂糖、键合相硅胶）偶联制成固定相，装柱。当含有待测组分的样品通过 IAC 柱时，固定抗体选择性地结合待测物，其他不被识别的杂质则不受阻碍地流出 IAC 柱，经洗涤除去杂质后将抗原－抗体复合物解离，待测物被洗脱，样品得到净化。IAC 的最显著优点在于对待测物的高效、高选择性保留能力，特别适用于复杂样品痕量组分的净化与富集。

IAC 的理论基础和技术在 20 世纪 60 年代确立。因常规的分析方法（主要是样品的前处理过程）无法满足高分辨、高灵敏度、低检测限的兽药残留分析的发展要求，20 世纪 80 年代以后，IAC 开始应用到兽药残留分析的样品前处理过程中，纯化重要残留组分样品。

14.2.4　样品的衍生化

衍生化是将样品中的待测组分制成衍生物，使其更适合于特定的分析方法。目的是为了提高农药的稳定性，增强色谱的分离能力，提高检测的选择性和灵敏度；扩大色谱分析的应用范围。但衍生化处理会导致待测物损失，耗时也较长，非必要时分析工作者一般不采用。

14.2.4.1　柱前衍生化技术

柱前衍生化技术是在色谱分离前，预先将样品制成适当的衍生物，然后进行分离和检测的技术。这种方法的优点是衍生化试剂、反应时间和反应条件的选择都不受色谱条件的限制，衍生化后的样品能用各种预处理方法进行纯化和浓缩，也不需要附加特殊的仪器设备；缺点是操作比较繁杂费时，容易引起误差，影响测定的准确度。当衍生化试剂的分子量相对较大时，其引入还可能减小组分间由于分子大小差别而产生的色谱保留行为的差别。

14.2.4.2 柱后衍生化技术

柱后衍生化技术是样品经色谱分离后,使衍生化试剂与色谱流出组分在系统内进行反应,然后检测衍生物的技术。柱后衍生化的优点是操作简便、重复性好,色谱分离和衍生化连续自动进行,而且衍生化不影响组分的色谱分离;缺点是需要附加输液泵、混合室和反应器等装置,由于柱出口至检测器间有较长的流程,可能发生色谱峰展宽。显然,实现柱后衍生化必须满足下列条件:

(1)衍生化试剂足够稳定,对检测器的响应可以忽略,不产生干扰。

(2)衍生化试剂溶液与色谱流动相能互相混溶,混合后不产生沉淀或分层,而且色谱流动相适宜作衍生化反应的介质。

(3)衍生化试剂与色谱柱流出液的速度要匹配,混合迅速且均匀,以免产生噪声。

(4)衍生化反应必须迅速和重现性好,反应器设计要合理,以尽可能减少峰展宽。

常用的柱后衍生化技术包括 HPLC 柱后衍生化和 GC 柱后衍生化。

(1)HPLC 柱后衍生化。柱后衍生化在色谱柱至检测器之间增加了混合器与反应器及多个连接部件,因产生柱外效应,导致峰展宽。

混合器对峰展宽的影响十分显著,因为衍生化反应的完全程度取决于反应液的混合均匀程度,对于快速反应这一影响更大,因此需要效率较高的混合器。反应器内峰展宽的大小与反应器的几何尺寸及其内部液体流型有关,为了减小由于液体与管壁的表面摩擦作用和层流产生的峰展宽,可将反应管向不同方向弯曲。因此管式反应器常制成螺旋型,编织型甚至缝织型。

(2)GC 柱后衍生化。柱后加裂解器使分析组分裂解可对色谱峰进行化学结构鉴定,这一点与 MS 的作用相似。

柱后用浓集器主要用于 GC - MS,也能改善其他检测器的信噪比。浓集器主要有喷射分离器、烧结玻璃分离器、多孔膜浓集器和高聚膜浓集器。

柱后用一种含有镍 - 硅藻土催化剂的微型反应器,加热至 425℃时,能允许氢气自由通过,而其他组分则裂解成甲烷和水。除去水后,用热导池检测甲烷。

柱后用氢反应器能使色谱峰中含有卤素或氮的组分还原成氢卤酸和氨,然后进行库仑检测或电导检测。另一种氢反应器将含氮化合物转变成氨后,再流进一个装置与邻苯二甲醛和巯基乙醇反应,并进行荧光检测。

柱后用等离子体反应器是一个衬有镀^{43}Ni 的金箔离子化室,一对钨电极提供高压，产生等离子体。基于氩气的 β - 受激放电，等离子化过程具有特征性。将这一反应器置于两色谱柱之间，第一根柱的色谱峰在反应器内反应后，产物再经第二根柱分离，由电子捕获检测器检测。

14.2.4.3　其他衍生化技术

(1)固相衍生化。将固体微粒(硅胶或高分子微球)填充于内径 5 ~ 6 mm、长度 25 ~ 30 cm 的柱子内就是一个固相衍生化器。这些固体微粒的表面通常经过处理连接有反应基团，称作固相反应剂。样品通过时与反应剂发生衍化反应，这是一种非均匀体系的反应。这种衍生化装置比较简单，固相反应器多作为柱后衍生化装置，但也可以放在色谱柱前而成为柱前在线衍生化装置。

固相反应剂的种类很多，包括氧化型、还原型、基团转移型和催化剂型，可适应各种衍生化反应的需要。将衍生化试剂固定在大孔聚合物担体上，所得到的固相衍生化试剂对组分分子的尺寸大小有较高的选择性。大分子只能与担体表面的试剂作用，而小分子可以进入担体的所有反应部位，因此当有大分子干扰物存在时，只有痕量大分子发生衍生化，不干扰小分子待测物的检测。

(2)固定化酶衍生化。利用固定化技术将酶固定在担体上，是一种特殊的催化剂型固相衍生化试剂。固定化酶衍生化的典型例子是将 3α - 羟基类固醇脱氢酶固定于氨基玻璃微珠上，填充于 4.6 mm × 2.5 cm 的不锈钢柱内，催化胆汁酸发生氧化反应，同时使其辅助因子烟酰胺腺嘌呤二核苷酸(NAD)还原成 NADH，产物用荧光或电化学检测器检测。

(3)光化学衍生化。光化学衍生化是一种柱后衍生化技术。在色谱柱与检测器之间安装一个光源和一段反应管，使分离的组分在光照射下发生某种反应，所产生的衍生物再被检测器检测。能够通过光化学活化的反应包括：氧化—还原、光分解或光水解、光离解、分子重排、加成或消除、环化、光聚合等。光源通常为高强度的紫外光灯或激光光源。与之匹配的检测器可以是紫外—可见检测器、荧光检测器或电化学检测器。

14.2.4.4　常用色谱分析衍生化反应

气相色谱法中常用的衍生化反应主要有硅烷化反应、酯化反应和酰化反应。

液相色谱法中常用的衍生化反应主要有可见—紫外衍生化、荧光衍生化和电化学衍生化反应。具体内容可参见有关色谱分析的文献。

农药的多残留分析也同样分为样品前处理和仪器分析两部分。不同的是，多残留分析检测技术要求实验过程在选择性和灵敏度之间寻求一种完美的平衡。这对样品预处理的要求更高。

14.2.5 农药兽药残留分析方法

14.2.5.1 残留分析方法的建立

农药兽药残留的分析首先要有合适的分析方法，根据分析的目的，分析方法可能是定性或定量。定性方法通常用于监管中的快速检测，这类方法要求反应速度快，样品需要量少，同时可进行较多数量的样品检测。免疫分析法具有特异性强的特点，在定性分析方面占有较大的优势，通常制备成试剂盒，按照说明书的指示操作即可。定量分析方法所受影响因素较多，首先要能够提取出样品中所有的农药或兽药，其次提取物的预处理应能有效去除干扰物质而保留被测成分。分离分析效率高且分辨率高，检测器反应灵敏，检测限低，操作条件稳定，最好有实物标样。分析条件的确定包括提取条件选择，预处理方法与条件选择，色谱条件选择，检测器选择。新定量分析方法的建立要进行准确度、精密度、检测限、定量限、选择性、灵敏度和检测范围等指标的研究。

14.2.5.2 农药残留分析

农药的种类繁多，分析方法更可用“海量”描述。一本书无法罗列文献报道的所有方法，这里只列举部分有机磷农药残留量分析的例子。

(1)样品提取：提取剂可以为乙酸乙酯、乙酸乙酯/无水硫酸钠、乙酸乙酯/二氯甲烷、乙酸乙酯/二氯甲烷/无水硫酸钠、乙酸乙酯/乙醇、乙酸乙酯/戊烷或二甲苯、正己烷、丙酮/二氯甲烷/氯化钠、正己烷/乙腈、乙腈、乙腈/乙醇、乙腈/丙酮、丙酮/二氯甲烷/正己烷、丙醇/石油醚、水。

(2)分配方法：乙腈、水/氯化钠、氯化钠盐析、二氯甲烷、正己烷/二氯甲烷、二氯甲烷/氯化钠/水、二氯甲烷/石油醚、石油醚等。

(3)净化方法：过 Bio Beads SX－3 柱、PL 凝胶柱、伯/仲胺键合交换硅胶阴离子柱、硅胶微柱、LC 硅胶柱、Florisil 柱、C_{18}柱、硅藻土、Envirose－ABC 凝胶柱或氨丙基键合柱等，用正己烷/乙酸乙酯、乙酸乙酯、环己烷/乙酸乙酯、丙酮、正己烷、甲苯淋洗、正己烷/丙酮/二氯甲烷等淋洗。肉类或脂质食物样品中的脂肪可以采用冷冻沉淀后去除。

(4)气相色谱分析条件：填充柱可选择 DEGS、OV－17、DC－200、OV－101、OV－225、OV－22、SE－30、OV－1701、OV－201、Apiezen N、Ultrabond 20SE、QF－1、OV－101＋OV－220、OV－61＋QF－1＋XE60、OV225＋OV－101 等；毛细管柱可选择 DB－210、CBP－10、DB－17、DB－1、SPB－1、SPB－5、SPB－608、SPB－20、DEGS、OV－101、OV－201、SE－30、OV－1701、HP－1、OV－17、SP－2100、

DB－1301、CBP－10、RSL－300、CPSil19CB、Ultra2、HP－1、5%苯基甲基硅烷、SP－2250＋SP－2401、SE－54 与 OV－1701 并联、SP－2100 与 OV－225 并联、SP－2100 与 OV－225 并联等；检测器可选氮磷检测器（NPD）、火焰光度检测器（FPD）、电子捕获检测器（ECD）、电导检测器（ELCD）、氢火焰离子化检测器（FID）、微波诱导等离子体－原子发射检测器（MIP/AED）及质谱（MS）等。根据原料和被测物的性质配置相应的条件组合。GC/MS 和 HPLC/MS 尤其适合多残留分析。

14.2.5.3　兽药残留分析

肉禽饲养业中滥用的克伦特罗（俗称“瘦肉精”）为 β－兴奋剂（β－agonist）类药物。这是一组选择性 β_2－肾上腺素受体激动剂，因能与动物机体内大部分组织细胞膜上的 β－受体结合而得名。饲料含 β－兴奋剂，会在动物体内积累，滞留时间长，烹饪加工很难消除其作用，人类的中毒症状为头晕、心悸、手指震颤，还可引起糖尿病患者发生痛中毒和酸中毒。激素类药物被禁止在饲料中添加。以下以 β－兴奋剂的分析为例。

β－兴奋剂残留检测的主要工作在样品处理方面，所用时间占全部分析时间 80% 以上。样品的处理方法主要是液—液萃取、固相萃取、液相色谱、超临界萃取和透析等方法。β－兴奋剂残留分析的方法中色谱法应用最多，毛细管电泳法亦常用。

（1）样品提取：提取剂有叔丁基甲醚/正丁醇、乙酸乙酯、索楞森缓冲液（pH 7）、盐酸、高氯酸/EDTA、Tris 缓冲液、磷酸盐缓冲液等。

（2）样品净化：Ultrabase C_{18}柱 LC 净化，液—液分配；β－葡糖苷酸酶/硫酸酯酶水解，固相萃取净化；固相萃取净化；加氢氧化钡/氯化钡缓冲液透析；免疫亲和色谱净化；或 Pellisular C_{18}柱痕量富集。

（3）衍生化：三甲基环硼氧烷衍生，碳酰氯衍生，五氟丙酸酐衍生，*N*，*O*－双（三甲基硅烷）三氟乙酰胺衍生；*N*－甲基－*N*－（叔丁基二甲基硅烷基）三氟乙酰胺衍生（叔丁基对氧氮六环衍生）物；甲基或丁基硼酸衍生；或氯甲基二甲基氯硅烷衍生（2－二甲基硅烷基对氧氮六环衍生物）。

（4）气相色谱条件：流动相，氦气；固定相可以选择 DB5 毛细管柱、CP－Sil－8 毛细管柱、HPSP5 毛细管柱、OV－1701 毛细管柱、CP－Sil－5CB 毛细管柱、Permabond SE－52、WCOT RSL 150BP 毛细管柱、HP1 毛细管柱或 OV－1 毛细管柱等。

（5）液相色谱条件：文献报道的组合有 Symmetry C_{18}柱，0.01 mol/L 醋酸缓冲液(pH 4.6)/甲醇,梯度从(70 + 30)到(30 + 70),UV 245 nm 检测;Lichrospher 100 RP - 18e 分析柱和预柱(5 μm),水/甲醇(66 + 34)含 1% 甲酸,40℃,电化学检测;Inertsil 5 ODS 分析柱和预柱(3 μm),0.01 mol/L 醋酸铵/甲醇,梯度从(95 + 5)到(20 + 80),大气压化学电离(APCI) - MS/MS 检测;Nova - Pak C_{18}柱(4 μm),0.02 mol/L 醋酸含 25 mmol/L 十二烷基磺酸钠(pH 3.5)/乙腈(53 + 47),柱后 Bratton - Margall 衍生化,Vis 494 nm/薄层层析和 GC - MS 检测;Lichrospher RP - select B 柱(5 μm),0.02 mol/L 磷酸二氢钾含 30 μmol/L 乙二胺四乙酸(pH 3.9)/甲醇(92.5 + 7.5)或 0.02 mol/L 磷酸盐缓冲液/甲醇(75 + 25)(克伦特罗);Spherisorb C_{18}柱(3 μm),溶剂 A:水/乙腈/甲醇(95 + 2.5 + 2.5)含 0.1% 乙酸和 5 mmol/L 醋酸铵;溶剂 B:水/乙腈/甲醇(5 + 47.5 + 47.5)含 0.1% 乙酸和 5 mmol/L 醋酸铵,体积比 28:72,离子喷雾(ISP) - MS/MS 检测。

14.2.5.4 农药兽药残留分析国家标准

农药兽药和农畜产品的种类繁多,使用方法和残留特征没有明显的规律性,质量和安全监控要求了解和掌握农畜产品和食品中农药兽药的残留量,为了评判和比较,国家制定了相关的检测方法国家标准用于不同的目的,已经发布实施的有,GB/T 5009.145—2003《植物性食品中有机磷和氨基甲酸酯类农药多种残留量的测定》、GB/T 5009.199—2003《蔬菜中有机磷和氨基甲酸酯类农药残留量的快速检测》、GB/T 19648—2006《水果和蔬菜中 500 种农药及相关化学品残留量的测定　气相色谱—质谱法》、GB/T 20769—2008《水果和蔬菜中 450 种农药及相关化学品残留量的测定　液相色谱—串联质谱法》、GB/T 19649—2006《粮谷中 475 种农药及相关化学品残留量的测定　气相色谱—质谱法》、GB/T 20770—2008《粮谷中 486 种农药及相关化学品残留量的测定　液相色谱—串联质谱法》、GB/T 19426—2006《蜂蜜、果汁和果酒中 497 种农药及相关化学品残留量的测定　气相色谱—质谱法》、GB/T 20771—2008《蜂蜜中 486 种农药及相关化学品残留量的测定　液相色谱—串联质谱法》、GB/T 23206—2008《果蔬汁、果酒中 512 种农药及相关化学品残留量的测定　液相色谱—串联质普法》、GB/T 19650—2006《动物肌肉中 478 种农药及相关化学品残留量的测定　气相色谱—质谱法》、GB/T 23376—2009《茶叶中农药多残留测定　气相色谱/质谱法》、GB/T 23204—2008《茶叶中 519 种农药及相关化学品残留量的测定　气相色谱—质谱法》、GB/T 23205—2008《茶叶中 448 种农药及相关化学品残留量的测定　液相色谱—串联质谱法》、GB/T 5009.19—2008《食品中有机氯农药多组分残留量的测定》、GB/T 5009.162—2008《动物性食品中有机氯农药和拟除虫菊酯农药多组分残留量的测定》、GB/T 5009.218—2008《水果和蔬菜中多种农药残留量的测定》、GB/T 5009.103—2003《植物性食品中甲胺磷和乙酰甲胺磷农药残留量的测定》、GB/T 5009.20—2003《食品中有机磷农药残留量的测定》、GB/T5009.146—2008《植物性食品中有机氯和拟除虫菊脂类农药多种残留量的测定》、GB/T 18932.3—2002《蜂蜜中链霉素残留量的测定　液相色谱法》、GB/T 20758—2006《牛肝和牛肉中睾酮、表睾酮、孕酮残留量的测定　液相色谱—串联质谱法》、GB/T 20756—2006《可食动物肌肉、肝脏和水产品中氯霉素、甲砜霉素和氟苯尼考残留量的测定　液相色谱—串联质谱法》、GB/T 20751—2006《鳗鱼及制品中十五种喹诺酮类药物残留量的测定　液相色谱—串联质谱法》、GB/T 20741—2006《禽肉中地塞米松残留量的测定　液相色谱—串联质谱法》、GB/T 20766—2006《牛猪肝肾和肌肉组织中玉米赤霉醇、玉米赤霉酮、己烯雌酚、己烷雌酚、双烯雌酚残留量的测定　液相色谱—串联质谱法》、GB/T 20755—2006《禽肉中九种青霉素类药物残留量的测定　液相色谱—串联质谱法》、GB/T 20752—2006《猪肉、牛肉、鸡肉、猪肝和水产品中硝基呋喃代谢物残留量的测定　液相色谱—串联质谱法》、GB/T 20744—2006《蜂蜜中甲硝唑、洛硝哒唑、二甲硝咪唑留残量的测定　液相色谱—串联质谱法》、GB/T 20765—2006《猪肝脏、肾脏和肌肉组织中维吉尼霉素 M1 残留量的测定　液相色谱—串联质谱法》、GB/T 20743—2006《猪肉、猪肝和猪肾中杆菌肽残留量的测定　液相色谱—串联质谱法》、GB/T 20753—2006《牛和猪脂肪中醋酸美仑孕酮、醋酸氯地孕酮和醋酸甲地孕酮残留量的测定　液相色谱—紫外检测法》、GB/T 20747—2006《牛和猪肌肉中安乃近代谢物残留量的测定　液相色谱—紫外检测法和液相色谱—串联质谱法》、GB/T 20754—2006《禽肉中保泰松残留量的测定　液相色谱—紫外检测法》、GB/T 20746—2006《牛、猪肝脏和肌肉中卡巴氧和喹乙醇及代谢产物残留量的测定　液相色谱—串联质谱法》、GB/T 20745—2006《畜禽肉中癸氧喹酯残留量的测定　液相色谱—荧光检测法》、GB/T 20763—2006《猪肾和肌肉组织中乙酰丙嗪、氯丙嗪、氟哌啶醇、丙酰二甲氨基丙吩噻嗪、甲苯噻嗪、阿扎哌隆、阿扎哌醇、咔唑心安残留量的测定　液相色谱—串联质谱法》、GB/T 20759—2006《畜禽肉中十六种磺胺类药物残留量的测定　液相色谱—串联质谱法》、GB/T 20764—2006《可食动物肌肉中土霉素、四环素、金霉素、强力霉素残留量的测定　液相色谱—紫外检测法》、GB/T 20742—2006《牛甲状腺和牛肉组织中硫脲嘧啶、甲基硫脲嘧啶、正丙基硫脲嘧啶、它巴唑、巯基苯并咪唑残留量的测定　液相色谱—串联质谱法》、GB/T 20750—2006《牛肌肉中氟胺烟酸残留量的测定　液相色谱—紫外检测法》等。

国家标准因时间和实际情况变化会不断修订和更新，使用时应注意检索最新版本。

复习思考题

1. 农兽药残留测定前的样品预处理方法有哪些？

2. 农兽药残留测定前的方法有哪些？各依据什么原理？

3. 举例说明农兽药残留测定的具体方法、原理、仪器要求、主要步骤及注意事项。

第15章　热分析和流变学分析

本章学习重点：

了解热分析技术的原理、仪器结构组成及在食品分析中的应用；

基本掌握食品流变特性与质构分析的原理、仪器使用和在食品分析中的应用。

15.1　热分析

15.1.1　概述

热分析（thermal analysis，TA）是利用热学原理对物质的物理性能或成分进行分析的总称。根据国际热分析协会（International Confederation for Thermal Analysis，ICTA）1977年对热分析法的定义：热分析是在程序控制温度下，测量物质的物理性质随温度变化的一类技术。所谓“程序控制温度”是指用固定的速率加热或冷却，所谓“物理性质”则包括物质的质量、温度、热焓、尺寸、机械、声学、电学及磁学性质等。本章介绍食品分析中有应用的热重分析（Thermogravimetric Analysis，TG或TGA）和差（示）热分析（Differential Thermal Analysis，DTA）。

15.1.2　热重分析

热重分析是指在程序控制温度下测量待测样品的质量与温度变化关系的一种热分析技术。热重法用的热重分析仪（即热天平）是连续记录质量与温度函数关系的仪器，它是把加热炉与天平结合起来进行质量与温度测量的仪器。热天平的结构见图15－1。

通过程序控温仪使加热电炉按一定的升温速率升温（或恒温），当被测试样发生质量变化时，光电传感器将质量变化转化为直流电讯号，此讯号经测重电子放大器放大并反馈至天平动圈，产生反向电磁力矩，驱使天平梁复位。反馈形成的电位差与质量变化成正比，可转变为样品的质量变化。变化信息通过记录仪描绘出热重曲线，如图15－2（a）所示。纵坐标表示质量，横坐标表示温度。TG曲线上质量基本不变的部分称为平台，如图15－2（b）中*ab*和*cd*部分，*b*点表

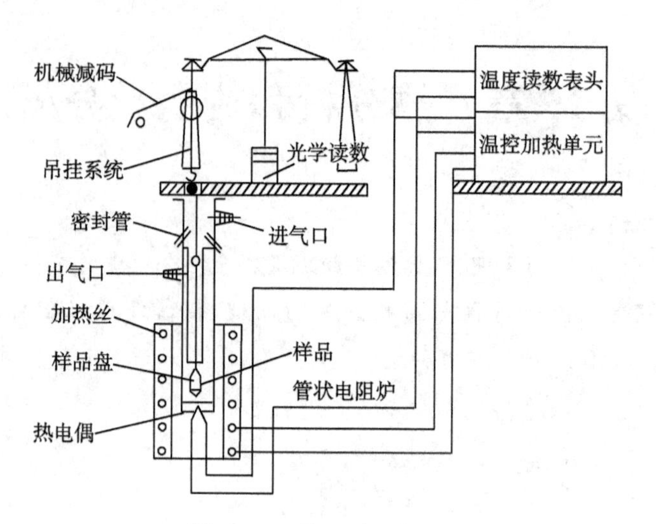

图 15－1　热天平工作原理

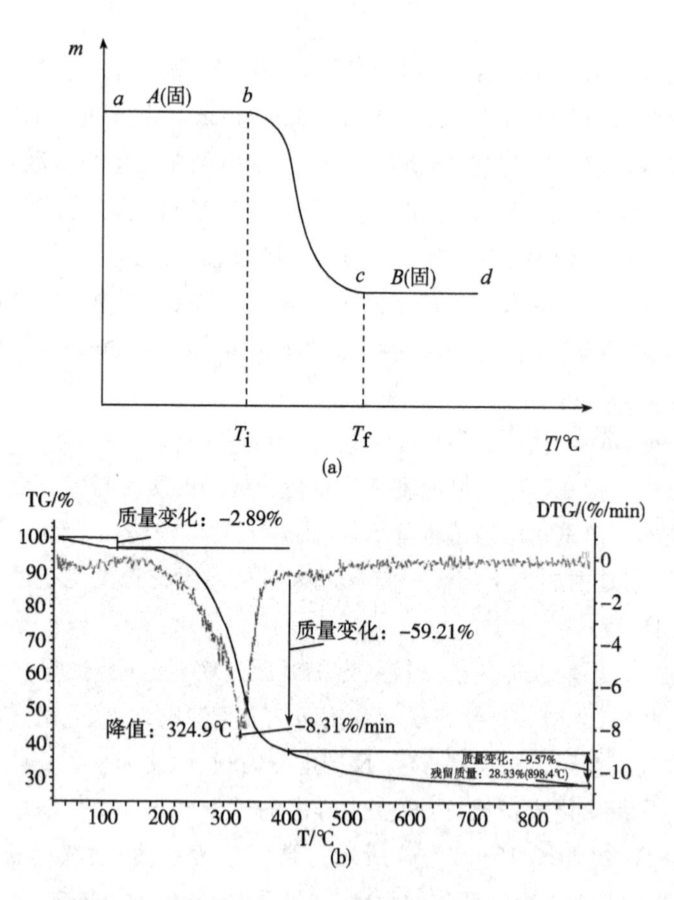

图 15－2　固体热分解的典型热重曲线和导数热重曲线

示变化的起始点,对应的温度 T_i 即为变化的起始温度。图中 c 点表示变化终止点,T_f 表示变化的终止温度。从热重曲线可求得试样组成、热分解温度等。当被测物质在加热过程中有升华、汽化、分解出气体或失去热惰性物质时,被测的物质质量就会发生变化。这时热重曲线就不是直线而是有所下降。通过分析热重曲线,可以知道被测物质发生变化的温度和失重量,得到样品热变化所产生的热物性方面的信息(图 15－3)。

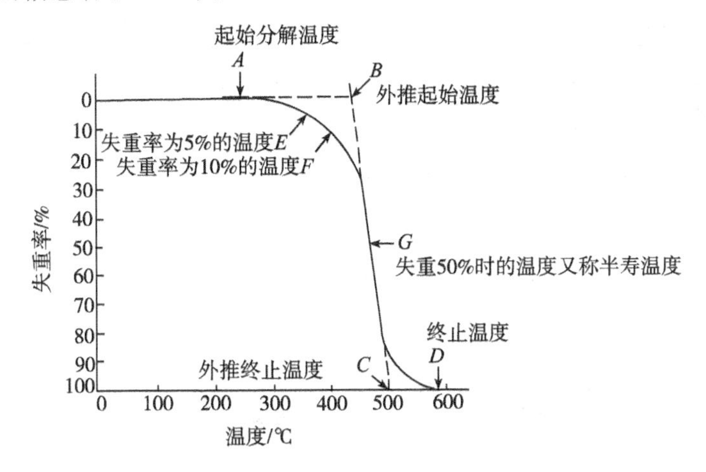

图 15－3　热重分析曲线解析

热重分析法通常分为两类:动态法和静态法。

(1)静态法:包括等压质量变化测定和等温质量变化测定。等压质量变化测定是指在程序控制温度下,测量物质在恒定挥发物分压下平衡质量与温度关系的方法。等温质量变化测定是指在恒温条件下测量物质质量与温度关系的方法。后者准确度高,但耗时长。

(2)动态法:即通常所说的热重分析和微商热重分析。微商热重分析又称导数热重分析(Derivative Thermogravimetry,简称 DTG),它是 TG 曲线对温度(或时间)的一阶导数。以物质的质量变化速率($\mathrm{d}m/\mathrm{d}t$)对温度 T(或时间 t)作图,即得 DTG 曲线[图 15－2(b)]。

15.1.3　差热分析

15.1.3.1　差热分析的原理

在加热或冷却过程中达到某一温度时,物质会发生熔化、凝固、晶型转变、分解、化合、吸附、脱附等物理或化学变化,伴随焓的改变,产生热效应,表现为该物质与外界环境之间产生温度差。差热分析就是通过测定温度差来鉴别物质，确定结构、组成或测定转化温度、热效应等物理化学性质。

试样和参比物之间的温度差用差示热电偶测量（图 15－4），差示热电偶由材料相同的两对热电偶组成，按相反方向串接，将其热端分别与试样和参比物容器底部接触（或插入试样内），并使试样和参比物容器在炉子中处于相同受热位置。当试样没有热效应发生时，试样温度（T_S）与参比物温度（T_R）相等，$T_S - T_R = 0$。此时，两对热电偶的热电势大小相等，方向相反，互相抵消，差示热电偶无信号输出，DTA 曲线为一直线，称基线（由于试样和参比物热容和受热位置不完全相同，实际上基线略有偏移）。当试样有吸热效应发生时，$\Delta T = T_S - T_R < 0$（放热效应则 $T_S - T_R > 0$），差示热电偶就有信号输出，DTA 曲线会偏离基线，随着吸热效应

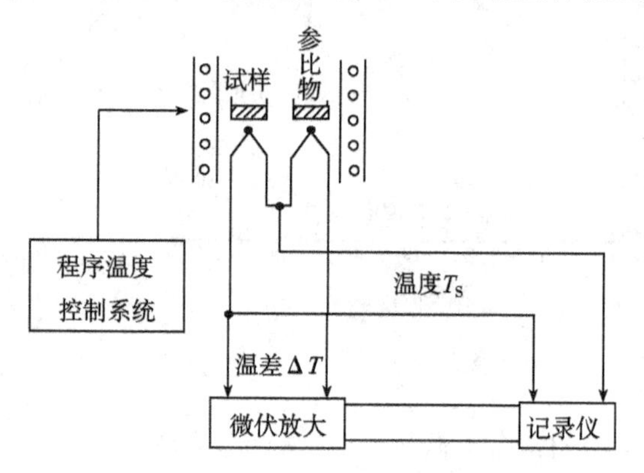

图 15－4　差热分析原理示意图

速率的增加，温度差则增大，偏离基线也就更远。吸热效应结束，曲线又回到基线，在 DTA 曲线上形成一个峰，称吸热峰；放热效应中峰的方向相反，称放热峰。

参比物在温度变化的整个过程中不发生任何物理化学变化，不产生任何热效应。

将样品与参比物同时放入一个可按规定速度升温或降温的电炉中，然后分别记录参比物的温度（也可记录样品本身或样品附近环境的温度）以及样品与参比物的温度差，随着测定时间的延续，就可以得到一张差热图或称作热谱图（图 15－5）。

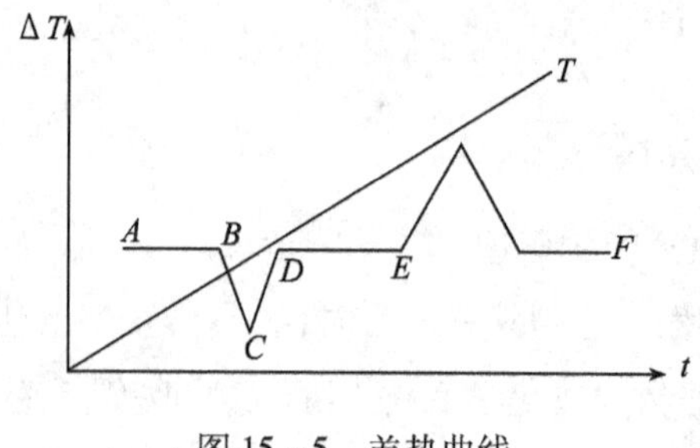

图 15－5　差热曲线

在差热图中有两条曲线,其中曲线 T 为温度曲线,表示参比物(或其它参考点)温度随时间的变化情况;曲线 AF 为差热曲线,反映样品与参比物间的温度差 ΔT 同时间的关系。图 15－5 中,与时间轴 t 平行的线段 AB、DE 表明样品与参比物间温差为零或恒为常数,称为基数;BC、CD 段组成差热峰。一般规定放热峰为正峰,此时样品的焓变小于零,温度高于参比物;吸热峰则出现在基线的另一侧,称为负峰或吸热峰。

在实际测定中,由于样品与参比物间往往存在着比热、导热系数、粒度、装填疏密度等方面的差异,加之样品在测定过程中可能发生收缩或膨胀、差热曲线会产生漂移,其基线不再平行于时间轴,峰的前后基线也不在一条直线上,差热峰可能比较平坦,使 B、C 和 D 三个转折点不明显,这时可以通过作切线的方法确定转折点,进而确定峰面积。

从差热图上可清晰看到差热峰的数目、高度、位置、对称性以及峰面积。峰的个数表示物质发生物理化学变化的次数,峰的大小和方向代表热效应的大小和正负,峰的位置表示物质发生变化的转化温度。在相同的测定条件下,许多物质的热谱图具有特征性。因此,可通过与已知热谱图比较进行样品鉴别。理论上讲,可通过峰面积的测量对物质进行定量分析,但因影响差热分析的因素较多,定量难以准确。

15.1.3.2　差热分析的仪器结构组成

一般的差热分析装置由加热系统、温度控制系统、信号放大系统、差热系统和记录系统等组成。有些型号的产品也包括气氛控制系统和压力控制系统。

(1)加热系统。加热系统提供测试所需的温度条件,根据炉温可分为低温炉(<250℃)、普通炉、超高温炉(可达 2400℃);按结构形式可分为微型、小型,立式和卧式。系统中的加热元件及炉芯材料根据测试范围的不同而进行选择。

(2)温度控制系统。温度控制系统用于控制测试时的加热条件,如升温速率、温度测试范围等。一般由定值装置、调节放大器、可控硅调节器(PID－SCR)、脉冲移相器等组成,随着自动化程度的不断提高,大多数已改为微电脑控制,提高了控温精度。

(3)信号放大系统。通过直流放大器把差热电偶产生的微弱温差电动势放大、增幅、输出,使仪器能够更准确的记录测试信号。

(4)差热系统。差热系统是整个装置的核心部分,由样品室、试样坩埚、热电偶等组成。其中热电偶是其中的关键性元件,既是测温工具,又是传输信号工具,可根据试验要求具体选择。

(5)记录系统。记录系统早期采用双笔记录仪进行自动记录,目前已能使用微机进行自动控制和记录,并可对测试结果进行分析,为试验研究提供了很大方便。

(6)气氛控制系统和压力控制系统。该系统能够为试验研究提供气氛条件和压力条件,增大了测试范围,目前已经在一些高端仪器中采用。

15.1.3.3 影响差热分析曲线的因素

差热分析操作简单,但同一试样在不同仪器上测量,或不同的人在同一仪器上测量,所得到的差热曲线峰的最高温度、形状、面积和峰值大小都会发生一定变化,主要原因与许多因素有关,传热情况比较复杂。严格控制操作条件,仍可获得较好的重现性。

(1)气氛和压力的选择。气氛和压力可以影响样品化学反应和物理变化的平衡温度、峰形。因此,必须根据样品的性质选择适当的气氛和压力,有的样品易氧化,可以通入 N_2、Ne 等惰性气体。

(2)升温速率的影响和选择。升温速率不仅影响峰温的位置,而且影响峰面积的大小,一般来说,在较快的升温速率下峰面积变大,峰变尖锐。但是快的升温速率使试样分解偏离平衡条件的程度也大,因而易使基线漂移。更主要的可能导致相邻两个峰重叠,分辨力下降。较慢的升温速率,基线漂移小,使体系接近平衡条件,得到宽而浅的峰,也能使相邻两峰更好地分离,因而分辨力高。但测定时间长,要求仪器的灵敏度高。一般情况下选择 10 ~ 15 ℃/min 为宜。

(3)试样的预处理及用量。试样用量大,易使相邻两峰重叠,降低分辨力。一般尽可能减少用量,最多大至毫克。样品的颗粒度 100 ~ 200 目为宜,颗粒小可以改善导热条件,但太细可能会破坏样品的结晶度。对易分解产生气体的样品,颗粒应大一些。参比物的颗粒、装填情况及紧密程度应与试样一致,以减少基线的漂移。

(4)参比物的选择。要求参比物在加热或冷却过程中不发生任何变化,在整个升温过程中参比物的比热、导热系数、粒度尽可能与试样一致或相近。

常用三氧化二铝($\alpha-Al_2O_3$)或煅烧过的氧化镁或石英砂作参比物。如果试样与参比物的热性质相差很远,则可用稀释试样的方法解决,主要是减少反应剧烈程度。选择的稀释剂不能与试样有任何化学反应或催化反应,常用的稀释剂有 SiC、Al_2O_3 等。

15.1.4　差示扫描量热分析

差示扫描量热分析(Differential Scanning Calorimetry,DSC)是在程序升温的条件下,测量试样与参比物之间的能量差随温度变化的一种分析方法。差示扫描量热分析有补偿式和热流式两种。在差示扫描量热分析中,为使试样和参比物的温差保持为零,而在单位时间施加的热量与温度的关系的曲线为 DSC 曲线(图 15－6)。曲线的纵轴为单位时间所加热量(热流率 dH/dt,MJ/s;或比热,J/g),横轴为温度或时间,曲线的面积正比于热焓的变化。DSC 与 DTA 原理相同,

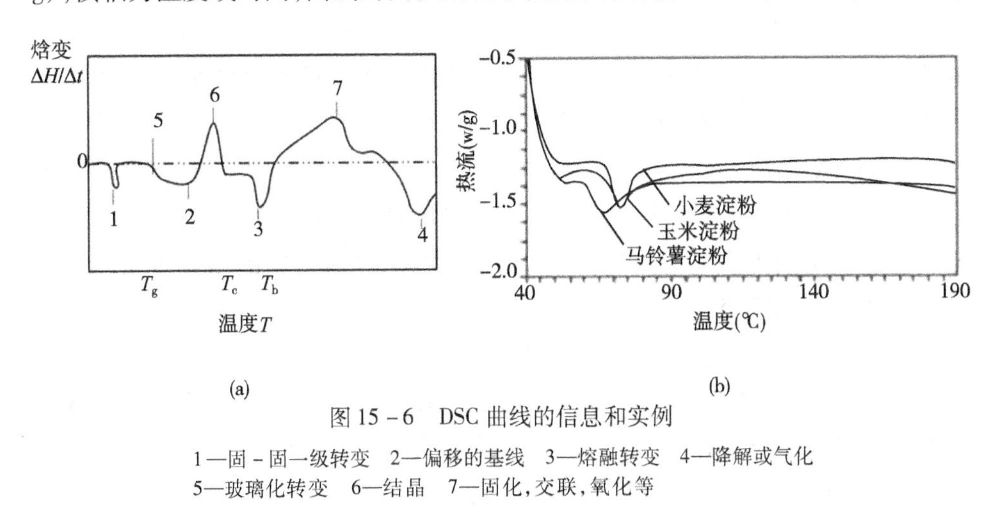

图 15－6　DSC 曲线的信息和实例

1—固－固一级转变　2—偏移的基线　3—熔融转变　4—降解或气化
5—玻璃化转变　6—结晶　7—固化,交联,氧化等

但性能优于 DTA,测定热量比 DTA 准确,而且分辨率和重现性也比 DTA 好,可以测定多种热力学和动力学参数,例如比热容、反应热、转变热、相图、反应速率、结晶速率、高聚物结晶度、样品纯度等。该法使用温度范围宽(－175～725℃)、分辨率高、试样用量少,适用于无机物、有机化合物及药物分析。它可以用来研究生物膜结构和功能、蛋白质、淀粉、食品胶和核酸构象变化等。

DSC 和 DTA 仪器装置相似,所不同的是 DSC 仪器在试样和参比物容器下装有两组补偿加热丝,当试样在加热过程中由于热效应与参比物之间出现温差 ΔT 时,通过差热放大电路和差动热量补偿放大器,使流入补偿电热丝的电流发生变化,当试样吸热时,补偿放大器使试样一边的电流立即增大;反之,当试样放热时则使参比物一边的电流增大,直到两边热量平衡,温差 ΔT 消失为止。换言之,试样在热反应时发生的热量变化,由于及时输入电功率而得到补偿,所以实际记录的是试样和参比物下面两只电热补偿的热功率之差随时间 t 的变化关系。如果

升温速率恒定,记录的就是热功率之差随温度 T 的变化关系。

15.1.5 差热分析的应用

凡是在加热(或冷却)过程中,因物理-化学变化而产生吸热或者放热效应的物质,均可以用差热分析法加以鉴定。其主要应用范围如下:

(1)含水化合物。对于含吸附水、结晶水或者结构水的物质,在加热过程中失水时,发生吸热作用,在差热曲线上形成吸热峰。

(2)高温下有气体放出的物质。一些化学物质,如碳酸盐、硫酸盐及硫化物等,在加热过程中由于 CO_2、SO_2 等气体的放出,而产生吸热效应,在差热曲线上表现为吸热谷。不同类物质放出气体的温度不同,差热曲线的形态也不同,利用这种特征就可以对不同类物质进行区分鉴定。

(3)矿物中含有变价元素。矿物中含有变价元素,在高温下发生氧化,由低价元素变为高价元素而放出热量,在差热曲线上表现为放热峰。变价元素不同,以及在晶格结构中的情况不同,则因氧化而产生放热效应的温度也不同。如 Fe^{2+} 在 340~450℃变成 Fe^{3+} 。

(4)非晶态物质的重结晶。有些非晶态物质在加热过程中伴随有重结晶的现象发生,放出热量,在差热曲线上形成放热峰。此外,如果物质在加热过程中晶格结构被破坏,变为非晶态物质后发生晶格重构,则也形成放热峰。

(5)晶型转变。有些物质在加热过程中由于晶型转变而吸收热量,在差热曲线上形成吸热谷。因而适合对金属或者合金、一些无机矿物进行分析鉴定。

热分析在食品分析中逐渐显示出重要作用。如:DSC 经常被用于测定淀粉的糊化温度和糊化热焓。TG 经常被用于研究食品及其组分的热稳定性。用热分析法可进行油脂的热稳定性、羟丙基 $-\beta-$ 环糊精的热稳定性、香精香料使用温度研究,解释包合物机理和联合使用其他技术进行结构分析。如孜然粉末在加热至 160℃以上开始热解,300℃时,颜色变黑,因此在做烧烤食品时,不要在明火上持续烘烤。又如,为了探讨香菇香精在加热失重过程中的具体变化,进行 TG 和红外光谱法(IR)联用分析。225℃前香菇香精稳定,继续加热则发生分解。因此,香菇香精作为食用香料必须在 225℃保存,可在煮、炸、煎、炒等烹饪过程安全使用,但不适于作为烧烤类香料,因为烧烤的温度超过 225℃。

热分析技术还有另一个重要应用领域,即研究热变化的动力学过程,如淀粉糊化动力学、热分解动力学等;研究食品的热分解动力学,如葵花籽油的热分解动力学、花生油受热氧化的分解动力学、阿斯巴甜以及含有阿斯巴甜、乳糖的甜味剂的热分解动力学、味精失水温度和脱水温度及热分解的精确温度；研究干燥动力学如稻谷的干燥活化能、苹果干燥过程中的水分扩散系数、橄榄油渣的干燥动力学及牧豆胶干燥脱水时的解吸热焓等。

热分析法还可用于评价小麦新鲜度、掺伪检测，如苦丁茶中掺杂葡萄糖，猪脂肪中异种脂肪的检测，奶油中混入人造奶油的检测，腊肠和火腿中肉的判别等。热分析技术一般是用来测定食品体系中的自由水（即可冻结水）。热分析技术对食品体的玻璃态转变温度测定在研究和实践中也有非常重要的作用。

15.2　食品的流变特性与质构分析

15.2.1　概述

流变学（rheology）是研究物质在力的作用下变形和流动的科学，属于力学的一个分支。食品流变学是研究食品原材料、半成品、成品在加工、操作处理以及消费过程中产生的变形与流动的科学，主要研究的是食品受外力和形变作用的结构。食品流变学是食品、化学、流体力学间的交叉学科。质构（Texture）是手指、腭、舌头和牙对食物感觉相关的性质。食品质构的范围较广，但超出期望的范围则是质量缺陷。食品质构分析研究食品在加工储藏中组织的软化与分解等，这些质构的变化会引起材料流变特性的变化。食品流变与质构特性研究对食品工业有重要意义。

15.2.1.1　食品流变和质构特性与食品的质量

传统的食品质构及其表现状态就是用感官检验来评价的。口尝就是一个复杂的流变过程，咀嚼包括磨、剪、挤压、压缩、拉伸等物理过程，故通过流变学的测试可以反映食品的质量，并可避免感官品尝中主观的影响。黏稠性不仅是液态食品的感官评价指标，而且影响到食品风味的接受性。乳类甜食、汤料、酱类、浆状食品等假塑性流体，系数 $n=0.5$ 时，口感最好。这类食品在口中保持稳定的流动，当有剪切作用（舌动等）时有较低的黏度，若停止剪切，又恢复原来的黏度，容易吞咽。

15.2.1.2　食品流变和质构特性与食品研发

通过流变学试验（模拟试验）可以预测产品的质量以及产品在市场上的接受程度，指导新产品的开发。例如：使用食品胶时，必须对使用的目的（应用食用胶的哪一种特性）有清楚的了解，才能根据不同食品胶的特性进行选择。质构仪就可以发挥很大的作用,由于所有的食品胶都不只一种功能,因而在为食品任何一类特别的应用选择最佳的食品胶时,都还应该考虑食品胶在该食品中发挥的其他的功能,所以食品工艺师在选择食品胶时需要考虑诸多因素:产品形态(如凝胶、流动性、硬度、透明度及混浊度等)、产品体系(悬浮颗粒能力、稠度等)、产品储存(时间、风味稳定、水分)、产品加工方式和经济性等。否则,如直接选择使用在该项应用中表现得最好的食品胶,而不考虑其他因素,可能得不到最佳效果。

15.2.1.3 食品流变和质构特性与生产质量控制

食品加工过程中的质构变化,势必引起材料受力性质的改变,需要加以控制。这方面应用最广的是巧克力的生产。巧克力可以是固态体也可以呈液态,取决于其脂肪的构成与存在状态。可可脂在温度高于32℃会急剧融化,成为液态。因此可以借助流变学测量方法对其特性进行检验。最重要的流变学参数就是屈服应力值,其流动曲线遵循 Casson 方程:把流动曲线外推至零剪切速率来确定巧克力的屈服应力值。屈服应力与巧克力中所含的可可脂肪成分、巧克力浆中的可可粉、糖粉等的磨碎程度及卵磷脂的用量有关。在涂布巧克力层时(威化巧克力、冰激凌巧克力等),涂层的厚度取决于巧克力的屈服应力,垂直面厚度取决于其黏度。

15.2.1.4 食品流变和质构特性与工程设计

食品加工及处理过程涉及的液体多为非牛顿液体,其表观黏度随时间、剪切应力、剪切速率的变化而变化,因此掌握各种食品的流变学特性,便于在流体的输送,管路设计以及搅拌、乳化、均质、物化、浓缩、灭菌等单元操作的机械设计中充分考虑物料在力的作用下黏度的变化,有针对性的设计设备结构及功率等。如有些材料具有剪切变稀现象,故其输送启动功率要大等。

15.2.2 食品流变学测量仪器

食品流变学特性的测量和分析是食品流变学理论研究和工程应用的基础,流变学参数的测定为深入理解食品的组织结构提供了分析的工具,也是食品流变学最重要的研究内容之一。由于食品的原材料丰富多样,产品更新换代日新月异。因此,对食品流变学测量仪器和方法提出了更高的要求。随着材料科学、仪器科学和流变学的迅猛发展,专用的食品流变学仪器相继投入使用,各种新的测量方法不断出现,进而促进了适用于实际和模拟食品体系的复杂流变学技术的广泛应用。

15.2.2.1 食品流变学测量仪器的研究进展

食品流变学特性的测量主要是通过选择简单的流动方式测量在特定形变条

件下液体的黏度及流动特性。因此,流变仪或者黏度计是食品流变学研究的基本工具,主要用于测量已知流量流体产生的应变或在已知力的作用下对流体产生的阻力时流体的流变学特性。常用的流变学测量仪器有:毛细管黏度计、落球黏度计、旋转和摆动黏度计等。黏度计只能测试流体在一定条件下的黏度,如低级的6速黏度计只能测试6个固定转速下的黏度,再好一些的有更多的转速可供选择。而流变仪可以给出一个连续的转速(或剪切速率)扫描过程,给出完整的流变曲线(图15-7),高级旋转流变仪还具备动态振荡测试模式,除了黏度以外,还可以给出许多流变信息,如储能模量、损耗模量、复数模量、损耗因子、零剪切黏度、动力黏度、复数黏度、剪切速率、剪切应力、应变、屈服应力、松弛时间、松弛模量、法向应力差、熔体拉伸黏度等,可获得的流体行为信息:非牛顿性、触变性、流凝性、可膨胀性、假塑性等。

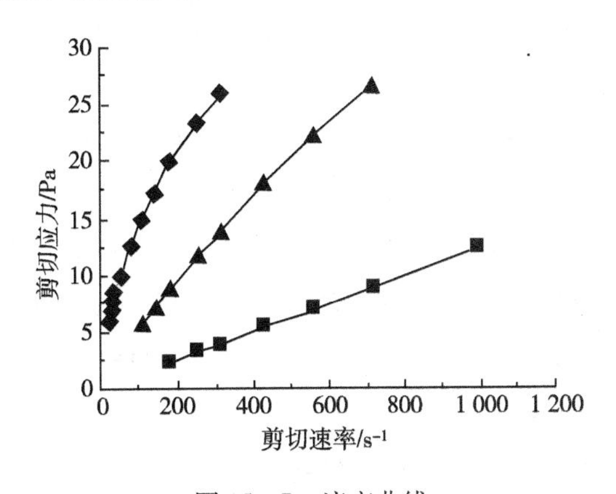

图15-7　流变曲线

15.2.2.1.1　毛细管流变仪

毛细管流变仪主要用于高聚物材料熔体流变性能的测试。工作原理是,物料在电加热的料桶里被加热熔融,料桶的下部安装有一定规格的毛细管口模(有不同直径0.25~2 mm和不同长度的25~40 mm),温度稳定后,料桶上部的料杆在驱动马达的带动下以一定的速度或以一定规律变化的速度把物料从毛细管口模中挤出来。在挤出的过程中,可以测量毛细管口模入口的压力,结合已知的速度参数、口模和料桶参数以及流变学模型,计算在不同剪切速率下熔体的剪切黏度。

15.2.2.1.2　转矩流变仪

实际上是在实验型挤出机的基础上,配合毛细管、密炼室、单双螺杆、吹膜等不同模块,模拟高聚物材料在加工过程中的一些参数,这种设备相当于聚合物加工的小型实验设备,与材料的实际加工过程更为接近,主要用于与实际生产接近的研究领域。

15.2.2.1.3 旋转流变仪

这种流变仪具有典型的互换式测量几何体，双间隙测量系统主要适用于低黏度流体，它具有较大的剪切面积而可以获得足够高的转矩值。然而，以较高的剪切速率测量低黏度流体时，会有次级流效应产生。这可能导致紊流的发生，引起流阻的增加。旋转流变仪常用的两种方法是控制速率和控制应变。在控制速率方面，材料被放在两个平板间进行研究。其中一块平板以固定的速度旋转，产生的扭力被另一块平板测量。因此，速度（应力速度）是独立变量而转距（应变）是非独立变量。在控制应变方面，情况则完全相反。转矩（应变）被应用在一块平板，则同一块板的转速或位移就被测量。

（1）控制应力型：使用最多，如德国哈克（Haake）RS 系列、美国 TA 的 AR 系列、英国 Malven、奥地利 Anton – Paar 的 MCR 系列，都是这一类型的流变仪。前三家的产品马达采用托杯马达，托杯马达属于异步交流马达，惯量小，特别适合于低黏度的样品测试；Anton – Paar 的 MCR 流变仪和美国 TA 公司的 ARES 采用永磁体直流马达，响应速度快，是应力型流变仪的一种发展方向。这一类型的流变仪，采用马达带动夹具给样品施加应力，同时用光学解码器测量产生的应变或转速，并在大扭矩测量方面不会产生大量的热，不会产生信号漂移。

控制应力的流变仪由于有较大的操作空间，可以连接更多的功能附件。

（2）控制应变型：只有美国 TA 的 ARES 属于单纯的控制应变型流变仪，这种流变仪直流马达安装在底部，通过夹具给样品施加应变，样品上部通过夹具连接倒扭矩传感器上，测量产生的应力；这种流变仪只能做单纯的控制应变实验，原因是扭矩传感器在测量扭矩时产生形变，需要一个再平衡的时间，因此反应时间就比较慢，这样就无法通过回馈循环来控制应力。但奥地利 Anton – Paar 的 MCRxx2 系列流变仪采用 DSO 控制，保证应变波形不受影响。

控制应变的流变仪由于硬件复杂，只有几种功能附件可供选择。

15.2.3 专门用途流变仪介绍

针对谷物及面粉的面团流变学特性专门研制有多种实验室测试仪器，用于测定谷物和面粉的品质，测试对象包括所有谷物和淀粉原料，如小麦、黑麦、玉米、大米、小米、木薯、木薯粉。许多方法已经被国际标准化组织（ISO）和机构及国家标准组织，如国际谷物化学协会（ICC）、美国谷物化学家协会（AACC）定为标准，成为全世界各国在制粉、烘焙、淀粉工业中测试谷物品质的基础仪器，包括粉质仪、拉伸仪、糊化仪、黏度仪等。我国国家标准GB/T 14614—2006《小麦粉面团的物理特性 吸水量和流变学特性的测定 粉质仪法》、GB/T 14615—2006《小麦粉面团的物理特性 流变学特性的测定拉伸仪法》和GB/T 14490—2008《粮油检验 谷物及淀粉糊化特性测定 黏度仪法》采用相应的方法和仪器。随着仪器制造水平的提高和相关软件的研发，电子式粉质仪、电子式拉伸仪、电子式糊化仪和电子式黏度仪已替代了相应的机械式测定仪器，测定结果更精细、准确，信息量更大，同时仪器还可以用于研究目标的扩展。

15.2.3.1 电子式粉质仪(Farinograph - E)

粉质仪(图15－8)作为全球通用的标准仪器已经被使用了八十多年，通过测试小麦面粉的吸水率和揉混特性(面团的形成时间、稳定性、弱化度)来检验小麦的质量，适合于小麦面粉的质量控制和实验室产品研究和开发以及质量评价。

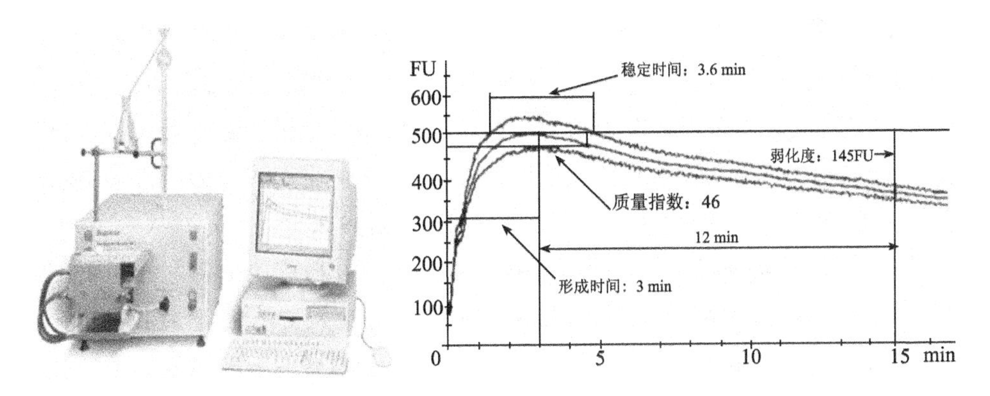

图15－8 面粉粉质仪(左)和粉质曲线特征(右)

由粉质仪记录的图谱称为粉质曲线(图15－8)，由粉质曲线可以得到的面粉品质参数有：

(1)吸水量：面团最大稠度达到500 FU(仪器单位)时的加水量，单位为mL/100g；

(2)面筋形成时间：从加水开始至粉质曲线达最大稠度的时间间隔，单位为min；

(3)面筋稳定时间：粉质曲线上边沿与500 FU标线两次相交的时间间隔，单位为min；

(4)面筋弱化度：粉质曲线中间值自峰值至12 min时衰减的高度，单位为仪器单位FU；

(5)质量指数：粉质曲线从加水开始至到达最大稠度后衰减30 FU处时间坐标长度，单位为mm。

15.2.3.2　电子式拉伸仪(Extensograph - E)

拉伸仪测试的是面团的拉伸特性,特别是拉伸阻力、延伸性和拉伸能量,为面粉的烘焙特性提供可靠的数据。全世界的谷物贸易、科研开发中都采用拉伸仪进行面粉的拉伸实验,国际标准方法包括 AACC 54 - 10、ICC 114/1 和 ISO 5530 - 2。拉伸仪适合对各种小麦面粉质量的测试,对美国的强筋小麦质量和利用特定的中国小麦面粉做成的部分非常软的面团也是有效的。电子式拉伸仪甚至允许在超出 1000 个拉伸单位(EU)的情况下记录图谱(机械式的拉伸仪以 1000 EU 为限量,超出 1000 EU 部分只能以一条直线表现)。

面团在外力作用下发生变形,外力消除后,面团会部分恢复原来状态,表现出塑性和弹性。不同品质的面粉形成的面团变形的程度以及抗变形阻力差异不大,这种物理特性称为面团的延展特性,是面团形成后的流变学特性。硬麦面粉形成吸水率高、弹性好、抗变形阻力大的面团;相反,软麦面粉形成吸水率低、抗变形阻力小、弹性弱的面团。在面粉品质改良中,应当清楚不同食品对面团延展性的要求不同,制作面包要求有强力的面团,能保持酵母生成的二氧化碳气体,形成良好的结构和纹理,生产松软可口的面包;制作饼干要求弱力的面团,便于延压成型,保持清稀、美观的花纹、平整的外形和酥脆的口感。

测定面团的延展特性用的仪器是拉伸仪。将通过粉质仪制备好的面团(50 g)先揉球、搓条,醒发 45 min 后,将面条两端固定,中间钩向下拉,直到拉断为止,抗拉伸阻力以曲线的形式记录,然后把拉断的面团再揉球、搓条,重复以上操作,分别记录 90 min、135 min 的曲线(图 15 - 9),根据曲线分析面团品质和添加剂的影响作用。拉伸曲线给出的有关面团性能数据如下。

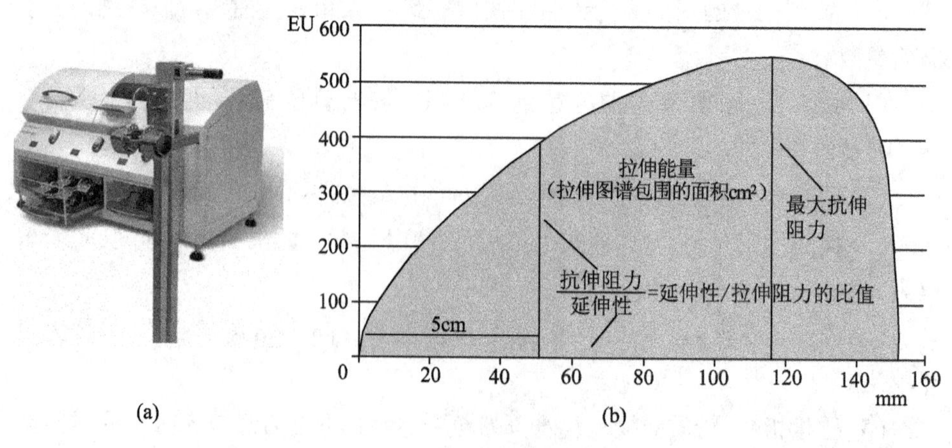

图 15 - 9　面团拉伸仪和拉伸曲线特征

(1)延伸性(E):是以面团从开始拉伸直到断裂时曲线的水平总长度,用 mm 或 cm 表示。它是面团黏性、横向延展性的标志。

(2)抗延伸阻力:曲线开始后在横坐标上到达 5 cm 位置曲线的高度,以仪器单位 BU 表示。它指的是面团弹性,是面团纵向弹性好坏的标志,即面团横向延伸时阻抗性。

(3)拉伸比值:抗拉伸阻力与延伸性比值,用 BU · cm^{-2}表示,即抗拉强度。

(4)最大抗延伸阻力:指曲线最高点的高度,以 BU 表示。

(5)能量:指曲线与底线所围成的面积,以 cm^2 表示。它代表面团的强度,用求积仪测量。曲线面积亦称拉伸时所需的能量,它表示面团筋力或面粉的搭配数据,能量越大,表示面筋筋力越强,面粉烘焙品质越好。

实际上,反映面粉特性最主要的指标是拉伸比值和能量。比值越大,能量越高,说明面粉筋力越强,强度越高。拉伸图既反映麦谷蛋白赋予面团的强度和抗延伸阻力,又反映麦胶蛋白提供的易流动性和延伸所需要的黏合力。

面团比值即抗拉伸强度,它将面团延伸性和抗延伸阻力两个指标综合起来判断面粉品质。比值过小,意味着阻抗性小,延伸性大,这样的面团发酵时会迅速变软和流散,做面包或馒头会出现成品个头不起,甚至塌陷、瓤发黏现象;若比值过大,意味着抗阻过大,弹性强,延伸性小,发酵时面团膨胀会受阻,起发不好,面团过硬,成品体积小,芯干硬。故要求制作面包、馒头的面粉需能量大、比值适中,这样的成品才会体积大,形状好,芯松软而且结构均匀。

15.2.3.3　电子式糊化仪(Amylograph - E)

面粉的烘焙特性主要依赖于面粉中的淀粉的糊化特性和酶活性(α - 淀粉酶)。电子式糊化仪(图 15 - 10)在全世界广泛使用,国际标准为 AACC 22 - 10, ICC 126/1 和 ISO 7973。与实验室基本成分测试作对比,在面粉和粗磨粉中测量 α - 淀粉酶的活性仅得到一个单一的绝对值。而一些重要的补充信息能从糊化

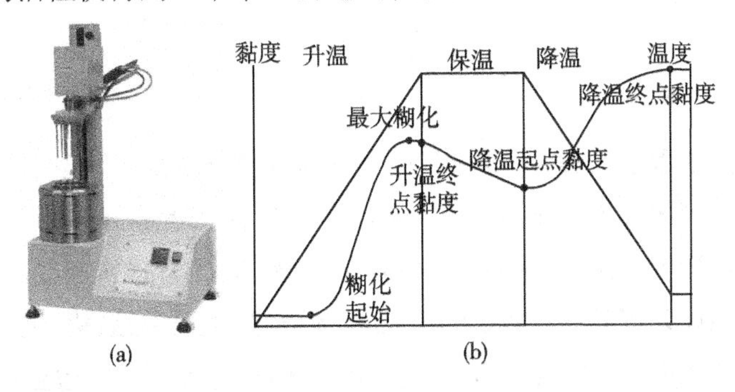

图 15 - 10　电子式糊化仪和糊黏度曲线特征

图谱(图 15 - 10)中获得。在通常的烘焙过程中模仿悬浮淀粉的糊化特性以 1.5°C/min 的温度速率增加。根据整个糊化曲线的描绘提供关于面粉(/淀粉)的起始糊化温度、最终糊化温度、最高糊化阻力、热稳定性和增稠能力等指标。

在制粉、烘焙工业和淀粉工业中,糊化仪、黏度仪和黏度糊化仪是最常用的仪器,在制粉、烘焙工业中用来测量面粉的糊化特性和酶活性。在淀粉工业中用来测量原淀粉,变性淀粉和含淀粉的产品的糊化过程和黏度变化过程。测试方法符合国际标准 ICC 169 和中华人民共和国国家标准 GB /T 14490—2008、LS/T 6101—2002《谷物黏度测定—快速黏度仪法》。

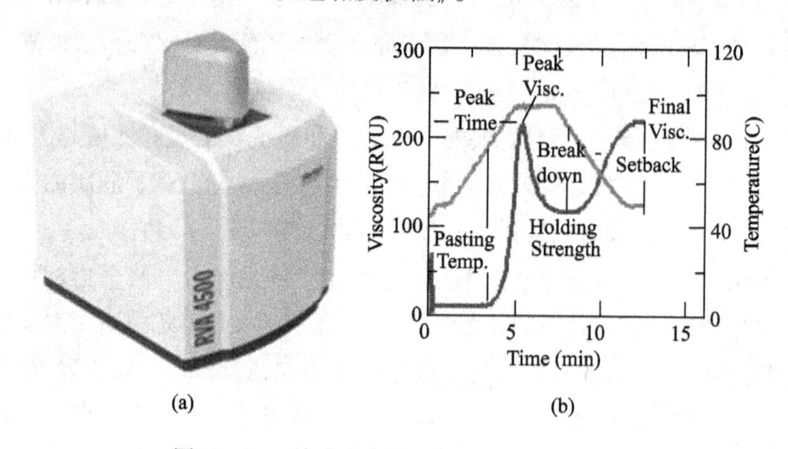

图 15 - 11 快速黏度分析仪和黏度曲线特征

快速黏度分析仪(Rapid Visco Analyzer,RVA;图 15 - 11)是 20 世纪 80 年代,澳大利亚科研人员为对发芽小麦进行快速检测而开发研制的,试样量要求少(3 g),分析时间由通常的 90 min 以上缩短至 13 min 以内。

15.3 质构分析

15.3.1 概述

食品的品质因素分为色、香、味、形和营养价值五大部分,其中前四者构成感官品质因素。形作为五大要素之一,又以质构特性在食品体系中表现出来。质构特性影响消费者的决策,进而影响到产品的销售情况;在一定的条件下,质构特性能很好地体现产品特性;在生产线的质量控制过程中,质构特性参数值为控制提供可靠的依据。质构测定在食品产品的开发、改良、品质检验和控制以及工艺优化方面具有重要的地位。质构特性的检测手段分为感官检验、生理学方法检验和仪器测定。质构仪的应用,为结果数据标准化和统计处理提供了方便,相关研究也更具学术性。

15.3.2　质构仪

质构仪(texture analyzer,TA)又称物性仪,是通过模拟人的触觉来检测样品物理特征的一种仪器。它的主要结构包括主机、专用软件、备用探头及附件。测量部分由操作台、转速控制器、横梁、底座、直流电机和探头组成。图 15 - 12 为几种商品质构仪举例。

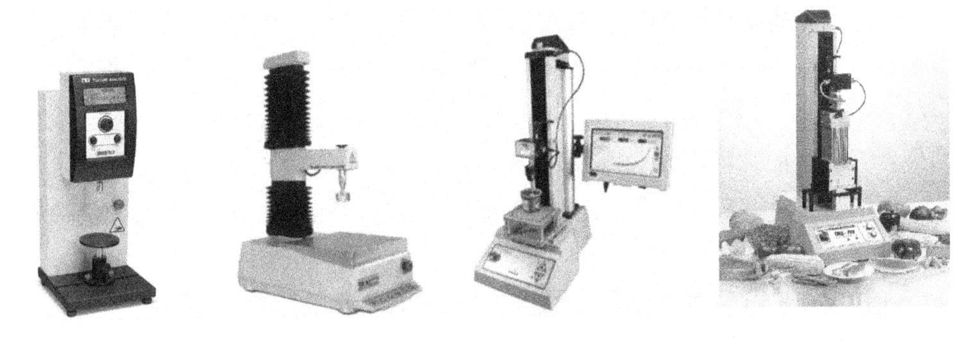

图 15 - 12　质构仪

在能够使物体产生形变的机械装置上安装各种极为灵敏的传感器,在计算机程序设定的速度下,机械装置上下移动,当传感器与样品接触达到触发力(trigger force)时,计算机开始根据力学、时间和形变之间的关系绘制曲线。由于传感器是在设定的速度向样品匀速移动,因此,横坐标时间和距离可以自动转换,并可以进一步计算出被测物体的应力和应变关系。

针对不同的测试样品,测定模式的选择有以胡克定律为基础来检验样品张力的拉伸测试;针对如乳制品、酒类、浆类等一些流体、半流体物质的稠度测试;用于区别微观结构变化的测度测试,这类测试主要应用于油炸、膨化等手段加工的具有酥脆性的食品;除以上模式外,还有剪切、穿刺、挤压等测试方式。这些模式通过力、时间和距离的关系曲线体现出力学与形变的关系,进而推导出形变在物理性质中的代表意义。

根据不同的食品形态和测试要求,选择不同的测样探头,如柱形探头(直径2 ~ 50 mm)常用于测试果蔬的硬度、脆性、弹性等;锥形探头可对黄油及其他黏性食品的黏度和稠度进行测量;模拟牙齿咀嚼食物动作的检测夹钳可以测量肉制品的韧性和嫩度;利用球形探头则可以测量休闲食品(如薯片)的酥脆性。

15.3.3 质构仪的应用

小麦及其制品品质的研究者主要将质构仪运用到品质控制和工艺处理过程中。在品质控制过程中,质构仪所测定的面团的流变性及面制品的硬度、黏聚性、弹性等参数指标作为主要的评价依据,对小麦及其制品进行判断。

运用质构参数控制乳制品的品质。质构仪主要被研究者应用于奶酪、冰激凌、奶油以及酸奶等乳制品品质评价中。

在肉制品的质构检测中,研究范围包括:测定不同类型火腿肠的硬度、弹性、咀嚼性、嫩度;研究罗非鱼超高压凝胶化不同的处理条件对凝胶的质构有不同的影响;了解在不同冻藏条件下养殖的大黄花鱼肉随着冷冻储藏时间的延长,鱼肉的硬度、黏附性、弹性、咀嚼性、胶黏性和回复性等水平变化;以及探讨变性淀粉对红肠的物性特性(弹性、黏聚性、硬度和咀嚼性)的影响从而确定变性淀粉的最佳添加量。

质构仪在果蔬及其制品品质评价中也有很好的应用,如硬度、脆度测定等。

仪器生产商的研发因应用的需要而扩展,质构分析仪的应用领域已覆盖肉制品、粮油食品、面制品、米制品、谷物、糖果、果蔬、凝胶等,可分析食品的嫩度、硬度、脆性、黏性、弹性、咀嚼性、拉伸强度、抗压强度、穿透强度,等等。

复习思考题

1. 热分析有哪些种类?原理是什么?
2. 热分析仪器的组成有哪些?
3. 热分析在食品分析中可有哪些应用?
4. 食品的流变学如何测定?有哪些参数可以描述模型?
5. 举例说明食品流变学测量仪器的种类、原理及应用。
6. 说明质构测定的方法及应用范围。

第16章　现代仪器分析在食品分析中的应用

本章学习重点：

了解常见仪器分析的分类和原理；

了解光分析法、色谱分析法、核磁共振波谱法、质谱法在食品分析中的应用。

16.1　仪器分析法简介

随着分析仪器的不断开发，仪器分析法的应用范围越来越广，在食品分析中的应用也越来越深入，几乎所有仪器分析法都能用于食品分析。但对于本科生而言，常用的仪器手段有限。因此，这里只做概略介绍，为以后的进一步学习或应用提供背景知识。

仪器分析法分为：电化学分析法、光分析法、热分析法、色谱分析法、质谱分析法及仪器分析法联合使用等。电化学分析法分为：电位分析法、电导分析法、库仑分析法、电解分析法、电泳分析法和极谱与伏安分析法。色谱分析法有：气相色谱法、液相色谱法、超临界色谱法、电色谱法、激光色谱法等。光分析法有分子光谱法和原子光谱法。分子光谱法有可见—紫外光谱法、红外光谱法、核磁共振波谱法、荧光光谱法；原子光谱又分为原子吸收光谱法和原子发射光谱法。仪器分析的特点是灵敏度高，选择性好，操作简单，分析速度快，易于实现自动化，但相对误差较大，仪器昂贵，分析成本高。

16.2　光分析法

光分析法是基于电磁辐射能量与待测物质相互作用后所产生的辐射信号与物质组成及结构关系建立起来的分析方法，有光谱法和非光谱法。光分析法在研究物质组成、结构表征、表面分析等方面具有其他方法不可取代的地位，其相互作用方式有发射、吸收、反射、折射、散射、干涉、衍射等。

光谱法是基于物质与辐射能作用时，分子发生能级跃迁而产生的发射、吸收或散射的波长或强度进行分析的方法，相应的分析方法分类如图16－1所示。光谱法有原子光谱法和分子光谱法。最常见原子光谱（线性光谱）法有三种：基于原子外层电子跃迁的原子吸收光谱法(Atomic Absorption Spectroscopy,AAS)、原子发射光谱(AES)、原子荧光光谱法(Atomic Emission Spectrometry,AFS),基于原子内层电子跃迁的X射线荧光光谱法(X-ray Fluorescence Spectrometry,XFS)和基于原子核与射线作用的穆斯堡尔谱法(Mossbauer Spectroscopy)。

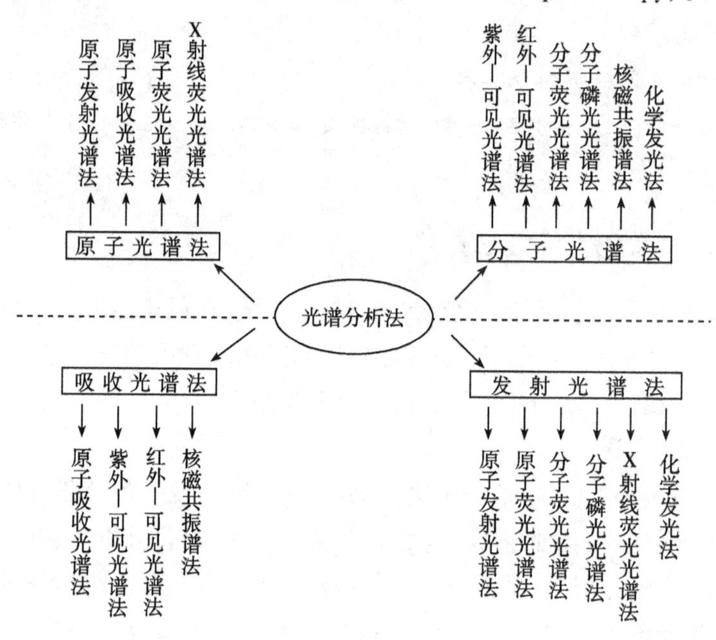

图16-1 光谱分析法分类

分子光谱(带状光谱)基于分子中电子能级、振—转能级跃迁,有紫外光谱法(Ultraviolet Spectrometry, UV)、红外光谱法(Infrared, IR)、分子荧光光谱法(Molecule Fluorescence Spectrum, MFS)、分子磷光光谱法(Molecular Phosphorescence Spectroscopy, MPS)和核磁共振(Nuclear Magnetic Resonance Spectroscopy,NMR)与(电子)顺磁共振波谱(Electron Paramagnetic Resonance, EPR,又称电子自旋共振Electron Spin Resonance,ESR)。图16-2为光谱分布及能量跃迁图。

非光谱法不涉及能级跃迁,光作用于物质后,仅发生传播方向等物理上的性质改变。分析方法有偏振法、干涉法、旋光法等。

(1)原子发射光谱分析法:以火焰、电弧、等离子炬等作为光源,使气态原子的外层电子受激,发射出特征光谱进行定量分析的方法。

(2)原子吸收光谱分析法:利用特殊光源发射出待测元素的共振线,并将溶液中离子转变成气态原子后,测定气态原子对共振线吸收而进行的定量分析

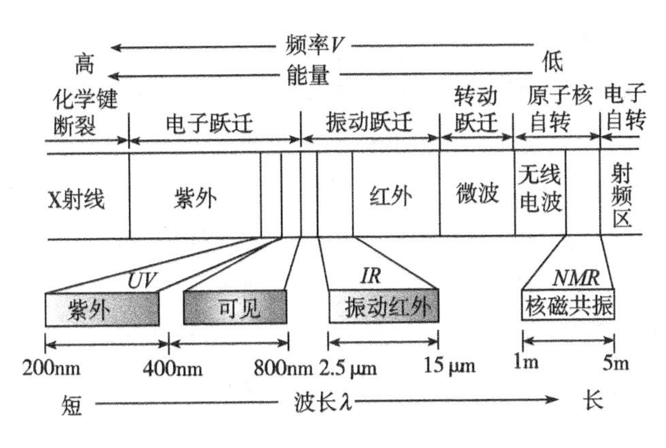

图 16－2　光谱及能量跃迁图

方法。

（3）原子荧光分析法：气态原子吸收特征波长的辐射后，外层电子从基态或低能态跃迁到高能态，在 10～8 s 后跃回基态或低能态时，发射出与吸收波长相同或不同的荧光辐射，在与光源成 90 度的方向上，测定荧光强度进行定量分析的方法。

（4）分子荧光分析法：某些物质被紫外光照射激发后，在回到基态的过程中发射出比原激发波长更长的荧光，通过测量荧光强度进行定量分析的方法。

（5）分子磷光分析法：处于第一最低单重激发态分子以无辐射弛豫方式进入第一、三重激发态，再跃迁返回基态发出磷光。测定磷光强度进行定量分析的方法。

（6）X 射线荧光分析法：原子受高能辐射，其内层电子发生能级跃迁，发射出特征 X 射线（X 射线荧光），测定其强度可进行定量分析。

（7）化学发光分析法：利用化学反应提供能量，使待测分子被激发，返回基态时发出一定波长的光，依据其强度与待测物浓度之间的线性关系进行定量分析的方法。

（8）紫外—可见吸收光谱分析法：利用溶液中分子吸收紫外和可见光产生跃迁所记录的吸收光谱图，可进行化合物结构分析，根据最大吸收波长强度变化可进行定量分析。

（9）红外吸收光谱分析法：利用分子中基团吸收红外光产生的振动—转动吸收光谱进行定量和有机化合物结构分析的方法。

（10）核磁共振波谱分析法：在外磁场的作用下，核自旋磁矩与磁场相互作用而裂分为能量不同的核磁能级，吸收射频辐射后产生能级跃迁，根据吸收光谱可进行有机化合物结构分析。

(11)顺磁共振波谱分析法:在外磁场的作用下,电子的自旋磁矩与磁场相互作用而裂分为磁量子数不同的磁能级,吸收微波辐射后产生能级跃迁,根据吸收光谱可进行结构分析。

(12)旋光法:溶液的旋光性与分子的非对称结构有密切关系,可利用旋光法研究某些天然产物及配合物的立体化学问题,如旋光计测定糖和味精的含量等。

(13)衍射法:X 射线衍射:研究晶体结构,不同晶体具有不同衍射图。

电子衍射:电子衍射是透射电子显微镜的基础,研究物质的内部组织结构。

16.2.1 可见—紫外光谱法

16.2.1.1 概述

紫外—可见分光光度法是根据物质分子对波长为 200 ~ 780 nm 范围的电磁波的吸收特性建立的一种定性、定量和结构分析方法。该法操作简单、准确度高、重现性好。长波长(频率小)的光线能量小,短波长(频率大)的光线能量大。分光光度测量是关于物质分子对不同波长和特定波长处的辐射吸收程度的测量。

描述物质分子对辐射吸收的程度随波长而变的函数关系曲线,称为吸收光谱或吸收曲线。紫外—可见吸收光谱通常由一个或几个宽吸收谱带组成。最大吸收波长(λ_{max})表示物质对辐射的特征吸收或选择吸收,它与分子中外层电子或价电子的结构(或成键、非键和反键电子)有关。1852 年,比尔(Beer)参考了布给尔(Bouguer)1729 年和朗伯(Lambert)在 1760 年所发表的文章,提出了分光光度的基本定律,即液层厚度相等时,颜色的强度与呈色溶液的浓度成比例,也就是著名的比尔—朗伯定律(Beer - Lambert law),适用于所有的电磁辐射和所有的吸光物质,包括气体、固体、液体、分子、原子和离子。比尔—朗伯定律是吸光光度法、比色分析法和光电比色法的定量基础。这个定律表示:当一束具有 I_0 强度的单色辐射照射到吸收层厚度为 l,浓度为 c 的吸光物质时,由于介质吸收了一部分光能,透射光的强度就要减弱。吸收介质的浓度越大,介质的厚度越大,则光强度的减弱越显著。其关系为:辐射能的吸收依赖于该物质的浓度与吸收层的厚度。其数学表达式为:

$$A = \log \frac{I_0}{I_t} = \log \frac{1}{T} = Klc$$

式中:A——吸光度;

I_0——入射辐射强度；

I_t——透射光的强度；

T——透射比，或称透光度；

K——系数，可以是吸收系数或摩尔吸收系数；K 值越大，分光光度法测定的灵敏度越高；

l——吸收介质的厚度，一般以 cm 为单位；

c——吸光物质的浓度，单位可以是 g/L 或 mol/L。

当介质中含有多种吸光组分时，只要各组分间不存在着相互作用，则在某一波长下介质的总吸光度是各组分在该波长下吸光度的加和，这一规律称为吸光度的加合性。

比尔—朗伯定律的成立是有前提的，即：

(1)入射光为平行单色光且垂直照射；

(2)吸光物质为均匀非散射体系；

(3)吸光质点之间无相互作用；

(4)辐射与物质之间的作用仅限于光吸收过程，无荧光和光化学现象发生。

根据比尔—朗伯定律，当吸收介质厚度不变时，A 与 c 之间应该成正比关系，但实际测定时，标准曲线常会出现偏离比尔—朗伯定律的现象，有时向浓度轴弯曲(负偏离)，有时向吸光度轴弯曲(正偏离)。造成偏离的原因是多方面的，主要是测定时的实际情况不完全符合使比尔—朗伯定律成立的前提条件。物理因素有：①非单色光引起的偏离；②非平行入射光引起的偏离；③介质不均匀引起的偏离。化学因素有：溶液浓度过高引起的偏离和化学反应(如水解、解离)引起的偏离。

可见光范围内分光光度法测定时选择的光的颜色(波长)为被测物所显示颜色的互补色(表 16－1)。

表 16－1　可见光颜色及其互补色

波长/nm	颜色	互补色
200～380	紫外	
380～420	紫色	黄绿色
420～440	蓝紫色	黄色
440～470	蓝色	橙色
470～500	蓝绿色	红色

续表

波长/nm	颜色	互补色
500 ~ 520	绿色	紫红色
520 ~ 550	黄绿色	紫色
550 ~ 580	黄色	蓝紫色
580 ~ 620	橙色	蓝色
580 ~ 620	红色	蓝绿色
680 ~ 780	紫红色	绿色
>780	近红外	

16.2.1.2 紫外—可见分光光度计

1854 年，杜包斯克（Duboscq）和奈斯勒（Nessler）等将比尔—朗伯定律应用于定量分析化学领域，并且设计了第一台比色计。到 1918 年，美国国家标准局制成了第一台紫外—可见分光光度计。此后，紫外可见分光光度计经不断改进，又出现自动记录、自动打印、数字显示、微机控制等各种类型的仪器，使光度法的灵敏度和准确度也不断提高，其应用范围也不断扩大。紫外—可见分光光度计由 5 个部件组成，如图 16 - 3 所示。

（1）辐射源。必须具有稳定的、有足够输出功率的、能提供仪器使用波段的连续光谱，如钨灯、卤钨灯（波长范围 350 ~ 2500 nm），氘灯或氢灯（180 ~ 460 nm），或可调谐染料激光光源等。

（2）单色器。由入射、出射狭缝、透镜系统和色散元件（棱镜或光栅）组成，是用以产生高纯度单色光束的装置，其功能包括将光源产生的复合光分解为单色光和分出所需的单色光束。

（3）试样容器，又称吸收池。供盛放试液进行吸光度测量之用，分为石英池和玻璃池两种，前者适用于紫外到可见区，后者只适用于可见区。容器的光程一般为 0.5 ~ 10 cm。

（4）检测器，又称光电转换器。常用的有光电管或光电倍增管，后者较前者更灵敏，特别适用于检测较弱的辐射。现在还使用光导摄像管或光电二极管矩阵作检测器，具有快速扫描的特点。

（5）显示装置。这部分装置发展较快。较高级的光度计，常备有微处理机、荧光屏显示和记录仪等，可将图谱、数据和操作条件都显示出来。

分光光度计仪器类型有单波长单光束直读式分光光度计，单波长双光束自动记录式分光光度计和双波长双光束分光光度计(图 16－3)。

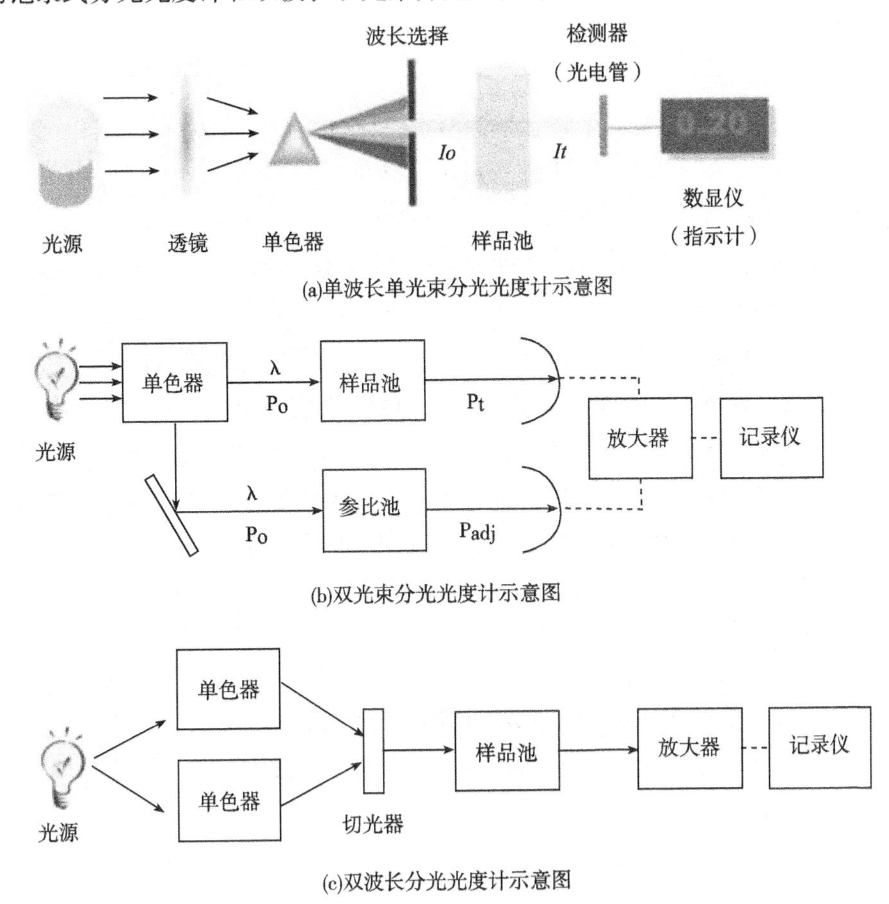

图 16－3 分光光度计的基本组成及工作类型

16.2.1.3 紫外—可见分光光度法应用

紫外—可见分光光度法应用范围广泛,包括:①定量分析,广泛用于各种物料中微量、超微量和常量的无机和有机物质的测定。②定性和结构分析,紫外吸收光谱可用于推断空间阻碍效应、氢键的强度、互变异构、几何异构现象等。③反应动力学研究,即研究反应物浓度随时间而变化的函数关系,测定反应速度和反应级数,探讨反应机理。④研究溶液平衡,如测定络合物的组成,稳定常数、酸碱离解常数等。紫外—可见分光光度法应用很普遍,以下是一些与食品分析相关的应用实例。

(1)饮料中的咖啡因含量测定。采用三氯甲烷为萃取剂,控制三氯甲烷与饮料的体积比为 8:1,经充分振荡后离心分离,取清液在 276 nm 处测定紫外吸收光谱,能够满意地测定市售饮料中的咖啡因浓度,分析结果的相对标准偏差小于4%;在饮料中加入不同浓度的咖啡因标准溶液,回收率在94.0%~112.0%之间。

(2)藤茶中总黄酮测定。以乙醇为溶剂提取藤茶中总黄酮,用三氯化铝作为显色剂,采用三波长紫外光谱法进行定量。结果表明,黄酮质量浓度在0~40 μg/mL内,分别在波长为$\lambda_1=322$ nm、$\lambda_2=311$ nm、$\lambda_3=296$ nm处测吸光度时,ΔA与质量浓度C之间呈良好的线性关系,相关系数$r=0.9978$。方法的回收率为98.18%~102.79%,变异系数小于0.371%。

(3)金银花提取物中有机酸含量测定。以高效液相色谱法(HPLC)为参照,测定金银花提取物中绿原酸、咖啡酸、3,4-咖啡酰奎宁酸、3,5-二咖啡酰奎宁酸、4,5-二咖啡酰奎宁酸的含量。在220~400 nm范围内扫描金银花提取物溶液的紫外吸收光谱,采用偏最小二乘法分别建立样品紫外吸收光谱与5种有机酸含量之间的校正模型。5个校正模型对预测集样本的预测值与对照值的相关系数都在0.90以上,相对预测误差分别为1.46%,-2.13%,0.42%,6.40%,3.83%,预测结果准确。

16.2.2 原子吸收和原子发射光谱分析法

16.2.2.1 原子吸收光谱分析法

16.2.2.1.1 概述

原子吸收光谱法(Atomic Absorption Spectroscopy,AAS),又称原子吸收分光光度法,是利用气态原子可以吸收一定波长的光辐射,使原子中外层的电子从基态跃迁到激发态的现象而建立的。各种原子中电子的能级不同,可选择性地共振吸收一定波长的辐射光,由此作为元素定性的依据,而吸收辐射的强度可作为定量的依据。

原子吸收现象早在19世纪初就已被发现,直到1955年澳大利亚联邦科学与工业研究组织(CSIRO)的科学家阿兰·沃尔什(Alan Walsh)才奠定了原子吸收光谱法的测量基础,应用于金属元素分析。该法在20世纪60年代后得到迅速发展,趋于成熟。现在可用于70多种元素的直接测定,是测定微量或痕量元素的重要技术。

原子吸收光谱法具有检出限低(火焰法可达 μg mL^{-1}级),准确度高(火焰法相对误差小于1%),选择性好(干扰少),分析速度快,应用范围广(火焰法可分析30多种元素,石墨炉法可分析70多种元素,氢化物发生法可分析11种元素)

等优点。该法主要适用样品中微量及痕量组分分析。

原则上讲，不能多元素同时分析。测定元素不同，必须更换光源灯，这是它的不便之处。原子吸收光谱法测定难熔元素的灵敏度还不令人满意。在可以进行测定的 70 多个元素中，比较常用的仅 30 多个。当采用将试样溶液喷雾到火焰的方法实现原子化时，会产生一些变化因素，因此精密度比分光光度法差。还不能测定共振线处于真空紫外区域的元素，如磷、硫等。

标准工作曲线的线性范围窄（一般在一个数量级范围），对于基体复杂的样品，尚存干扰问题。高背景低含量样品测定时精密度下降。

16.2.2.1.2　原子吸收光谱仪

原子吸收光谱仪（图 16－4）主要由锐线光源、原子化器（与试液相连）、分光系统、检测系统和电源同步调制系统组成。在测定特定元素含量时，用该元素的锐线光源发射出特征辐射，试液在原子化器中发生雾化并解离为气态基态原子，吸收通过该区的元素特征辐射使后者得到减弱，经过色散系统和检测系统后测得吸光度，最后根据吸光度与被测定元素浓度之间的线性关系，进行该元素的定量分析。

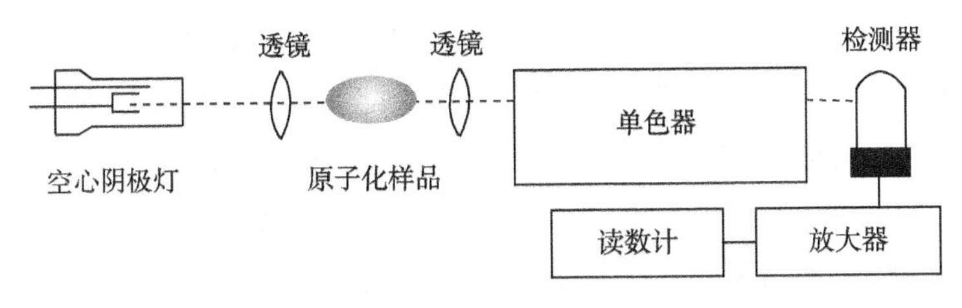

图 16－4　原子吸收光谱仪器结构示意图

（1）光源：光源的功能是发射被测元素的特征共振辐射。对光源的基本要求是：发射的共振辐射的半宽度要明显小于吸收线的半宽度；辐射强度大、背景低，低于特征共振辐射强度的 1%；稳定性好，30 min 之内漂移不超过 1%；噪声小于 0.1%；使用寿命长于 5 Ah。空心阴极放电灯是能满足上述各项要求的理想的锐线光源，应用最广。

（2）原子化器：其功能是提供能量，使试样干燥，蒸发和原子化。实现原子化的方法，最常用的有两种：一是火焰原子化法，原子光谱分析中最早使用的原子化方法，至今仍在广泛地被应用；二是非火焰原子化法，其中应用最广的是石墨炉电热原子化法。

（3）分光器：由入射和出射狭缝、反射镜和色散元件组成，其作用是将所需要的共振吸收线分离出来。

(4)检测系统:原子吸收光谱仪中广泛使用的检测器是光电倍增管,一些仪器也采用CCD(Charge - coupled Device,电荷耦合元件)作为检测器。

最常用的分析方法为标准曲线法,即配制不同浓度的标准溶液,在相同测定条件下用空白溶液调整零吸收,根据标准溶液浓度和吸光度绘制吸光度-浓度标准曲线,测定试样溶液的吸光度,并用内插法在标准曲线上求得试样中被测定元素的含量。

16.2.2.1.3 食品分析中的应用

食品中存在的元素来源于自然存在的元素以及加工、制造过程中的外来污染元素Na、Mg、K、Ca、B、Si、V、Cr、Mn、Fe、Co、Ca、Zn、As、Se、Mo、Sn。食品因环境污染出现的其他元素对消费者可能达到有毒害的水平,如Cd、Hg、Pb、As、Sn等有毒污染物。这些元素均可用AAS法测定。可以应用AAS法测定的食物种类很多,如谷物产品、奶制品、蛋类及其制品、肉类及其制品、鱼类及海产品、蔬菜水果及其制品、脂肪及油脂、坚果及其制品、糖及其制品、饮料及调味品等。样品测定前需进行必要的有机物破坏处理。

测定Na、K元素时,将溶液吸入空气—乙炔火焰(测钠用贫燃气)分别在589.00 nm和766.49 nm处测定钠和钾的吸光度。当溶液浓度较高时,可分别用钠与钾的次灵敏线,即330.24 nm和404.41 nm测定钠和钾。

测定镁和钙时,样品以湿法消化或干法灰化后以酸溶解引入溶液中。用火焰AAS测定镁和钙的浓度,分别用空气—乙炔火焰测镁,用$N_2O - C_2H_2$火焰测钙。样品用$HNO_3 - HClO_4$消化,在285.21 nm处测镁、422.67 nm处测钙。必须注意环境中灰尘、仪器、化学试剂和器皿的污染对检测结果的影响。

测铝时,样品用湿法消化后,将样品吸入富燃$N_2O - C_2H_2$火焰中,在309.27/309.28nm处测定铝的吸收。对309.27/309.28 nm一对谱线,灵敏度取决于光谱通带,用0.2 nm的窄通带以减少火焰的强烈发射。信噪比(S/N)可以靠增加灯电流和使燃料气流最佳化来改善。

测定铅、锰和铜时,可使用石墨炉原子化器分别在283.3 nm处测铅,279.5 nm处测锰,在324.8 nm处测铜。高的灰化温度会使铅的损失很大,由于不能使用高的温度,所以共存物质对铅的干扰比较严重,铅的氯化物在铅原子蒸汽形成前会以分子的形式蒸发,为防止其蒸发可用加入过氧化氢的方法消化。如果干扰严重可在进样时加入5 μL磷酸氨作为基体改进剂,效果显著。锰的灵敏度与狭缝宽度有关。锰有邻近线为分离邻近线,必须选择窄的狭缝宽度。某些样品中低含量的铝可以在引入火焰之前先用螯合—溶剂萃取进行富集，例如测定葡萄酒中铝的含量时用 HNO_3——H_2SO_4 消化，在 MBK（甲基异丁基甲酮）中用 8－羟基喹啉萃取后再进行测定。

测铬时，以 NHO_3——$HClO_4$ 消化样品。如测菜油中铬的含量，样品不需消化，以 MBK 稀释，混合，使用 N_2O——C_2H_2 火焰，在 357.87 nm 处以 0.2 nm 的窄光谱通带测定铬的吸光度。

采用原子吸收光谱法对常见几类食品中锌的含量分析，发现谷类、肉类、水产类食品含锌量较高，蛋类食品含锌量中等，蔬菜水果含量普遍偏低。

不同类型的野生樱桃李微量元素含量有所不同。HNO_3——$HC1O_4$ 湿法消解样品后，加入磷酸二氢铵为基体改进剂，可使灰化、原子化温度提高，背景干扰得到有效控制。

采用湿消解法和干灰化法对木耳、紫菜、黑豆样品进行预处理，用火焰原子吸收光谱法测定其中微量元素锌、钙和铜的含量，钙的线性范围为 0.10～10 mg/L，铜和锌的线性范围均为 0.05～5 mg/L；湿消解法比干灰化法处理样品更为理想，其灵敏度及准确度均较高。锌、钙和铜加标回收率的相对标准偏差（$n=10$）可达到小于 2%。

16.2.2.2　原子发射光谱法

16.2.2.2.1　概述

原子发射光谱法（Atomic Emission Spectrometry，AES），是依据各种元素的原子或离子在热激发或电激发下发射特征电磁辐射而进行元素的定性与定量分析的方法，是光谱学最古老的一个分支。1826 年泰尔博（Talbot）就说明某些波长的光线可以表示某些元素的特征。一般认为原子发射光谱是 1860 年德国学者基尔霍夫（G R Kirchhoff）和本生（R W Bunsen）首先发现的。他们利用分光镜研究盐和盐溶液在火焰中加热时所产生的特征光辐射，发现了铷（Rb）和铯（Cs）两种元素。原子发射光谱分析法具有以下特点：

（1）多元素同时检测能力强。一个样品一经激发，样品中各元素都各自发射出其特征谱线，可以进行分别检测而同时测定多种元素。

（2）分析速度快。试样（固体或液体）多数不需经过化学处理就可分析，还可多元素同时测定，若用光电直读光谱仪，在几分钟内即可同时定量测定几十个元素。

（3）选择性好。由于光谱的特征性强，所以对于一些化学性质极相似的元素的分析具有特别重要的意义。如铌和钽、锆和铪，十几种稀土元素的分析用其他方法都很困难,而对 AES 来说则是毫无困难之举。

(4)检出限低。用电感耦合等离子体(Inductively Coupled Plasma,ICP)新光源,检出限可低至 ng/mL 数量级。

(5)用 ICP 光源时,准确度高,标准曲线的线性范围宽,可达 4 ~ 6 个数量级。可同时测定高、中、低含量的不同元素。

(6)样品消耗少,适于整批样品的多组分测定,尤其是定性分析。

但是,高浓度时,该法灵敏度较低;大多数非金属元素难以得到灵敏的光谱线。

16.2.2.2.2 原子发射光谱仪

原子发射光谱分析的仪器设备主要由光源、分光系统(光谱仪)及观测系统三部分组成(图 16 - 5)。

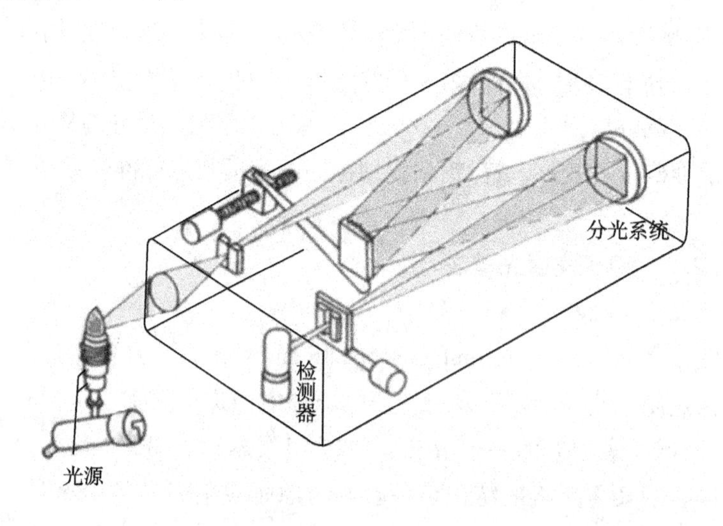

图 16 - 5 发射光谱仪结构组成示意图

(1)光源:主要作用是提供试样蒸发、原子化和激发所需的能量,把试样中的组分蒸发离解为气态原子,然后使气态原子激发,产生特征光谱。常用光源类型有直流电弧、交流电弧、电火花及电感耦合高频等离子体。

(2)光谱仪(摄谱仪):作用是将光源发射的电磁辐射经色散后,得到按波长顺序排列的光谱,并对不同波长的辐射进行检测与记录。光谱仪的种类有棱镜型和光栅型。

(3)观测系统:定性分析及观察谱片时用光谱投影仪(映谱仪),放大倍数为 20 倍左右。定量分析时用测微光度计(黑度计)测量感光板上所记录的谱线黑度。检测与记录方法分为目视法、摄谱法和光电法。①目视法:用眼睛观测谱线强度的方法,又称看谱法,仅适用于可见光波段,专门用于钢铁及有色金属的半定量分析。②摄谱法:最常用、最普遍的一种方法,是用照相的方法把光谱记录在感光板上,即将光谱感光板置于摄谱仪焦面上,接受被分析试样的光谱作用而感光,再经过显影、定影等过程后,制得有许多黑度不同的光谱线的底片,然后用映谱仪观察谱线位置及大致强度,进行光谱定性及半定量分析。用测微光度计测量谱线的黑度,进行光谱定量分析。③光电法:用光电倍增管检测谱线强度。

16.2.2.2.3　食品分析中的应用

测定奶粉中的钠和钾含量,对样品进行灰化处理,采用火焰原子发射光谱法,标准曲线法定量,方法的回收率95% ~108%,相对标准偏差(*RSD*)($n=9$)均小于3%,钠和钾的最低检出浓度分别为0.07和0.39 mg/L。测定结果与国家标准方法(火焰原子吸收光谱法)无显著性差异。

测定食品中铅的含量,采用HNO_3—H_2O_2对试样进行消解,检出限为0.0102 mg/L,回收率88.9% ~109%,*RSD*($n=10$)1.8% ~2.5%。

测定食品中硼元素含量,样品经湿法消化后,直接采用ICP - AES法测定硼,再换算成硼砂,硼浓度在0.10 ~50 mg/L范围内线性良好($r=0.9995$),*RSD*均小于2.07,加标回收率为96.0% ~100.1%。

16.2.3　近红外光谱分析法

16.2.3.1　概述

将一束不同波长的红外射线照射到物质的分子上,某些特定波长的红外射线被吸收,形成这一分子的红外吸收光谱。每种分子都有由其组成和结构决定的独有的红外吸收光谱,据此可以对分子进行结构分析和鉴定。红外吸收光谱由分子不停地作振动和转动而产生,分子振动指分子中各原子在平衡位置附近作相对运动,多原子分子可组成多种振动图形。当分子中各原子以同一频率、同一相位在平衡位置附近作简谐振动时,这种振动方式称简正振动(例如伸缩振动和变角振动)。分子振动的能量与红外射线的光量子能量正好对应,因此,当分子的振动状态改变时,既可以发射红外光谱,也可以因红外辐射激发分子振动而产生红外吸收光谱。分子的振动和转动的能量不是连续而是量子化的。在分子的振动跃迁过程中常常伴随转动跃迁,使振动光谱呈带状,因此,分子的红外光谱属带状光谱。分子越大,红外谱带越多。

近红外光谱(Mnear Infrared Spectrum,NIRS)是英国天文学家弗里德里希·

威廉·赫歇尔爵士(Friedrich Wilhelm Herschel,1738—1822)于1800年发现的波长为780~2500 nm的电磁波。物质的NIRS是由于分子振动能级的跃迁(同时伴随转动能级跃迁)而产生的,一般有机物在近红外光区的吸收主要是含氢基团(—OH、—CH、—NH、—SH、—PH)等的倍频和合频吸收。已证明几乎所有有机物的一些主要结构和组成成分都可以在它们的NIRS中找到特征信号,而且谱图稳定,获取光谱容易。

NIRS主要应用透射光谱技术和反射光谱技术获得。透射光谱波长一般在700~1100 nm范围内;反射光谱波长在1100~2526 nm范围内。根据检测对象的不同分成近红外透射光谱(NIT)和近红外反射光谱(NIR)两种。NIT是根据透射光与入射光强的比例关系获得在近红外区的吸收光谱。NIR是根据反射光与入射光强的比例获得在近红外光谱区的吸收光谱。

NIRS技术是一种集现代电子技术、光谱分析技术、计算机技术和化学计量技术于一体的现代光谱分析技术。它使用了包括NIR分析仪、化学计量学软件和被测物质的各种性质或浓度分析模型成套分析技术等。用NIRS技术进行检测的主要流程(图16-6)包括:收集具有代表性的样品,进行样品的光学数据采集;用标准的化学方法对样品进行化学成分测定;通过数学方法将光谱数据和检测的数据进行关联,将光谱数据进行转换,与化学测定值进行回归计算,然后得出定标方程,建立数据模型;分析未知样品时,先对待测样品进行扫描,根据光谱并利用建立的模型计算出待测样品的成分含量。

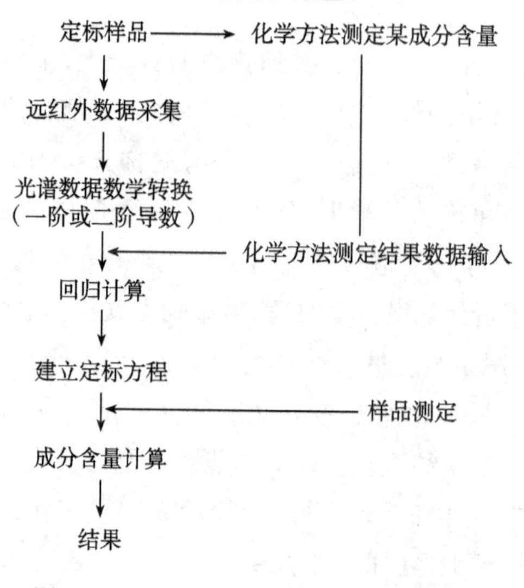

图16-6 近红外定标及样品分析的流程

近红外光谱具有的优势为:①操作简单,无烦琐的前处理和化学反应过程;②不损伤样品,实现无损检测;③速度快,周期短;④效率高,对测试人员无专业化要求,且单人可完成多个化学指标的大量测试;⑤无污染,检测成本低;⑥随模型中优秀数据的积累,模型不断优化,测试精度不断提高,测试范围可以不断拓展。

但近红外光谱也有其固有的弱点,如:①由于物质在近红外区吸收弱,灵敏度较低,一般含量应 > 0.1%;②建模工作难度大,需要有经验的专业人员和来源丰富的有代表性的样品,并配备精确的化学分析手段;③每一种模型只能适应一定的时间和空间范围,因此需要不断对模型进行维护,用户的技术也影响模型的使用效果。

近红外光谱用于定量分析远远不如紫外—可见光谱法。其原因是:

(1)红外谱图复杂,相邻峰重叠多,难以找到合适的检测峰。

(2)红外谱图峰形窄,光源强度低,检测器灵敏度低,因而必须使用较宽的狭缝。这些因素导致对比尔定律的偏离。

(3)红外测定时吸收池厚度不易确定,参比池难以消除吸收池、溶剂的影响。

定量分析依据是比尔定律,如果有标准样品,并且标准样品的吸收峰与其他成分的吸收峰重叠少时,可以采用标准曲线法进行分析,即配制不同含量的标准样品,测定数据点,作曲线。相关步骤可参考紫外 - 可见光谱定量分析的方法。

16.2.3.2　近红外光谱仪

近红外光谱仪的种类有:

(1)棱镜和光栅光谱仪。色散型。它的单色器为棱镜或光栅,为单通道测量。

(2)傅里叶变换红外光谱仪。非色散型。其核心部分是一台双光束干涉仪。当仪器中的动镜移动时,经过干涉仪的两束相干光间的光程差改变,探测器所测得的光强随之变化,从而得到干涉图。经过傅里叶变换的数学运算后,可得到入射光的光谱。这种仪器的优点:①多通道测量,信噪比高。②光通量高,仪器灵敏度高。③波数值精确,可达 0.01 cm^{-1}。④增加动镜移动距离,分辨本领提高。⑤工作波段可从可见区延伸到毫米区,可实现远红外光谱的测定。

近红外光谱仪的工作原理是,如果样品的组成相同,则其光谱也相同,反之亦然。如果建立了光谱与待测参数之间的对应关系(称为分析模型),那么,只要测得样品的光谱,通过光谱和上述对应关系,就能很快得到所需要的质量参数数据。分析方法包括校正和预测两个过程。

(1)校正过程。收集一定量有代表性的样品(一般需要 80 个样品以上),在测量其光谱图的同时,测量各种相关参数,称之为参考数据。通过化学计量学对光谱进行处理,并与参考数据关联,建立光谱图和参考数据之间的应映射关系(模型)。建立模型常用多元线性回归法、主成分分析法、偏最小二乘法、人工神经网络法和拓扑法等。显然,模型所适用的范围越宽越好,但是模型的范围大小与建立模型所使用的校正方法有关,与待测的性质数据有关,还与测量所要求达到的分析精度范围有关。实际应用中,建立模型都是通过化学计量学软件实现的,并且有严格的规范(如 ASTM - 6500 标准)。

(2)预测过程。首先使用近红外光谱仪测定待测样品的光谱图,通过软件自动对模型库进行检索,选择正确模型计算待测质量参数。对仪器定标,需要选择一组具有统计学意义的校正样品,样品至少 25 个以上。这组样品组分含量的范围应尽可能选到超过这种样品最高和最低含量。计算得到的定标方程不能直接用于测定未知样品,必须通过实际测量调整其准确度和可靠性。一般另用一组(15 ~ 20 个)已知准确含量(标准值)的样品的标准值与仪器测定值进行统计检验,使仪器测定结果的误差符合要求。

16.2.3.3 近红外光谱法在食品分析中的应用

有机物不同组分在近红外区各有不同吸收图谱,谷物和油料农作物一般都含有蛋白质、脂肪、糖、淀粉和纤维等有机成分,它们具有红外活性,即含有共价键、并在振动过程中伴随有偶极矩变化,在近红外区域有丰富的吸收光谱,每种成分都有特定的吸收特征,为近红外光谱定性定量分析提供了依据。

近红外光谱技术在20 世纪50 年代中后期首先被应用于农副产品的分析中,到 1980 年代中期,计算机技术的发展和化学计量学研究深入、仪器制造技术完善及测量信号数字化等,促进了近红外光谱分析法的发展。无损检测和分析操作绿色化,使 NIRS 成为 1990 年代最引人注目的光谱分析技术。

近红外定量分析技术最初(1965 年)由美国 Karl Norris 等用于测定水分含量,如今在分析农产品和食品中的蛋白质、水分、脂肪、纤维、淀粉、氨基酸等营养成分方面已十分成熟,并在农产品品质评价、农产品安全检测、食品品质和加工过程监控中得到了广泛应用,现已成为美国谷物化学协会(AACC)、公职分析化学工作者协会(AOAC)、谷物化学协会(ICC)等机构的标准分析方法。

NIR 在农业和食品方面的应用包括以下方面的分析测定。

(1)乳制品:蛋白质、乳糖、脂肪、乳酸、灰分、固型物、水分、酪蛋白测定。

(2)肉类、鱼类、蛋类:蛋白质、脂肪、含水量、盐分、热量、氨基酸、脂肪酸、纤维素以及新鲜及冷冻程度、产品种类、真伪鉴别。

(3)红酒:乙醇、含糖量、有机酸、含氮量、pH 值以及真伪鉴别。

(4)白酒:原料中的水分、淀粉、支链淀粉、pH 值和残糖测定。

(5)啤酒:大麦原料中水分、麦芽糖、啤酒中的乙醇和麦芽糖测定。

(6)饮料:咖啡因、葡萄糖、果糖、蔗糖、酸度、有机酸等以及真伪鉴别。

(7)咖啡:咖啡因、绿原酸、水分、产地鉴别、品质分级。

(8)面包、饼干:蛋白质、脂肪、水分、淀粉、面筋值测定。

(9)食用油、酱油:碘价、酸值、黄色素、红色素、黏度、盐、氮、酒精、乳酸、谷氨酸、葡萄糖测定。

(10)转基因食品:监测蛋白或 DNA 的变化以及标记基因的转变。

16.2.4　荧光光谱分析法

16.2.4.1　概述

荧光是物质吸收电磁辐射后受到激发,受激发原子或分子在去激发过程中再发射波长与激发辐射波长相同或不同的辐射。当激发光源停止辐照试样以后,再发射过程立刻停止,这种再发射的光称为荧光。

除了紫外光和可见光可能激发荧光外,其他的光如红外光、X 射线也可能激发出荧光。这里介绍的荧光,是指物质在吸收紫外光和可见光后发出的波长较长的紫外荧光或可见荧光。

荧光光谱具有高灵敏度,因为:

(1)荧光辐射的波比激发光波长,测量到的荧光频率与入射光的频率不同。荧光在各个方向上都有发射,因此可以在与入射光成直角的方向上检测,如此,荧光不受来自激发光的本底的干扰,灵敏度大大高于紫外－可见吸收光谱,测量用的样品量很少,且测量方法简便。

(2)荧光光谱信息量较大。荧光光谱能提供较多的参数,例如激发谱、发射谱、峰位、峰强度、荧光寿命、荧光偏振度等。荧光光谱还可以检测一些紫外－可见吸收光谱检测不到的时间过程。紫外和可见荧光涉及的是电子能级之间的跃迁,荧光产生包括两个过程——吸收以及随之而来的发射。每个过程发生的时间与跃迁频率的倒数为同一时间量级(10～15 s),但两个过程有时间延迟,大约为 10～8 s,这段时间内分子处于激发态。激发态分子的寿命取决于辐射与非辐射的竞争。由于荧光有一定的寿命,因此可以检测一些时间过程与其寿命相当的过程。例如,生色团及其环境的变化在紫外可见吸收的 10～15 s 的过程中基本是静止不变的，因此无法用紫外可见吸收光谱检测，但可以用荧光光谱检测。

荧光光谱包括激发谱和发射谱两种。激发谱是荧光物质在不同波长的激发光作用下测得的某一波长处的荧光强度的变化情况，即不同波长激发光的相对效率；发射谱则是某一固定波长的激发光作用下荧光强度在不同波长处的分布情况，也就是荧光中不同波长光成分的相对强度。

由于激发态和基态有相似的振动能级分布，而且从基态的最低振动能级跃迁到第一电子激发态各振动能级的概率与由第一电子激发态的最低振动能级跃迁到基态各振动能级的几率也相近，因此吸收谱与发射谱呈镜象对称关系。

16.2.4.2 原子荧光光谱分析法

16.2.4.2.1 概述

原子荧光光谱分析法（AFS）是利用原子荧光谱线的波长和强度进行物质定性及定量分析方法，是介于原子发射光谱（AES）和原子吸收光谱（AAS）之间的光谱分析技术。其基本原理为原子蒸气吸收特征波长的光辐射后，原子被激发至高能级，再跃迁至低能级的过程中，原子所发射的光辐射称为原子荧光。原子荧光为光致发光，二次发光，激发光源停止时，再发射过程立即停止。对某一元素而言，原子吸收光辐射之后，根据跃迁过程中所涉及的能级不同，将发射出一组特征荧光谱线。由于在原子荧光光谱分析的实验条件下，大部分原子处于基态，而且能够激发的能级又取决于光源所发射的谱线，因而各元素的原子荧光谱线十分简单。根据所记录的荧光谱线的波长即可判断有哪些元素存在，这是定性分析的基础。原子荧光可分为 3 类，即共振荧光、非共振荧光和敏化荧光，其中以共振原子荧光最强，在分析中应用最广。优点为：

（1）检出限低，灵敏度高。对 Zn、Cd 等元素有相当低的检出限，Zn 为 0.04 ng/cm^3，Cd 可达 0.001 ng/cm^3。由于原子荧光的辐射强度与激发光源成比例，采用新的高强度光源可进一步降低其检出限。现已有 20 多种元素低于原子吸收光谱法的检出限。

（2）干扰较少，谱线比较简单。非色散原子荧光分析仪，结构简单，价格便宜。

（3）标准曲线线性范围宽，可达 3 ~ 5 个数量级。

（4）可多元素同时测定。由于原子荧光是向空间各个方向发射的，比较容易制作多道仪器，因而能实现多元素同时测定。

16.2.4.2.2 原子荧光光谱仪

原子荧光光谱仪可分为单道和多道两类，前者一次只能测量一个元素的荧光强度,后者一次可同时测量多个元素。仪器由五部分组成(图 16 - 7)。

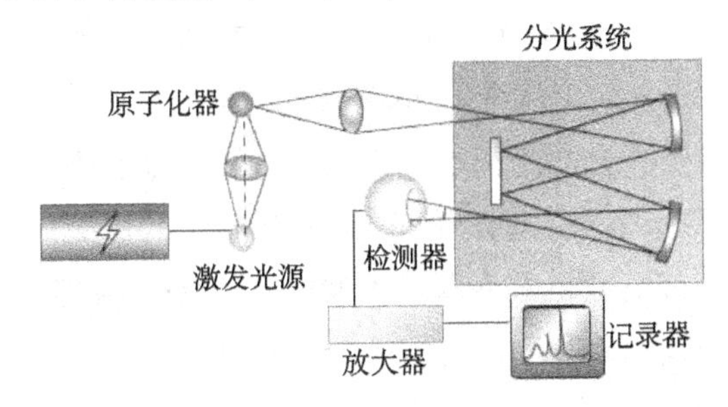

图 16 - 7　原子荧光仪结构示意图

(1)辐射源:用于激发原子使其产生原子荧光。要求强度高,稳定性好。光源分连续光源和线光源。连续光源一般采用高压氙灯,功率可高达数百瓦。这种灯的测定灵敏度较低,光谱干扰较大,但是一个灯即可激发出各元素的荧光。常用的线光源为脉冲供电的空心阴极灯、无电极放电灯及 70 年代中期提出的可控温度梯度原子光谱灯。采用线光源时,测定某种元素需要配备该元素的光谱灯。可调染料激光也可作为辐射源,但短波部分能量不够。

(2)单色器:产生高纯单色光的装置,其作用为选出所需要测量的荧光谱线,排除其他光谱线的干扰。单色器有狭缝、色散元件(光栅或棱镜)和若干个反射镜或透镜所组成。使用单色器的仪器称为色散原子荧光光谱仪;不用单色器的仪器称为非色散原子荧光光谱仪。

(3)原子化器:将被测元素转化为原子蒸气的装置,可分为火焰原子化器和电热原子化器。火焰原子化器利用火焰使元素的化合物分解并生成原子蒸气,所用的火焰为空气—乙炔焰、氩—氢焰等。电热原子化器为利用电能产生原子蒸气的装置。电感耦合等离子焰也可作为原子化器,具有散射干扰少、荧光效率高的特点。

(4)检测器:测量原子荧光强度的装置,常用光电倍增管。它可将光能变为电能,荧光信号通过光电转换后被记录下来。

(5)显示装置:显示测量结果的装置,可以是电表、数字表、记录仪、打印机等。

荧光仪分为两类,色散型和非色散型。荧光仪与原子吸收仪相似,但光源与其他部件不在一条直线上,而是 90 度直角,而避免激发光源发射的辐射对原子荧光检测信号的影响。

元素形态分析的主要手段是联用技术,即将不同的元素形态分离系统与灵敏的检测器结合为一体，实现样品中元素不同形态的在线分离与测定。目前国外采用联用技术主要的有高效液相色谱—电感耦合等离子体质谱（HPLC－ICP－MS）和离子色谱—电感耦合等离子体质谱（IC－ICP－MS）为主。

蒸气发生/原子荧光光谱法（VG/AFS）最大的优点是测定砷、汞、硒、铅和镉等元素有较高的检测灵敏度，选择性好，又具有多元素检测能力的独特优势，而色谱分离（离子色谱或高效液相色谱）对这些元素是一种极为有效的手段。因此，两者结合的联用技术具有无可比拟的最佳效果。

色谱分离与原子荧光光谱仪联用可获得高灵敏度优势外，原子荧光光谱仪采用非色散光学系统，仪器结构简单，制造成本低，仪器价格比 AAS、ICP－AES、ICP－MS 便宜。且原子荧光已具备有蒸气发生系统的专用仪器。因此，简化仪器接口技术，以及消耗气体量较少，分析成本低，易于推广。

16.2.4.2.3 食品分析中的应用实例

国际上对食品和环境科学中有毒、有害有机污染物高度重视，且在有机污染物的监测分析有了很大发展。对某些元素已不再是总量分析，而是进行各种化合物的形态分析成为一种发展趋势。原子荧光光谱法具有设备简单、各元素相互之间的光谱干扰少和多元素可以同时测定等优点。

（1）水产品中汞元素形态分析：以 5 mol/L HCl－0.25 mol/L NaCl 为提取剂，超声波辅助提取，以 5%（v/v）甲醇－0.05 mol /L 乙酸铵－0.1%（v/v）2－巯基乙醇为流动相，反相 C_{18} 色谱柱分离，冷蒸气发生原子荧光法检测鱼肉、牡蛎等中汞元素形态，可以将甲基汞、乙基汞和无机汞特异性分离，在 1～20 μg/L 范围内呈良好线性响应，$r \geq 0.999$，样品检出限分别为 1 μg/kg、2 μg/kg 和 1 μg/kg。在 10 μg/kg、50 μg/kg 和 500 μg/kg 标准添加水平下，实际样品平均加标回收率为 89%～106%，相对标准偏差（RSD）<10%。

（2）大米中微量硒测定：对大米中微量硒的测定，在最佳条件下，硒浓度在 0～80 ng/mL范围内呈线性关系，检出限为 0.1 ng/mL，精密度为 1.4%，回收率为 98.5%～102.0%。

（3）水样中砷和汞同时测定：在仪器条件、盐酸浓度、硼氢化钾浓度和预还原剂浓度等因素最佳条件下，检出限为：砷，0.10 μg/L；汞，0.05 μg/L。

（4）罐装食品中锡测定：采用 HNO_3——H_2SO_4 处理食品样品，氢化物发生原子荧光光谱法测定罐装食品中锡。检出限、相对标准偏差、回收率分别为：0.046 g/L、3.27% 和 96.33%～99.54%。

（5）水果中铅、汞测定：采用微波消解样品处理技术和原子荧光光谱法，测定水果样品中铅和汞的含量,回收率分别为98.3%和85.7%、检出限分别为5 ng/kg和0.15 ng/kg。

(6)大米中微量汞测定:采用氢化物发生-原子荧光光谱法测定大米中微量汞,在最佳条件下,荧光强度与砷浓度在0.0478~100 ng/mL范围内呈线性关系,检出限达0.0235 ng/mL。对6种大米中汞测定,相对标准偏差小于2.1,回收率为92.6%~108.6%。

(7)蔬菜中微量砷测定:断续流动氢化物发生—原子荧光测定法测定蔬菜中微量砷,当砷含量为1.0~200.0 μg/L时,线性关系良好,检出限为0.08 μg/L。以50 g/L硫脲-50 g/L抗坏血酸为预还原剂,测定6种蔬菜中的砷含量,加标回收率为91.6%~104.0%,相对标准偏差为1.4%~2.1%。

(8)茶水中砷测定:采用氢化物发生原子荧光光谱法测定茶水中砷含量,样品经硝酸+高氯酸(4+1)混合酸消解,在盐酸(6+94)溶液中加入30 g/L硼氢化钾和5 g/L氢氧化钾溶液使与溶液中砷离子反应生成氢化物,试样用硫脲及抗坏血酸混合溶液预还原。进取样量为1.2 mL,载气流量为400 mL/min。荧光强度与砷的质量浓度在0.20~100 g/L范围内呈线性关系,方法的检出限为0.030 g/L。对3种茶叶浸泡的茶水进行分析,回收率为97.7%~101.5%。

(9)粮食中镉测定:粮食试样经湿消解或干灰化后,加入硼氢化钾,试样中的镉与硼氢化钾反应生成镉的挥发性物质。由氩气带入石英原子化器中,在镉空心阴极灯的发射光激发下产生原子荧光,其荧光强度在一定条件下与被测定液中镉的浓度成正比,与标准系列比较定量。

(10)虾粉中总砷测定:利用原子荧光光谱法测定虾粉中的总砷,比较硝酸+高氯酸,硝酸+硫酸湿法消解及氧化镁和硝酸镁存在下的干法消解,发现只有干法消解测定结果与标准物质吻合。采用干法消解对虾粉中砷的测定方法进行多次测定,平均回收率为95.9%,相对标准偏差为0.75%~2.20%。

16.2.4.3　分子荧光光谱法分析法

16.2.4.3.1　概述

分子荧光光谱法又称分子发光光谱法或荧光分光光度法,是利用某一波长的光线照射试样,试样再发射出相同或较长波长的光线,利用再发射的荧光的特性和强度进行分析的方法。分子荧光光谱法检测限比分光光度法低二至四数量级,可达到0.001~0.1 mg/L;选择性比分光光度法好,所需试样量少;灵敏度高,所需时间短;可以对乳浊液、固体样品直接检测,样品前处理简单或不处理,无环境污染,成本低;可以在200~800 nm波长范围内提供待测物的三维信息,结合化学计量学可以进行定性、定量分析。荧光法也可用于混合物的同时测定和络合物组成的研究等。目前可用荧光法测定的元素已达60多种。因为只有有限数量的化合物才能产生荧光，应用不如分光光度广泛。

16.2.4.3.2 分子荧光光谱仪

荧光定性定量分析及仪器与紫外可见吸收光谱法相似(图16－8)。定性分析时，将实验测得样品的荧光激发光光谱和荧光发射光谱与标准荧光光谱图进行比较，鉴定样品成分。定量分析时，一般以激发光谱最大峰值波长为激发光波长，以荧光发射光谱最大峰值波长为发射波长。

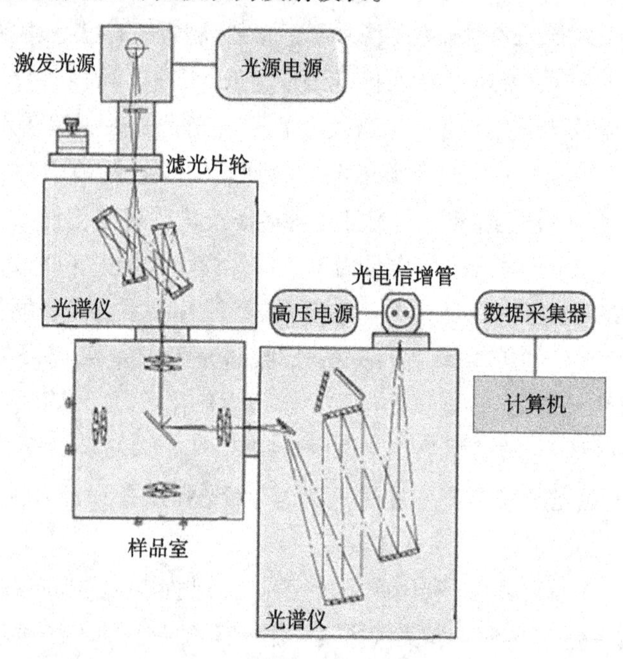

图16－8　分子荧光光谱仪结构示意图

分子荧光光谱法技术多，如导数恒能量同步荧光法、导数恒基体强度同步荧光法、偏振同步荧光光法、三维同步荧光法和可变角同步荧光法等。分子荧光光谱法已应用于多组分多环芳烃的定性定量分析，药物分析，食品、蛋白质、氨基酸及石油产品分析等。

16.2.4.3.3 在食品分析中的应用实例

(1)食品质量控制：利用同步扫描荧光光谱法(并结合红外吸收光谱法)测量煎炸油的质量的变化，确定煎炸油应该废弃的临界值。肉与肉制品在加工储藏过程中存在脂质氧化和蛋白质氧化问题。随着加工时间的延长，温度的升高，脂质氧化加深，鱼制品在不同激发发射波长下的荧光峰向长波方向移动，并且在 393 nm/463 nm 和 327 nm/415 nm 处荧光强度的比值与鱼质量有着很好的线性关系。直接测定干制鱼模型和冻干的猪肉和蛋黄的荧光发现，荧光强度和储藏期间吸氧量的高度相关性（R^2 = 0.9 ~ 0.97）。采用前表面技术和硫代巴比妥酸法（TBA）测定冷藏的三种基因型（快速成长型、中速成长型和慢速成长型）鸡肉的脂肪氧化状态，结果发现荧光强度和 TBA 值有良好的相关性。

（2）食品掺伪检验：以无水葡萄糖为标准品，用荧光光谱法测定 6 种不同种灵芝中多糖的含量，荧光参数 λ ex = 478 nm，λ em = 510 nm。多糖浓度与生成物的荧光强度呈良好的线性关系，R^2 为 0.9990，检出限为 0.008 mg/mL，实验重复性的 RSD 为 0.41%，平均回收率为 98.81%。采用前表面技术获得饮料的总荧光光谱和同步荧光光谱，结合主成分分析和聚类分析技术对饮料分类。这些饮料在 360 ~ 650 nm（350 nm 激发）的发射光谱和同步荧光光谱（200 ~ 700 nm）波长差为 90 nm，有很好的区分度。用前表面荧光方法，以美拉德反应的产物糠氨酸为指标，检测生乳中添加复原乳的含量，可以检测到添加量 5% 以上的复原乳。利用同步扫描荧光光谱法，并结合红外吸收光谱法比较高温煎炸的几种食用油发现，与新油相比，煎炸后的食用油在 370 ~ 380 nm 附近的荧光峰消失；而 461 nm 和 479 nm 附近出现新的荧光峰。在水介质中，三聚氰胺与荧光素钠缔合，使体系的荧光强度增强，在一定浓度范围内，体系荧光强度改变值与三聚氰胺的浓度分别呈现良好的线性关系（r = 0.9996），检出限分别为三聚氰胺 1.45 ng/mL 和荧光素钠 5 ng/mL。样品加标回收率为 95.7% ~ 110.0%，RSD 小于 0.47%。

（3）食品种类分析：采用前表面荧光光谱对瑞士蜂蜜样品进行分类，7 种蜂蜜样品（62 个）在激发波长 250 nm（发射波长 280 ~ 480 nm）、290 nm（发射波长 305 ~ 500 nm）、373 nm（发射波长 380 ~ 600 nm）和发射波长 450 nm（激发波长 290 ~ 440 nm）条件下得到发射光谱和激发光谱，主成分分析提取 10 个主成分，然后采用部分因子判断法进行分析。运用三维等高线和二维荧光分析方法给出了绍兴加饭系列黄酒整体和细部的比较分析，得出三种陈年黄酒在波长 400 ~ 680 nm 范围内存在较宽荧光峰的荧光光谱，3 年陈、5 年陈、8 年陈酒的荧光峰分别在 504 nm、488 nm、505 nm，最佳激发波长都在 370 nm 附近。应用三维荧光光谱技术研究不同品种辣椒得到各自特征指纹图类型和特征指纹，建立品种与辣椒素含量的关系。

(4)原料产地追溯:应用三维荧光光谱技术,研究昌黎原产地不同品种和年份葡萄酒的三维荧光光谱特征。研究表明,2005年不同葡萄品种酒样的三维荧光特征峰的数目、位置和强度差异显著,可以区分各个品种酒样;而不同酿造年份的赤霞珠酒样均在λex/λem为A:260 nm/365 nm、B:290 nm/370 nm以及C:325 nm/420 nm附近出现荧光特征峰,三维荧光特征峰出现位置一定,但荧光强度差异显著,可以用于区分酒样。另对95种不同产地、不同品牌的典型系列白酒以及10种品牌的同一品牌、不同年份的酒进行荧光光谱分析发现,不同品牌白酒的三维荧光光谱在主荧光峰个数、波峰位置、最佳激发波长3个参数有着各异的表征,而同一种品牌白酒的三维荧光光谱的3个参数十分相近。对不同品牌的白酒进行聚类分析,结果证明使用所述的3个参数可对不同品牌白酒进行有效的分类。

(5)药物残留检测:利用交替三线性分解(ATLD)、交替拟合残差(AFR)和自加权交替三线性分解(SWATLD)等3种二阶校正算法分别对三维荧光光谱数据进行解析,对香蕉中的双苯三唑醇含量直接快速定量测定。结果表明3种算法均能成功用于直接分析香蕉中双苯三唑醇的含量。同步荧光分析中,诺氟沙星、盐酸洛美沙星和乳酸左氧氟沙星三种药物光谱重叠严重,应用偏最小二乘(PLS)算法建立该混合体系三组分含量同时测定的新方法。在pH=2.87的BR缓冲溶液中,波长差$\Delta\lambda=190$ nm时,诺氟沙星、盐酸洛美沙星和乳酸左氧氟沙星的测量线性范围分别为0.016~0.40 μg/mL、0.01~0.336 μg/mL和0.01~0.336 μg/ mL;检出限分别为0.0126 μg/mL、0.006 μg/mL和0.0072 μg/mL。采用该方法对鳗鱼样品进行测定,结果令人满意。采用荧光光谱法研究电子供体苄青霉素降解产物与电子受体四氯苯醌(TCBQ)之间的荷移反应,结果表明TCBQ与苄青霉素的酸性降解产物在甲醇—水介质中易发生荷移反应,生成稳定的络合物,其荧光强度较苄青霉素降解产物本身有显著的增强。在最佳条件下,苄青霉素浓度在0.30~8.0 mg/L范围内与荧光强度呈良好的线性关系,检出限为0.09 mg/L。对牛奶中苄青霉素含量进行测定,加标回收率为88.0%~95.4%,相对标准偏差为1.3%~1.5%。

(6)污染物鉴别:采用恒能量同步荧光光谱法可以定量测定苯并[a]芘的含量。加标回收率大于85%,相关系数大于0.9995,相对标准偏差为0.86%。利用三维荧光光谱研究PAHs中菲的荧光光谱特性,选择在激发波长255 nm、发射波长370 nm对菲进行定量分析,菲溶液在5.0~250.0 ng/mL的范围内工作曲线呈线性关系,检出限为3.88 ng/mL,相对标准偏差为4.23%($n=5$),对自来水样品的测定，回收率为 90.0% ~105.4%。利用苏丹红 II 和 III 的荧光现象所建立的同步荧光分析新方法无须预分离，通过选择适当的波长差，只需一次扫描就可以同时测定苏丹红 II 和 III 两种物质，检出限分别为 14 μg/kg 和 11 μg/kg，与国家标准方法（GB/T 19681—2005）的检出限（10 μg/kg）结果相近。

（7）食品成分分析：采用同步荧光法固定波长差扫描技术，可同时测定功能饮料中维生素 B_2 和 B_6，检测红葡萄酒中白藜芦醇含量加标回收率达 96.8% ~97.9% 之间。

16.3　色谱分析法

16.3.1　概述

色谱法是 1906 年俄国植物学家米哈伊尔·茨维特（Mikhail Semyonovich Tsvet）将植物叶子色素和溶液通过装填有白垩粒子吸附剂的柱子，试图分离它们时发现并命名的。各种色素以不同的速率通过柱子，从而彼此分开。分离开的色素形成不同的色带而易于区分，由此得名为色谱法（Chromatography），又称层析法。其后的一个重大进展是 1941 年发现了液－液（分配）色谱法[Liquid－lipuid（Partition）Chromatography，LIC]。覆盖于吸附剂表面并与流动相不混溶的固定液被用来代替以前仅有的固体吸附剂，试样组分按照其溶解性在两相之间分配。在使用柱色谱的早期年代，可靠鉴定小量的被分离物质很困难，所以研究发展了纸色谱法（Paper Chromatography，PC），在这种"平面的"技术中，分离主要是通过滤纸上的分配实现的。然后由于充分考虑了平面色谱法的优点而发展了薄层色谱法（Thin Layer Chromatography，TLC），在这种方法中，分离在涂布于玻璃板或某些坚硬材料上的薄层吸附剂上进行。气相色谱法 1952 年出现，现已成为所有色谱法中使用最广泛的一种，特别适用于气体混合物或挥发性液体和固体，即使对于很复杂的混合物，其分离时间也仅为几分钟左右。分辨率高、分析迅速和检测灵敏等优点使气相色谱法成了几乎每个化学实验室要采用的一种常规方法。近来，因为新型液相色谱仪和新型柱填料的发展以及对色谱理论的更深入了解，又重新引起对密闭柱液相色谱法的兴趣。高效液相色谱法（High－performance Liquid Chromatography，HPLC）迅速成为与气相色谱法一样广泛使用的方法，对于迅速分离非挥发性的或热不稳定的试样，高效液相色谱法的优势明显。

16.3.2 色谱法分类

色谱法有多种类型,也有多种分类方法,如图16-9所示。

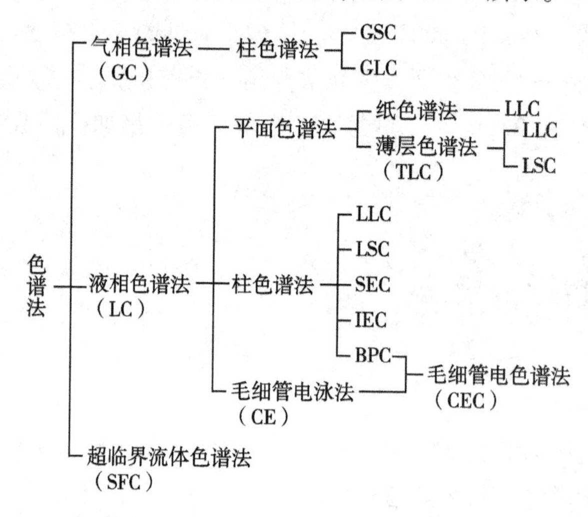

图16-9 色谱分类法

16.3.2.1 按两相状态分类

液体作为流动相,称为"液相色谱法"(Liquid Chromatography);用气体作为流动相,称为"气相色谱法"(Gas Chromatography)。固定相也有两种状态,以固体吸附剂作为固定相和以附载在固体上的液体作为固定相,所以色谱法按两相所处的状态可以分为:液—固色谱法(Liquid-solid Chromatography)、液—液色谱法(Liquid-liquid Chromatography)、气—固色谱法(Gas-solid Chromatography)和气—液色谱法(Gas-liquid Chromatography)。

16.3.2.2 按分离原理分类

(1)吸附色谱法(Adsorption Chromatography):利用吸附剂表面对不同组分吸附性能的差异,达到分离鉴定的目的。吸附色谱法常叫做液—固色谱法(Liquid—solid Chromatography,LSC),它是基于在溶质和用作固定固体吸附剂上的固定活性位点之间的相互作用,将吸附剂装填于柱中、覆盖于板上、或浸渍于多孔滤纸中。吸附剂是具有大表面积的活性多孔固体,例如硅胶、氧化铝和活性炭等。活性点位如硅胶的表面硅烷醇,一般与待分离化合物的极性官能团相互作用。分子的非极性部分(例如烃)对分离只有较小影响,所以液—固色谱法十分适于分离不同种类的化合物(例如,分离醇类与芳香烃)。吸附色谱利用固定相吸附中对物质分子吸附能力的差异实现对混合物的分离,吸附色谱的色谱过程是流动相分子与物质分子竞争固定相吸附中心的过程。吸附色谱的分配系数表达式如下:

$$K_\alpha = \frac{[X_\alpha]}{[X_m]}$$

式中:X_a——被吸附于固定相活性中心的组分分子含量;

X_m——游离于流动相中的组分分子含量。

分配系数对于计算待分离物质组分的保留时间有很重要的意义。

(2)分配色谱法(Partition Chromatography):利用不同组分在流动相和固定相之间的分配系数(或溶解度)不同,而使之分离的方法。在分配色谱法(也称液—液色谱法)中,溶质分子在两种不相混溶的液相即固定相和流动相之间按照它们的相对溶解度进行分配。固定相均匀地覆盖于惰性载体——多孔的或非多孔的固体细粒或多孔纸上(纸色谱)。为避免两相的混合,两种分配液体在极性上必须显著不同。通常的操作方式为,若固定液是极性的(例如乙二醇),流动相是非极性的(例如乙烷),那么极性组分将较强烈的被保留。另一方面,若固定相是非极性的(例如癸烷),流动相是极性的(例如水),则极性组分易分配于流动相,从而洗脱得较快。后一种方法(它有相反的极性)称作为反相液—液色谱法。由于溶解度差别的细微效应,所以液—液色谱法很适于分离同系物的同分异构体。在液—液色谱法中,固定相几乎都被化学键合在载体物质上,而不是机械覆盖在它的表面,这种色谱法称作键合相色谱法(Bonded - phase Chromatography,简称BPC),方法的机理尚不清楚,可能是分配机理,也可能是吸附机理,视实验条件而定。高效液相色谱法中,键合相色谱法的应用远远超过所有其他模式。分配色谱利用固定相与流动相之间对待分离组分溶解度的差异实现分离。分配色谱的固定相一般为液相的溶剂,依靠涂布、键合、吸附等手段分布于色谱柱或者担体表面。分配色谱过程本质上是组分分子在固定相和流动相之间不断达到溶解平衡的过程。分配色谱狭义的分配系数表达式如下:

$$K = \frac{C_S}{C_m} = \frac{X_s/V_s}{X_m/V_m}$$

式中:C_S——组分分子在固定相液体中的溶解度;

C_m——组分分子在流动相中的溶解度。

(3)离子交换色谱法(Ion-exchange Chromatography):利用不同组分对离子交换剂亲和力的不同而进行分离的方法。离子交换色谱的固定相一般为离子交换树脂，树脂分子结构中存在许多可以电离的活性中心，待分离组分中的离子会与这些活性中心发生离子交换，形成离子交换平衡，从而在流动相与固定相之间形成分配。固定相的固有离子与待分离组分中的离子之间相互争夺固定相中的离子交换中心，并随着流动相的运动而运动，最终实现分离。离子交换色谱的分配系数又叫做选择系数，其表达式为：

$$K_s = \frac{[RX^+]}{[X^+]}$$

式中：RX^+——与离子交换树脂活性中心结合的离子浓度；

X^+ ——游离于流动相中的离子浓度。

（4）凝胶色谱法（Gel Chromatography）：利用某些凝胶对于不同组分因分子大小不同而阻滞作用不同的差异进行分离的技术。凝胶色谱的原理比较特殊，类似于分子筛。待分离组分在进入凝胶色谱后，依据分子量的不同，进入或者不进入固定相凝胶的孔隙中。不能进入凝胶孔隙的分子会很快随流动相洗脱，而能够进入凝胶孔隙的分子则需要更长时间的冲洗才能够流出固定相，从而实现根据分子量差异对各组分的分离。调整固定相使用的凝胶的交联度可以调整凝胶孔隙的大小；改变流动相的溶剂组成会改变固定相凝胶的溶胀状态，进而改变孔隙的大小，获得不同的分离效果。

16.3.2.3 按操作形式分类

（1）柱色谱法（Column Chromatography）：柱色谱法是将固定相装在金属或玻璃柱中或是将固定相附着在毛细管内壁上做成色谱柱，试样从柱头到柱尾沿一个方向移动而进行分离的色谱法。

（2）纸色谱法（Paper Chromatography）：纸色谱法是利用滤纸作固定液的载体，把试样点在滤纸上，然后用溶剂展开，各组分在滤纸的不同位置以斑点形式显现，显色后，根据滤纸上斑点位置及大小进行定性和定量分析。

（3）薄层色谱法（Thin－layer Chromatography）：将适当粒度的吸附剂铺成薄层，以纸层析类似的方法进行物质的分离和鉴定。

（4）离子交换色谱法（Ion Exchange Chromatography）：1956 年离子交换基团首次被结合到纤维素上，制成了离子交换纤维素，成功地应用于蛋白质的分离。从此使生物大分子的分级分离方法取得了迅速的发展。离子交换基团不但可结合到纤维上，还可结合到交联葡聚糖（Sephadex）和琼脂糖凝胶（Sepharose）上。

（5）尺寸排阻色谱法（Size Exclusion Chromatography）：别名空间排阻色谱法、体积排阻色谱法、凝胶排阻色谱法和分子色谱排阻法，按分子大小顺序进行分离的一种色谱方法,体积大的分子不能渗透到凝胶孔穴中去而被排阻,较早的淋洗出来;中等体积的分子部分渗透;小分子可完全渗透入内,最后洗出色谱柱。这样,样品分子基本按其分子大小先后排阻,从柱中流出。被广泛应用于大分子分级,即用来分析大分子物质相对分子质量的分布。

(6)亲和色谱法(Affinity Chromatography):相互间具有高度特异亲和性的二种物质之一作为固定相,利用与固定相不同程度的亲和性,使成分与杂质分离的色谱法。亲和色谱在凝胶过滤色谱柱上连接与待分离的物质有一定结合能力的分子,它们的结合是可逆的,在改变流动相条件时二者还能相互分离。亲和色谱可以用来从混合物中纯化或浓缩某一分子,也可以用来去除或减少混合物中某一分子的含量。例如利用酶与基质(或抑制剂)、抗原与抗体、激素与受体、外源凝集素与多糖类及核酸的碱基对等之间的专一的相互作用,使相互作用物质一方与不溶性担体形成共价结合化合物作为层析用固定相,将另一方从复杂的混合物中选择可逆地截获,达到纯化的目的。在食品分析的应用中,农药兽药残留分析中应用较多。

16.3.3　色谱基本理论

16.3.3.1　保留时间理论

保留时间是样品从进入色谱柱到流出色谱柱所需要的时间,不同的物质在不同的色谱柱上以不同的流动相洗脱会有不同的保留时间,因此保留时间是色谱分析法比较重要的参数之一。

保留时间由物质在色谱中的分配系数决定:

$$t_R = t_0(1 + KV_S/V_m)$$

式中:t_R——某物质的保留时间;

t_0——色谱系统的死时间,即流动相进入色谱柱到流出色谱柱的时间,这个时间由色谱柱的孔隙、流动相的流速等因素决定;

K——分配系数;

V_S, V_m——固定相和流动相的体积。

这个公式又叫做色谱过程方程,是色谱学最基本的公式之一。

在薄层色谱中没有样品进入和流出固定相的过程,因此人们用比移值标示物质的色谱行为。比移值是一个与保留时间相对应的概念,它是样品点在色谱过程中移动的距离与流动相前沿移动距离的比值。与保留时间一样,比移值也由物质在色谱中的分配系数决定:

$$R_f = \frac{V_m}{V_m + KV_s}$$

式中：R_f——比移值；

K——色谱分配系数；

V_s，V_m——固定相和流动相的体积。

16.3.3.2　塔板理论

塔板理论是色谱学的基础理论。塔板理论将色谱柱看作一个分馏塔，待分离组分在分馏塔的塔板间移动，在每一个塔板内组分分子在固定相和流动相之间形成平衡，随着流动相的流动，组分分子不断从一个塔板移动到下一个塔板，并不断形成新的平衡。色谱柱的塔板数越多，其分离效果越好。

根据塔板理论，待分离组分流出色谱柱时的浓度随时间呈现二项式分布，当色谱柱的塔板数很高时，二项式分布趋于正态分布。流出曲线上组分浓度与时间的关系可以表示为：

$$C_t = \frac{C_0}{\sigma\sqrt{2\pi}} e^{-\frac{(t-t_R)^2}{2\sigma^2}}$$

式中：C_t——t 时刻的组分浓度；

C_0——组分总浓度，即峰面积；

σ——半峰宽，即正态分布的标准差；

t_R——组分的保留时间。

该方程称作流出曲线方程。

根据流出曲线方程，色谱柱的理论塔板高度被定义为单位柱长度的色谱峰方差：

$$H = \frac{\sigma^2}{L}$$

理论塔板高度越低，在单位长度色谱柱中的塔板数越多，分离效果越好。决定理论塔板高度的因素有固定相的材质、色谱柱的均匀程度、流动相的理化性质以及流动相的流速等。

塔板理论是基于热力学近似的理论，在真实的色谱柱中并不存在一片片相互隔离的塔板，也不能完全满足塔板理论的前提假设。例如，塔板理论认为物质组分能够迅速在流动相和固定相之间建立平衡，还认为物质组分在沿色谱柱前进时没有径向扩散，这些都不符合色谱柱实际情况，因此塔板理论虽然能很好地解释色谱峰的峰型、峰高，客观地评价色谱柱的效能，却不能很好地解释与动力学过程相关的一些现象，如色谱峰峰型的变形、理论塔板数与流动相流速的关系等。

16.3.3.3　范第姆特方程

范第姆特方程（Van Deemter Equation）是对塔板理论的修正，用于解释色谱峰扩张和柱效降低的原因。范第姆特方程将峰形的改变归结为理论塔板高度的变化，理论塔板高度的变化则源于若干原因，包括涡流扩散、纵向扩散和传质阻抗等。

涡流扩散　由于色谱柱内固定相填充的不均匀性，同一个组分会沿着不同的路径通过色谱柱，从而造成峰的扩张和柱效的降低。

纵向扩散　是由浓度梯度引起的，组分集中在色谱柱的某个区域会在浓度梯度的驱动下沿着径向发生扩散，使得峰形变宽柱效下降。

传质阻抗　本质上是由达到分配平衡的速率带来的影响。实际体系中，组分分子在固定相和流动相之间达到平衡需要进行分子的吸附、脱附、溶解、扩散等过程，这种过程称为传质过程，阻碍这种过程的因素叫做传质阻抗。在理想状态中，色谱柱的传质阻抗为零，组分分子流动相和固定相之间会迅速达到平衡。在实际体系中传质阻抗不为零，这导致色谱峰扩散，柱效下降。

在气相色谱中范第姆特方程形式为：

$$H = A + \frac{B}{\mu} + C\mu$$

式中：H ——理论塔板高度；

A ——涡流扩散系数；

B ——纵向扩散系数；

C ——传质阻抗系数；

μ ——流动相流速。

在高效液相色谱中，由于流动相黏度远远高于气相色谱，纵向扩散对峰型的影响很小，可以忽略不计，因而范第姆特方程的形式为：

$$H = A + C\mu$$

16.3.4　色谱仪

16.3.4.1　气相色谱仪

气相色谱系统包括可控而纯净的载气源（它能将样品带入 GC 系统进样口，同时还作为液体样品的气化室）、色谱柱（实现随时间的分离）、检测器（当组分通过时，检测器电信号的输出值改变，从而对组分做出响应）和数据处理装置，如

图 16－10 所示。

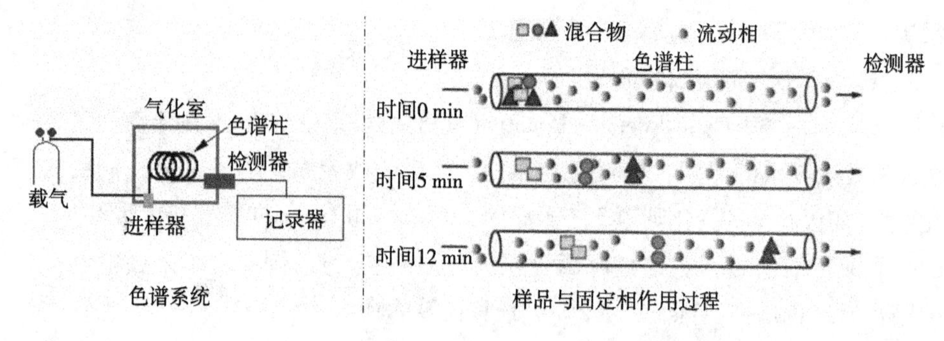

图 16－10　气相色谱系统及工作原理示意图

气相色谱仪常用的 7 种检测器为:①氢火焰离子化检测器(FID)用于微量有机物分析;②热导检测器(TCD)用于常量、半微量分析,有机、无机物均有响应;③电子捕获检测器(ECD)用于有机氯农药残留分析;④火焰光度检测器(FPD)用于有机磷、硫化物的微量分析;⑤氮磷检测器(NPD)用于有机磷、含氮化合物的微量分析;⑥催化燃烧检测器(CCD)用于对可燃性气体及化合物的微量分析;⑦光离子化检测器(PID)用于对有毒有害物质的痕量分析。

16.3.4.2　液相色谱仪

同其他色谱过程一样,HPLC 也是溶质在固定相和流动相之间进行的一种连续多次交换过程。它借溶质在两相间分配系数、亲和力、吸附力或分子大小不同而引起的排阻作用的差别使不同溶质得以分离。对高沸点、难气化化合物的混合物通过色谱柱和洗脱液选择实现分离。利用混合物在液—固或不互溶的两种液体之间分配比的差异,对混合物进行先分离后分析鉴定的仪器。与经典液相柱色谱装置比较,具有高效、快速、灵敏等特点。

现代液相色谱仪由储液器、高压泵、进样器、色谱柱、检测器、温度控制系统、进样系统、信号记录系统和馏分收集器等部分组成。

储液器中的流动相被高压泵打入系统,样品溶液经进样器进入流动相,被流动相载入色谱柱(固定相)内,由于样品溶液中的各组分在两相中具有不同的分配系数,在两相中作相对运动时,经过反复多次的吸附—解吸的分配过程,各组分在移动速度上产生较大的差别,被分离成单个组分依次从柱内流出,通过检测器时,样品浓度被转换成电信号传送到记录仪,数据以数字和图谱形式输出(图 16－11)。

常见的液相色谱仪检测器有:①紫外检测器,光源为 D_2 灯,主要用于检测波

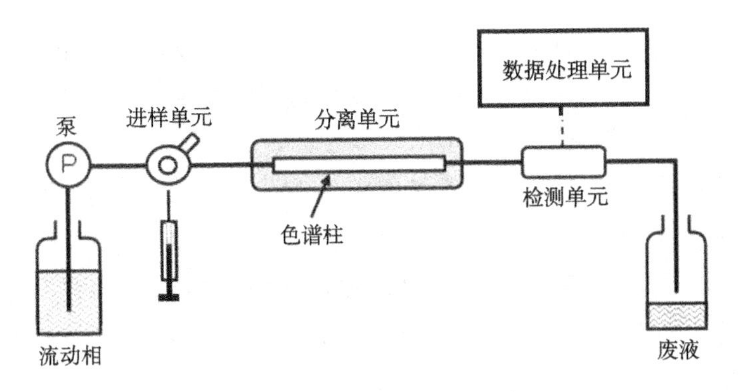

图 16－11　液相色谱系统示意图

长小于等于 400 nm 紫外区内具有紫外吸收的成分。②紫外—可见光用检测器，采用 D_2 灯和钨灯作为光源，可检测物质范围宽，吸收光波长为 190～900 nm，灵敏度很大程度上取决于物质成分，对于检测色素和着色剂等有色成分十分有效。③二极管阵列检测器（DAD），可收集从紫外区到可见光区的光谱数据，每种物质成分光谱可以确认。④荧光（FL）检测器，可专门用于检测荧光物质，灵敏度高，常用于柱前柱后衍生性检测。⑤示差折光（RI）检测器，可检测到任何与洗出液折射率不同的物质成分，对于紫外区无吸收的成分，但灵敏度较低，不能用于梯度分析。⑥蒸发光散射检测器（ELSD），将色谱洗脱液雾化后，检测生成微粒物质成分的散射光。对非紫外吸收成分探测灵敏度高。⑦电导检测器（CD），可检测电离成分，主要用于离子色谱法。⑧电化学检测器（ECD），可检测到电氧化—还原反应产生的电流，检测电活性物质成分，灵敏度高。⑨Corona®电雾式检测器（Corona® CAD），使洗脱液雾化并检测经过电晕放电处理后的生成微粒成分。检测紫外非吸收成分灵敏度比蒸发光散射检测器高，是一种全新的 HPLC 通用检测器，适用于制药、食品、工业化学制品、聚合物、生命科学研究、消费品等行业。

16.3.5　色谱试剂

16.3.5.1　固定相

色谱柱是色谱的心脏，样品的分离是在色谱柱上完成的。在色谱柱中不能移动而能起分离作用的物质称为固定相。固定相分两大类，一类是具有吸附性的多孔固体物质，也称为吸附剂；另一类是能起分离作用的液体物质称为固定液。固定液涂布在载体上常用的固体吸附固定相有吸附剂、高分子多孔小球和化学键合固定相。吸附剂中有硅胶、活性炭、石墨化碳黑、碳分子筛以及氧化铝和分子筛等。高分子多孔小球包括国产的 GDX 和 400 系列，国外的 Chromosorb 与 Porpark 系列。

16.3.5.2 固定液

固定液大概有几百种，一般常按其极性和化合物结构进行分类。按固定液极性可分为非极性、中极性和强极性三种。非极性固定液的相对极性在 0、+1 之间，例如常用的固定液有角鲨烷、阿皮松类及甲基硅氧烷类等；中等极性固定液的相对极性在 +2、+3 之间，这类固定液适宜分离中等极性物质，常用的固定液有邻苯二甲酸二壬酯、聚乙二醇酯等；强极性固定液的相对极性约为 +3、+4，对极性物质溶解度很大，常用的有 β,β' - 氧二丙腈、聚乙二醇等。

16.3.5.3 高压液相色谱淋洗剂

高压液相色谱淋洗剂又称流动相或洗脱剂，是高压液相色谱分析中必不可少的试剂，其作用一是携带样品前进，二是为分析样品提供分配相，进而调节选择性，达到混合样品的分离。高压液相色谱法根据固定相的类型和分离原理可分为液固吸附色谱法、液—液分配色谱法、离子交换色谱法、凝胶渗透色谱法、亲和色谱法等几大类。一般情况下，不同种类液相色谱选择不同的流动相。极性大的试样用极性强的洗脱剂；极性弱的样品用极性弱的洗脱剂。洗脱剂的极性强弱可用溶剂强度参数（ε_o）衡量。ε_o 越大表示洗脱剂的极性越强，即洗脱剂对吸附在固定相上溶质的洗脱能力越强。

16.3.6 结果解析

色谱分析的直接数据形式是色谱流出曲线即色谱图（图 16－12），根据色谱图上的信息，对被测物进行定性或/和定量分析，例如图 16－13。

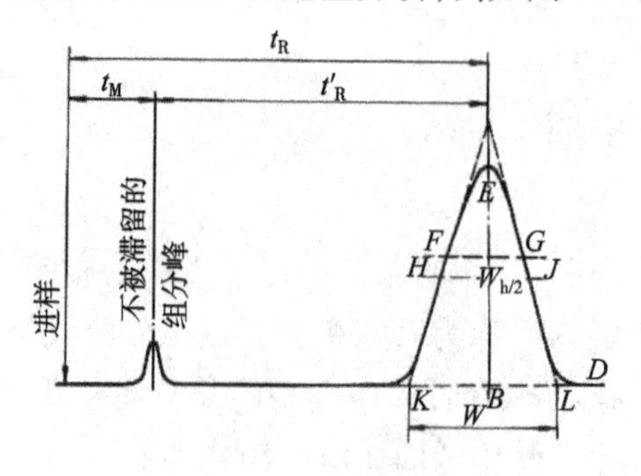

图 16－12 色谱流出曲线

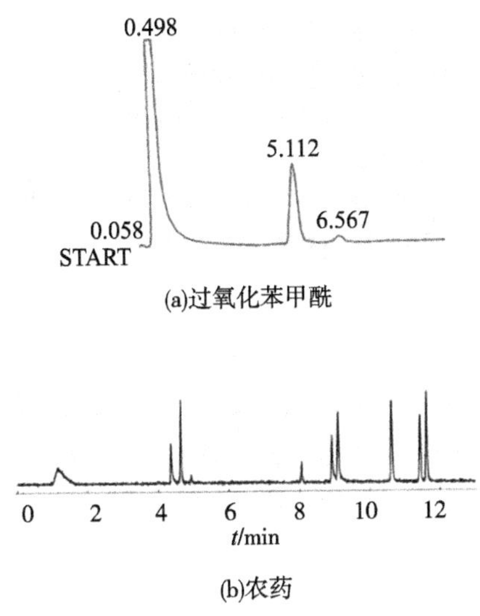

(a)过氧化苯甲酰

(b)农药

1—甲胺磷　2—敌敌畏　3—乐果　4—内吸磷
5—甲基对硫磷　6—马拉硫磷　7—对硫磷

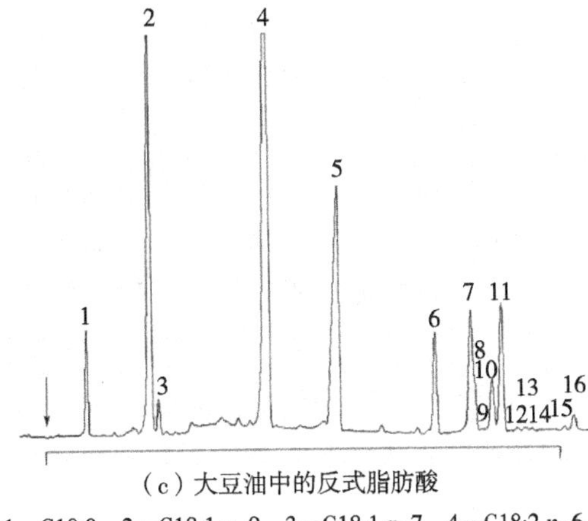

（c）大豆油中的反式脂肪酸

1—C18:0　2—C18:1 n–9　3—C18:1 n–7　4—C18:2 n–6
5—C20:0　6—C18:3 n–3　7—11–顺,9–反C18:2　8—8–顺,10–反C18:2　9—11–反,9–顺C18:2　10—11–反,13–顺C18:2
11—10–顺,12–反C18:2　12—9–反,11–反C18:2　13—10–反–12–反C18:2　14—11–反–13–反C18:2　15—11–顺–13–反C18:2　16—8,10–10,12顺/顺C18:2

图16－13　色谱图举例

16.3.6.1　色谱定性分析

利用保留值定性是色谱分析最基本的定性方法,其基本依据是:两个相同的物质在相同的色谱条件下应该有相同的保留值。但是,相反的结论却不成立,即,在相同的色谱条件下,具有相同的保留值的两个物质不一定是同一个物质。这就使得使用保留值定性时必须十分慎重。由于影响保留值的因素——色谱中的固定相和流动相在气相色谱和液相色谱中不完全相同,因此用保留值定性的方法在气相色谱和液相色谱中也不尽相同。

16.3.6.1.1　利用已知物直接对照进行定性分析

利用已知物直接对照法定性是一种最简单的定性方法,在具有已知标准物质的情况下常使用这一方法。将未知物和已知标准物在同一根色谱柱上,用相同的色谱操作条件进行分析,对色谱图进行比较。此推测只是初步的,如要得到准确的结论,有时还需要进一步的确认。在利用已知纯物质直接对照进行定性时可利用保留时间(t_R)直接比较,这时要求载气流速,载气温度和色谱柱温度一定要恒定,否则会对定性结果产生影响。使用保留体积(V_R)定性,虽可避免载气流速变化的影响,但实际使用很困难,因为保留体积的直接测定很困难,一般都是利用流速和保留时间计算保留体积。为了避免载气流速和温度的微小变化而引起的保留时间的变化对定性分析结果带来的影响,可采用以下两个方法:

(1)用相对保留值定性:由于相对保留值是被测组分与加入的参比组分(其保留值应与被测组分相近)的调整保留值之比,因此,当载气的流速和温度发生微小变化时,被测组分与参比组分的保留值会同时发生变化,而它们的比值——相对保留值则不变。也就是说,相对保留值只受色谱柱温和固定相性质影响,而柱长、固定相的填充情况(即固定相的紧密情况)和载气的流速均不影响相对保留值。因此,在柱温和固定相一定时,相对保留值为定值。

(2)用已知物增加峰高法定性:在得到未知样品的色谱图后,在未知样品中加入一定量的已知纯物质,然后在同样的条件下进行色谱分析,对比两张色谱图,峰高增加则表明该峰是加的已知纯物质的色谱峰。这一方法既可避免载气流速的微小变化对保留时间的影响而影响定性分析的结果,又可避免色谱图图形复杂时准确测定保留时间的困难。

16.3.6.1.2 利用文献值对照进行定性分析

在利用已知标准物直接对照定性时,获得已知标准物质往往很困难。一个实验室不可能备各种各样的已知标准物质。为此,1958 年匈牙利色谱学家 E Kovats 首先提出用保留指数(I)(Retention Index)作为保留值的标准用于定性分析,这是使用最广泛并被国际上公认的定性指标,具有重现性好(精度可达正负 0.1 指数单位或更低一些),标准物统一及温度系数小等优点。

保留指数仅与柱温和固定相性质有关,与色谱条件无关。不同的实验室测定的保留指数的重现性较好,精度可达正负 0.3 个指数单位。

用保留指数定性时需要知道被测的未知物是属于哪一类的化合物,然后查找分析该类化合物所用的固定相和色谱柱温等色谱条件。一定要在给定用色谱条件下分析未知物,并计算它的保留指数,然后再与文献中所给出的保留指数值进行对照,给出未知物的定性分析结果。

虽然保留指数定性与用已知物直接对照定性相比,避免了寻找已知标准物质的困难,但它也有一定的局限性,对一些多官能团的化合物和结构比较复杂的天然产物是无法采用保留指数定性的。

同一物质在同一柱上的保留指数与色谱柱温的关系通常是线性的,利用这一规律可以用内插法求得不同温度下的保留指数。例如某物质的保留指数,在 100℃时为 654,150℃时为 688,用内插法可求得在 125℃时为 671。由于不同物质的这一线性关系往往不平行。因此可以利用两个或三个不同温度时的保留指数进行对照,使定性分析的结果更为可靠。

保留指数定性与用已知物直接对照定性一样,定性结果的准确度往往也需再用其他方法加以确认。随着计算机技术的发展,大量的保留指数可以储存在计算机中,并可以通过计算将储存在计算机中的标准保留指数转换成用户色谱条件下的保留指数和保留时间(t'_R),然后用计算机的检索功能进行定性分析。

16.3.6.1.3 利用保留值规律进行定性分析

无论采用已知物直接对照定性,还是采用保留指数对照定性,其准确度都不是很高,往往还需要其他方法再加以确认。如果将已知物直接对照定性与保留值规律定性结合,则可以大大提高定性分析结果的准确度。

(1)双柱定性:采用已知物直接对照定性,在同一根柱子上进行分析比较来进行定性分析。这种定性分析结果的准确度往往不高,特别对一些同分异构体往往区分不出来。所以,可以在两根不同极性的柱子上,将未知物的保留值与已知物的保留值进行对比分析,以提高定性分析结果的准确度。在用双柱定性时,所选择的两根柱子的极性差别应尽可能大,极性差别越大,定性分析结果的可信度越高。由于非极性柱上各物质出峰顺序基本上是按沸点高低出峰,而在极性柱上各物质的出峰顺序则是主要由其化学结构所决定。因此双柱定性在同分异构体的确认中有很重要的作用。在双柱选择上还可以选择氢键缔合能力有较大差异的不同柱子对一些形成能力不同的化合物进行定性分析。两个纯化合物在性能(极性或氢键形成能力等)不同的二根或多根色谱柱上有完全相同的保留值(在不同柱上的保留时间不同),则这两个纯化合物基本上可以认定为同一个化合物。使用的柱子越多,可信度越高。

(2)碳数规律定性:在一定温度下,同系物间的调整保留值(也可采用比保留值,相对保留值)的对数与该分子的碳数成线性关系,即利用碳数规律可以在已知同系物中几个组分保留值的情况下,推出同系物中其他组分的保留值,然后与未知物的色谱图进行对比分析。在用碳数规律定性时,应先判断未知物类型,才能寻找适当的同系物。与此同时,要注意当碳原子数 $n=1$ 或 2 时,以及碳数较大时,可能与线性关系发生偏差。

(3)沸点规律定性:同族具有相同碳原子数目的碳链异构体的调整保留值(也可用比保留值或相对保留值)的对数值与沸点成线性关系,根据参考文献上有关沸点的数据,就可以推断该组分为何种化合物。与利用碳数规律进行定性一样,对碳链异构体也可以根据其中几个已知组分的调整保留值的对数与相应的沸点作图,然后根据未知组分的沸点,在图上求其相应的保留值,与色谱图上的未知峰对照进行定性分析。

与气相色谱相比,液相色谱的分离机理复杂得多,不仅仅是吸附和分配,还有离子交换、体积排阻、亲核作用、疏水作用等。组分的保留行为也不仅与固定相有关,还与流动相的种类及组成有关(气相色谱中组分的保留行为只与固定相种类和柱温有关,而与流动相种类无关)。因此液相色谱中影响保留值的因素比气相色谱中要多很多。

在气相色谱中的一些保留值的规律在液相色谱中不适用,也不能直接用保留指数(Kovats 指数)定性。

在液相色谱中保留值定性的方法主要是用直接与已知标准物对照的方法。当未知峰的保留值(t'_R 或 V'_R)与某一已知标准物完全相同时,则未知峰可能与此已知标准物是同一物质,特别是在改变色谱柱或改变洗脱液的组成时,未知峰的保留值与已知标准物的保留值仍能完全相同,则可以基本上认定未知峰与标准物是同一物质。

在利用保留值数据进行比对和定性分析时要特别注意到:由于液相色谱柱的填柱技术较复杂,液相色谱所使用的色谱柱的重现性还很不理想,即使是同一批号的柱子,重现性也不一致,这就使得使用保留值数据进行分析受到限制。因此,保留值数据只能作为定性分析的参考。可以根据这些数据和对样品的了解选用已知标准物,再用这些已知标准物与未知物在同一色谱条件下直接进行对比。已知物峰高增加法是最简单而可靠的定性方法。

一些 HPLC 仪器配备三维图谱检测器,如二极管阵列检测器(DAD),在进行未知组分与已知标准物质比对时,除了比较保留时间外,还可以比较两个峰的立体图形。如在使用二极管阵列检测器时,除了比较未知组分与已知标准物质的保留时间外,还可比较两者的紫外光谱图,如果保留时间一样,两者的紫外光谱图也完全一样,则可基本上认定两者是同一物质;若保留时间虽一样,但两者的紫外光谱图有较大差别,则两者不是同一物质。这种利用三维图谱比较对照的方法可大大提高保留值比较定性方法的准确性。

16.3.6.2 色谱定量分析

16.3.6.2.1 原理

色谱法定量分析的根据是组分 i 通过检测器时产生的信号大小,即组分 i 的峰面积 A_i(或峰高 h_i)与进入检测器的组分 i 的质量 m_i 成正比,即 $A_i \propto m_i$ 或 $h_i \propto m_i$,由此得到:

$$A_i = S_i m_i ; h_i = S_{i(h)} m_i$$

$$\text{或者 } m_i = A_i / S_i = A_i f_i ; m_i = h_i / S_{i(h)} = h_i f_{i(h)} 。$$

式中:A_i ——组分 i 的峰面积,mm^2;

m_i——组分 i 进入检测器的量,g 或 mol;

h_i——组分 i 的峰高,mm;

S_i——组分 i 的绝对响应值;

f_i——组分 i 的绝对校正因子;

$S_{i(h)}$——组分 i 的峰高绝对响应值;

$f_{i(h)}$——组分 i 的峰高绝对校正因子。

16.3.6.2.2　方法

(1)归一化法:归一化法定量是色谱分析法中常用而且简单准确的方法。归一化法只适用于样品中所有组分都能从色谱柱流出并被检测器检出,且都在线性范围内,同时又能测定或查出所有组分相对校正因子的样品。各组分含量的计算公式为:

$$X_i = \frac{f_i A_i}{\sum f_i A_i} \times 100\%$$

式中:X_i、f_i,A_i——试样中被测组分的百分含量、相对质量校对因子和色谱峰面积。

该式也称为面积校正归一化法。归一化法定量的特点是比较简单、方便,其结果与进样量无关,仪器的操作条件稍有变动对结果影响不大。当所有组分的校正因子都相同时,上式可简化为:

$$X_i = \frac{A_i}{\sum A_i} \times 100\%$$

此式又称为面积归一化法,在 FID 上,各种烃类的 f_i 都很相近,计算时采用此式非常方便。

(2)内标法:内标法是色谱分析法中常用而且准确的定量方法,进样量的准确性和操作条件的波动对测定结果的影响较小,此法不要求出全峰,但被测的组分必须出峰。内标法是将一种纯物质作为标准物加入到待测样品中,此内标物质应该是样品中不存在的,且与待测组分性质相近的纯物质,加入的内标物质量应与待测物质的质量分数相近,内标物的色谱峰应位于待测组分峰的附近,或位于几个待测组分峰的中间,并与待测组分峰完全分离。

具体方法是:准确称取一定质量的内标物质,加入到准确称取的一定质量的样品中去,混合均匀,在一定的色谱操作条件下,将混合物注入色谱仪,分离出峰后,分别测量组分 i 和内标物 S 的峰面积或峰高,组分含量的计算为:

$$X_i = \frac{m_S f_i A_i}{m f_E A_E} \times 100\%$$

式中：m_s、m——加入内标物的量和试样的质量；

i——被测峰；

E——内标峰。

(3)外标法：外标法又称标准工作曲线法或已知样校正法。此法是先配制一系列不同浓度的标样进行色谱分析，作出峰面积对浓度的工作曲线，在严格相同的色谱条件下，注射相同量或已知量的试样进行色谱分析，求出峰面积后根据工作曲线求出被测组分的含量。若工作曲线通过原点，可配制与所测组分浓度相近的一个标样进行色谱分析。在相同进样量的条件下，被测组分含量可直接用下式计算：

$$X_i = E_i \frac{A_i}{A_E}$$

此方法的特点是操作简单，计算方便，但要求分析组分与其他组分完全分离、色谱分析条件也必须严格一致。当配制标样的化合物与所测组分不同时，峰面积必须进行校正：

$$X_i = X_E \frac{f_i A_i}{f_E A_E}$$

式中：X_i、f_i、A_i——被测组分含量、相对校正因子及峰面积；

X_E、f_E、A_E——外标物的浓度、相对校正因子及峰面积。

16.3.7 色谱分析法在食品分析中的应用

色谱技术在食品分析中的应用越来越广泛，几乎涉及食品分析的所有内容，主要包括：蔬菜水果中农药残留分析；畜禽水产品中兽药残留及瘦肉精、三甲胺分析；饮用水农药残留及挥发性有机污染物分析；烟熏制品中多环芳烃分析；食品添加剂分析；油炸食品中丙烯酰胺分析；白酒中甲醇和杂醇油分析；啤酒饮料及葡萄酒种风味物质组成分析；食用油中脂肪酸组成分析；各类风味物质分析；食品包装中有害物质及迁移分析等。食品分析中色谱技术应用文献很多，国家标准方法中也大量应用，这里不具体举例说明，读者需要时可检索相关文献。

16.4　核磁共振波谱法

16.4.1　概述

核磁共振(Nuclear Magnetic Resonance,NMR)波谱是一种基于特定原子核在外磁场中吸收了与其裂分能级间能量差相对应的射频场能量而产生共振现象的分析方法。核磁共振波谱通过化学位移值、谱峰多重性、偶合常数值、谱峰相对强度和在各种二维谱及多维谱中呈现的相关峰,提供分子中原子的连接方式、空间的相对取向等定性的结构信息。

在一个分子中,各个质子的化学环境有所不同,或多或少受到周边原子或原子团的屏蔽效应影响,因此它们的共振频率也不同,从而导致在核磁共振波谱上各个质子的吸收峰出现在不同的位置上。但这种差异并不大,难以精确测量其绝对值,因此采用一个信号的位置与另一参照物信号的偏离程度表示,称为化学位移(Chemical Shift),即:某一物质吸收峰的频率与标准质子吸收峰频率之间的差异,是一个无量纲的相对值,常用符号“δ”表示,单位为ppm。也可用氘代溶剂中残留的质子信号作为化学位移参考值。在实际应用中,常用四甲基硅烷(TMS)作为参照物。

$$\delta = \frac{V_{\text{sample}} - V_{\text{TMS}}}{V_{\text{TMS}}} \times 10^6$$

核磁共振定量分析以结构分析为基础,在进行定量分析之前,首先对化合物的分子结构进行鉴定,再利用分子特定基团的质子数与相应谱峰的峰面积之间的关系进行定量测定。核磁共振波谱是一专属性较好但灵敏度较低的分析技术。低灵敏度的主要原因是基态和激发态的能量差非常小,通常每十万个粒子中两个能级间只差几个粒子(当外磁场强度约为2 T时)。磁性原子核,如^{1}H和^{13}C在恒定磁场中,只和特定频率的射频场作用。共振频率、原子核吸收的能量以及信号强度与磁场强度成正比。例如,在场强为21特斯拉(T)的磁场中,质子的共振频率为900 MHz。尽管其他磁性核在此场强下拥有不同的共振频率,但人们通常把21特斯拉和900 MHz频率进行直接对应。以^{1}H核为研究对象所获得的谱图称为氢核磁共振波谱图;以^{13}C核为研究对象所获得的谱图称为碳核磁共振波谱图。

核磁共振谱可提供四个重要参数:化学位移值、谱峰多重性、偶合常数值和谱峰相对强度。核磁共振信号的另一个特征是它的强度。在合适的实验条件下，谱峰面积或强度正比于引起此信号的质子数，因此可用于测定同一样品中不同质子或其他核的相对比例，以及在加入内标后进行核磁共振定量分析。

16.4.2 核磁共振谱仪

常见的有两类核磁共振波谱仪：经典的连续波（CW）波谱仪和现代的脉冲傅里叶变换（PFT）波谱仪，绝大多数为后者。组成主要包含超导磁体、射频脉冲发射系统、核磁信号接收系统和用于数据采集、储存、处理以及谱仪控制的计算机系统（图16-14）。

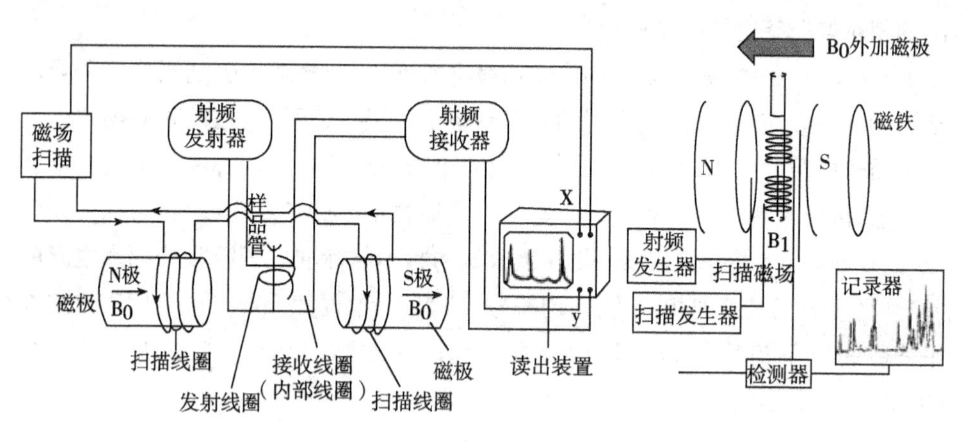

（a）连续波（CW）波谱仪　　（b）现代的脉冲傅里叶变换（PFT）波谱仪

图16-14　核磁共振光谱仪示意图

16.4.3 定性和定量分析

16.4.3.1 定性分析

核磁共振波谱是一个非常有用的结构解析工具，化学位移提供原子核环境信息，谱峰多重性提供相邻基团情况以及立体化学信息，偶合常数值大小可用于确定基团的取代情况，谱峰强度（或积分面积）可确定基团中质子的个数等。一些特定技术，如双共振实验、化学交换、使用位移试剂、各种二维谱等，可用于简化复杂图谱、确定特征基团以及确定偶合关系等。

对于结构简单的样品可直接通过氢谱的化学位移值、偶合情况（偶合裂分的峰数及偶合常数）及每组信号的质子数确定，或通过与文献值（图谱）比较确定样品的结构以及是否存在杂质等。与文献值（图谱）比较时，需要溶剂种类、样品浓度、化学位移参照物、测定温度等实验条件的影响。对于结构复杂或结构未知的样品,通常需要结合其他分析手段,如质谱等确定其结构。

16.4.3.2　定量分析

与其他核相比,^{1}H 核磁共振波谱更适用于定量分析。在合适的实验条件下,两个信号的积分面积(或强度)正比于产生这些信号的质子数:

$$\frac{A_1}{A_2} = \frac{N_1}{N_2}$$

式中:A_1、A_2 ——相应信号的积分面积(或强度);

N_1、N_2——相应信号的总质子数。

如果两个信号来源于同一分子中不同的官能团,上式可简化为

$$\frac{A_1}{A_2} = \frac{n_1}{n_2}$$

式中:n_1、n_2——相应官能团中的质子数。

如果两个信号来源于不同的化合物,则

$$\frac{A_1}{A_2} = \frac{n_1 m_1}{n_2 m_2} = \frac{n_1 W_1/M_1}{n_2 W_2/M_2}$$

式中:m_1、m_2 ——化合物1和化合物2的分子个数;

W_1、W_2——其质量;

M_1、M_2——其分子量。

由后两式可知,核磁共振波谱定量分析可采用绝对定量和相对定量两种模式。

在绝对定量模式下,将已精密称定重量的样品和内标混合配制溶液,测定,通过比较样品特征峰的面积与内标峰的面积计算样品的含量(纯度)。内标应满足如下要求:有合适的特征参考峰,最好是适宜宽度的单峰;内标物的特征参考峰与样品峰分离;能溶于分析溶剂中;其质子是等权重的;内标物的分子量与特征参考峰质子数之比合理;不与待测样品相互作用等。常用的内标物有:1,2,4,5-四氯苯、1,4-二硝基苯、对苯二酚、对苯二酸、苯甲酸苄酯、顺丁烯二酸等。内标的选择依据样品性质而定。

相对定量模式主要用于测定样品中杂质的相对含量(或混合物中各成分相对含量),由上式计算。

供试品溶液制备:分别取供试品和内标物适量,精密称定,置同一具塞玻璃离心管中,精密加入溶剂适量,振摇使完全溶解,加化学位移参照物适量,振摇使溶解,摇匀。

测定方法:将适量供试品溶液转移至核磁管中,正确设置仪器参数,调整核磁管转速使旋转边峰不干扰待测信号,记录图谱。用积分法分别测定各品种项下规定的特征峰面积及内标峰面积,重复测定不少于5次,取平均值,由下式计算供试品的量 W_s:

$$W_s = W_r \times (A_s/A_r) \times (E_s/E_r)$$

式中:W_r——内标物的重量;

A_s 和 A_r——供试品特征峰和内标峰的平均峰面积;

E_s 和 E_r——供试品和内标物的质子当量重量(质量)(以分子量除以特征峰的质子数计算得到)。

由下式计算供试品中各组分的摩尔百分比:

$$(A_1/n_1)/[(A_1/n_1) + (A_2/n_2)] \times 100$$

式中:A_1,A_2——各品种项下所规定的各特征基团共振峰的平均峰面积;

n_1,n_2——各特征基团的质子数。

16.4.4 核磁共振波谱法在食品分析中的应用

NMR 技术可以分析食品中水分含量、分布和存在状态的差异及对食品品质、加工特性和稳定性的影响;是取代油脂质量控制实验室中采用固体脂肪指数(SFI)分析方法唯一可行的、有潜在用途的仪器分析方法,并且已经形成了国际标准;可用于研究食品玻璃态转变;可解析碳水化合物的结构,包括糖残基数目、组成单糖种类、端基构型、糖基连接方式和序列以及取代基团的连接位置;研究淀粉的颗粒结构、糊化凝沉的特性和动力学、分子迁移、变性淀粉取代度测定等;NMR 是能够在原子分辨率下测定溶液中生物大分子三维结构的唯一方法,在研究蛋白质和氨基酸的结构、动力学以及蛋白质相互作用等方面发挥着重要作用,利用核磁谱研究蛋白质,已经成为结构生物学领域的一项重要技术手段。依据不同食品的特定参考标准,在食品品质鉴定方面也得到有效应用,包括鉴别果蔬和谷物在生长过程中及采摘后的内部品质、成熟度、内部缺陷等,以及肉类、酒类、油脂类食品的原产地和品质优劣等。

16.5 质谱法

16.5.1 概述

质谱法(Mass Spectrometry,MS)是利用电场和磁场将运动的离子按其质荷比分离后检测的方法，这里所指的离子包括带电荷的原子、分子或分子碎片，有分子离子、同位素离子、碎片离子、重排离子、多电荷离子、亚稳离子、负离子和离子－分子相互作用产生的离子。测出离子准确质量即可确定离子的化合物组成，这是由于核素的准确质量是一多位小数，决不会有两个核素的质量完全一样，且决不会有一种核素的质量恰好是另一核素质量的整数倍。分析这些离子可获得化合物的分子量、化学结构、裂解规律和由单分子分解形成的某些离子间存在的相互关系等信息。

1898 年德国物理学家维恩（Wilhelm Carl Werner Otto Fritz Franz Wien，1864—1928）用电场和磁场使正离子束发生偏转时，发现电荷相同时质量小的离子偏转得多，质量大的离子偏转得少。1913 年英国物理学家、电子的发现者汤姆孙（Jospeh John Thomson，1857－1940）及其助手英国实验化学家和物理学家阿斯顿（Francis William Aston，1877－1945）用磁偏转仪证实氖有两种同位素^{20}Ne 和^{22}Ne。阿斯顿于 1919 年制成一台能分辨一百分之一质量单位的质谱计，用来测定同位素的相对丰度，鉴定了许多同位素。但是，1940 年以前质谱计还只用于气体分析和测定化学元素的稳定同位素。后来质谱法被用于对石油馏分中的复杂烃类混合物进行分析，并证实了复杂分子能产生确定的能够重复的质谱之后，才将质谱法用于有机化合物的结构测定。

质谱分类为：电子轰击质谱（EI－MS），场解吸附质谱（FD－MS），快原子轰击质谱（FAB－MS），基质辅助激光解吸附飞行时间质谱（MALDI－TOFMS），电子喷雾质谱（ESI－MS）等。能测大分子量的是基质辅助激光解吸附飞行时间质谱和电子喷雾质谱，其中基质辅助激光解吸附飞行时间质谱可以测量的分子量达 100000。

使试样中各组分电离生成不同荷质比的离子，经加速电场作用形成离子束后进入质量分析器，利用电场和磁场使发生相反的速度色散——离子束中速度较慢的离子通过电场后偏转大，速度快的偏转小；在磁场中离子发生角速度矢量相反的偏转，即速度慢的离子依然偏转大，速度快的偏转小。当两个场的偏转作用彼此补偿时，它们的轨道便相交于一点。与此同时，在磁场中还能发生质量的分离，如此使得具有同一质荷比而速度不同的离子聚焦在同一点上，不同质荷比的离子聚焦在不同的点上，将它们分别聚焦而得到质谱图，从而确定其质量。

质谱图的解析大致步骤如下：

（1）确认分子离子峰，由其求得相对分子质量和分子式；计算不饱和度。

（2）找出主要的离子峰（一般指相对强度较大的离子峰），记录这些离子峰的质荷比(m/z 值)和相对强度。

(3)对质谱中分子离子峰或其他碎片离子峰丢失的中型碎片分析。

(4)用 MS - MS 找出母离子和子离子,或用亚稳扫描技术找出亚稳离子,把这些离子的质荷比读到小数点后一位。

(5)配合元素分析、UV、IR、NMR 和样品理化性质提出试样的结构式。最后将所推定的结构式按相应化合物裂解的规律,检查各碎片离子是否符合。若没有矛盾,就可确定可能的结构式。

(6)已知化合物可用标准图谱对照来确定结构是否正确,这步工作可由计算机自动完成。新化合物结构的最终结论要用合成此化合物并做波谱分析的方法确证。

16.5.2 质谱仪器

利用运动离子在电场和磁场中偏转原理设计的仪器称为质谱计或质谱仪。前者指用电子学方法检测离子,而后者指离子被聚焦在照相底板上进行检测。质谱法的仪器种类较多,根据使用范围,可分为无机质谱仪和有机质谱计。常用的有机质谱计有单聚焦质谱计、双聚焦质谱计和四极矩质谱计。目前后两种用得较多,而且多与气相色谱仪和电子计算机联用。质谱仪器由以下系统组成(图16-15)。

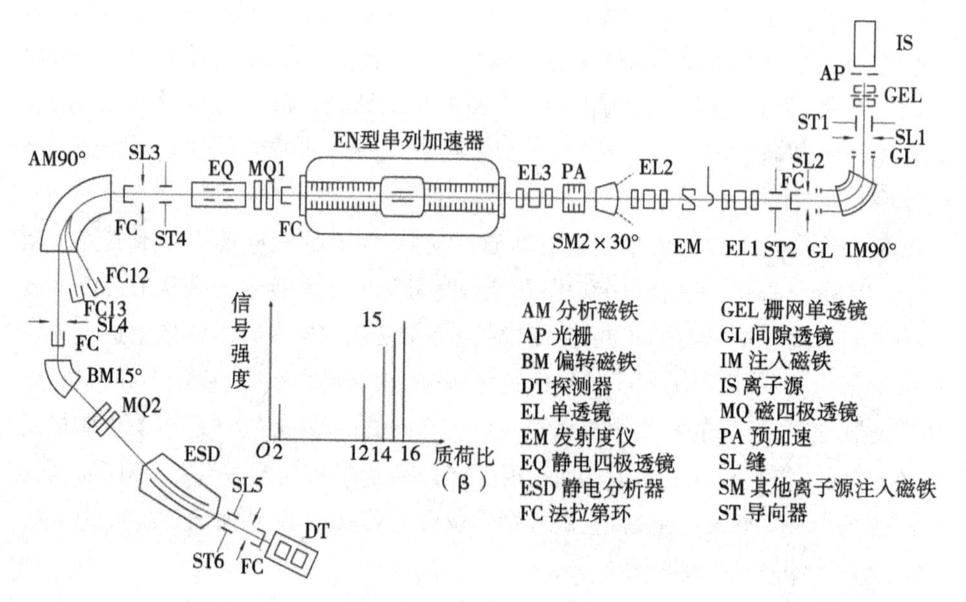

图 16-15　质谱仪装置示意图

(1)高真空系统:质谱计必须在高真空下才能工作。

(2)样品注入系统:可分直接注入、气相色谱、液相色谱、气体扩散四种方法。固体样品通过直接进样杆将样品注入,加热使固体样品转为气体分子。对不纯的样品可经气相或液相色谱预先分离后,通过接口引入。液相色谱—质谱接口有传动带接口、直接液体接口和热喷雾接口。热喷雾接口是一种软电离方法,适用于高极性反相溶剂和低挥发性样品。样品由极性缓冲溶液以 1 ~2 mL/min 流速通过一毛细管。控制毛细管温度,使溶液接近出口处时蒸发成细小的射流喷出。微小液滴还保留有残余的正负电荷,并与待测物形成带有电解质或溶剂特征的加合离子而进入质谱仪。

(3)离子源:使样品电离产生带电粒子(离子)束的装置。应用最广的电离方法是电子轰击法,其他还有化学电离、光致电离、场致电离、激光电离、火花电离、表面电离、X 射线电离、场解吸电离和快原子轰击电离等。其中场解吸和快原子轰击特别适合测定挥发性小和对热不稳定的化合物。

(4)质量分析器:将离子束按质荷比进行分离的装置。它的结构有单聚焦、双聚焦、四极矩、飞行时间和摆线等。质量分析器的作用是将离子源中形成的离子按质荷比的大小不同分开,质量分析器可分为静态分析器和动态分析器两类。

(5)收集器:经过分析器分离的同质量离子可用照相底板、法拉第筒或电子倍增器收集检测。随着质谱仪的分辨率和灵敏度等性能的大大提高,只需要微克级甚至纳克级的样品,就能得到一张较满意的质谱图,因此对于微量不纯的化合物,可以利用气相色谱或液相色谱(对极性大的化合物)将化合物分离成单一组分,导入质谱计,录下质谱图,此时质谱计的作用如同一个检测器。

16.5.3　技术与应用

质谱仪种类繁多,不同仪器应用特点不同,一般而言,在 300℃左右能汽化的样品,可以优先考虑用 GC – MS(图 16 – 16)进行分析,因为 GC – MS 使用 EI 源,得到的质谱信息多,可以进行库检索。毛细管柱的分离效果也好。如果在 300℃左右不能汽化,则需要用 LC – MS 分析,此时主要得分子量信息,如果是串联质谱,还可以得一些结构信息。如果是生物大分子,主要利用 LC – MS 和 MALDI – TOF 分析,主要得分子量信息。对于蛋白质样品,还可以测定氨基酸序列。质谱仪的分辨率是一项重要技术指标,高分辨质谱仪可以提供化合物组成式,这对于结构测定是非常重要的。双聚焦质谱仪,傅立叶变换质谱仪,带反射器的飞行时间质谱仪等都具有高分辨功能。

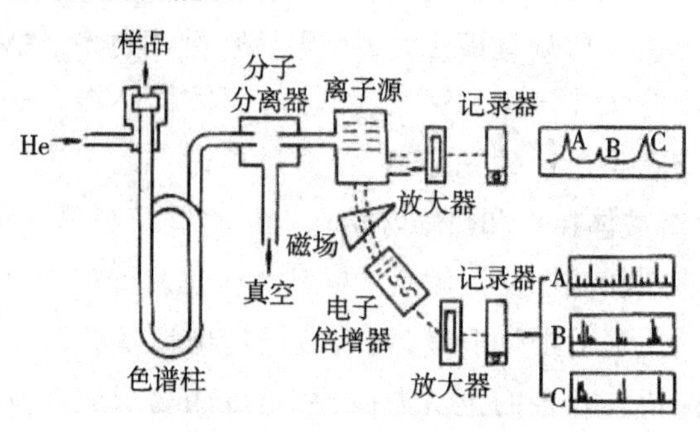

图 16－16 GC－MS 联用技术

质谱法特别是它与色谱仪及计算机联用的方法,已广泛应用在有机化学、生化、药物代谢、临床、毒物学、农药测定、环境保护、石油化学、地球化学、食品化学、植物化学、宇宙化学和国防化学等领域。用质谱计作多离子检测,可用于定性分析。

质谱分析法对样品有一定的要求。进行 GC－MS 分析的样品应是有机溶液,水溶液中的有机物一般不能测定,须进行萃取分离变为有机溶液,或采用顶空进样技术。有些化合物极性太强,在加热过程中易分解,例如有机酸类化合物,此时可以进行酯化处理,将酸变为酯再进行 GC－MS 分析,由分析结果可以推测酸的结构。如果样品不能汽化也不能酯化,那就只能进行 LC－MS 分析了。进行 LC－MS 分析的样品最好是水溶液或甲醇溶液,LC 流动相中不应含不挥发盐。对于极性样品,一般采用 ESI 源,对于非极性样品,采用 APCI 源。

质谱法与其他技术的联合运用,可极大地提高联用仪器各自的性能,也扩大使用范围。以下是一些技术联用的报道。

采用高效液相色谱—串联质谱法(HPLC/MS)定量定性分析食品中非法添加碱性橙、碱性嫩黄、酸性橙 I、酸性橙 II 和酸性黄 36 等 5 种黄色工业染料;衍生化气相色谱—质谱法测定玩具和食品接触材料中双酚 A;固相萃取—气相色谱—质谱法测定食品中 23 种邻苯二甲酸酯;气相色谱质谱法测定食品中反式脂肪酸;气相色谱—质谱法测定食品中的甲醛固相萃取—液相色谱—串联质谱法检测食品中的三聚氰胺;电喷雾解析电离质谱法对食品中苏丹红染料的快速检测;液相色谱—串联质谱法快速测定食品中 4 种黄色工业染料;离子色谱和液相色谱串联质谱法测定食品中的添加剂;超高效液相色谱串联质谱法检测食品中蜡样芽孢杆菌呕吐毒素;高效液相色谱离子阱串联质谱法检测保健食品中非法掺入8种镇咳违禁成分的检测。高效液相色谱离子阱串联质谱法检测保健食品中非法掺入11种降糖类违禁成分；气相色谱—质谱法测定PVC食品保鲜膜中DEHA等己二酸酯类增塑剂；采用超高效液相色谱—串联质谱法可实现动物源食品中兽药的快速检测；高效液相色谱—串联质谱法检测动物源性食品中β-受体激动剂；用液相色谱—质谱法（LC-MS）快速测定食品中的羟甲基糠醛；气相色谱—质谱法测定食品中的甲醛；气相色谱—串联质谱法测定不同酒类食品中17种邻苯二甲酸酯；气相色谱—质谱法、高效液相色谱紫外法（HPLC-UV）和电化学检测法（HPLC-ECD）以及两种检测器串联、气质联机方法（GC-MS）、液质联机方法（LC-MS）、毛细管电泳—紫外检测法（CE-UV）、微分脉冲伏安法测定动物性食品及生物材料中的克伦特罗定量检测方法；气相色谱法—质谱法测定食品中的邻苯二甲酸酯（DEHP）；气相色谱—质谱法测定食品中乙草胺残留；气相色谱—串联质谱法测定塑料食品接触材料邻苯二甲酸二丁酯（DBP）及邻苯二甲酸二(2-乙基己基)酯（DEHP）；气相色谱—质谱法测定食品基质中四聚乙醛残留量；气相色谱—质谱法测定食品中的甲醛；解吸附电晕束电离质谱法快速检测保健食品和中成药中违禁添加的β_2-受体激动剂；电感耦合等离子体质谱法（ICP-MS）测定运动员食品中铅、砷、镉、铜等。

复习思考题

1. 举例说明光分析法的分类、测定原理及在食品分析中的应用。

2. 举例说明光原子吸收和原子发射光谱分析法的分类、测定原理及在食品分析中的应用。

3. 举例说明近红外光谱分析法的分类、测定原理及在食品分析中的应用。

4. 荧光光谱分析法举例说明荧光光谱分析法的分类、测定原理及在食品分析中的应用。

5. 说明色谱分析法的分类、原理、仪器组成、定性定量方法及在食品分析中的应用。

6. 说明核磁共振波谱法的种类、原理、仪器组成、定性定量方法及在食品分析中的应用。

7. 说明核质谱法的种类、原理、仪器组成、定性定量方法及在食品分析中的应用。

下篇　实验部分

实验1 食品中水分的测定 (GB 5009.3—2010)

1.1 直接干燥法

1.1.1 原理

利用食品中水分的物理性质,在101.3 kPa(一个大气压),温度101~105℃下采用挥发方法测定样品中干燥减失的重量,包括吸湿水、部分结晶水和该条件下能挥发的物质,再通过干燥前后的称量数值计算出水分的含量。

1.1.2 试剂和材料

除非另有规定,本方法中所用试剂均为分析纯。

(1)盐酸:优级纯。

(2)氢氧化钠(NaOH):优级纯。

(3)盐酸溶液(6 mol/L):量取50 mL盐酸,加水稀释至100 mL。

(4)氢氧化钠溶液(6 mol/L):称取24 g氢氧化钠,加水溶解并稀释至100 mL。

(5)海砂:取用水洗去泥土的海砂或河砂,先用盐酸煮沸0.5 h,用水洗至中性,再用氢氧化钠溶液煮沸0.5 h,用水洗至中性,经105 ℃干燥备用。

1.1.3 仪器和设备

(1)扁形铝制或玻璃制称量瓶。

(2)电热恒温干燥箱。

(3)干燥器:内附有效干燥剂。

(4)天平:感量为0.1 mg。

1.1.4 分析步骤

1.1.4.1 固体试样

取洁净铝制或玻璃制的扁形称量瓶,置于101~105 ℃干燥箱中,瓶盖斜支于瓶边，加热1.0 h，取出盖好，置干燥器内冷却0.5 h，称量，并重复干燥至前后两次质量差不超过2 mg，即为恒重。将混合均匀的试样迅速磨细至颗粒小于2 mm，不易研磨的样品应尽可能切碎，称取2～10 g试样（精确至0.0001 g），放入此称量瓶中，试样厚度不超过5 mm，如为疏松试样，厚度不超过10 mm，加盖，精密称量后，置101～105℃干燥箱中，瓶盖斜支于瓶边，干燥2～4 h后，盖好取出，放入干燥器内冷却0.5 h后称量。然后再放入101～105℃干燥箱中干燥1 h左右，取出，放入干燥器内冷却0.5 h后再称量。并重复以上操作至前后两次质量差不超过2 mg，即为恒重。

注：两次恒重值在最后计算中，取最后一次的称量值。

1.1.4.2 半固体或液体试样

取洁净的称量瓶，内加10 g海砂及一根小玻棒，置于101～105℃干燥箱中，干燥1.0 h后取出，放入干燥器内冷却0.5 h后称量，并重复干燥至恒重。然后称取5～10 g试样（精确至0.0001 g），置于蒸发皿中，用小玻棒搅匀放在沸水浴上蒸干，并随时搅拌，擦去皿底的水滴，置101～105℃干燥箱中干燥4 h后盖好取出，放入干燥器内冷却0.5 h后称量。以下按1.1.4.1自“然后再放入101～105℃干燥箱中干燥1 h左右……”起依法操作。

1.1.5 分析结果的表述

试样中的水分的含量按式（1－1）进行计算。

$$X=\frac{m_1-m_2}{m_1-m_3}\times 100 \qquad (1-1)$$

式中：X——试样中水分的含量，g/100g；

m_1——称量瓶（加海砂、玻棒）和试样的质量，g；

m_2——称量瓶（加海砂、玻棒）和试样干燥后的质量，g；

m_3——称量瓶（加海砂、玻棒）的质量，g。

水分含量≥1 g/100 g时，计算结果保留三位有效数字；水分含量＜1 g/100 g时，结果保留两位有效数字。

1.1.6 精密度

在重复性条件下获得的两次独立测定结果的绝对差值不得超过算术平均值的5%。

1.2　减压干燥法

1.2.1　原理

利用食品中水分的物理性质,在达到40～53 kPa压力后加热至60 ℃±5 ℃,采用减压烘干方法去除试样中的水分,再通过烘干前后的称量数值计算出水分的含量。

1.2.2　仪器和设备

(1)真空干燥箱。

(2)扁形铝制或玻璃制称量瓶。

(3)干燥器:内附有效干燥剂。

(4)天平:感量为0.1 mg。

1.2.3　分析步骤

(1)试样的制备:粉末和结晶试样直接称取;较大块硬糖经研钵粉碎,混匀备用。

(2)测定:取已恒重的称量瓶称取2～10 g(精确至0.0001 g)试样,放入真空干燥箱内,将真空干燥箱连接真空泵,抽出真空干燥箱内空气(所需压力一般为40～53 kPa),并同时加热至所需温度60 ℃±5 ℃。关闭真空泵上的活塞,停止抽气,使真空干燥箱内保持一定的温度和压力,经4 h后,打开活塞,使空气经干燥装置缓缓通入至真空干燥箱内,待压力恢复正常后再打开。取出称量瓶,放入干燥器中0.5 h后称量,并重复以上操作至前后两次质量差不超过2 mg,即为恒重。

1.2.4　分析结果的表述

同1.1.5。

1.2.5　精密度

在重复性条件下获得的两次独立测定结果的绝对差值不得超过算术平均值的10%。

1.3 蒸馏法

1.3.1 原理

利用食品中水分的物理化学性质,使用水分测定器将食品中的水分与甲苯或二甲苯共同蒸出,根据接收的水的体积计算出试样中水分的含量。本方法适用于含较多其他挥发性物质的食品,如油脂、香辛料等。

1.3.2 试剂和材料

甲苯或二甲苯(化学纯):取甲苯或二甲苯,先以水饱和后,分去水层,进行蒸馏,收集馏出液备用。

1.3.3 仪器和设备

(1)水分测定器:如下图所示(带可调电热套)。水分接收管容量 5 mL,最小刻度值 0.1 mL,容量误差小于 0.1 mL。

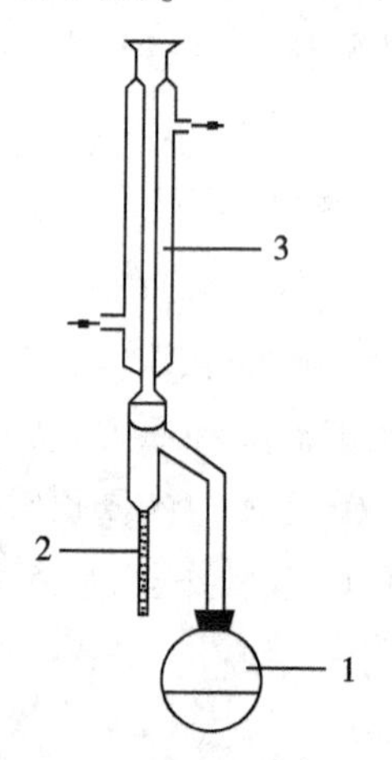

水分测定器图

1—250 mL 蒸馏瓶　2—水分接收管,有刻度　3—冷凝管

(2)天平:感量为 0.1 mg。

1.3.4 分析步骤

准确称取适量试样(应使最终蒸出的水在 2 ~ 5 mL,但最多取样量不得超过

蒸馏瓶的2/3),放入250 mL锥形瓶中,加入新蒸馏的甲苯(或二甲苯)75 mL,连接冷凝管与水分接收管,从冷凝管顶端注入甲苯,装满水分接收管。加热慢慢蒸馏,使每秒钟的馏出液为两滴,待大部分水分蒸出后,加速蒸馏约每秒钟4滴,当水分全部蒸出后,接收管内的水分体积不再增加时,从冷凝管顶端加入甲苯冲洗。如冷凝管壁附有水滴,可用附有小橡皮头的铜丝擦下,再蒸馏片刻至接收管上部及冷凝管壁无水滴附着,接收管水平面保持10 min不变为蒸馏终点,读取接收管水层的容积。

1.3.5　分析结果的表述

试样中水分的含量按式(1-2)进行计算。

$$X = \frac{V}{m} \times 100 \quad \cdots\cdots (1-2)$$

式中:X——试样中水分的含量,mL/100 g(或按水在20 ℃的密度0.998,20 g/mL计算质量);

V——接收管内水的体积,mL;

m——试样的质量,g。

以重复性条件下获得的两次独立测定结果的算术平均值表示,结果保留三位有效数字。

1.3.6　精密度

在重复性条件下获得的两次独立测定结果的绝对差值不得超过算术平均值的10%。

1.4　卡尔·费休法

1.4.1　原理

根据碘能与水和二氧化硫发生化学反应,在有吡啶和甲醇共存时,1 mol碘只与1 mol水作用,反应式如下:

$$C_5H_5N \cdot I_2 + C_5H_5N \cdot SO_2 + C_5H_5N + H_2O + CH_3OH \rightarrow 2C_5H_5N \cdot HI + C_5H_6N[SO_4CH_3]$$

卡尔·费休水分测定法又分为库仑法和容量法。库仑法测定的碘是通过化学反应产生的,只要电解液中存在水,所产生的碘就会和水以1:1的关系按照化学反应式进行反应。当所有的水都参与了化学反应,过量的碘就会在电极的阳极区域形成,反应终止。容量法测定的碘是作为滴定剂加入的,滴定剂中碘的浓度是已知的,根据消耗滴定剂的体积,计算消耗碘的量,从而计量出被测物质水的含量。

1.4.2 试剂和材料

(1)卡尔·费休试剂。

(2)无水甲醇(CH4O):优级纯。

1.4.3 仪器和设备

(1)卡尔·费休水分测定仪。

(2)天平:感量为0.1 mg。

1.4.4 分析步骤

1.4.4.1 卡尔·费休试剂的标定(容量法)

在反应瓶中加一定体积(浸没铂电极)的甲醇,在搅拌下用卡尔·费休试剂滴定至终点。加入10 mg水(精确至0.0001 g),滴定至终点并记录卡尔·费休试剂的用量(V)。卡尔·费休试剂的滴定度按式(1-3)计算:

$$T=\frac{M}{V} \quad \cdots\cdots (1-3)$$

式中:T——卡尔·费休试剂的滴定度,mg/mL;

M——水的质量,mg;

V——滴定水消耗的卡尔·费休试剂的用量,mL。

1.4.4.2 试样前处理

可粉碎的固体试样要尽量粉碎,使之均匀。不易粉碎的试样可切碎。

1.4.4.3 试样中水分的测定

于反应瓶中加一定体积的甲醇或卡尔·费休测定仪中规定的溶剂浸没铂电极,在搅拌下用卡尔·费休试剂滴定至终点。迅速将易溶于上述溶剂的试样直接加入滴定杯中;对于不易溶解的试样,应采用对滴定杯进行加热或加入已测定水分的其他溶剂辅助溶解后用卡尔·费休试剂滴定至终点。建议采用库仑法测定试样中的含水量应大于10 μg,容量法应大于100 μg。对于某些需要较长时间滴定的试样,需要扣除其漂移量。

1.4.4.4 漂移量的测定

在滴定杯中加入与测定样品一致的溶剂,并滴定至终点,放置不少于10 min后再滴定至终点,两次滴定之间的单位时间内的体积变化即为漂移量(D)。

1.4.5 分析结果的表述

固体试样中水分的含量按式(1-4),液体试样中水分的含量按式(1-5)进行计算。

$$X = \frac{(V_1 - D \times t) \times T}{M} \times 100 \qquad (1-4)$$

$$X = \frac{(V_1 - D \times t) \times T}{V_2 \rho} \times 100 \qquad (1-5)$$

式中:X——试样中水分的含量,g/100 g;

V_1——滴定样品时卡尔·费休试剂体积,mL;

T——卡尔·费休试剂的滴定度,g/mL;

M——样品质量,g;

V_2——液体样品体积,mL;

D——漂移量,mL/min;

t——滴定时所消耗的时间,min;

ρ——液体样品的密度,g/mL。

水分含量≥1 g/100 g时,计算结果保留三位有效数字;水分含量<1 g/100 g时,计算结果保留两位有效数字。

1.4.6 精密度

在重复性条件下获得的两次独立测定结果的绝对差值不得超过算术平均值的10%。

实验2　食品中灰分的测定
（GB 5009.4—2010）

2.1　原理

食品经灼烧后所残留的无机物质称为灰分。灰分数值系用灼烧、称重后计算得出。

2.2　试剂和材料

（1）乙酸镁[$(CH3COO)_2Mg \cdot 4H_2O$]：分析纯。

（2）乙酸镁溶液（80 g/L）：称取 8.0 g 乙酸镁加水溶解并定容至 100 mL，混匀。

（3）乙酸镁溶液（240 g/L）：称取 24.0 g 乙酸镁加水溶解并定容至 100 mL，混匀。

2.3　仪器和设备

（1）马弗炉：温度≥600 ℃。

（2）天平：感量为 0.1 mg。

（3）石英坩锅或瓷坩埚。

（4）干燥器（内有干燥剂）。

（5）电热板。

（6）水浴锅。

2.4　分析步骤

2.4.1　坩埚的灼烧

取大小适宜的石英坩埚或瓷坩埚置马弗炉中，在 550℃ ±25℃ 下灼烧 0.5 h，冷却至200℃左右,取出,放入干燥器中冷却30 min,准确称量。重复灼烧至前后两次称量相差不超过0.5 mg为恒重。

2.4.2　称样

灰分大于10 g/100 g的试样称取2~3 g(精确至0.0001 g);灰分小于10 g/100 g的试样称取3~10 g(精确至0.0001 g)。

2.4.3　测定

2.4.3.1　一般食品

液体和半固体试样应先在沸水浴上蒸干。固体或蒸干后的试样,先在电热板上以小火加热使试样充分炭化至无烟,然后置于马弗炉中,在550℃ ± 25℃灼烧4 h。冷却至200℃左右,取出,放入干燥器中冷却30min,称量前如发现灼烧残渣有炭粒时,应向试样中滴入少许水湿润,使结块松散,蒸干水分再次灼烧至无炭粒即表示灰化完全,方可称量。重复灼烧至前后两次称量相差不超过0.5 mg为恒重。按式(2-1)计算。

2.4.3.2　含磷量较高的豆类及其制品、肉禽制品、蛋制品、水产品、乳及乳制品

(1)称取试样后,加入1.00 mL乙酸镁溶液或3.00 mL乙酸镁溶液,使试样完全润湿。放置10 min后,在水浴上将水分蒸干,以下步骤按2.4.3.1自“先在电热板上以小火加热……”起操作。按式(2-2)计算。

(2)吸取3份与4.3.2.1相同浓度和体积的乙酸镁溶液,做3次试剂空白试验。当3次试验结果的标准偏差小于0.003 g时,取算术平均值作为空白值。若标准偏差超过0.003 g时,应重新做空白值试验。

2.5　分析结果的表述

试样中灰分按式(2-1)、式(2-2)计算

$$X_1 = \frac{m_1 - m_2}{m_3 - m_2} \times 100 \quad \cdots\cdots (2-1)$$

$$X_2 = \frac{m_1 - m_2 - m_0}{m_3 - m_2} \times 100 \quad \cdots\cdots (2-2)$$

式中:X_1 ——试样中灰分的含量(测定时未加乙酸镁溶液),g/100 g;

X_2 ——试样中灰分的含量(测定时加入乙酸镁溶液),g/100 g;

m_0——氧化镁(乙酸镁灼烧后生成物)的质量,g;

m_1——坩埚和灰分的质量,g;

m_2——坩埚的质量,g;

m_3——坩埚和试样的质量,g。

试样中灰分含量≥10 g/100 g时,保留三位有效数字;试样中灰分含量<10 g/100 g时,保留两位有效数字。

2.6 精密度

在重复性条件下获得的两次独立测定结果的绝对差值不得超过算术平均值的5%。

实验3　食品中蛋白质的测定
(GB 5009.5—2010)

3.1　凯氏定氮法

3.1.1　原理

食品中的蛋白质在催化加热条件下被分解,产生的氨与硫酸结合生成硫酸铵。碱化蒸馏使氨游离,用硼酸吸收后以硫酸或盐酸标准滴定溶液滴定,根据酸的消耗量乘以换算系数,即为蛋白质的含量。

3.1.2　试剂和材料

除非另有规定,本方法中所用试剂均为分析纯,水为 GB/T 6682 规定的三级水。

(1)硫酸铜($CuSO_4 \cdot 5H_2O$)。

(2)硫酸钾(K_2SO_4)。

(3)硫酸(H_2SO_4密度为 1.84g/L)。

(4)硼酸(H_3BO_3)。

(5)甲基红指示剂($C_{15}H_{15}N_3O_2$)。

(6)溴甲酚绿指示剂($C_{21}H_{14}Br_4O_5S$)。

(7)亚甲基蓝指示剂($C_{16}H_{18}ClN_3S \cdot 3H_2O$)。

(8)氢氧化钠(NaOH)。

(9)95%乙醇(C_2H_5OH)。

(10)硼酸溶液(20 g/L):称取 20 g 硼酸,加水溶解后并稀释至 1000 mL。

(11)氢氧化钠溶液(400 g/L):称取 40 g 氢氧化钠加水溶解后,放冷,并稀释至 100 mL。

(12)硫酸标准滴定溶液(0.0500 mol/L)或盐酸标准滴定溶液(0.0500 mol/L)。

(13)甲基红乙醇溶液(1 g/L):称取 0.1g 甲基红,溶于 95%乙醇,用 95%乙醇稀释至 100 mL。

(14)亚甲基蓝乙醇溶液(1 g/L):称取 0.1g 亚甲基蓝,溶于 95% 乙醇,用 95% 乙醇稀释至 100 mL。

(15)溴甲酚绿乙醇溶液(1 g/L):称取 0.1g 溴甲酚绿,溶于 95% 乙醇,用 95% 乙醇稀释至 100 mL。

(16)混合指示液:2 份甲基红乙醇溶液与 1 份亚甲基蓝乙醇溶液临用时混合。也可用 1 份甲基红乙醇溶液与 5 份溴甲酚绿乙醇溶液临用时混合。

3.1.3 仪器和设备

(1)天平:感量为 1mg。

(2)定氮蒸馏装置:如下图所示。

(3)自动凯氏定氮仪。

3.1.4 分析步骤

3.1.4.1 凯氏定氮法

(1)试样处理:称取充分混匀的固体试样 0.2 ~ 2 g、半固体试样 2 ~ 5 g 或液体试样 10 ~ 25 g(相当于 30 ~ 40 mg 氮),精确至 0.001 g,移入干燥的 100 mL、250 mL 或 500 mL 定氮瓶中,加入 0.2 g 硫酸铜、6 g 硫酸钾及 20 mL 硫酸,轻摇后于瓶口放一小漏斗,将瓶以 45°角斜支于有小孔的石棉网上。小心加热,待内容物全部炭化,泡沫完全停止后,加强火力,并保持瓶内液体微沸,至液体呈蓝绿色并澄清透明后,再继续加热 0.5 ~ 1 h。取下放冷,小心加入 20 mL 水。放冷后,移入 100 mL 容量瓶中,并用少量水洗定氮瓶,洗液并入容量瓶中,再加水至刻度,混匀备用。同时做试剂空白试验。

(2)测定:按下图装好定氮蒸馏装置,向水蒸气发生器内装水至 2/3 处,加入数粒玻璃珠,加甲基红乙醇溶液数滴及数毫升硫酸,以保持水呈酸性,加热煮沸水蒸气发生器内的水并保持沸腾。

(3)向接收瓶内加入 10.0 mL 硼酸溶液及 1 ~ 2 滴混合指示液,并使冷凝管的下端插入液面下,根据试样中氮含量,准确吸取 2.0 ~ 10.0 mL 试样处理液由小玻杯注入反应室,以 10 mL 水洗涤小玻杯并使之流入反应室内,随后塞紧棒状玻塞。将 10.0 mL 氢氧化钠溶液倒入小玻杯,提起玻塞使其缓缓流入反应室,立即将玻塞盖紧,并加水于小玻杯以防漏气。夹紧螺旋夹,开始蒸馏。蒸馏 10 min 后移动蒸馏液接收瓶,液面离开冷凝管下端,再蒸馏 1 min。然后用少量水冲洗冷凝管下端外部,取下蒸馏液接收瓶。以硫酸或盐酸标准滴定溶液滴定至终点,其中2份甲基红乙醇溶液与1份亚甲基蓝乙醇溶液指示剂,颜色由紫红色变成灰色,pH 5.4;1份甲基红乙醇溶液与5份溴甲酚绿乙醇溶液指示剂,颜色由酒红色变成绿色,pH 5.1。同时作试剂空白。

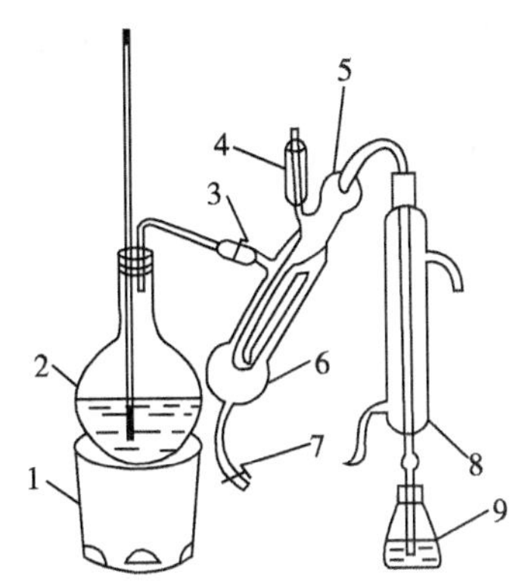

定氮蒸馏装置图

1—电炉　2—水蒸气发生器(2 L烧瓶)　3—螺旋夹　4—小玻杯及棒状玻塞
5—反应室　6—反应室外层　7—橡皮管及螺旋夹　8—冷凝管　9—蒸馏液接收瓶

3.1.4.2　自动凯氏定氮仪法

称取固体试样0.2～2 g、半固体试样2～5 g或液体试样10～25 g(相当于30～40 mg氮),精确至0.001 g。按照仪器说明书的要求进行检测。

3.1.5　分析结果的表述

试样中蛋白质的含量按式(3-1)进行计算。

$$X=\frac{(V_1-V_2)\times c\times 0.0140}{m\times V_3/100}\times F\times 100 \quad \cdots\cdots\cdots\cdots\cdots (3-1)$$

式中:X——试样中蛋白质的含量,g/100 g;

V_1——试液消耗硫酸或盐酸标准滴定液的体积,mL;

V_2——试剂空白消耗硫酸或盐酸标准滴定液的体积,mL;

V_3——吸取消化液的体积,mL;

c——硫酸或盐酸标准滴定溶液浓度,mol/L;

0.0140——1.0 mL硫酸[$c(1/2H_2SO_4)$=1.000 mol/L]或盐酸[$c(HCl)$=1.000 mol/L]标准滴定溶液相当的氮的质量,g;

m——试样的质量,g;

F——氮换算为蛋白质的系数。一般食物为6.25;纯乳与纯乳制品为

6.38;面粉为5.70;玉米、高粱为6.24;花生为5.46;大米为5.95;大豆及其粗加工制品为5.71;大豆蛋白制品为6.25;肉与肉制品为6.25;大麦、小米、燕麦、裸麦为5.83;芝麻、向日葵为5.30;复合配方食品为6.25。

以重复性条件下获得的两次独立测定结果的算术平均值表示,蛋白质含量≥1 g/100 g时,结果保留三位有效数字;蛋白质含量<1 g/100 g时,结果保留两位有效数字。

3.1.6 精密度

在重复性条件下获得的两次独立测定结果的绝对差值不得超过算术平均值的10 %。

3.2 分光光度法

3.2.1 原理

食品中的蛋白质在催化加热条件下被分解,分解产生的氨与硫酸结合生成硫酸铵,在pH 4.8的乙酸钠-乙酸缓冲溶液中与乙酰丙酮和甲醛反应生成黄色的3,5-二乙酰-2,6-二甲基-1,4-二氢化吡啶化合物。在波长400 nm下测定吸光度值,与标准系列比较定量,结果乘以换算系数,即为蛋白质含量。

3.2.2 试剂和材料

除非另有规定,本方法中所用试剂均为分析纯,水为GB/T 6682规定的三级水。

(1)硫酸铜($CuSO_4 \cdot 5H_2O$)。

(2)硫酸钾(K_2SO_4)。

(3)硫酸(H_2SO_4密度为1.84 g/L):优级纯。

(4)氢氧化钠(NaOH)。

(5)对硝基苯酚($C_6H_5NO_3$)。

(6)乙酸钠($CH_3COONa \cdot 3H_2O$)。

(7)无水乙酸钠(CH_3COONa)。

(8)乙酸(CH_3COOH):优级纯。

(9)37%甲醛(HCHO)。

(10)乙酰丙酮($C5H_8O_2$)。

(11)氢氧化钠溶液(300 g/L):称取30 g氢氧化钠加水溶解后,放冷,并稀释至100 mL。

(12)对硝基苯酚指示剂溶液(1 g/L):称取0.1 g对硝基苯酚指示剂溶于20 mL95%乙醇中,加水稀释至100 mL。

(13)乙酸溶液(1 mol/L):量取5.8 mL乙酸,加水稀释至100 mL。

(14)乙酸钠溶液(1 mol/L):称取41 g无水乙酸钠或68 g乙酸钠,加水溶解后并稀释至500 mL。

(15)乙酸钠－乙酸缓冲溶液:量取60 mL乙酸钠溶液与40 mL乙酸溶液混合,该溶液pH=4.8。

(16)显色剂:15 mL甲醛与7.8 mL乙酰丙酮混合,加水稀释至100 mL,剧烈振摇混匀(室温下放置稳定3 d)。

(17)氨氮标准储备溶液(以氮计)(1.0 g/L):称取105 ℃干燥2 h的硫酸铵0.4720 g加水溶解后移于100 mL容量瓶中,并稀释至刻度,混匀,此溶液每毫升相当于1.0 mg氮。

(18)氨氮标准使用溶液(0.1 g/L):用移液管吸取10.00 mL氨氮标准储备液于100mL容量瓶内,加水定容至刻度,混匀,此溶液每毫升相当于0.1 mg氮。

3.2.3　仪器和设备

(1)分光光度计。

(2)电热恒温水浴锅:100℃ ± 0.5℃。

(3)10 mL具塞玻璃比色管。

(4)天平:感量为1mg。

3.2.4　分析步骤

3.2.4.1　试样消解

称取经粉碎混匀过40目筛的固体试样0.1～0.5 g(精确至0.001 g)、半固体试样0.2～1 g(精确至0.001 g)或液体试样1～5 g(精确至0.001 g),移入干燥的100 mL或250 mL定氮瓶中,加入0.1 g硫酸铜、1 g硫酸钾及5 mL硫酸,摇匀后于瓶口放一小漏斗,将定氮瓶以45°角斜支于有小孔的石棉网上。缓慢加热,待内容物全部炭化,泡沫完全停止后,加强火力,并保持瓶内液体微沸,至液体呈蓝绿色澄清透明后，再继续加热半小时。取下放冷，慢慢加入 20 mL 水，放冷后移入 50 mL 或 100 mL 容量瓶中，并用少量水洗定氮瓶，洗液并入容量瓶中，再加水至刻度，混匀备用。按同一方法做试剂空白试验。

3.2.4.2　试样溶液的制备

吸取 2.00～5.00 mL 试样或试剂空白消化液于 50 mL 或 100 mL 容量瓶内，加 1～2 滴对硝基苯酚指示剂溶液，摇匀后滴加氢氧化钠溶液中和至黄色，再滴加乙酸溶液至溶液无色，用水稀释至刻度，混匀。

3.2.4.3　标准曲线的绘制

吸取 0.00 mL、0.05 mL、0.10 mL、0.20 mL、0.40 mL、0.60 mL、0.80 mL 和 1.00 mL 氨氮标准使用溶液（相当于 0.00 μg、5.00 μg、10.0 μg 、20.0 μg、40.0 μg、60.0 μg、80.0 μg 和 100.0 μg 氮），分别置于 10 mL 比色管中。加 4.0 mL 乙酸钠—乙酸缓冲溶液及 4.0 mL 显色剂，加水稀释至刻度，混匀。置于 100℃水浴中加热 15 min。取出用水冷却至室温后，移入 1 cm 比色杯内，以零管为参比，于波长 400 nm 处测量吸光度值，根据标准各点吸光度值绘制标准曲线或计算线性回归方程。

3.2.4.4　试样测定

吸取 0.50～2.00 mL（约相当于氮 < 100 μg）试样溶液和同量的试剂空白溶液，分别于 10 mL 比色管中。以下按 3.2.3.3 自“加 4 mL 乙酸钠—乙酸缓酸溶液（pH = 4.8）及 4 mL 显色剂……”起操作。试样吸光度值与标准曲线比较定量或代入线性回归方程求出含量。

3.2.5　分析结果的表述

试样中蛋白质的含量按式（3－2）进行计算。

$$X=\frac{(c-c_0)}{m\times\frac{V_2}{V_1}\times\frac{V_4}{V_3}\times1000\times1000}\times100\times F \quad (3-2)$$

式中：X ——试样中蛋白质的含量，g/100g；

c ——试样测定液中氮的含量，μg；

c_0——试剂空白测定液中氮的含量，μg；

V_1——试样消化液定容体积，mL；

V_2——制备试样溶液的消化液体积，mL；

V_3——试样溶液总体积，mL；

V_4——测定用试样溶液体积,mL;

m——试样质量,g;

F——氮换算为蛋白质的系数。一般食物为6.25;纯乳与纯乳制品为6.38;面粉为5.70;玉米、高粱为6.24;花生为5.46;大米为5.95;大豆及其粗加工制品为5.71;大豆蛋白制品为6.25;肉与肉制品为6.25;大麦、小米、燕麦、裸麦为5.83;芝麻、向日葵为5.30;复合配方食品为6.25。

以重复性条件下获得的两次独立测定结果的算术平均值表示,蛋白质含量≥1 g/100 g时,结果保留三位有效数字;蛋白质含量<1 g/100 g时,结果保留两位有效数字。

3.2.6 精密度

在重复性条件下获得的两次独立测定结果的绝对差值不得超过算术平均值的10%。

3.3 燃烧法

3.3.1 原理

试样在900~1200℃高温下燃烧,燃烧过程中产生混合气体,其中的碳、硫等干扰气体和盐类被吸收管吸收,氮氧化物被全部还原成氮气,形成的氮气气流通过热导检测仪(TCD)进行检测。

3.3.2 仪器和设备

(1)氮/蛋白质分析仪。

(2)天平:感量为0.1 mg。

3.3.3 分析步骤

按照仪器说明书要求称取0.1~1.0 g充分混匀的试样(精确至0.0001 g),用锡箔包裹后置于样品盘上。试样进入燃烧反应炉(900~1200℃)后,在高纯氧(≥99.99%)中充分燃烧。燃烧炉中的产物(NOx)被载气CO2运送至还原炉(800℃)中,经还原生成氮气后检测其含量。

3.3.4 分析结果的表述

试样中蛋白质的含量按式(3-3)进行计算。

$$X = C \times F \quad \cdots\cdots (3-3)$$

式中:X——试样中蛋白质的含量,g/100 g;

C——试样中氮的含量,g/100 g;

F——氮换算为蛋白质的系数。一般食物为6.25;纯乳与纯乳制品为6.38;面粉为5.70;玉米、高粱为6.24;花生为5.46;大米为5.95;大豆及其粗加工制品为5.71;大豆蛋白制品为6.25;肉与肉制品为6.25;大麦、小米、燕麦、裸麦为5.83;芝麻、向日葵为5.30;复合配方食品为6.25。

以重复性条件下获得的两次独立测定结果的算术平均值表示,结果保留三位有效数字。

3.3.5 精密度

在重复性条件下获得的两次独立测定结果的绝对差值不得超过算术平均值的10%。

3.3.6 说明及注意事项

(1)第一法和第二法适用于各种食品中蛋白质的测定,第三法适用于蛋白质含量在10 g/100 g以上的粮食、豆类、奶粉、米粉、蛋白质粉等固体试样的筛选测定。

(2)上述所有方法均不适用于添加无机含氮物质、有机非蛋白质含氮物质的食品测定。

(3)第一法当称样量为5.0 g时,定量检出限为8 mg/ 100 g。

(4)第二法当称样量为5.0 g时,定量检出限为0.1 mg/100 g。

实验 4　食品中粗脂肪的测定
(GB/T 14772—2008)

4.1　原理

试样经干燥后用无水乙醚或石油醚提取,除去乙醚或石油醚,所得残留物即为粗脂肪。

4.2　试剂、材料

(1)无水乙醚:分析纯,不含过氧化物。

(2)石油醚:分析纯,沸程 30 ~60℃。

(3)海砂:直径 0.65 ~0.85 mm,含二氧化硅不低于 99%。

4.3　仪器、设备

实验室常用仪器及下列各项:

(1)索氏提取器。

(2)电热鼓风干燥箱,温控 103℃ ± 2℃。

(3)分析天平:感量 0.1 mg。

(4)称量皿:铝质或玻璃质,内径 60 ~65 mm,高 25 ~30 mm。

(5)铰肉机:篦孔径不超过 4 mm。

(6)组织捣碎机。

4.4　试样的制备

(1)固体样品:取有代表性的样品至少 200 g,用研钵捣碎、研细、混合均匀,置于密闭玻璃容器内;不易捣碎、研细的样品,应切(剪)成细粒,置于密闭玻璃容器内。

(2)粉状样品:取有代表性的样品至少 200 g(如粉粒较大也应用研钵研细),混合均匀,置于密闭玻璃容器内。

(3)糊状样品:取有代表性的样品至少 200 g,混合均匀,置于密闭玻璃容器内。

(4)固、液体样品:按固、液体比例,取有代表性的样品至少 200 g;用组织捣碎机捣碎,混合均匀,置于密闭玻璃容器内。

(5)肉制品:取去除不可食部分、具有代表性的样品至少 200 g,用铰肉机至少铰两次,混合均匀,置于密闭玻璃容器内。

4.5 分析步骤

4.5.1 索氏提取器的清洗

将索氏提取器各部位充分洗涤并用蒸馏水清洗后烘干。底瓶在 103℃ ±2℃的电热鼓风干燥箱内干燥至恒重(前后两次称量差不超过 0.002 g)。

4.5.2 称样、干燥

(1)用洁净称量皿称取约 5 g 试样,精确至 0.001 g。

(2)含水量约 40% 以上的试样,加入适量海砂,置沸水浴上蒸发水分。用一端扁平的玻璃棒不断搅拌,直至松散状;含水量约 40% 以下的试样,加适量海砂,充分搅匀。

(3)将上述拌有海砂的试样全部移入滤纸筒内,用沾有无水乙醚或石油醚(以下简称“提取液”)的脱脂棉擦净称量皿和玻璃棒,一并放入滤纸筒内。滤纸筒上方用少量脱脂棉塞住。

(4)将盛有试样的滤纸筒移入电热鼓风干燥箱内,在 103℃ ±2℃温度下干燥 2 h。西式糕点应在 90℃ ±2℃干燥 2 h。

4.5.3 提取

将干燥后盛有试样的滤纸筒放入索氏提取筒内,连接已干燥至恒重的底瓶,注入无水乙醚或石油醚至虹吸管高度以上。待提取液流净后,再加提取液至虹吸管高度的三分之一处,连接回流冷凝管。将底瓶浸没在水浴中加热。用一小块脱脂棉轻轻塞入冷凝管上口。水浴温度应控制在使提取液每 6 ~ 8 min 回流一次。肉制品、豆制品、谷物油炸制品、糕点等食品提取6～12 h,坚果制品提取约16 h。提取结束时,用毛玻璃板接取一滴提取液,如无油斑则表明提取完毕。

4.5.4 烘干、称量

提取完毕后,回收提取液。取下底瓶,在水浴上蒸干并除尽残余的无水乙醚或石油醚。用脱脂滤纸擦净底瓶外部,在103℃ ±2℃的干燥箱内干燥1 h,取出,置于干燥器内冷却至室温,称量。重复干燥0.5 h,冷却,称量,直至前后两次称量差不超过0.002 g即为恒量。

4.5.5 分析结果的表述

食品中粗脂肪含量以质量百分率表示,按下式计算:

$$X = \frac{m_2 - m_1}{m} \times 100\%$$

式中:X——食品中粗脂肪含量(质量百分率);

m_1——底瓶的质量,g;

m_2——底瓶和粗脂肪的质量,g;

m——试样的质量,g。

计算结果精确至小数点后第一位。

4.6 允许差

同一样品的两次测定值之差不得超过两次测定平均值的5%。

4.7 说明及注意事项

本标准适用于肉制品、豆制品、坚果制品、谷物油炸制品、糕点等食品中粗脂肪的测定。

实验5　食品中还原糖的测定（GB/T 5009.7—2008）

5.1　直接滴定法

5.1.1　原理

试样经除去蛋白质后，在加热条件下，以亚甲蓝作指示剂，滴定标定过的碱性酒石酸铜溶液（用还原糖标准溶液标定），根据样品液消耗体积计算还原糖含量。

5.1.2　试剂

除非另有规定，本方法中所用试剂均为分析纯。

（1）盐酸（HCl）。

（2）硫酸铜（$CuSO_4 \cdot 5H_2O$）。

（3）亚甲蓝（$C_{16}H_{18}ClN_3S \cdot 3H_2O$）：指示剂。

（4）酒石酸钾钠［$C_4H_4O_6KNa \cdot 4H_2O$］。

（5）氢氧化钠（NaOH）。

（6）乙酸锌［$Zn(CH_3COO)_2 \cdot 2H_2O$］。

（7）冰乙酸（$C_2H_4O_2$）。

（8）亚铁氰化钾［$K_4Fe(CN)_6 \cdot 3H_2O$］。

（9）葡萄糖（$C_6H_{12}O_6$）。

（10）果糖（$C_6H_{12}O_6$）。

（11）乳糖（$C_6H_{12}O_6$）。

（12）蔗糖（$C_{12}H_{22}O_{11}$）。

（13）碱性酒石酸铜甲液：称取 15 g 硫酸铜（$CuSO_4 \cdot 5H_2O$）及 0.05 g 亚甲蓝，溶于水申并稀释至 1000 mL。

（14）碱性酒石酸铜乙液：称取 50 g 酒石酸钾钠、75 g 氢氧化钠，溶于水中，再加入 4 g 亚铁氰化钾，完全溶解后，用水稀释至 1000 mL，储存于橡胶塞玻璃瓶内。

(15)乙酸锌溶液(219 g/L):称取21.9 g乙酸锌,加3 mL冰乙酸,加水溶解并稀释至100 mL。

(16)亚铁氰化钾溶液(106 g/L):称取10.6 g亚铁氰化钾,加水溶解并稀释至100 mL。

(17)氢氧化钠溶液(40 g/L):称取4g氢氧化钠,加水溶解并稀释至100 mL。

(18)盐酸溶液(1+1):量取50 mL盐酸,加水稀释至100 mL。

(19)葡萄糖标准溶液:称取1 g(精确至0.000 1 g)经过98~100℃干燥2 h的葡萄糖,加水溶解后加入5 mL盐酸,并以水稀释至1000 mL。此溶液每毫升相当于1.0 mg葡萄糖。

(20)果糖标准溶液:称取1 g(精确至0.000 1 g)经过98~100℃干燥2 h的果糖,加水溶解后加入5 mL盐酸,并以水稀释至1000 mL。此溶液每毫升相当于1.0 mg果糖。

(21)乳糖标准溶液:称取1 g(精确至0.000 1 g)经过96℃ ± 2℃干燥2 h的乳糖,加水溶解后加入5 mL盐酸,并以水稀释至1000 mL。此溶液每毫升相当于1.0 mg乳糖(含水)。

(22)转化糖标准溶液:准确称取1.0526 g蔗糖,用100 mL水溶解,置具塞三角瓶中,加5 mL盐酸(1+1),在68~70℃水浴中加热15 min,放置至室温,转移至1000 mL容量瓶中并定容至1000 mL,每毫升标准溶液相当于1.0 mg转化糖。

5.1.3 仪器

(1)酸式滴定管:25 mL。

(2)可调电炉:带石棉板。

5.1.4 分析步骤

5.1.4.1 试样处理

(1)一般食品:称取粉碎后的固体试样2.5~5 g或混匀后的液体试样5~25 g,精确至0.001 g,置250 mL容量瓶中,加50 mL水,慢慢加入5 mL乙酸锌溶液及5 mL亚铁氰化钾溶液,加水至刻度,混匀,静置30 min,用干燥滤纸过滤,弃去初滤液,取续滤液备用。

(2)酒精性饮料:称取约100 g混匀后的试样,精确至0.01 g,置于蒸发皿中,用氢氧化钠(40 g/L)溶液中和至中性,在水浴上蒸发至原体积的1/4后,移入

250 mL 容量瓶中,以下按 5.2.4(1)自"慢慢加入 5 mL 乙酸锌溶液"起依法操作。

(3)含大量淀粉的食品:称取 10 ~ 20 g 粉碎后或混匀后的试样,精确至 0.001 g,置 250 mL 容量瓶中,加 200 mL 水,在 45℃水浴中加热 th,并时时振摇。冷后加水至刻度,混匀,静置、沉淀。吸取 200 mL 上清液置另一 250 mL 容量瓶中,以下按 5.2.4.1(1)自"慢慢加入 5 mL 乙酸锌溶液"起依法操作。

(4)碳酸类饮料:称取约 100 g 混匀后的试样,精确至 0.01 g,试样置蒸发皿中,在水浴上微热搅拌除去二氧化碳后,移入 250 mL 容量瓶中,并用水洗涤蒸发皿,洗液并入容量瓶中,再加水至刻度,混匀后,备用。

5.1.4.2 标定碱性酒石酸铜溶液

吸取 5.0 mL 碱性酒石酸铜甲液及 5.0 mL 碱性酒石酸铜乙液,置于 150 mL 锥形瓶中,加水 10 mL,加入玻璃珠两粒,从滴定管滴加约 9 mL 葡萄糖或其他还原糖标准溶液,控制在 2 min 内加热至沸,趁热以 1 滴/2 s 的速度继续滴加葡萄糖或其他还原糖标准溶液,直至溶液蓝色刚好褪去为终点,记录消耗葡萄糖或其他还原糖标准溶液的总体积,同时平行操作 3 份,取其平均值,计算每 10 mL(甲、乙液各 5 mL)碱性酒石酸铜溶液相当于葡萄糖的质量或其他还原糖的质量(mg)[也可以按上述方法标定 4 ~ 20 mL 碱性酒石酸铜溶液(甲、乙液各半)来适应试样中还原糖的浓度变化]。

5.1.4.3 试样溶液预测

吸取 5.0 mL 碱性酒石酸铜甲液及 5.0 mL 碱性酒石酸铜乙液,置于 150 mL 锥形瓶中,加水 10 mL,加入玻璃珠两粒,控制在 2 min 内加热至沸,保持沸腾以先快后慢的速度,从滴定管中滴加试样溶液,并保持溶液沸腾状态,待溶液颜色变浅时,以 1 滴/2 s 的速度滴定,直至溶液蓝色刚好褪去为终点,记录样液消耗体积。当样液中还原糖浓度过高时,应适当稀释后再进行正式测定,使每次滴定消耗样液的体积控制在与标定碱性酒石酸铜溶液时所消耗的还原糖标准溶液的体积相近,约 10 mL 左右,结果按式(5 - 1)计算。当浓度过低时则采取直接加入 10 mL样品液,免去加水 10 mL,再用还原糖标准溶液滴定至终点,记录消耗的体积与标定时消耗的还原糖标准溶液体积之差相当于 10 mL 样液中所含还原糖的量,结果按式(5 - 2)计算。

5.1.4.4 试样溶液测定

吸取 5.0 mL 碱性酒石酸铜甲液及 5.0 mL 碱性酒石酸铜乙液,置于 150 mL 锥形瓶中,加水 10 mL,加入玻璃珠两粒,从滴定管滴加比预测体积少 1 mL 的试样溶液至锥形瓶中,使在 2 min 内加热至沸,保持沸腾继续以 1 滴/2 s 的速度滴定,直至蓝色刚好褪去为终点,记录样液消耗体积,同法平行操作3份,得出平均消耗体积。

5.1.5 结果计算

试样中还原糖的含量(以某种还原糖计)按式(5-1)进行计算:

$$X = \frac{m_1}{m \times V/250 \times 1\ 000} \times 100 \quad \cdots\cdots\cdots\cdots\cdots\cdots \quad (5-1)$$

式中:X——试样中还原糖的含量(以某种还原糖计),g/100 g;

m_1——碱性酒石酸铜溶液(甲、乙液各半)相当于某种还原糖的质量,mg;

m——试样质量,g;

V——测定时平均消耗试样溶液体积,mL。

当浓度过低时试样中还原糖的含量(以某种还原糖计)按式(5-2)进行计算:

$$X = \frac{m_2}{m \times 10/250 \times 1\ 000} \times 100 \quad \cdots\cdots\cdots\cdots\cdots\cdots \quad (5-2)$$

式中:X——试样中还原糖的含量(以某种还原糖计),g/100 g;

m_2——标定时体积与加入样品后消耗的还原糖标准溶液体积之差相当于某种还原糖的质量,mg;

m——试样质量,g。

还原糖含量≥10 g/100 g时计算结果保留三位有效数字;还原糖含量<10 g/100 g时,计算结果保留两位有效数字。

5.2 高锰酸钾滴定法

5.2.1 原理

试样经除去蛋白质后,其中还原糖把铜盐还原为氧化亚铜,加硫酸铁后,氧化亚铜被氧化为铜盐,以高锰酸钾溶液滴定氧化作用后生成的亚铁盐,根据高锰酸钾消耗量,计算氧化亚铜含量,再查表得还原糖量。

5.2.2 试剂

除非另有规定,本方法中所用试剂均为分析纯。

(1)硫酸铜($CuSO_4 \cdot 5H_2O$)。

(2)氢氧化钠(NaOH)。

(3)酒石酸钾钠($C_4H_4O_6KNa \cdot 4H_2O$)。

(4)硫酸铁[$Fe_2(SO_4)_3$]。

(5)盐酸(HCl)。

(6)碱性酒石酸铜甲液:称取34.639 g硫酸铜($CuSO_4 \cdot 5H_2O$),加适量水溶解,加0.5 mL硫酸,再加水稀释至500 mL,用精制石棉过滤。

(7)碱性酒石酸铜乙液:称取173 g酒石酸钾钠与50 g氢氧化钠,加适量水溶解,并稀释至500 mL,用精制石棉过滤,储存于橡胶塞玻璃瓶内。

(8)氢氧化钠溶液(40 g/L):称取4 g氢氧化钠,加水溶解并稀释至100 mL。

(9)硫酸铁溶液(50 g/L):称取50 g硫酸铁,加入200 mL水溶解后,慢慢加入100 mL硫酸,冷后加水稀释至1000 mL。

(10)盐酸(3 mol/L):量取30 mL盐酸,加水稀释至120 mL。

(11)高锰酸钾标准溶液[$c(1/5KMnO_4)=0.1000\ mol/L$]。

(12)精制石棉:取石棉先用盐酸(3 mol/L)浸泡2~3 d,用水洗净,再加氢氧化钠液体(400 g/L)浸泡2~3 d,倾去溶液,再用热碱性酒石酸铜乙液浸泡数小时,用水洗净。再以盐酸(3 mol/L)浸泡数小时,以水洗至不呈酸性。然后加水振摇,使成细微的浆状软纤维,用水浸泡并储存于玻璃瓶中,即可作填充古氏坩埚用。

5.2.3 仪器

(1)25 mL古氏坩埚或G4垂融坩埚。

(2)真空泵。

5.2.4 分析步骤

5.2.4.1 试样处理

(1)一般食品:称取粉碎后的固体试样约2.5~5 g或混匀后的液体试样25~50 g,精确至0.001 g.置250 mL容量瓶中,加水50 mL,摇匀后加10 mL碱性酒石酸铜甲液及4 mL氢氧化钠溶液(40 g/L),加水至刻度,混匀。静置30 min,用干燥滤纸过滤,弃去初滤液,取续滤液备用。

(2)酒精性饮料:称取约100 g混匀后的试样,精确至0.01 g,置于蒸发皿中,用氢氧化钠溶液(40 g/L)中和至中性,在水浴上蒸发至原体积的1/4后,移入

250 mL 容量瓶中。加 50 mL 水,混匀。

以下按 5.2.4.1(1)自"加 10 mL 碱性酒石酸铜甲液"起依法操作。

(3)含大量淀粉的食品:称取 10 ~ 20 g 粉碎或混匀后的试样,精确至 0.001 g,置 250 mL 容量瓶中,加 200 mL 水,在 45℃ 水浴中加热 th,并时时振摇。冷后加水至刻度,混匀,静置。吸取 200 mL 上清液置另一 250 mL 容量瓶中,以下按 5.2.4.1(1)自"加 10 mL 碱性酒石酸铜甲液"起依法操作。

(4)碳酸类饮料:称取约 100 g 混匀后的试样,精确至 0.01 g,试样置于蒸发皿中,在水浴上除去二氧化碳后,移入 250 mL 容量瓶中,并用水洗涤蒸发皿,洗液并入容量瓶中,再加水至刻度,混匀后,备用。

5.2.4.2 测定

吸取 50.00 mL 处理后的试样溶液,于 400 mL 烧杯内,加入 25 mL 碱性酒石酸铜甲液及 25 mL 乙液,于烧杯上盖一表面皿,加热,控制在 4 min 内沸腾,再准确煮沸 2 min,趁热用铺好石棉的古氏坩埚或 G4 垂融坩埚抽滤,并用 60℃ 热水洗涤烧杯及沉淀,至洗液不呈碱性为止。将古氏坩埚或垂融坩埚放回原 400 mL 烧杯中,加 25 mL 硫酸铁溶液及 25 mL 水,用玻棒搅拌使氧化亚铜完全溶解,以高锰酸钾标准溶液[$c(1/5KMnO_4)=0.1000$ mol/L]滴定至微红色为终点。

同时吸取 50 mL 水,加入与测定试样时相同量的碱性酒石酸铜甲液、乙液、硫酸铁溶液及水,按同一方法做空白试验。

5.2.4.3 结果计算

试样中还原糖质量相当于氧化亚铜的质量,按式(5-3)进行计算。

$$X=(V-V_0)\times c\times 71.54 \quad\cdots\cdots\cdots\cdots (5-3)$$

式中:X——试样中还原糖质量相当于氧化亚铜的质量,mg;

V——测定用试样液消耗高锰酸钾标准溶液的体积,mL;

V_0——试剂空白消耗高锰酸钾标准溶液的体积,mL;

c——高锰酸钾标准溶液的实际浓度,mol/L;

71.54——1 mL 1.000 mol/L 高锰酸钾溶液相当于氧化亚铜的质量,mg。

根据式中计算所得氧化亚铜质量,查附录,再计算试样中还原糖含量,按式(5-4)进行计算。

$$X=\frac{m_3}{m_4\times V/250\times 1\,000}\times 100 \quad\cdots\cdots\cdots\cdots (5-4)$$

式中:X——试样中还原糖的含量,g/100 g;

m_3——查表得还原糖质量,mg;

m_4 ——试样质量(体积),g 或 mL;

V ——测定用试样溶液的体积,mL;

250——试样处理后的总体积,mL。

还原糖含量≥10 g/100 g 时计算结果保留三位有效数字;还原糖含量<10 g/100 g 时,计算结果保留两位有效数字。

5.2.5 精密度

在重复性条件下获得的两次独立测定结果的绝对差值不得超过算术平均值的10%。

5.2.6 说明及注意事项

当称样量为5.0 g时,直接滴定法的检出限为0.25 g/100 g,高锰酸钾滴定法的检出限为0.5 g/100 g。

实验 6　食品中膳食纤维的测定（GB/T 5009.88—2008）

6.1　总的、可溶性和不溶性膳食纤维的测定

6.1.1　原理

取干燥试样，经 a－淀粉酶、蛋白酶和葡萄糖苷酶酶解消化，去除蛋白质和淀粉，酶解后样液用乙醇沉淀、过滤，残渣用乙醇和丙酮洗涤，干燥后物质称重即为总膳食纤维（total dietary fiber，TDF）残渣；另取试样经上述三种酶酶解后直接过滤，残渣用热水洗涤，经干燥后称重，即得不溶性膳食纤维（insoluble dietary fiber，IDF）残渣；滤液用 4 倍体积的 95% 乙醇沉淀、过滤、干燥后称重，得可溶性膳食纤维（soluble dietary fiber，SDF）残渣。以上所得残渣干燥称重后，分别测定蛋白质和灰分。总膳食纤维（TDF）、不溶性膳食纤维（IDF）和可溶性膳食纤维（SDF）的残渣扣除蛋白质、灰分和空白即可计算出试样中总的、不溶性和可溶性膳食纤维的含量。

6.1.2　试剂

除特殊说明外，本标准中实验室用水为二级水，电导率（25℃）≤0.10 mS/m，试剂为分析纯。

（1）95% 乙醇（CH_3CH_2OH）：分析纯。

85% 乙醇溶液（CH_3CH_2OH）：取 895 mL 95% 乙醇置 1 L 容量瓶中，用水稀释至刻度，混匀。

78% 乙醇溶液（CH_3CH_2OH）：取 821 mL 95% 乙醇置 1 L 容量瓶中，用水稀释至刻度，混匀。

（2）热稳定 α－淀粉酶溶液：于 0～5℃ 冰箱储存，酶的活性测定及判定标准见补充内容。

（3）蛋白酶：用 MES－TRIS 缓冲液（a）配成浓度为 50 mg/mL 的蛋白酶溶液，现用现配，于 0～5℃ 储存。

(4)淀粉葡萄糖苷酶溶液:于0~5℃储存。

(5)酸洗硅藻土:取200 g硅藻土于600 mL的2 mol/L盐酸中,浸泡过夜,过滤,用蒸馏水洗至滤液为中性,置于525℃ ± 5℃马福炉中灼烧灰分后备用。

(6)重铬酸钾洗液:100 g重铬酸钾($K_2Cr_2O_7$),用200 mL蒸馏水溶解,加入1800 mL浓硫酸混合。

(7)MES:2-(N-吗啉代)乙烷磺酸($C_6H_{13}NO_4S \cdot H_2O$)。

(8)TRIS:三羟甲基氨基甲烷($C_4H_{11}NO_3$)。

(9)0.05 mol/L MES-TRIS缓冲液:称取19.52 g MES和12.2 g TRIS,用1.7 L蒸馏水溶解,用6 mol/L氢氧化钠调pH值至8.2,加水稀释至2 L。

注:一定要根据温度调pH值,24℃时调pH值为8.2;20℃时调pH值为8.3;28℃时调pH值为8.1;20℃和28℃之间的偏差,用内插法校正。

(10)3 mol/L乙酸(HAC)溶液:取172 mL乙酸,加入700 mL水,混匀后用水定容至1 L。

(11)0.4 g/L溴甲酚绿($C_{21}H_{14}O_5Br_4S$)溶液:称取0.1 g溴甲酚绿于研钵中,加1.4 mL 0.1 mol/L氢氧化钠研磨,加少许水继续研磨,直至完全溶解,用水稀释至250 mL。

(12)石油醚:沸程30~60℃。

(13)丙酮(CH_3COCH_3)。

6.1.3 仪器

(1)高型无导流口烧杯:400 mL或600 mL。

(2)坩埚:具粗面烧结玻璃板,孔径40~60 μm(国产型号为G2坩埚)。坩埚预处理:坩埚在马福炉中525℃灰化6 h,炉温降至130℃以下取出,于洗液中室温浸泡2 h,分别用水和蒸馏水冲洗干净,最后用15 mL丙酮冲洗后风干。加入约1.0 g硅藻土,130℃烘至恒重。取出坩埚,在干燥器中冷却约1 h,称重,记录坩埚加硅藻土质量,精确到0.1 mg。

(3)真空装置:真空泵或有调节装置的抽吸器。

(4)振荡水浴:有自动"计时—停止"功能的计时器,控温范围(60±2)℃~(98±2)℃。

(5)分析天平:灵敏度为0.1 mg。

(6)马福炉:能控温525℃ ± 5℃。

(7)烘箱:105℃,130℃ ± 3℃。

(8)干燥器:二氧化硅或同等的干燥剂。干燥剂每两周130℃烘干过夜一次。

(9)pH 计:具有温度补偿功能,用 pH 值为 4.0、7.0 和 10.0 标准缓冲液校正。

6.1.4 分析步骤

6.1.4.1 样品制备

样品处理时若脂肪含量未知,膳食纤维测定前应先脱脂,脱脂步骤见(3)。

(1)将样品混匀后,70℃真空干燥过夜,然后置干燥器中冷却,干样粉碎后过 0.3 ~0.5 mm 筛。

(2)若样品不能受热,则采取冷冻干燥后再粉碎过筛。

(3)若样品中脂肪含量 >10% ,正常的粉碎困难,可用石油醚脱脂,每次每克试样用 25 mL 石油醚,连续 3 次,然后再干燥粉碎。要记录由石油醚造成的试样损失,最后在计算膳食纤维含量时进行校正。

(4)若样品糖含量高,测定前要先进行脱糖处理。按每克试样加 85% 乙醇 10 mL 处理样品 2 ~3 次,40℃下干燥过夜。

粉碎过筛后的干样存放于干燥器中待测。

6.1.4.2 试样酶解

每次分析试样要同时做 2 个试剂空白。

(1)准确称取双份样品(m_1 和 m_2)1.000 0 g ±0.0020 g,把称好的试样置于 400 mL 或 600 mL 高脚烧杯中,加入 pH =8.2 的 MES - TRIS 缓冲液 40 mL,用磁力搅拌直至试样完全分散在缓冲液中(避免形成团块,试样和酶不能充分接触)。

(2)热稳定 α - 淀粉酶酶解:加 50 μL 热稳定 α - 淀粉酶溶液缓慢搅拌,然后用铝箔将烧杯盖住,置于 95 ~100℃的恒温振荡水浴中持续振摇,当温度升至 95℃开始计时,通常总反应时间 35 min。

(3)冷却:将烧杯从水浴中移出,冷却至 60℃,打开铝箔盖,用刮勺将烧杯内壁的环状物以及烧杯底部的胶状物刮下,用 10 mL 蒸馏水冲洗烧杯壁和刮勺。

(4)蛋白酶酶解:在每个烧杯中各加入(50 mg/mL)蛋白酶溶液 100 μL,盖上铝箔,继续水浴振摇,水温达60℃时开始计时,在60℃ ± 1℃条件下反应30 min。

(5)pH 值测定:30 min 后,打开铝箔盖,边搅拌边加入 3 mol/L 乙酸溶液 5 mL。溶液 60℃时,调 pH 值约为 4.5(以 0.4 g/L 溴甲酚绿为外指示剂)。

注:一定要在 60℃时调 pH 值,温度低于 60℃ pH 值升高。每次都要检测空白的 pH 值,若所测值超出要求范围,同时也要检查酶解液的 pH 值是否合适。

(6)淀粉葡萄糖苷酶酶解:边搅拌边加入 100 μL 淀粉葡萄糖苷酶溶液,盖上铝箔,持续振摇,水温到 60℃时开始计时,在 60℃ ± 1℃条件下反应 30 min。

6.1.4.3 测定

6.1.4.3.1 总膳食纤维的测定

(1)沉淀:在每份试样中,加入预热至 60℃的 95% 乙醇 225 mL(预热以后的体积),乙醇与样液的体积比为 4∶1,取出烧杯,盖上铝箔,室温下沉淀 1 h。

(2)过滤:用 78% 乙醇 15 mL 将称重过的坩埚中的硅藻土润湿并铺平,抽滤去除乙醇溶液,使坩埚中硅藻土在烧结玻璃滤板上形成平面。乙醇沉淀处理后的样品酶解液倒入坩埚中过滤,用刮勺和 78% 乙醇将所有残渣转至坩埚中。

(3)洗涤:分别用 78% 乙醇、95% 乙醇和丙酮 15 mL 洗涤残渣各 2 次,抽滤去除洗涤液后,将坩埚连同残渣在 105℃烘干过夜。将坩埚置干燥器中冷却 1 h,称重(包括坩埚、膳食纤维残渣和硅藻土),精确至 0.1 mg。减去坩埚和硅藻土的干重,计算残渣质量。

(4)蛋白质和灰分的测定:称重后的试样残渣,分别按 GB/T 5009.5 的规定测定氮(N),以 N × 6.25 为换算系数,计算蛋白质质量;按 GB/T 5009.4 测定灰分,即在 525℃ 灰化 5 h,于干燥器中冷却,精确称量坩埚总质量(精确至 0.1 mg),减去坩埚和硅藻土质量,计算灰分质量。

6.1.4.3.2 不溶性膳食纤维测定

(1)按 6.1.4.2(1)称取试样,按 6.1.4.2 进行酶解,将酶解液转移至坩埚中过滤。过滤前用 3 mL 水润湿硅藻土并铺平,抽去水分使坩埚中的硅藻土在烧结玻璃滤板上形成平面。

(2)过滤洗涤:试样酶解液全部转移至坩埚中过滤,残渣用 70℃ 热蒸馏水 10 mL洗涤 2 次,合并滤液,转移至另一 600 mL 高脚烧杯中,备测可溶性膳食纤维(见 6.1.4.3.3)。残渣分别用 78% 乙醇、95% 乙醇和丙酮 15 mL 各洗涤 2 次,抽滤去除洗涤液,并按 6.1.4.3.3(1)洗涤干燥称重,记录残渣质量。

(3)按 6.1.4.3.1(4)测定蛋白质和灰分。

6.1.4.3.3 可溶性膳食纤维测定

(1)计算滤液体积:将不溶性膳食纤维过滤后的滤液收集到 600 mL 高型烧杯中,通过称"烧杯 + 滤液"总质量、扣除烧杯质量的方法估算滤液的体积。

(2)沉淀:滤液加入 4 倍体积预热至 60℃的 95% 乙醇,室温下沉淀 1 h。以下测定按总膳食纤维步骤 6.1.4.3.1(2) ~ (4)进行。

6.1.5　结果计算

空白的质量按式(6-1)计算：

$$m_B = \frac{m_{BR_1} + m_{BR_2}}{2} - m_{P_B} - m_{A_B} \quad \cdots\cdots\cdots\cdots\cdots\cdots \quad (6-1)$$

式中：　m_B——空白的质量,mg；

m_{BR_1}和m_{BR_2}——双份空白测定的残渣质量,mg；

m_{P_B}——残渣中蛋白质质量,mg；

m_{A_B}——残渣中灰分质量,mg。

膳食纤维的含量按式(6-2)计算：

$$X = \frac{[(m_{R1} + m_{R2})/2] - m_p - m_A - m_B}{(m_1 + m_2)/2} \times 100 \quad \cdots\cdots\cdots\cdots \quad (6-2)$$

式中：　X——膳食纤维的含量,g/100 g；

m_{R_1}和m_{R_2}——双份试样残渣的质量,mg；

m_P——试样残渣中蛋白质的质量,mg；

m_A——试样残渣中灰分的质量,mg；

m_B——空白的质量,mg；

m_1 和 m_2——试样的质量,mg。

计算结果保留到小数点后两位。

总膳食纤维(TDF)、不溶性膳食纤维(IDF)、可溶性膳食纤维(SDF)均用式(6-2)计算。

6.1.6　精密度

在重复性条件下获得的两次独立测定结果的绝对差值不得超过算术平均值的10%。

6.1.7　说明及注意事项

本方法测定的总膳食纤维(total dietary fiber)是指不能被α-淀粉酶、蛋白酶和葡萄糖苷酶酶解消化的碳水化合物聚合物,包括纤维素、半纤维素、木质素、果胶、部分回生淀粉、果聚糖及美拉德反应产物等;一些小分子(聚合度3~12)的可溶性膳食纤维,如低聚果糖、低聚半乳糖、多聚葡萄糖(polydextrose)、抗性麦芽糊精和抗性淀粉等,由于能部分或全部溶解在乙醇溶液中,本方法不能够准确测量。

6.2 不溶性膳食纤维的测定

6.2.1 原理

在中性洗涤剂的消化作用下，试样中的糖、淀粉、蛋白质、果胶等物质被溶解除去，不能消化的残渣为不溶性膳食纤维，主要包括纤维素、半纤维素、木质素、角质和二氧化硅等，还包括不溶性灰分。

6.2.2 试剂

(1)无水硫酸钠。

(2)石油醚：沸程 30 ~60℃。

(3)丙酮。

(4)甲苯。

(5)中性洗涤剂溶液：将 18.61 g EDTA 二钠盐和 6.81 g 四硼酸钠(含 $10H_2O$)置于烧杯中，加水约 150 mL，加热使之溶解，将 30 g 月桂基硫酸钠(化学纯)和 10 mL 乙二醇独乙醚(化学纯)溶于约 700 mL 热水中，合并上述两种溶液，再将 4.56 g 无水磷酸氢二钠溶于 150 mL 热水中，再并入上述溶液中，用磷酸调节上述混合液至 pH 值为 6.9 ~7.1，最后加水至 1000 mL。

(6)磷酸盐缓冲液：由 38.7 mL 0.1 mol/L 磷酸氢二钠和 61.3 mL 0.1 mol/L 磷酸二氢钠混合而成，pH 值为 7.0。

(7)2.5% α - 淀粉酶溶液：称取 2.5 g α - 淀粉酶(美国 Sigma 公司，VI - A 型，产品号 68801))溶于 100 mL、pH = 7.0 的磷酸盐缓冲溶液中，离心、过滤，滤过的酶液备用。

(8)耐热玻璃棉(耐热 130℃，美国 Comning 玻璃厂出品，PYREX 牌(给出这一信息是为了方便本标准的使用者，并不表示对该产品的认可。如果其他等效产品具有相同的效果，则可使用这些等效产品)。其他牌号也可，但要耐热并不易折断的玻璃棉)。

6.2.3 仪器

(1)实验室常用设备。

(2)烘箱:110～130℃。

(3)恒温箱:37℃　±2℃。

(4)纤维测定仪。

(5)如没有纤维测定仪,可由下列部件组成。

①电热板:带控温装置。

②高型无嘴烧杯:600 mL。

③坩埚式耐热玻璃滤器:容量60 mL,孔径40～6 μm。

④回流冷凝装置。

⑤抽滤装置:由抽滤瓶、抽滤垫及水泵组成。

6.2.4　分析步骤

6.2.4.1　试样的处理

(1)粮食:试样用水洗3次,置60℃烘箱中烘去表面水分,磨粉,过20～30目筛(1 mm),储于塑料瓶内,放一小包樟脑精,盖紧瓶塞保存,备用。

(2)蔬菜及其他植物性食品:取其可食部分,用水冲洗3次后,用纱布吸去水滴,切碎,取混合均匀的样品于60℃烘干,称量并计算水分含量,磨粉;过20～30目筛,备用。或鲜试样用纱布吸取水滴,打碎、混合均匀后备用。

6.2.4.2　测定

(1)准确称取试样0.5～1.00 g,置高型无嘴烧杯中,若试样脂肪含量超过10%,需先去除脂肪,例如1.00 g试样,用石油醚(30～60℃)提取3次,每次10 mL。

(2)加100 mL中性洗涤剂溶液,再加0.5 g无水亚硫酸钠。

(3)电炉加热,5～10 min内使其煮沸,移至电热板上,保持微沸1 h。

(4)于耐热玻璃滤器中,铺1～3 g玻璃棉,移至烘箱内,110℃烘4 h,取出置干燥器中冷至室温,称量,得m_1(准确至小数点后四位)。

(5)将煮沸后试样趁热倒入滤器,用水泵抽滤。用500 mL热水(90～100℃),分数次洗烧杯及滤器,抽滤至干。洗净滤器下部的液体和泡沫,塞上橡皮塞。

(6)于滤器中加酶液体,液面需覆盖纤维,用细针挤压掉其中气泡,加数滴甲苯,上盖表玻皿,37℃恒温箱中过夜。

(7)取出滤器,除去底部塞子,抽滤去酶液,并用300 mL热水分数次洗去残留酶液,用碘液检查是否有淀粉残留,如有残留,继续加酶水解,如淀粉已除尽,抽干,再以丙酮洗2次。

(8)将滤器置烘箱中,110℃烘4 h,取出,置干燥器中,冷至室温,称量,得 m_2(准确至小数点后四位)。

6.2.5 结果计算

$$X = \frac{m_2 - m_1}{m} \times 100 \quad \cdots\cdots\cdots\cdots (6-3)$$

式中:X——试样中不溶性膳食纤维的含量,%;

m_2——滤器加玻璃棉及试样中纤维的质量,g;

m_1——滤器加玻璃棉的质量,g;

m——样品的质量,g。

计算结果保留到小数点后两位。

6.2.6 精密度

在重复性条件下获得的两次独立测定结果的绝对差值不得超过算术平均值的10%。

6.2.7 说明及注意事项

(1)本方法适用于植物类食品及其制品中总的、可溶性和不溶性膳食纤维的测定及各类植物性食品和含有植物性食品的混合食品中不溶性膳食纤维的测定。

(2)总的、可溶性和不溶性膳食纤维的测定及不溶性膳食纤维的测定方法的检出限均为0.1 mg。

6.3 补充内容

淀粉酶、蛋白酶、淀粉葡萄糖苷酶的活性要求、测定方法及判定标准

6.3.1 活性要求及测定方法

6.3.1.1 酶活性测定

6.3.1.1.1 淀粉酶活性测定

淀粉为底物,以Nelson/Somogyi还原糖测试淀粉酶活性(U/mL):10000 +

1000(1个酶活力单位定义为:40℃,pH 6.5时,每分钟释放1 μmol还原糖所需要的酶量)。

以对硝基苯基麦芽糖为底物测试淀粉酶活性(Ceralpha)(U/mL):3000 +300(1个酶活力单位定义为:40℃,pH 6.5时,每分钟释放1 μmol对硝基苯基所需要的酶量)。

6.3.1.1.2 蛋白酶活性测定

酪蛋白测试蛋白酶活性:300~400 U/mL[1个酶活力单位定义为:40℃,pH 8.0时,每分钟从可溶性酪蛋白中水解出(并溶于三氯乙酸)1 μmol酪氨酸所需要的酶量];或7~15 U/mg[1个酶活力单位定义为:37℃,pH 7.5时,每分钟从酪蛋白中水解得到一定量的酪氨酸(相当于1.0 μmol酪氨酸在显色反应中所引起的颜色变化,显色用Folin - Ciocalteau试剂)时所需要的酶量]。

偶氮—酪蛋白测试蛋白酶活性(U/mL):300~400[1内肽酶活力单位定义为:40℃,pH 8.0时,每分钟从可溶性酪蛋白中水解出(并溶于三氯乙酸)1 μmol酪氨酸所需要的酶量]。

6.3.1.1.3 淀粉葡萄糖苷酶活性测定

淀粉/葡萄糖氧化酶—过氧化物酶法测试淀粉葡萄糖苷酶活性(U/mL):2000~3300[1个酶活力单位定义为:40℃,pH 4.5时,每分钟释放1 μmol葡萄糖所需要的酶量]。

对—硝基苯基—麦芽糖苷(PNPBM)法测试淀粉葡萄糖苷酶活性(U/mL):130~200[1个酶活力单位定义(1 PNP单位)为:40℃时,有过量的β—葡萄糖苷酶存在下,每分钟从对—硝基苯基-β-麦芽糖苷释放1 μmol对—硝基苯基所需要的酶量]。

6.3.1.2 干扰酶

市售热稳定α-淀粉酶、蛋白酶一般不易受到其他酶的干扰,蛋白酶制备时可能会混入极低含量的β-葡聚糖酶,但不会影响总膳食纤维测定。本法中淀粉葡萄糖苷酶易受污染,是活性易受干扰的酶。淀粉葡萄糖苷酶的主要污染物为内纤维素酶,能够导致燕麦或大麦中β-葡聚糖内部混合键解聚。淀粉葡萄糖苷酶是否受内纤维素酶的污染很容易检测。

6.3.2 判定标准

当酶的生产批次改变或最长使用间隔超过6个月时,应按下表所列标准物进行校准,以确保所使用的酶达到预期的活性,不受其他酶的干扰。

表　酶活性测定标准

标准	测试活性	标准质量/g	预期回收率/%
柑橘果胶	果胶酶	0.1～0.2	95～100
阿拉伯半乳聚糖	半纤维素酶	0.1～0.2	95～100
β－葡聚糖	β－葡聚糖酶	0.1～0.2	95～100
小麦淀粉	α－淀粉酶＋淀粉葡萄糖苷酶	1.0	0～1
玉米淀粉	α－淀粉酶＋淀粉葡萄糖苷酶	1.0	0～1
酪蛋白	蛋白酶	0.3	0～1

实验7　水果、蔬菜及其制品中单宁含量的测定——分光光度法(NY/T 1600—2008)

7.1　原理

以没食子酸为主的单宁类化合物在碱性溶液中可将钨钼酸还原成蓝色化合物，该化合物在765 nm处有最大吸收，其吸收值与单宁含量呈正比，以没食子酸为标准物质，标准曲线法定量。

7.2　试剂

除非另有说明，所用水均为蒸馏水，所用试剂均为分析纯试剂。

(1)钨酸钠—钼酸钠混合溶液：称取50.0g钨酸钠，12.5 g钼酸钠，用350 mL水溶解到1000 mL回流瓶中，加入25 mL磷酸及50 mL盐酸，充分混匀，小火加热回流2 h，再加入75 g硫酸锂，25 mL蒸馏水，数滴溴水，然后继续沸腾15 min(至溴水完全挥发为止)，冷却后，转入500 mL容量瓶定容，过滤，置棕色瓶中保存，使用时稀释1倍。原液在室温下可保存半年。

(2)75 g/L碳酸钠溶液：称取37.5 g无水碳酸钠溶于250 mL温水中，混匀，冷却，稀释至500 mL，过滤到储液瓶中备用。

(3)没食子酸标准储备液：准确称取0.1100 g一水合没食子酸，溶解并定容至100 mL，此溶液没食子酸质量浓度为1000 mg/L。在冰箱中2～3℃下可保存5 d。

(4)没食子酸标准使用液：分别吸取1000 mg/L没食子酸标准储备液0.0 mL、1.0 mL、2.0 mL、3.00 mL、4.00 mL和5.00 mL至100 mL容量瓶中，定容，溶液质量浓度为0.0 mg/L、10.0 mg/L、20.0 mg/L、30.0 mg/L、40.0 mg/L和50.0 mg/L。

7.3 仪器

(1)紫外可见分光光度计。

(2)组织捣碎机。

(3)恒温水浴锅。

(4)电子天平:精度为0.01 g和0.001 g。

(5)离心机:11 500 r/min。

7.4 分析步骤

7.4.1 试样的制备

将果蔬样品取可食部分,用干净纱布擦去样本表面的附着物,采用对角线分割法,取对角部分,切碎,充分混匀,按四分法取样,于组织捣碎机中匀浆备用。

7.4.2 单宁的提取

称取果实匀浆2.0~5.0 g,用80 mL水洗入100 mL容量瓶中,放入沸水浴中提取30 min,取出,冷却,定容,吸取2.0 mL样品提取液,8000 r/min离心4 min,上清液备用;葡萄酒直接吸取2.0~5.0 mL稀释至100 mL,备用。

7.4.3 标准曲线的绘制

吸取0.00 mg/L、10.0 mg/L、20.0 mg/L、30.0 mg/L、40.0 mg/L、50.0 mg/L没食子酸标准使用液(4.4)各1.0 mL,分别加5.0 mL水,1.0 mL钨酸钠钼酸钠混合溶液(4.1)和3.0 mL碳酸钠溶液(4.2),混匀,没食子酸标准溶液浓度分别为0.0 mg/L、1.0 mg/L、2.0 mg/L、3.0 mg/L、4.0 mg/L、5.0 mg/L,显色,放置2 h,以标准曲线0.0 mg/L为空白,在765 nm波长下测定标准溶液的吸光度,以没食子酸浓度为横坐标,吸光度值为纵坐标,绘制标准曲线。

7.4.4 样品的测定

吸取1.0 mL试样提取液(7.4.2).分别加入5.0 mL水,1.0 mL钨酸钠-钼酸钠混合溶液和3.0 mL碳酸钠溶液,显色,放置2 h后,以标准曲线0.0 mg/L为空白,在765 nm波长下测定样品溶液的吸光度,根据标准曲线求出试样溶液的单宁浓度,以没食子酸计。如果吸光度值超过5.0 mg/L没食子酸的吸光度时,将样品提取液稀释后重新测定。

7.5 结果计算

试样中单宁(以没食子酸计)含量按下式进行计算。

$$\omega = \frac{\rho \times 10 \times A}{m}$$

式中:ω ——试料中单宁含量,mg/kg或mg/L;

ρ ——试样测定液中没食子酸的浓度,mg/L;

10——试样测定液定容体积,mL;

A ——样品稀释倍数;

m ——试样质量或体积,g或mL。

计算结果保留三位有效数字。

7.6 精密度

将没食子酸标准溶液在200~4000 mg/kg范围添加到水果、蔬菜和葡萄酒中,进行方法的精密度试验,方法的添加回收率为80%~120%。在重复性条件下获得的两次独立测试结果的绝对差值不得超过算术平均值的15%。

7.7 说明及注意事项

(1)本方法适用于水果、蔬菜及葡萄酒中单宁含量的测定。

(2)本方法检出限为0.01 mg/kg,线性范围为0~5.0 mg/L。

实验 8 乳和乳制品中苯甲酸和山梨酸的测定（GB 21703—2010）

8.1 原理

去除试样中的脂肪和蛋白质，甲醇稀释，过滤后，采用反相液相色谱法分离测定。

8.2 试剂和材料

除非另有规定，本方法所使用试剂均为分析纯，水为 GB/T 6682 规定的一级水。

(1) 甲醇（CH_3OH）：色谱纯。

(2) 亚铁氰化钾溶液（92 g/L）：称取亚铁氰化钾[$K_4Fe(CN)_6 \cdot 3H_2O$] 106 g，用水溶解于 1000 mL 容量瓶中，定容到刻度后混匀。

(3) 乙酸锌溶液（183 g/L）：称取乙酸锌[$Zn(CH_3COO)_2 \cdot 2H_2O$] 219 g，加入 32 mL 乙酸，用水溶解于 1000 mL 容量瓶中，定容到刻度后混匀。

(4) 磷酸盐缓冲液（pH = 6.7）：分别称取 2.5 g 磷酸二氢钾（KH_2PO_4）和 2.5 g 磷酸氢二钾（$K_2HPO_4 \cdot 3H_2O$）于 1000 mL 容量瓶中，用水定容到刻度后混匀，用滤膜(9)过滤后备用。

(5) 氢氧化钠溶液（0.1 mol/L）：称量 4 g 氢氧化钠（NaOH），用水溶解于 1000 mL 容量瓶中，定容到刻度后混匀。

(6) 硫酸溶液（0.5 mol/L）：移取 30 mL 的浓硫酸（H_2SO_4）到 500 mL 水中，边搅拌边缓慢加入，冷却到室温后转移到 1000 mL 容量瓶，定容到刻度后混匀。

(7) 甲醇水溶液：体积分数为 50 %。

(8) 标准溶液

①苯甲酸和山梨酸标准储备液：每毫升含苯甲酸、山梨酸各 500 μg。

准确称取苯甲酸、山梨酸标准品各 50.0 mg，分别置于 100 mL 容量瓶中，用甲醇(1)溶解，并稀释至刻度。摇匀后，冷藏于冰箱中，有效期 2 个月。

②苯甲酸和山梨酸的混合标准工作液：每毫升含苯甲酸、山梨酸各10 μg。

分别吸取苯甲酸和山梨酸的标准储备液(①)各5 mL,至250 mL的容量瓶中,用甲醇水溶液(7)定容至刻度后混匀。冷藏于冰箱中,有效期5 d。

(9)滤膜:0.45 μm。

8.3　仪器和设备

(1)高效液相色谱仪,配有紫外检测器。

(2)天平:感量为0.1 mg,0.01 g。

8.4　分析步骤

8.4.1　试样制备

8.4.1.1　液态试样

储藏在冰箱中的乳与乳制品,应在试验前预先取出,并达室温,称量20 g(精确至0.01g)样品于100mL容量瓶中。

8.4.1.2　固态试样

称量3 g(精确至0.01g)样品于100 mL容量瓶中,加10 mL水,用玻璃棒搅拌至完全溶解。

8.4.2　萃取和净化

向盛有试样(8.4.1.1)的容量瓶中加入25 mL氢氧化钠溶液,混合后置于超声波水浴或70 ℃水浴中处理15 min。冷却后,用硫酸溶液将pH调节到8(用pH计或pH试纸均可),然后加入2 mL亚铁氰化钾溶液和2 mL乙酸锌溶液。剧烈振摇,静置15 min,混合后冷却到室温,再用甲醇定容,静置15 min,上清液经过滤膜过滤。收集滤液作为试样溶液,用于高效液相色谱仪测定。

8.4.3　色谱参考条件

色谱柱:C_{18},250 mm×4.6 mm,5 μm。

流动相:甲醇－磷酸盐缓冲溶液＝1＋9。

流速:1.2 mL/min。

检测波长:227 nm。

柱温:室温。

进样量:10 μL。

8.4.4 测定

准确吸取各不少于2份的10 μL试样溶液(8.4.1.2)和苯甲酸和山梨酸的混合标准工作液,以色谱峰面积定量。在上述色谱条件下,出峰顺序依次为苯甲酸、山梨酸,标准溶液的液相色谱图如下图所示。

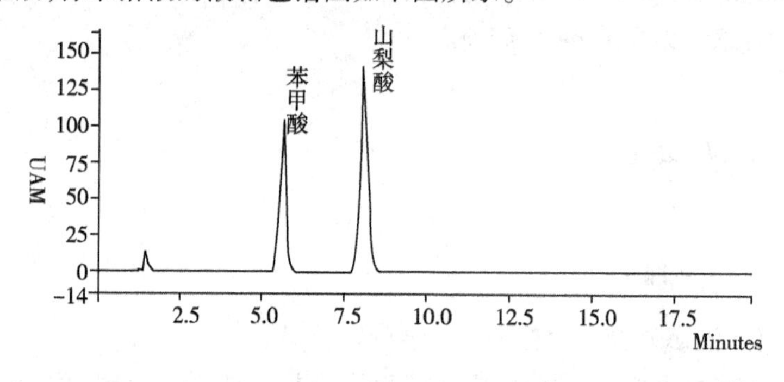

苯甲酸、山梨酸典型色谱图

8.5 分析结果的表述

试样中苯甲酸、山梨酸的含量按下式进行计算:

$$X=\frac{A\times c_s\times V}{A_s\times m}$$

式中:X——试样中苯甲酸、山梨酸含量,mg/kg;

A——试样溶液中苯甲酸、山梨酸的峰面积;

A_s——标准溶液中苯甲酸、山梨酸的峰面积;

c_s——标准溶液的浓度,μg/mL;

V——试样最终定容体积,mL;

m——取样质量,g。

以重复性条件下获得的两次独立测定结果的算术平均值表示,结果保留三位有效数字。

8.6　精密度

在重复性条件下获得的两次独立测定结果的绝对差值不得超过算术平均值的 10 %。

8.7　说明及注意事项

(1)本标准适用于乳与乳制品中苯甲酸和山梨酸含量的测定。

(2)本方法苯甲酸、山梨酸的检出限均为 1 mg/kg。

实验9　食品中硫胺素(维生素 B_1)的测定(GB/T 5009.84—2003)

9.1　原理

硫胺素在碱性铁氰化钾溶液中被氧化成噻嘧色素,在紫外线照射下,噻嘧色素发出荧光。在给定的条件下,以及没有其他荧光物质干扰时,此荧光之强度与噻嘧色素量成正比,即与溶液中硫胺素量成正比。如试样中含杂质过多,应经过离子交换剂处理,使硫胺素与杂质分离,然后以所得溶液作测定。

9.2　试剂

(1)正丁醇:需经重蒸馏后使用。

(2)无水硫酸钠。

(3)淀粉酶和蛋白酶。

(4)0.1 mol/L 盐酸:8.5 mL 浓盐酸(相对密度 1.19 或 1.20)用水稀释至1000 mL。

(5)0.3 mol/L 盐酸:25.5 mL 浓盐酸用水稀释至 1 000 mL。

(6)2 mol/L 乙酸钠溶液:164 g 无水乙酸钠溶于水中稀释至 1 000 mL。

(7)氯化钾溶液(250 g/L):250 g 氯化钾溶于水中稀释至 1 000 mL。

(8)酸性氯化钾溶液(250 g/L):8.5 mL 浓盐酸用 25% 氯化钾溶液稀释至 1 000 mL。

(9)氢氧化钠溶液(150 g/L):15 g 氢氧化钠溶于水中稀释至 100 mL。

(10)1% 铁氰化钾溶液(10 g/L):1 g 铁氰化钾溶于水中稀释至 100 mL,放于棕色瓶内保存。

(11)碱性铁氰化钾溶液:取 4 mL 10 g/L 铁氰化钾溶液,用 150 g/L 氢氧化钠溶液稀释至 60 mL。用时现配,避光使用。

(12)乙酸溶液:30 mL 冰乙酸用水稀释至 1 000 mL。

(13)活性人造浮石:称取 200 g 40 ~ 60 目的人造浮石,以 10 倍于其容积的热乙酸溶液搅洗 2 次,每次 10 min;再用 5 倍于其容积的 250 g /L 热氯化钾溶液搅洗 15 min;然后再用稀乙酸溶液搅洗 10 min;最后用热蒸馏水洗至没有氯离子。于蒸馏水中保存。

(14)硫胺素标准储备液(0.1 mg/mL):准确称取 100 mg 经氯化钙干燥 24 h 的硫胺素,溶于 0.01 mol/L 盐酸中,并稀释至 1 000m L。于冰箱中避光保存。

(15)硫胺素标准中间液(10 μg/mL):将硫胺素标准储备液用 0.01 mol/L 盐酸稀释 10 倍,于冰箱中避光保存。

(16)硫胺素标准使用液(0.1 μg/mL):将硫胺素标准中间液用水稀释 100 倍,用时现配。

(17)溴甲酚绿溶液(0.4 g/L):称取 0.1 g 溴甲酚绿,置于小研钵中,加入 1.4 mL 0.1 mol/L 氢氧化钠溶液研磨片刻,再加入少许水继续研磨至完全溶解,用水稀释至 250 mL。

9.3 仪器

(1)电热恒温培养箱。

(2)荧光分光光度计。

(3)Maizel - Gerson 反应瓶:如图 9 - 1 所示。

(4)盐基交换管:如图 9 - 2 所示。

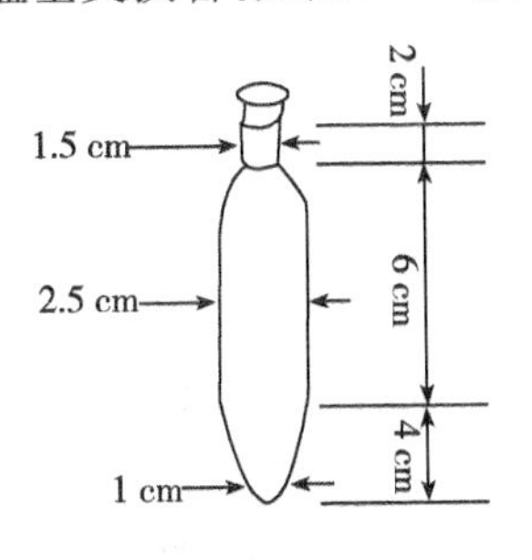

图 9 - 1 Maizel-Gerson 反应瓶

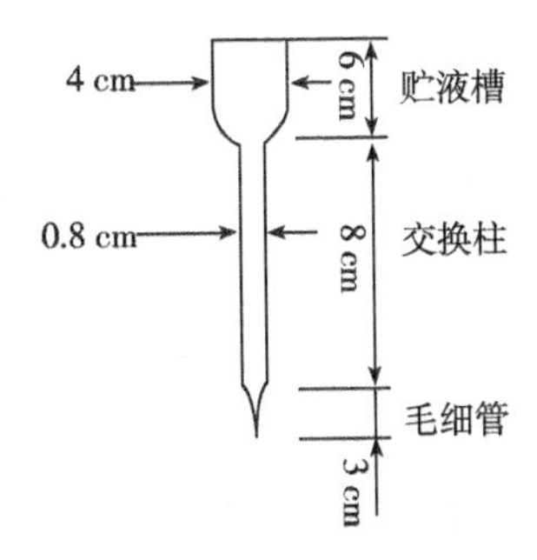

图 9 - 2 盐基交换管

9.4 分析步骤

9.4.1 试样制备

9.4.1.1 试样准备

试样采集后用匀浆机打成匀浆于低温冰箱中冷冻保存，用时将其解冻后混匀使用。干燥试样要将其尽量粉碎后备用。

9.4.1.2 提取

(1)准确称取一定量试样(估计其硫胺素含量约为10~30 μg，一般称取2-10 g试样)，置于100 mL三角瓶中，加入50 mL 0.1 mol/L或0.3 mol/L盐酸使其溶解，放入高压锅中加热水解，121 ℃ 30 min，凉后取出。

(2)用2 mol/L乙酸钠调其pH值为4.5(以0.4 g /L溴甲酚绿为外指示剂)。

(3)按每克试样加入20 mg淀粉酶和40 mg蛋白酶的比例加入淀粉酶和蛋白酶。于45~50℃温箱过夜保温(约16 h)。

(4)凉至室温，定容至100 mL，然后混匀过滤，即为提取液。

9.4.1.3 净化

(1)用少许脱脂棉铺于盐基交换管的交换柱底部，加水将棉纤维中气泡排出，再加约1 g活性人造浮石使之达到交换柱的1/3高度。保持盐基交换管中液面始终高于活性人造浮石。

(2)用移液管加入提取液20~60 mL(使通过活性人造浮石的硫胺素总量约为2~5 μg)。

(3)加入约10 mL热蒸馏水冲洗交换柱，弃去洗液。如此重复3次。

(4)加入20 mL 250 g/L酸性氯化钾(温度为90℃左右)，收集此液于25 mL刻度试管内，凉至室温，用250 g/L酸性氯化钾定容至25 mL，即为试样净化液。

(5)重复上述操作，将20 mL硫胺素标准使用液加入盐基交换管以代替试样提取液，即得到标准净化液。

9.4.1.4 氧化

(1)将5 mL试样净化液分别加入A、B两个反应瓶。

(2)在避光条件下将3 mL 150 g/L氢氧化钠加入反应瓶A，将3 mL碱性铁氰化钾溶液加入反应瓶B，振摇约15 s，然后加入10 mL正丁醇；将A，B两个反应瓶同时用力振摇 1.5 min。

（3）重复上述操作，用标准净化液代替试样净化液。

（4）静置分层后吸去下层碱性溶液，加入 2 ~3 g 无水硫酸钠使溶液脱水。

9.4.2　测定

（1）荧光测定条件：激发波长 365 nm；发射波长 435 nm；激发波狭缝 5 nm；发射波狭缝 5 nm。

（2）依次测定下列荧光强度：

①试样空白荧光强度（试样反应瓶 A）；

②标准空白荧光强度（标准反应瓶 A）；

③试样荧光强度（试样反应瓶 B）；

④标准荧光强度（标准反应瓶 B）。

9.5　结果计算

$$X = (U - U_b) \times \frac{c \cdot V}{S - S_b} \times \frac{V_1}{V_2} \times \frac{1}{m} \times \frac{100}{1\,000}$$

式中：X——试样中硫胺素含量，mg/100 g；

U——试样荧光强度；

U_b——试样空白荧光强度；

S——标准荧光强度；

S_b——标准空白荧光强度；

c——硫胺素标准使用液浓度，μg/mL；

V——用于净化的硫胺素标准使用液体积，mL；

V_1——试样水解后定容之体积，mL；

V_2——试样用于净化的提取液体积，mL；

m——试样质量，g；

$\frac{100}{1000}$——试样含量由微克每克（μg/g）换算成毫克每百克（mg/100 g）的系数。

计算结果保留两位有效数字

9.6 精密度

在重复性条件下获得的两次独立测定结果的绝对差值不得超过算术平均值的10%。

9.7 说明及注意事项

(1)本标准适用于各类食品中硫胺素的测定。

(2)本方法检出限为0.05 μg,线性范围为0.2~10 μg。

实验10　食品中亚硝酸盐与硝酸盐的测定（GB 5009.33—2010）

10.1　离子色谱法

10.1.1　原理

试样经沉淀蛋白质、除去脂肪后，采用相应的方法提取和净化，以氢氧化钾溶液为淋洗液，阴离子交换柱分离，电导检测器检测。以保留时间定性，外标法定量。

10.1.2　试剂和材料

（1）超纯水：电阻率 > 18.2 MΩ · cm。

（2）乙酸（CH_3COOH）：分析纯。

（3）氢氧化钾（KOH）：分析纯。

（4）乙酸溶液（3 %）：量取乙酸（2.2）3 mL 于 100 mL 容量瓶中，以水稀释至刻度，混匀。

（5）亚硝酸根离子（NO_2^-）标准溶液（100 mg/L，水基体）。

（6）硝酸根离子（NO_3^-）标准溶液（1000 mg/L，水基体）。

（7）亚硝酸盐（以 NO_2^- 计，下同）和硝酸盐（以 NO_3^- 计，下同）混合标准使用液：准确移取亚硝酸根离子（NO_2^-）和硝酸根离子（NO_3^-）的标准溶液各 1.0 mL 于 100 mL 容量瓶中，用水稀释至刻度，此溶液每 1 L 含亚硝酸根离子 1.0 mg 和硝酸根离子 10.0 mg。

10.1.3　仪器和设备

（1）离子色谱仪：包括电导检测器，配有抑制器，高容量阴离子交换柱，50 μL 定量环。

（2）食物粉碎机。

（3）超声波清洗器。

(4)天平:感量为0.1 mg和1 mg。

(5)离心机:转速≥10000转/分钟,配5 mL或10 mL离心管。

(6)0.22 μm水性滤膜针头滤器。

(7)净化柱:包括C18柱、Ag柱和Na柱或等效柱。

(8)注射器:1.0 mL和2.5 mL。

注:所有玻璃器皿使用前均需依次用2 mol/L氢氧化钾和水分别浸泡4 h,然后用水冲洗3~5次,晾干备用。

10.1.4 分析步骤

10.1.4.1 试样预处理

(1)新鲜蔬菜、水果:将试样用去离子水洗净,晾干后,取可食部切碎混匀。将切碎的样品用四分法取适量,用食物粉碎机制成匀浆备用。如需加水应记录加水量。

(2)肉类、蛋、水产及其制品:用四分法取适量或取全部,用食物粉碎机制成匀浆备用。

(3)乳粉、豆奶粉、婴儿配方粉等固态乳制品(不包括干酪):将试样装入能够容纳2倍试样体积的带盖容器中,通过反复摇晃和颠倒容器使样品充分混匀直到使试样均一化。

(4)发酵乳、乳、炼乳及其他液体乳制品:通过搅拌或反复摇晃和颠倒容器使试样充分混匀。

(5)干酪:取适量的样品研磨成均匀的泥浆状。为避免水分损失,研磨过程中应避免产生过多的热量。

10.1.4.2 提取

(1)水果、蔬菜、鱼类、肉类、蛋类及其制品等:称取试样匀浆5 g(精确至0.01 g,可适当调整试样的取样量,以下相同),以80 mL水洗入100 mL容量瓶中,超声提取30 min,每隔5 min振摇一次,保持固相完全分散。于75℃水浴中放置5 min,取出放置至室温,加水稀释至刻度。溶液经滤纸过滤后,取部分溶液于10 000转/分钟离心15 min,上清液备用。

(2)腌鱼类、腌肉类及其他腌制品:称取试样匀浆2 g(精确至0.01 g),以80 mL水洗入100 mL容量瓶中,超声提取30 min,每5 min振摇一次,保持固相完全分散。于75℃水浴中放置5 min,取出放置至室温,加水稀释至刻度。溶液经滤纸过滤后,取部分溶液于10 000转/分钟离心15 min,上清液备用。

(3)乳:称取试样 10 g(精确至 0.01 g),置于 100 mL 容量瓶中,加水 80 mL,摇匀,超声 30 min,加入 3 % 乙酸溶液 2 mL,于 4 ℃放置 20 min,取出放置至室温,加水稀释至刻度。溶液经滤纸过滤,取上清液备用。

(4)乳粉:称取试样 2.5 g(精确至 0.01 g),置于 100 mL 容量瓶中,加水 80 mL,摇匀,超声 30 min,加入 3% 乙酸溶液 2 mL,于 4℃放置 20 min,取出放置至室温,加水稀释至刻度。溶液经滤纸过滤,取上清液备用。

(5)取上述备用的上清液约 15 mL,通过 0.22 μm 水性滤膜针头滤器、C_{18}柱,弃去前面 3 mL(如果氯离子大于 100 mg/L,则需要依次通过针头滤器、C_{18}柱、Ag 柱和 Na 柱,弃去前面 7 mL),收集后面洗脱液待测。固相萃取柱使用前需进行活化,如使用 OnGuard II RP 柱(1.0 mL)、OnGuard II Ag 柱(1.0 mL)和 OnGuard II Na 柱(1.0 mL)[给出这一信息是为了方便本标准的使用者,并不表示对该产品的认可,如果其他等效产品具有相同的效果,则可使用这些等效的产品。],其活化过程为:OnGuard II RP 柱(1.0 mL)使用前依次用 10 mL 甲醇、15 mL 水通过,静置活化 30 min。OnGuard II Ag 柱(1.0 mL)和 OnGuard II Na 柱(1.0 mL)用 10 mL 水通过,静置活化 30 min。

10.1.4.3 参考色谱条件

(1)色谱柱:氢氧化物选择性,可兼容梯度洗脱的高容量阴离子交换柱,如 Dionex IonPac AS11 - HC 4 mm × 250 mm(带 IonPac AG11 - HC 型保护柱 4 mm × 50 mm)[给出这一信息是为了方便本标准的使用者,并不表示对该产品的认可,如果其他等效产品具有相同的效果,则可使用这些等效的产品。],或性能相当的离子色谱柱。

(2)淋洗液:

①一般试样:氢氧化钾溶液,浓度为 6 ~ 70 mmol/L;洗脱梯度为 6 mmol/L 30 min,70mmol/L 5 min,6 mmol/L 5 min; 流速 1.0 mL/min。

②粉状婴幼儿配方食品:氢氧化钾溶液,浓度为 5 ~ 50 mmol/L;洗脱梯度为 5 mmol/L 33 min,50 mmol/L 5min,5 mmol/L 5 min;流速 1.3 mL/min。

(3)抑制器:连续自动再生膜阴离子抑制器或等效抑制装置。

(4)检测器:电导检测器,检测池温度为 35℃。

(5)进样体积:50 μL(可根据试样中被测离子含量进行调整)。

10.1.4.4 测定

10.1.4.4.1 标准曲线

移取亚硝酸盐和硝酸盐混合标准使用液,加水稀释,制成系列标准溶液,含亚硝酸根离子浓度为0.00 mg/L、0.02 mg/L、0.04 mg/L、0.06 mg/L、0.08 mg/L、0.10 mg/L、0.15 mg/L、0.20 mg/L；硝酸根离子浓度为0.0 mg/L、0.2 mg/L、0.4 mg/L、0.6 mg/L、0.8 mg/L、1.0 mg/L、1.5 mg/L、2.0 mg/L 的混合标准溶液，从低到高浓度依次进样。得到上述各浓度标准溶液的色谱图(图 10－1)。以亚硝酸根离子或硝酸根离子的浓度(mg/L)为横坐标，以峰高(μS)或峰面积为纵坐标，绘制标准曲线或计算线性回归方程。

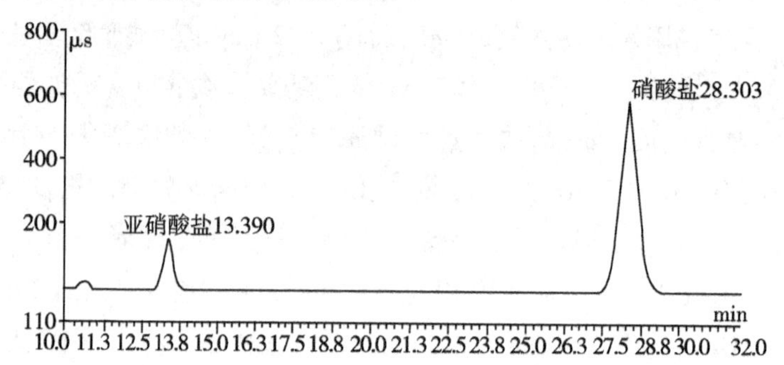

图 10－1　亚硝酸盐和硝酸混合标准溶液的色谱图

10.1.4.4.2　*样品测定*

分别吸取空白和试样溶液 50 μL，在相同工作条件下，依次注入离子色谱仪中，记录色谱图。根据保留时间定性，分别测量空白和样品的峰高(μS)或峰面积。

10.1.5　分析结果的表述

试样中亚硝酸盐(以 NO_2^- 计)或硝酸盐(以 NO_3^- 计)含量按式(10－1)计算：

$$X = \frac{(c - c_0) \times V \times f \times 1000}{m \times 1000} \quad \cdots\cdots (10-1)$$

式中：X ——试样中亚硝酸根离子或硝酸根离子的含量，mg/kg；

c ——测定用试样溶液中的亚硝酸根离子或硝酸根离子浓度，mg/L；

c_0——试剂空白液中亚硝酸根离子或硝酸根离子的浓度，mg/L；

V ——试样溶液体积，mL；

f ——试样溶液稀释倍数；

m——试样取样量，g。

说明：试样中测得的亚硝酸根离子含量乘以换算系数 1.5，即得亚硝酸盐(按亚硝酸钠计)含量;试样中测得的硝酸根离子含量乘以换算系数1.37,即得硝酸盐(按硝酸钠计)含量。

以重复性条件下获得的两次独立测定结果的算术平均值表示,结果保留两位有效数字。

10.1.6 精密度

在重复性条件下获得的两次独立测定结果的绝对值差不得超过算术平均值的10%。

10.2 分光光度法

10.2.1 原理

亚硝酸盐采用盐酸萘乙二胺法测定,硝酸盐采用镉柱还原法测定。

试样经沉淀蛋白质、除去脂肪后,在弱酸条件下亚硝酸盐与对氨基苯磺酸重氮化后,再与盐酸萘乙二胺偶合形成紫红色染料,外标法测得亚硝酸盐含量。采用镉柱将硝酸盐还原成亚硝酸盐,测得亚硝酸盐总量,由此总量减去亚硝酸盐含量,即得试样中硝酸盐含量。

10.2.2 试剂和材料

除非另有规定,本方法所用试剂均为分析纯。水为GB/T 6682规定的二级水或去离子水。

(1)亚铁氰化钾($K_4Fe(CN)_6 \cdot 3H_2O$)。

(2)乙酸锌($Zn(CH_3COO)_2 \cdot 2H_2O$)。

(3)冰醋酸(CH_3COOH)。

(4)硼酸钠($Na_2B_4O_7 \cdot 10H_2O$)。

(5)盐酸(ρ=1.19 g/mL)。

(6)氨水(25 %)。

(7)对氨基苯磺酸($C_6H_7NO_3S$)。

(8)盐酸萘乙二胺($C_{12}H_{14}N_2 \cdot 2HCl$)。

(9)亚硝酸钠($NaNO_2$)。

(10)硝酸钠($NaNO_3$)。

(11)锌皮或锌棒。

(12)硫酸镉。

(13)亚铁氰化钾溶液(106 g/L):称取106.0 g亚铁氰化钾,用水溶解,并稀释至1000 mL。

(14)乙酸锌溶液(220 g/L):称取220.0 g乙酸锌,先加30 mL冰醋酸溶解,用水稀释至1000 mL。

(15)饱和硼砂溶液(50 g/L):称取5.0 g硼酸钠,溶于100 mL热水中,冷却后备用。

(16)氨缓冲溶液(pH 8.6~8.7):量取30 mL盐酸,加100 mL水,混匀后加65 mL氨水,再加水稀释至1 000 mL,混匀。调节pH至8.6~8.7。

(17)氨缓冲液的稀释液:量取50 mL氨缓冲溶液,加水稀释至500 mL,混匀。

(18)盐酸(0.1 mol/L):量取5 mL盐酸,用水稀释至600 mL。

(19)对氨基苯磺酸溶液(4 g/L):称取0.4 g对氨基苯磺酸,溶于100 mL 20 %(V/V)盐酸中,置棕色瓶中混匀,避光保存。

(20)盐酸萘乙二胺溶液(2 g/L):称取0.2 g盐酸萘乙二胺,溶于100 mL水中,混匀后,置棕色瓶中,避光保存。

(21)亚硝酸钠标准溶液(200 μg /mL):准确称取0.1000 g于110~120℃干燥恒重的亚硝酸钠,加水溶解移入500 mL容量瓶中,加水稀释至刻度,混匀。

(22)亚硝酸钠标准使用液(5.0 μg/mL):临用前,吸取亚硝酸钠标准溶液5.00 mL,置于200 mL容量瓶中,加水稀释至刻度。

(23)硝酸钠标准溶液(200 μg/mL,以亚硝酸钠计):准确称取0.123 2 g于110~120℃干燥恒重的硝酸钠,加水溶解,移于入500 mL容量瓶中,并稀释至刻度。

(24)硝酸钠标准使用液(5 μg/mL):临用时吸取硝酸钠标准溶液2.50 mL,置于100 mL容量瓶中,加水稀释至刻度。

10.2.3 仪器和设备

(1)天平:感量为0.1 mg和1 mg。

(2)组织捣碎机。

(3)超声波清洗器。

(4)恒温干燥箱。

(5)分光光度计。

(6)镉柱:

①海绵状镉的制备:投入足够的锌皮或锌棒于 500 mL 硫酸镉溶液(200 g/L)中,经过 3 ~4 h,当其中的镉全部被锌置换后,用玻璃棒轻轻刮下,取出残余锌棒,使镉沉底,倾去上层清液,以水用倾泻法多次洗涤,然后移入组织捣碎机中,加 500 mL 水,捣碎约 2 s,用水将金属细粒洗至标准筛上,取 20 ~40 目之间的部分。

②镉柱的装填:如图 10 -2。用水装满镉柱玻璃管,并装入 2 cm 高的玻璃棉做垫,将玻璃棉压向柱底时,应将其中所包含的空气全部排出,在轻轻敲击下加入海绵状镉至 8 ~10 cm 高,上面用 1 cm 高的玻璃棉覆盖,上置一储液漏斗,末端要穿过橡皮塞与镉柱玻璃管紧密连接。如无上述镉柱玻璃管时,可以 25 mL 酸式滴定管代用,但过柱时要注意始终保持液面在镉层之上。当镉柱填装好后,先用 25 mL 盐酸(0.1 mol/L)洗涤,再以水洗两次,每次 25 mL,镉柱不用时用水封盖,随时都要保持水平面在镉层之上,不得使镉层夹有气泡。

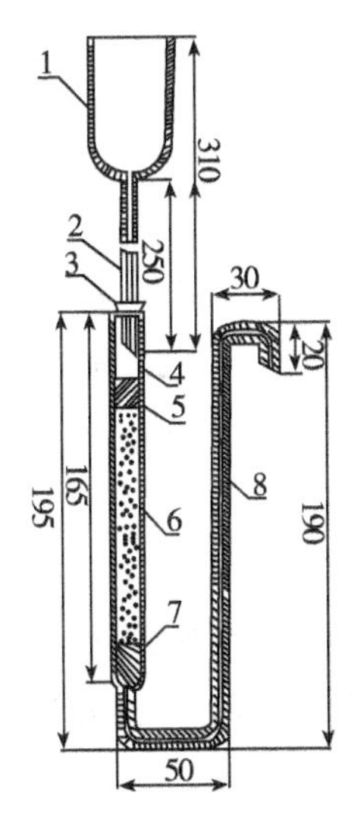

图2　镉柱示意图

1 —储液漏斗,内径 35 mm,外径 37 mm　2—进液毛细管,内径 0.4mm,外径 6mm
3—橡皮塞　4—镉柱玻璃管,内径 12mm,外径 16mm　5、7—玻璃棉　6—海绵状镉
8—出液毛细管,内径 2mm,外径 8mm

③镉柱每次使用完毕后,应先以 25 mL 盐酸(0.1 mol/L)洗涤,再以水洗两次,每次 25 mL,最后用水覆盖镉柱。

④镉柱还原效率的测定:吸取 20 mL 硝酸钠标准使用液,加入 5 mL 氨缓冲

液的稀释液，混匀后注入储液漏斗，使流经镉柱还原，以原烧杯收集流出液，当储液漏斗中的样液流完后，再加 5 mL 水置换柱内留存的样液。取 9.0 mL 还原后的溶液（相当 10 μg 亚硝酸钠）于 50 mL 比色管中，以下按 10.2.4.4 自"吸取 0.00 mL、0.20 mL、0.40 mL、0.60 mL、0.80mL、1.00mL……"起依法操作，根据标准曲线计算测得结果，与加入量一致，还原效率应大于 98% 为符合要求。

⑤还原效率计算

还原效率按式（10－2）进行计算。

$$X = \frac{A}{10} \times 100\% \quad \cdots\cdots\cdots\cdots\cdots\cdots\cdots\cdots\cdots \quad (10-2)$$

式中：X ——还原效率；

A ——测得亚硝酸钠的含量，μg；

10——测定用溶液相当亚硝酸钠的含量，μg。

10.2.4 分析步骤

10.2.4.1 试样的预处理

同 10.1.4.1。

10.2.4.2 提取

称取 5 g（精确至 0.01 g）制成匀浆的试样（如制备过程中加水，应按加水量折算），置于 50 mL 烧杯中，加 12.5 mL 饱和硼砂溶液，搅拌均匀，以 70 ℃左右的水约 300 mL 将试样洗入 500 mL 容量瓶中，于沸水浴中加热 15 min，取出置冷水浴中冷却，并放置至室温。

10.2.4.3 提取液净化

在振荡上述提取液时加入 5 mL 亚铁氰化钾溶液，摇匀，再加入 5 mL 乙酸锌溶液，以沉淀蛋白质。加水至刻度，摇匀，放置 30 min，除去上层脂肪，上清液用滤纸过滤，弃去初滤液 30 mL，滤液备用。

10.2.4.4 亚硝酸盐的测定

吸取 40.0 mL 上述滤液于 50 mL 带塞比色管中，另吸取 0.00 mL、0.20 mL、0.40 mL、0.60 mL、0.80 mL、1.00 mL、1.50 mL、2.00 mL、2.50 mL 亚硝酸钠标准使用液（相当于 0.0 μg、1.0 μg、2.0 μg、3.0 μg、4.0 μg、5.0 μg、7.5 μg、10.0 μg、12.5 μg 亚硝酸钠），分别置于 50 mL 带塞比色管中。于标准管与试样管中分别加入 2 mL 对氨基苯磺酸溶液，混匀，静置 3～5 min 后各加入 1 mL 盐酸萘乙二胺溶液，加水至刻度，混匀，静置 15 min，用 2 cm 比色杯，以零管调节零点，于波长

538 nm 处测吸光度,绘制标准曲线比较。同时做试剂空白。

10.2.4.5　硝酸盐的测定

10.2.4.5.1　镉柱还原

(1)先以 25 mL 稀氨缓冲液冲洗镉柱,流速控制在 3 ~ 5 mL/min(以滴定管代替的可控制在 2 ~ 3 mL/min)。

(2)吸取 20 mL 滤液于 50 mL 烧杯中,加 5 mL 氨缓冲溶液,混合后注入储液漏斗,使流经镉柱还原,以原烧杯收集流出液,当储液漏斗中的样液流尽后,再加 5 mL 水置换柱内留存的样液。

(3)将全部收集液如前再经镉柱还原一次,第二次流出液收集于 100 mL 容量瓶中,继以水流经镉柱洗涤三次,每次 20 mL,洗液一并收集于同一容量瓶中,加水至刻度,混匀。

10.2.4.5.2　亚硝酸钠总量的测定

吸取 10 ~ 20 mL 还原后的样液于 50 mL 比色管中。以下按 10.2.4.4 自"吸取 0.00 mL、0.20 mL、0.40 mL、0.60 mL、0.80 mL、1.00 mL……"起依法操作。

10.2.5　分析结果的表述

10.2.5.1　亚硝酸盐含量计算

亚硝酸盐(以亚硝酸钠计)的含量按式(10-3)进行计算。

$$X_1 = \frac{A_1 \times 1000}{m \times \frac{V_1}{V_0} \times 1000} \quad \cdots\cdots (10-3)$$

式中:X_1 ——试样中亚硝酸钠的含量,mg/kg;

A_1 ——测定用样液中亚硝酸钠的质量,μg;

m ——试样质量,g;

V_1 ——测定用样液体积,mL;

V_0 ——试样处理液总体积,mL。

以重复性条件下获得的两次独立测定结果的算术平均值表示,结果保留两位有效数字。

10.2.5.2　硝酸盐含量的计算

硝酸盐(以硝酸钠计)的含量按式(10-4)进行计算。

$$X_2 = \left(\frac{A_2 \times 1000}{m \times \frac{V_2}{V_0} \times \frac{V_4}{V_3} \times 1000} - X_1 \right) \times 1.232 \quad \cdots\cdots (10-4)$$

式中：X_2——试样中硝酸钠的含量，mg/kg；

A_2——经镉粉还原后测得总亚硝酸钠的质量，μg；

m——试样的质量，g；

1.232——亚硝酸钠换算成硝酸钠的系数；

V_2——测总亚硝酸钠的测定用样液体积，mL；

V_0——试样处理液总体积，mL；

V_3——经镉柱还原后样液总体积，mL；

V_4——经镉柱还原后样液的测定用体积，mL；

X_1——由式(10－3)计算出的试样中亚硝酸钠的含量，mg/kg。

以重复性条件下获得的两次独立测定结果的算术平均值表示，结果保留两位有效数字。

10.2.6 精密度

在重复性条件下获得的两次独立测定结果的绝对差值不得超过算术平均值的10%。

10.3 乳及乳制品中亚硝酸盐与硝酸盐的测定

10.3.1 原理

试样经沉淀蛋白质、除去脂肪后，用镀铜镉粒使部分滤液中的硝酸盐还原为亚硝酸盐。在滤液和已还原的滤液中，加入磺胺和N－1－萘基－乙二胺二盐酸盐，使其显粉红色，然后用分光光度计在538 nm波长下测其吸光度。将测得的吸光度与亚硝酸钠标准系列溶液的吸光度进行比较，就可计算出样品中的亚硝酸盐含量和硝酸盐还原后的亚硝酸总量；从两者之间的差值可以计算出硝酸盐的含量。

10.3.2 试剂和材料

测定用水应是不含硝酸盐和亚硝酸盐的蒸馏水或去离子水。

注：为避免镀铜镉柱中混入小气泡，柱制备、柱还原能力的检查和柱再生时所用的蒸馏水或去离子水最好是刚沸过并冷却至室温的。

(1)亚硝酸钠($NaNO_2$)。

(2)硝酸钾(KNO_3)。

(3)镀铜镉柱

镉粒直径0.3~0.8 mm。也可按下述方法制备。

将适量的锌棒放入烧杯中,用40g/L的硫酸镉($CdSO_4 \cdot 8H_2O$)溶液浸没锌棒。在24 h之内,不断将锌棒上的海绵状镉刮下来。取出锌棒,滗出烧杯中多余的溶液,剩下的溶液能浸没镉即可。用蒸馏水冲洗海绵状镉2~3次,然后把镉移入小型搅拌器中,同时加入400 mL 0.1 mol/L的盐酸。搅拌几秒钟,以得到所需粒度的颗粒。将搅拌器中的镉粒连同溶液一起倒回烧杯中,静置几小时,这期间要搅拌几次以除掉气泡。倾出大部分溶液,立即按16.1.1至16.1.8中叙述的方法镀铜。

(4)硫酸铜溶液:溶解20 g硫酸铜($CuSO_4 \cdot 5H_2O$)于水中,稀释至1000 mL。

(5)盐酸-氨水缓冲溶液:pH值为9.60~9.70。用600 mL水稀释75 mL浓盐酸(质量分数为36%~38%)。混匀后,再加入135 mL浓氨水(质量分数等于25%的新鲜氨水)。用水稀释至1000 mL,混匀。用精密pH计调pH值为9.60~9.70。

(6)盐酸(2 mol/L):160 mL的浓盐酸(质量分数为36%~38%)用水稀释至1000 mL。

(7)盐酸(0.1 mol/L):50 mL 2 mol/L的盐酸用水稀释至1000 mL。

(8)沉淀蛋白和脂肪的溶液:

①硫酸锌溶液:将53.5 g的硫酸锌($ZnSO_4 \cdot 7H_2O$)溶于水中,并稀释至100 mL。

②亚铁氰化钾溶液:将17.2 g的三水亚铁氰化钾[$K_4Fe(CN)_6 \cdot 3H_2O$]溶于水中,稀释至100 mL。

(9)EDTA溶液:用水将33.5 g的乙二胺四乙酸二钠($Na_2C_{10}H_{14}N_2O_3 \cdot$ 2H2O)溶解,稀释至1000 mL。

(10)显色液1:体积比为450∶550的盐酸。将450 mL浓盐酸(质量分数为36%~38%)加入到550mL水中,冷却后装入试剂瓶中。

(11)显色液2∶5 g/L的磺胺溶液。在75 mL水中加入5 mL浓盐酸(质量分数为36%~38%),然后在水浴上加热,用其溶解0.5 g磺胺($NH_2C_6H_4SO_2NH_2$)。冷却至室温后用水稀释至100 mL。必要时进行过滤。

(12)显色液3∶1 g/L的萘胺盐酸盐溶液。将0.1 g的N-1-萘基-乙二胺二盐酸盐($C_{10}H_7NHCH_2CH_2NH_2 \cdot 2HCl$)溶于水,稀释至100 mL。必要时

过滤。

注:此溶液应少量配制,装于密封的棕色瓶中,冰箱中2~5℃保存。

(13)亚硝酸钠标准溶液:相当于亚硝酸根的浓度为0.001 g/L。

将亚硝酸钠在110~120℃的范围内干燥至恒重。冷却后称取0.150 g,溶于1000 mL容量瓶中,用水定容。在使用的当天配制该溶液。

取10 mL上述溶液和20 mL缓冲溶液于1000 mL容量瓶中,用水定容。

每1 mL该标准溶液中含1.00 μg的NO_2^-。

(14)硝酸钾标准溶液,相当于硝酸根的浓度为0.0045 g/L。

将硝酸钾在110~120 ℃的温度范围内干燥至恒重,冷却后称取1.4580 g,溶于1000 mL容量瓶中,用水定容。在使用当天,于1000 mL的容量瓶中,取5 mL上述溶液和20 mL缓冲溶液,用水定容。每1 mL的该标准溶液含有4.50 μg的NO_3^-。

10.3.3 仪器和设备

所有玻璃仪器都要用蒸馏水冲洗,以保证不带有硝酸盐和亚硝酸盐。

(1)天平:感量为0.1 mg和1 mg。

(2)烧杯:100 mL。

(3)锥形瓶:250 mL,500 mL。

(4)容量瓶:100 mL、500 mL和1000 mL。

(5)移液管:2 mL、5 mL、10 mL和20 mL。

(6)吸量管:2 mL、5 mL、10 mL和25 mL。

(7)量筒:根据需要选取。

(8)玻璃漏斗:直径约9 cm,短颈。

(9)定性滤纸:直径约18 cm。

(10)还原反应柱:简称镉柱,如图10-3所示。

(11)分光光度计:测定波长538 nm,使用1~2 cm光程的比色皿。

(12)pH计:精度为±0.01,使用前用pH 7和pH 9的标准溶液进行校正。

10.3.4 分析步骤

10.3.4.1 制备镀铜镉柱

(1)置镉粒于锥形瓶中(所用镉粒的量以达到要求的镉柱高度为准)。

(2)加足量的盐酸以浸没镉粒,摇晃几分钟。

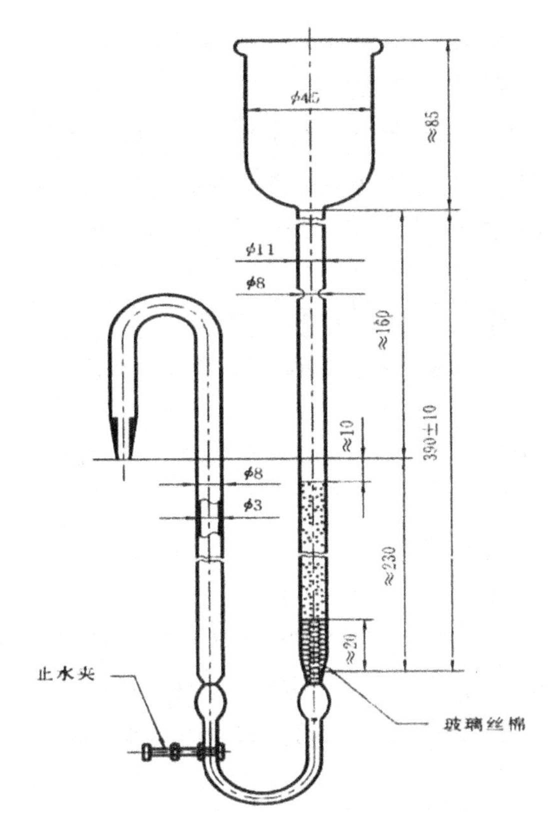

图 10－3　硝酸盐还原装置

(3)滗出溶液,在锥形烧瓶中用水反复冲洗,直到把氯化物全部冲洗掉。

(4)在镉粒上镀铜。向镉粒中加入硫酸铜溶液(每克镉粒约需 2.5 mL),振荡 1 min。

(5)滗出液体,立即用水冲洗镀铜镉粒,注意镉粒要始终用水浸没。当冲洗水中不再有铜沉淀时即可停止冲洗。

(6)在用于盛装镀铜镉粒的玻璃柱的底部装上几厘米高的玻璃纤维(见图 10－3)。在玻璃柱中灌入水,排净气泡。

(7)将镀铜镉粒尽快地装入玻璃柱,使其暴露于空气的时间尽量短。镀铜镉粒的高度应在 15～20 cm 的范围内。

注 1:避免在颗粒之间遗留空气。

注 2:注意不能让液面低于镀铜镉粒的顶部。

(8)新制备柱的处理。将由 750 mL 水、225 mL 硝酸钾标准溶液、20 mL 缓冲溶液和 20 mL EDTA 溶液组成的混合液以不大于 6 mL/min 的流量通过刚装好镉粒的玻璃柱，接着用50 mL水以同样流速冲洗该柱。

10.3.4.2　检查柱的还原能力

每天至少要进行两次，一般在开始时和一系列测定之后。

(1)用移液管将20 mL的硝酸钾标准溶液移入还原柱顶部的储液杯中，再立即向该储液杯中添加5 mL缓冲溶液。用一个100 mL的容量瓶收集洗提液。洗提液的流量不应超过6 mL/min。

(2)在储液杯将要排空时，用约15 mL水冲洗杯壁。冲洗水流尽后，再用15 mL水重复冲洗。当第二次冲洗水也流尽后，将储液杯灌满水，并使其以最大流量流过柱子。

(3)当容量瓶中的洗提液接近100 mL时，从柱子下取出容量瓶，用水定容至刻度，混合均匀。

(4)移取10 mL洗提液于100 mL容量瓶中，加水至60 mL左右。然后按16.8.2和16.8.4操作。

(5)根据测得的吸光度，从标准曲线(10.3.4.8)上可查得稀释洗提液中的亚硝酸盐含量(μg/mL)。据此可计算出以百分率表示的柱还原能力(NO^-的含量为0.067 μg/mL时还原能力为100%)。如果还原能力小于95%，柱子就需要再生。

10.3.4.3　柱子再生

柱子使用后，或镉柱的还原能力低于95%时，按如下步骤进行再生。

(1)在100 mL水中加入约5 mLEDTA溶液和2 mL盐酸，以10 mL/min左右的速度过柱。

(2)当储液杯中混合液排空后，按顺序用25 mL水、25 mL盐酸和25 mL水冲洗柱子。

(3)检查镉柱的还原能力，如低于95%，要重复再生。

10.3.4.4　样品的称取和溶解

(1)液体乳样品：量取90 mL样品于500 mL锥形瓶中，用22 mL 50～55℃的水分数次冲洗样品量筒，冲洗液倾入锥形瓶中，混匀。

(2)乳粉样品：在100 mL烧杯中称取10 g样品，准确至0.001 g。用112 mL 50～55℃的水将样品洗入500 mL锥形瓶中，混匀。

(3)乳清粉及以乳清粉为原料生产的粉状婴幼儿配方食品样品：在100 mL烧杯中称取10 g样品，准确至0.001 g。用112 mL 50～55℃的水将样品洗入500 mL锥形瓶中，混匀。用铝箔纸盖好锥形瓶口，将溶好的样品在沸水中煮15 min，然后冷却至约 5 ℃。

10.3.4.5　脂肪和蛋白的去除

(1)按顺序加入 24 mL 硫酸锌溶液、24 mL 亚铁氰化钾溶液和 40 mL 缓冲溶液,加入时要边加边摇,每加完一种溶液都要充分摇匀。

(2)静置 15 min ~ 1 h。然后用滤纸过滤,滤液用 250 mL 锥形瓶收集。

10.3.4.6　硝酸盐还原为亚硝酸盐

(1)移取 20 mL 滤液于 100 mL 小烧杯中,加入 5 mL 缓冲溶液,摇匀,倒入镉柱顶部的储液杯中,以小于 6 mL/min 的流速过柱。洗提液(过柱后的液体)接入 100 mL 容量瓶中。

(2)当储液杯快要排空时,用 15 mL 水冲洗小烧杯,再倒入储液杯中。冲洗水流完后,再用 15 mL 水重复一次。当第二次冲洗水快流尽时,将储液杯装满水,以最大流速过柱。

(3)当容量瓶中的洗提液接近 100 mL 时,取出容量瓶,用水定容,混匀。

10.3.4.7　测定

(1)分别移取 20 mL 洗提液和 20 mL 滤液于 100 mL 容量瓶中,加水至约 60 mL。

(2)在每个容量瓶中先加入 6 mL 显色液 1,边加边混;再加入 5 mL 显色液 2。小心混合溶液,使其在室温下静置 5 min,避免直射阳光。

(3)加入 2 mL 显色液 3,小心混合,使其在室温下静置 5 min,避免直射阳光。用水定容至刻度,混匀。

(4)在 15 min 内用 538 nm 波长,以空白试验液体为对照测定上述样品溶液的吸光度。

10.3.4.8　标准曲线的制作

(1)分别移取(或用滴定管放出)0 mL、2 mL、4 mL、6 mL、8 mL、10 mL、12 mL、16 mL 和 20 mL 亚硝酸钠标准溶液于 9 个 100 mL 容量瓶中。在每个容量瓶中加水,使其体积约为 60 mL。

(2)在每个容量瓶中先加入 6 mL 显色液 1,边加边混;再加入 5 mL 显色液 2。小心混合溶液,使其在室温下静置 5 min,避免直射阳光。

(3)加入 2 mL 显色液 3,小心混合,使其在室温下静置 5 min,避免直射阳光。用水定容至刻度,混匀。

(4)在 15 min 内,用 538 nm 波长,以第一个溶液(不含亚硝酸钠)为对照测定另外八个溶液的吸光度。

(5)将测得的吸光度对亚硝酸根质量浓度作图。亚硝酸根的质量浓度可根据加入的亚硝酸钠标准溶液的量计算出。亚硝酸根的质量浓度为横坐标,吸光度为纵坐标。亚硝酸根的质量浓度以 μg/100 mL 表示。

10.3.5 分析结果的表述

10.3.5.1 亚硝酸盐含量

样品中亚硝酸根含量按式(10-5)计算:

$$X = \frac{20000 \times c_1}{m \times V_1} \quad (10-5)$$

式中:X——样品中亚硝酸根含量,mg/kg;

c_1——根据滤液(16.5.2)的吸光度(16.7.4),从标准曲线上读取的 NO_2^- 的浓度,μg/100mL;

m——样品的质量(液体乳的样品质量为 90×1.030 g),g;

V_1——所取滤液(16.5.2)的体积(16.7.1),mL。

样品中以亚硝酸钠表示的亚硝酸盐含量,按式(10-6)计算:

$$W(NaNO_2) = 1.5 \times W(NO_2^-) \quad (10-6)$$

式中:$W(NO_2^-)$——样品中亚硝酸根的含量,mg/kg;

$W(NaNO_2)$——样品中以亚硝酸钠表示的亚硝酸盐的含量,mg/kg。

以重复性条件下获得的两次独立测定结果的算术平均值表示,结果保留两位有效数字。

10.3.5.2 硝酸盐含量

样品中硝酸根含量按式(10-7)计算:

$$X = 1.35 \times \left[\frac{100000 \times c_2}{m \times V_2} - W(NO_2^-)\right] \quad (10-7)$$

式中:X——样品中硝酸根含量,mg/kg;

c_2——根据洗提液(16.6.3)的吸光度(16.7.4),从标准曲线上读取的亚硝酸根离子浓度,μg/100mL;

m——样品的质量,g;

V_2——所取洗提液(16.6.3)的体积(16.7.1),mL;

$W(NO_2^-)$——根据式(10-5)计算出的亚硝酸根含量。

若考虑柱的还原能力,样品中硝酸根含量按式(10-8)计算:

$$样品的硝酸根含量(mg/kg) = 1.35 \times \left[\frac{100000 \times c_2}{m \times V_2} - W(NO_2^-) \right] \times \frac{100}{r} \cdots\cdots \quad (10-8)$$

式中：r——测定一系列样品后柱的还原能力。

样品中以硝酸钠计的硝酸盐的含量按式(10-9)计算：

$$W(NaNO_3) = 1.371 \times W(NO_3) \quad \cdots\cdots\cdots\cdots\cdots\cdots \quad (10-9)$$

式中：$W(NO_2^-)$ ——样品中硝酸根的含量，mg/kg；

$W(NaNO_2)$——样品中以硝酸钠计的硝酸盐的含量，mg/kg。

以重复性条件下获得的两次独立测定结果的算术平均值表示，结果保留两位有效数字。

10.3.6　精密度

由同一分析人员在短时间间隔内测定的两个亚硝酸盐结果之间的差值，不应超过 1 mg/kg。

由同一分析人员在短时间间隔内测定的两个硝酸盐结果之间的差值，在硝酸盐含量小于 30 mg/kg 时，不应超过 3 mg/kg；在硝酸盐含量大于 30 mg/kg 时，不应超过结果平均值的 10%。

由不同实验室的两个分析人员对同一样品测得的两个硝酸盐结果之差，在硝酸盐含量小于 30 mg/kg 时，差值不应超过 8 mg/kg；在硝酸盐含量大于或等于 30 mg/kg 时，该差值不应超过结果平均值的 25%。

10.3.7　说明及注意事项

(1)本标准适用于食品中亚硝酸盐和硝酸盐的测定。

(2)本标准第一法中亚硝酸盐和硝酸盐检出限分别为 0.2 mg/kg 和 0.4 mg/kg；第二法中亚硝酸盐和硝酸盐检出限分别为 1 mg/kg 和 1.4 mg/kg；第三法中亚硝酸盐和硝酸盐检出限分别为 0.2 mg/kg 和 1.5 mg/kg。

实验 11　食品中铅的测定（GB 5009.12—2010）

11.1　石墨炉原子吸收光谱法

11.1.1　原理

试样经灰化或酸消解后，注入原子吸收分光光度计石墨炉中，电热原子化后吸收 283.3 nm 共振线，在一定浓度范围，其吸收值与铅含量成正比，与标准系列比较定量。

11.1.2　试剂和材料

除非另有规定，本方法所使用试剂均为分析纯，水为 GB/T 6682 规定的一级水。

（1）硝酸：优级纯。

（2）过硫酸铵。

（3）过氧化氢（30%）。

（4）高氯酸：优级纯。

（5）硝酸（1+1）：取 50 mL 硝酸慢慢加入 50 mL 水中。

（6）硝酸（0.5 mol/L）：取 3.2 mL 硝酸加入 50 mL 水中，稀释至 100 mL。

（7）硝酸（1 mo1/L）：取 6.4 mL 硝酸加入 50 mL 水中，稀释至 100 mL。

（8）磷酸二氢铵溶液（20 g/L）：称取 2.0 g 磷酸二氢铵，以水溶解稀释至 100 mL。

（9）混合酸：硝酸十高氯酸（9+1）。取 9 份硝酸与 1 份高氯酸混合。

（10）铅标准储备液：准确称取 1.000 g 金属铅（99.99%），分次加少量硝酸（1+1），加热溶解，总量不超过 37 mL，移入 1000 mL 容量瓶，加水至刻度。混匀。此溶液每毫升含 1.0 mg 铅。

（11）铅标准使用液：每次吸取铅标准储备液 1.0 mL 于 100 mL 容量瓶中，加硝酸（0.5 mol/L）至刻度。如经多次稀释成每毫升含 10.0 ng，20.0 ng，40.0 ng，

60.0 ng,80.0 ng 铅的标准使用液。

11.1.3　仪器和设备

(1)原子吸收光谱仪,附石墨炉及铅空心阴极灯。

(2)马弗炉。

(3)天平:感量为 1 mg。

(4)干燥恒温箱。

(5)瓷坩埚。

(6)压力消解器、压力消解罐或压力溶弹。

(7)可调式电热板、可调式电炉。

11.1.4　分析步骤

11.1.4.1　试样预处理

(1)在采样和制备过程中,应注意不使试样污染。

(2)粮食、豆类去杂物后,磨碎,过 20 目筛,储于塑料瓶中,保存备用。

(3)蔬菜、水果、鱼类、肉类及蛋类等水分含量高的鲜样,用食品加工机或匀浆机打成匀浆,储于塑料瓶中,保存备用。

11.1.4.2　试样消解(可根据实验室条件选用以下任何一种方法消解)

(1)压力消解罐消解法:称取 1 ~2 g 试样(精确到 0.001 g,干样、含脂肪高的试样 <1 g,鲜样 <2 g 或按压力消解罐使用说明书称取试样)于聚四氟乙烯内罐,加硝酸 2 ~4 mL 浸泡过夜。再加过氧化氢(30%)2 ~3 mL(总量不能超过罐容积的 1/3)。盖好内盖,旋紧不锈钢外套,放入恒温干燥箱,120 ~140 ℃保持 3 ~4 h,在箱内自然冷却至室温,用滴管将消化液洗入或过滤入(视消化后试样的盐分而定)10 ~25 mL 容量瓶中,用水少量多次洗涤罐,洗液合并于容量瓶中并定容至刻度,混匀备用;同时作试剂空白。

(2)干法灰化:称取 1 ~5 g 试样(精确到 0.001 g,根据铅含量而定)于瓷坩埚中,先小火在可调式电热板上炭化至无烟,移入马弗炉 500℃ ±25℃灰化 6 ~8 h,冷却。若个别试样灰化不彻底,则加 1 mL 混合酸在可调式电炉上小火加热,反复多次直到消化完全,放冷,用硝酸(0.5 mol/L)将灰分溶解,用滴管将试样消化液洗入或过滤入(视消化后试样的盐分而定)10 ~25 mL 容量瓶中,用水少量多次洗涤瓷坩埚,洗液合并于容量瓶中并定容至刻度,混匀备用;同时作试剂空白。

(3)过硫酸铵灰化法:称取1～5 g试样(精确到0.001 g)于瓷坩埚中,加2～4 mL硝酸浸泡1 h以上,先小火炭化,冷却后加2.00～3.00 g过硫酸铵盖于上面,继续炭化至不冒烟,转入马弗炉,500 ℃ ± 25 ℃恒温2 h,再升至800℃,保持20 min,冷却,加2～3 mL硝酸(1 mol/L),用滴管将试样消化液洗入或过滤入(视消化后试样的盐分而定)10～25 mL容量瓶中,用水少量多次洗涤瓷坩埚,洗液合并于容量瓶中并定容至刻度,混匀备用;同时作试剂空白。

(4)湿式消解法:称取试样1～5 g(精确到0.001 g)于锥形瓶或高脚烧杯中,放数粒玻璃珠,加10 mL混合酸,加盖浸泡过夜,加一小漏斗于电炉上消解,若变棕黑色,再加混合酸,直至冒白烟,消化液呈无色透明或略带黄色,放冷,用滴管将试样消化液洗入或过滤入(视消化后试样的盐分而定)10～25 mL容量瓶中,用水少量多次洗涤锥形瓶或高脚烧杯,洗液合并于容量瓶中并定容至刻度,混匀备用;同时作试剂空白。

11.1.4.3 测定

(1)仪器条件:根据各自仪器性能调至最佳状态。参考条件为波长283.3 nm,狭缝0.2～1.0 nm,灯电流5～7 mA,干燥温度120 ℃,20 s;灰化温度450℃,持续15～20 s,原子化温度:1700～2300℃,持续4～5 s,背景校正为氘灯或塞曼效应。

(2)标准曲线绘制:吸取上面配制的铅标准使用液10.0 ng/mL(或μg/L),20.0 ng/mL(或μg/L),40.0 ng/mL(或μg/L),60.0 ng/mL(或μg/L),80.0 ng/mL(或μg/L)各10 μL,注入石墨炉,测得其吸光值并求得吸光值与浓度关系的一元线性回归方程。

(3)试样测定:分别吸取样液和试剂空白液各10 μL,注入石墨炉,测得其吸光值,代入标准系列的一元线性回归方程中求得样液中铅含量。

(4)基体改进剂的使用:对有干扰试样,则注入适量的基体改进剂磷酸二氢铵溶液(20 g/L)(一般为5 μL或与试样同量)消除干扰。绘制铅标准曲线时也要加入与试样测定时等量的基体改进剂磷酸二氢铵溶液。

11.1.5 分析结果的表述

试样中铅含量按式(11－1)进行计算。

$$X=\frac{(c_1-c_0)\times V\times 1000}{m\times 1000\times 1000} \quad (11-1)$$

式中:X——试样中铅含量,mg/kg或mg/L;

c_1——测定样液中铅含量,ng/mL;

c_0——空白液中铅含量,ng/mL;

V——试样消化液定量总体积,mL;

m——试样质量或体积,g 或 mL。

以重复性条件下获得的两次独立测定结果的算术平均值表示,结果保留两位有效数字。

11.1.6　精密度

在重复性条件下获得的两次独立测定结果的绝对差值不得超过算术平均值的 20 %。

11.2　氢化物原子荧光光谱法

11.2.1　原理

试样经酸热消化后,在酸性介质中,试样中的铅与硼氢化钠($NaBH_4$)或硼氢化钾(KBH_4)反应生成挥发性铅的氢化物(PbH_4)。以氩气为载气,将氢化物导入电热石英原子化器中原子化,在特制铅空心阴极灯照射下,基态铅原子被激发至高能态;在去活化回到基态时,发射出特征波长的荧光,其荧光强度与铅含量成正比,根据标准系列进行定量。

11.2.2　试剂和材料

(1)硝酸 + 高氯酸混合酸(9 + 1):分别量取硝酸 900 mL,高氯酸 100 mL,混匀。

(2)盐酸(1 + 1):量取 250 mL 盐酸倒入 250 mL 水中,混匀。

(3)草酸溶液(10 g/L):称取 1.0 g 草酸,加入溶解至 100 mL,混匀。

(4)铁氰化钾[$K_3Fe(CN)6$]溶液(100 g/L):称取 8.0 g 铁氰化钾,加水溶解并稀释至 100 mL,混匀。

(5)氢氧化钠溶液(2 g/L):称取 2.0 g 氢氧化钠,溶于 1 L 水中,混匀。

(6)硼氢化钠($NaBH_4$)溶液(10 g/L):称取 5.0 g 硼氢化钠溶于 500 mL 氢氧化钠溶液(2 g/L)中,混匀,临用前配制。

(7)铅标准储备液(1.0 mg/mL)。

(8)铅标准使用液(1.0 μg/mL):精确吸取铅标准储备液(1.0 mg/mL),逐级稀释至1.0 μg/mL。

11.2.3 仪器和设备

(1)原子荧光光度计。

(2)铅空心阴极灯。

(3)电热板。

(4)天平:感量为1 mg。

11.2.4 分析步骤

11.2.4.1 试样消化

湿消解:称取固体试样0.2～2 g或液体试样2.00～10.00 g(或mL)(均精确到0.001 g),置于50～100 mL消化容器中(锥形瓶),然后加入硝酸+高氯酸混合酸(9+1)5～10 mL摇匀浸泡,放置过夜。次日置于电热板上加热消解,至消化液呈淡黄色或无色(如消解过程色泽较深,稍冷补加少量硝酸,继续消解),稍冷加入20 mL水再继续加热赶酸,至消解液0.5～1.0 mL止,冷却后用少量水转入25 mL容量瓶中,并加入盐酸(1+1)0.5mL,草酸溶液(10 g/L)0.5 mL,摇匀,再加入铁氰化钾溶液(100 g/L)1.00 mL,用水准确稀释定容至25 mL,摇匀,放置30 min后测定。同时做试剂空白。

11.2.4.2 标准系列制备

在25 mL容量瓶中,依次准确加入铅标准使用液(1.0 μg/mL)0.00 mL、0.125 mL、0.25 mL、0.50 mL、0.75 mL、1.00 mL、1.25 mL(各相当于铅浓度0.0 ng/mL、5.0 ng/mL、10.0 ng/mL、20.0 ng/mL、30.0 ng/mL、40.0 ng/mL、50.0 ng/mL),用少量水稀释后,加入0.5 mL盐酸(1+1)和0.5 mL草酸溶液(10 g/L)摇匀,再加入铁氰化钾溶液(100g/L)1.0 mL,用水稀释至该度,摇匀。放置30 min后待测。

11.2.4.3 测定

11.2.4.3.1 仪器参考条件

负高压:323 V;铅空心阴极灯灯电流:75 mA;原子化器:炉温750～800 ℃,炉高8 mm;氩气流速:载气800 mL/min;屏蔽气:1000 mL/min;加还原剂时间:7.0 s;读数时间:15.0 s;延迟时间:0.0 s;测量方式:标准曲线法;读数方式:峰面积;进样体积:2.0 mL。

11.2.4.3.2　测量方式

设定好仪器的最佳条件,逐步将炉温升至所需温度,稳定 10 ~ 20 min 后开始测量:连续用标准系列的零管进样,待读数稳定之后,转入标准系列的测量,绘制标准曲线,转入试样测量,分别测定试样空白和试样消化液,试样测定结果按式(11 - 2)计算。

11.2.5　分析结果的表述

试样中铅含量按式(11 - 2)进行计算。

$$X = \frac{(c_1 - c_0) \times V \times 1000}{m \times 1000 \times 1000} \quad (11-2)$$

式中:X ——试样中铅含量,mg/kg 或 mg/L;

c_1 ——试样消化液测定浓度,ng/mL;

c_0 ——试剂空白液测定浓度,ng/mL;

V ——试样消化液定量总体积,mL;

m ——试样质量或体积,g 或 mL。

以重复性条件下获得的两次独立测定结果的算术平均值表示,结果保留两位有效数字。

11.2.6　精密度

在重复性条件下获得的两次独立测定结果的绝对差值不得超过算术平均值的 10 %。

11.3　火焰原子吸收光谱法

11.3.1　原理

试样经处理后,铅离子在一定 pH 条件下与二乙基二硫代氨基甲酸钠(DDTC)形成络合物,经 4 - 甲基 - 2 - 戊酮萃取分离,导入原子吸收光谱仪中,火焰原子化后,吸收 283.3 nm 共振线,其吸收量与铅含量成正比,与标准系列比较定量。

11.3.2　试剂和材料

(1)混合酸:硝酸 - 高氯酸(9 + 1)。

(2)硫酸铵溶液(300 g/L):称取 30 g 硫酸铵[(NH_4)2SO_4],用水溶解并稀释至 100 mL。

(3)柠檬酸铵溶液(250 g/L):称取 25 g 柠檬酸铵,用水溶解并稀释至 100 mL。

(4)溴百里酚蓝水溶液(1 g/L)。

(5)二乙基二硫代氨基甲酸钠(DDTC)溶液(50 g/L):称取 5 g 二乙基二硫代氨基甲酸钠,用水溶解并加水至 100 mL。

(6)氨水(1+1)。

(7)4-甲基-2-戊酮(MIBK)。

(8)铅标准溶液:操作同 11.2.2(7)~(8)。配制铅标准使用液为 10 μg/mL。

(9)盐酸(1+11):取 10 mL 盐酸加入 110 mL 水中,混匀。

(10)磷酸溶液(1+10):取 10 mL 磷酸加入 100 mL 水中,混匀。

11.3.3 仪器和设备

原子吸收光谱仪火焰原子化器,其余同 11.1.3(2)~(7)。

11.3.4 分析步骤

11.3.4.1 试样处理

(1)饮品及酒类:取均匀试样 10~20 g(精确到 0.01 g)于烧杯中(酒类应先在水浴上蒸去酒精),于电热板上先蒸发至一定体积后,加入混合酸消化完全后,转移、定容于 50 mL 容量瓶中。

(2)包装材料浸泡液可直接吸取测定。

(3)谷类:去除其中杂物及尘土,必要时除去外壳,碾碎,过 30 目筛,混匀。称取 5~10 g 试样(精确到 0.01 g),置于 50 mL 瓷坩埚中,小火炭化,然后移入马弗炉中,500℃以下灰化 16 h 后,取出坩埚,放冷后再加少量混合酸,小火加热,不使干涸,必要时再加少许混合酸,如此反复处理,直至残渣中无炭粒,待坩埚稍冷,加 10 mL 盐酸(1+1),溶解残渣并移入 50 mL 容量瓶中,再用水反复洗涤坩埚,洗液并入容量瓶中,并稀释至刻度,混匀备用。

取与试样相同量的混合酸和盐酸(1+1),按同一操作方法作试剂空白试验。

(4)蔬菜、瓜果及豆类:取可食部分洗净晾干,充分切碎混匀。称取 10~20 g(精确到 0.01 g)于瓷坩埚中,加 1 mL 磷酸溶液(1+10),小火炭化,以下按(3)

中自“然后移入马弗炉中……”起依法操作。

(5)禽、蛋、水产及乳制品:取可食部分充分混匀。称取5~10 g(精确到0.01 g)于瓷坩埚中,小火炭化,以下按(3)中自“然后移入马弗炉中”起依法操作。

乳类经混匀后,量取50.0 mL,置于瓷坩埚中,加磷酸(1+10),在水浴上蒸干,再加小火炭化,以下按(3)中自“然后移入马弗炉中”起依法操作。

11.3.4.2　萃取分离

视试样情况,吸取25.0~50.0 mL上述制备的样液及试剂空白液,分别置于125 mL分液漏斗中,补加水至60 mL。加2 mL柠檬酸铵溶液(250 g/L),溴百里酚蓝水溶液(1 g/L)3~5滴,用氨水(1+1)调pH值至溶液由黄变蓝,加硫酸铵溶液(300 g/L)10.0 mL,DDTC溶液(50 g/L)10 mL,摇匀。放置5 min左右,加入10.0 mL MIBK,剧烈振摇提取1 min,静置分层后,弃去水层,将MIBK层放入10 mL带塞刻度管中,备用。分别吸取铅标准使用液0.00 mL,0.25 mL,0.50 mL,1.00 mL,1.50 mL,2.00 mL(相当0.0 μg,2.5 μg,5.0 μg,10.0 μg,15.0 μg,20.0 μg铅)于125 mL分液漏斗中。与试样相同方法萃取。

11.3.4.3　测定

(1)饮品、酒类及包装材料浸泡液可经萃取直接进样测定。

(2)萃取液进样,可适当减小乙炔气的流量。

(3)仪器参考条件:空心阴极灯电流8 mA;共振线283.3 nm;狭缝0.4 nm;空气流量8 L/min;燃烧器高度6 mm。

11.3.5　分析结果的表述

试样中铅含量按式(11-3)进行计算。

$$X=\frac{(c_1-c_0)\times V_1\times 1000}{m\times V_3/V_2\times 1000} \quad \cdots\cdots\cdots\cdots (11-3)$$

式中:X——试样中铅的含量,mg/kg或mg/L;

c_1——测定用试样中铅的含量,μg/mL;

c_0——试剂空白液中铅的含量,μg/mL;

m——试样质量或体积,g或mL;

V_1——试样萃取液体积,mL;

V_2——试样处理液的总体积,mL;

V_3——测定用试样处理液的总体积,mL。

以重复性条件下获得的两次独立测定结果的算术平均值表示,结果保留两位有效数字。

11.3.6 精密度

在重复性条件下获得的两次独立测定结果的绝对差值不得超过算术平均值的20 %。

11.4 二硫腙比色法

11.4.1 原理

试样经消化后,在pH 8.5～9.0时,铅离子与二硫腙生成红色络合物,溶于三氯甲烷。加入柠檬酸铵、氰化钾和盐酸羟胺等,防止铁、铜、锌等离子干扰,与标准系列比较定量。

11.4.2 试剂和材料

(1)氨水(1+1)。

(2)盐酸(1+1):量取100 mL盐酸,加入100 mL水中。

(3)酚红指示液(1 g/L):称取0.10 g酚红,用少量多次乙醇溶解后移入100 mL容量瓶中并定容至刻度。

(4)盐酸羟胺溶液(200 g/L):称取20.0 g盐酸羟胺,加水溶解至50 mL,加2滴酚红指示液,加氨水(1+1),调pH至8.5～9.0(由黄变红,再多加2滴),用二硫腙-三氯甲烷溶液(0.5 g/L)提取至三氯甲烷层绿色不变为止,再用三氯甲烷洗二次,弃去三氯甲烷层,水层加盐酸(1+1)至呈酸性,加水至100 mL。

(5)柠檬酸铵溶液(200 g/L):称取50 g柠檬酸铵,溶于100 mL水中,加2滴酚红指示液(1 g/L),加氨水(1+1),调pH至8.5～9.0,用二硫腙-三氯甲烷溶液(5.5 g/L)提取数次,每次10～20 mL,至三氯甲烷层绿色不变为止,弃去三氯甲烷层,再用三氯甲烷洗二次,每次5 mL,弃去三氯甲烷层,加水稀释至250 mL。

(6)氰化钾溶液(100 g/L):称取10.0 g氰化钾,用水溶解后稀释至100 mL。

(7)三氯甲烷:不应含氧化物。

① 检查方法:量取10 mL三氯甲烷,加25 mL新煮沸过的水,振摇3 min,静置分层后,取10 mL水溶液,加数滴碘化钾溶液(150 g/L)及淀粉指示液,振摇后

应不显蓝色。

②处理方法:于三氯甲烷中加入 1/10 ~ 1/20 体积的硫代硫酸钠溶液(200 g/L)洗涤,再用水洗后加入少量无水氯化钙脱水后进行蒸馏,弃去最初及最后的十分之一馏出液,收集中间馏出液备用。

(8)淀粉指示液:称取 0.5 g 可溶性淀粉,加 5 mL 水搅匀后,慢慢倒入 100 mL 沸水中,边倒边搅拌,煮沸,放冷备用,临用时配制。

(9)硝酸(1 +99):量取 1 mL 硝酸,加入 99 mL 水中。

(10)二硫腙 - 三氯甲烷溶液(0.5 g/L):保存冰箱中,必要时用下述方法纯化。

称取 0.5 g 研细的二硫腙,溶于 50 mL 三氯甲烷中,如不全溶,可用滤纸过滤于 250 mL 分液漏斗中,用氨水(1 +99)提取三次,每次 100 mL,将提取液用棉花过滤至 500 mL 分液漏斗中,用盐酸(1 + 1)调至酸性,将沉淀出的二硫腙用三氯甲烷提取 2 ~3 次,每次 20 mL,合并三氯甲烷层,用等量水洗涤两次,弃去洗涤液,在 50 ℃水浴上蒸去三氯甲烷。精制的二硫腙置硫酸干燥器中,干燥备用。或将沉淀出的二硫腙用 200 mL,200 mL,100 mL 三氯甲烷提取三次,合并三氯甲烷层为二硫腙溶液。

(11)二硫腙使用液:吸取 1.0 mL 二硫腙溶液,加三氯甲烷至 10 mL,混匀。用 1 cm 比色杯,以三氯甲烷调节零点,于波长 510 nm 处测吸光度(A),用式(11 -4)算出配制 100 mL 二硫腙使用液(70% 透光率)所需二硫腙溶液的毫升数(V)。

$$V=\frac{10\times(2-\lg 70)}{\mathrm{A}}=\frac{1.55}{A} \quad\cdots\cdots\cdots\cdots\cdots\cdots\quad (11-4)$$

(12)硝酸 - 硫酸混合液(4 +1)。

(13)铅标准溶液(1.0 mg/mL):准确称取 0.1598 g 硝酸铅,加 10 mL 硝酸(1 +99),全部溶解后,移入 100 mL 容量瓶中,加水稀释至刻度。

(14)铅标准使用液(10.0 μg/mL):吸取 1.0 mL 铅标准溶液,置于 100 mL 容量瓶中,加水稀释至刻度。

11.4.3　仪器和设备

(1)分光光度计。

(2)天平:感量为 1 mg。

11.4.4 分析步骤

11.4.4.1 试样预处理

同11.1.4.1的操作。

11.4.4.2 试样消化

11.4.4.2.1 硝酸－硫酸法

(1)粮食、粉丝、粉条、豆干制品、糕点、茶叶等及其他含水分少的固体食品:称取5 g或10 g的粉碎样品(精确到0.01 g),置于250～500 mL定氮瓶中,先加水少许使湿润,加数粒玻璃珠、10～15 mL硝酸,放置片刻,小火缓缓加热,待作用缓和,放冷。沿瓶壁加入5 mL或10 mL硫酸,再加热,至瓶中液体开始变成棕色时,不断沿瓶壁滴加硝酸至有机质分解完全。加大火力,至产生白烟,待瓶口白烟冒净后,瓶内液体再产生白烟为消化完全,该溶液应澄清无色或微带黄色,放冷(在操作过程中应注意防止爆沸或爆炸)。加20 mL水煮沸,除去残余的硝酸至产生白烟为止,如此处理两次,放冷。将冷后的溶液移入50 mL或100 mL容量瓶中,用水洗涤定氮瓶,洗液并入容量瓶中,放冷,加水至刻度,混匀。定容后的溶液每10 mL相当于1 g样品,相当加入硫酸量1 mL。取与消化试样相同量的硝酸和硫酸,按同一方法做试剂空白试验。

(2)蔬菜、水果:称取25.00 g或50.00 g洗净打成匀浆的试样(精确到0.01 g),置于250～500 mL定氮瓶中,加数粒玻璃珠、10～15 mL硝酸,以下按(1)自"放置片刻……"起依法操作,但定容后的溶液每10 mL相当于5 g样品,相当加入硫酸1 mL。

(3)酱、酱油、醋、冷饮、豆腐、腐乳、酱腌菜等:称取10 g或20 g试样(精确到0.01 g)或吸取10.0 mL或20.0 mL液体样品,置于250～500 mL定氮瓶中,加数粒玻璃珠、5～15 mL硝酸。以下按(1)自"放置片刻……"起依法操作,但定容后的溶液每10 mL相当于2 g或2 mL试样。

(4)含酒精性饮料或含二氧化碳饮料:吸取10.00 mL或20.00 mL试样,置于250～500 mL定氮瓶中.加数粒玻璃珠,先用小火加热除去乙醇或二氧化碳,再加5～10 mL硝酸,混匀后,以下按(1)自"放置片刻……"起依法操作,但定容后的溶液每10 mL相当于2 mL试样。

(5)含糖量高的食品:称取5 g或10 g试样(精确至0.01 g),置于250～500 mL定氮瓶中,先加少许水使湿润,加数粒玻璃珠、5～10 mL硝酸,摇匀。缓缓加入5 mL或10 mL硫酸,待作用缓和停止起泡沫后,先用小火缓缓加热(糖分易炭化),不断沿瓶壁补加硝酸,待泡沫全部消失后,再加大火力,至有机质分解完全,发生白烟,溶液应澄清无色或微带黄色,放冷。以下按(1)自“加 20 mL 水煮沸……”起依法操作。

(6)水产品:取可食部分样品捣成匀浆,称取 5 g 或 10 g 试样(精确至 0.01 g,海产藻类、贝类可适当减少取样量),置于 250 ~ 500 mL 定氮瓶中,加数粒玻璃珠,5 ~ 10 mL 硝酸,混匀后,以下按(1)自“沿瓶壁加入 5 mL 或 10 mL 硫酸……”起依法操作。

11.4.4.2.2　灰化法

(1)粮食及其他含水分少的食品:称取 5 g 试样(精确至 0.01 g),置于石英或瓷坩埚中,加热至炭化,然后移入马弗炉中,500 ℃灰化 3 h,放冷,取出坩埚,加硝酸(1 + 1),润湿灰分,用小火蒸干,在 500℃烧 1 h,放冷。取出坩埚。加 1 mL 硝酸(1 + l),加热,使灰分溶解,移入 50 mL 容量瓶中,用水洗涤坩埚,洗液并入容量瓶中,加水至刻度,混匀备用。

(2)含水分多的食品或液体试样:称取 5.0 g 或吸取 5.00 mL 试样,置于蒸发皿中,先在水浴上蒸干,再按(1)自“加热至炭化……”起依法操作。

11.4.4.3　测定

(1)吸取 10.0 mL 消化后的定容溶液和同量的试剂空白液,分别置于 125 mL 分液漏斗中,各加水至 20 mL。

(2)吸取 0 mL,0.10 mL,0.20 mL,0.30 mL,0.40 mL,0.50 mL 铅标准使用液(相当 0.0 μg,1.0μg,2.0 μg,3.0 μg,4.0 μg,5.0 μg 铅),分别置于 125 mL 分液漏斗中,各加硝酸(1 +99)至 20 mL。

于试样消化液、试剂空白液和铅标准液中各加 2.0 mL 柠檬酸铵溶液(200 g/L),l.0 mL 盐酸羟胺溶液(200 g/L)和 2 滴酚红指示液,用氨水(1 + 1)调至红色,再各加 2.0 mL 氰化钾溶液(100 g/L),混匀。各加 5.0 mL 二硫腙使用液,剧烈振摇 1 min,静置分层后,三氯甲烷层经脱脂棉滤入 1 cm 比色杯中,以三氯甲烷调节零点于波长 510 nm 处测吸光度,各点减去零管吸收值后,绘制标准曲线或计算一元回归方程,试样与曲线比较。

11.4.5　分析结果的表述

试样中铅含量按式(11 - 5)进行计算。

$$X = \frac{(m_1 - m_2) \times 1000}{m_3 \times V_2/V_1 \times 1000} \quad \cdots\cdots (11-5)$$

式中：X——试样中铅的含量，mg/kg 或 mg/L；

m_1——测定用试样液中铅的质量，μg；

m_2——试剂空白液中铅的质量，μg；

m_3——试样质量或体积，g 或 mL；

V_1——试样处理液的总体积，mL；

V_2——测定用试样处理液的总体积，mL。

以重复性条件下获得的两次独立测定结果的算术平均值表示，结果保留两位有效数字。

11.4.6 精密度

在重复性条件下获得的两次独立测定结果的绝对差值不得超过算术平均值的10%。

11.5 单扫描极谱法

11.5.1 原理

试样经消解后，铅以离子形式存在。在酸性介质中，Pb^{2+} 与 I^- 形成的 PbI_4^{2-} 络离子具有电活性，在滴汞电极上产生还原电流。峰电流与铅含量呈线性关系，以标准系列比较定量。

11.5.2 试剂和材料

(1)底液：称取5.0 g碘化钾，8.0 g酒石酸钾钠，0.5 g抗坏血酸于500 mL烧杯中，加入300 mL水溶解后，再加入10 mL盐酸，移入500 mL容量瓶中，加水至刻度。(在冰箱中可保存2个月)。

(2)铅标准储备溶液(1.0 mg/mL)：准确称取0.1000 g金属铅(含量99.99%)于烧杯中加2 mL(1+1)硝酸溶液，加热溶解，冷却后定量移入100 mL容量瓶并加水至刻度，混匀。

(3)铅标准使用溶液(10.0 μg/mL)：临用时，吸取铅标准储备溶液1.00 mL于100 mL容量瓶中，加水至刻度，混匀。

(4)混合酸：硝酸—高氯酸(4+1)，量取80 mL硝酸，加入20 mL高氯酸，混匀。

11.5.3　仪器和设备

(1)极谱分析仪。

(2)带电子调节器万用电炉。

(3)天平:感量为1 mg。

11.5.4　分析步骤

11.5.4.1　极谱分析参考条件

单扫描极谱法(SSP法)。选择起始电位为-350 mV,终止电位-850 mV,扫描速度300 m V/s,三电极,二次导数,静止时间5 s及适当量程。于峰电位(Ep)-470 mV处,记录铅的峰电流。

11.5.4.2　标准曲线绘制

准确吸取铅标准使用溶液0 mL,0.05 mL,0.10 mL,0.20 mL,0.30 mL,0.40 mL(相当于含0 μg,0.5 μg,1.0 μg,2.0 μg,3.0 μg,4.0 μg铅)于10 mL比色管中,加底液至10.0 mL,混匀。将各管溶液依次移入电解池,置于三电极系统。按上述极谱分析参考条件测定,分别记录铅的峰电流。以含量为横坐标,其对应的峰电流为纵坐标,绘制标准曲线。

11.5.4.3　试样处理

粮食、豆类等水分含量低的试样,去杂物后磨碎过20目筛;蔬菜、水果、鱼类、肉类等水分含量高的新鲜试样,用均浆机均浆,储于塑料瓶。

(1)试样处理(除食盐、白糖外,如粮食、豆类、糕点、茶叶、肉类等):称取1~2 g试样(精确至0.1 g)于50 mL三角瓶中,加入10~20 mL混合酸,加盖浸泡过夜。置带电子调节器万用电炉上的低档位加热。若消解液颜色逐渐加深,呈现棕黑色时,移开万用电炉,冷却,补加适量硝酸,继续加热消解。待溶液颜色不再加深,呈无色透明或略带黄色,并冒白烟,可高档位驱赶剩余酸液,至近干,在低档位加热得白色残渣,待测。同时作一试剂空白。

(2)食盐、白糖:称取试样2.0 g于烧杯中,待测。

(3)液体试样:称取2 g试样(精确至0.1 g)于50 mL三角瓶中(含乙醇、二氧化碳的试样应置于80℃水浴上驱赶)。加入1~10 mL混合酸,于带电子调节器万用电炉上的低档位加热,以下步骤按(1)"试样处理"项下操作,待测。

11.5.4.4　试样测定

于上述待测试样及试剂空白瓶中加入10.0 mL底液,溶解残渣并移入电解池。以下按28.2“标准曲线绘制”项下操作,极谱图参见附录A。分别记录试样及试剂空白的峰电流,用标准曲线法计算试样中铅含量。

11.5.5 分析结果的表述

试样中铅含量按式(11-6)进行计算。

$$X = \frac{(A - A_0) \times 1000}{m \times 1000} \quad \cdots\cdots (11-6)$$

式中:X——试样中铅的含量,mg/kg或mg/L;

A——由标准曲线上查得测定样液中铅的质量,μg;

A_0——由标准曲线上查得试剂空白液中铅质量,μg;

m——试样质量或体积,g或mL。

以重复性条件下获得的两次独立测定结果的算术平均值表示,结果保留两位有效数字。

11.5.6 精密度

在重复性条件下获得的两次独立测定结果的绝对差值不得超过算术平均值的5.0%。

11.5.7 说明和注意事项

石墨炉原子吸收光谱法为0.005 mg/kg;氢化物原子荧光光谱法固体试样为0.005 mg/kg,液体试样为0.001 mg/kg;火焰原子吸收光谱法为0.1 mg/kg;比色法为0.25 mg/kg。单扫描极谱法为0.085 mg/kg。

实验 12　水果及其制品中果胶含量的测定——分光光度法（NY /T 2016—2011）

12.1　原理

用无水乙醇沉淀试样中的果胶，果胶经水解后生成半乳糖醛酸，在硫酸中与咔唑试剂发生缩合反应，生成紫红色化合物，该化合物在 525 nm 处有最大吸收，其吸收值与果胶含量成正比。以半乳糖醛酸为标准物质，标准曲线法定量。

12.2　试剂

(1)无水乙醇。

(2)硫酸，优级纯。

(3)咔唑。

(4)67% 乙醇：无水乙醇 + 水 =2 +1。

(5)pH =0.5 的硫酸溶液：用硫酸调节水的 pH 至 0.5。

(6)40 g/L 的氢氧化钠：称取 4.0 g 氢氧化钠，用水溶解并定容至 100 mL。

(7)1 g/L 咔唑乙醇溶液：称取 0.1000 g 咔唑，用无水乙醇溶解并定容至 100 mL。做空白试验检验，即 1 mL 水、0.25 mL 咔唑乙醇溶液和 5 mL 硫酸混合后应清澈、透明、无色。

(8)半乳糖醛酸标准储备液：准确称取无水半乳糖醛酸 0.1000 g，用少量水溶解，加入 0.5 mL 氢氧化钠溶液(40 g/L)，定容至 100 mL，混匀。此溶液中半乳糖醛酸质量浓度为 1000 mg/L。

(9)半乳糖醛酸标准使用液：分别吸取 0.0 mL、1.0 mL、2.0 mL、3.0 mL、4.0 mL、5.0 mL 半乳糖醛酸标准储备液与 50 mL 容量瓶中，定容，溶液质量浓度分别为 0.0 mg/L、20 mg/L、40 mg/L、60 mg/L、80 mg/L、10 0mg/L。

12.3 仪器

(1)分光光度计。

(2)组织捣碎机。

(3)分析天平:感量为0.0001 g。

(4)恒温水浴振荡器。

(5)离心机:4000 r/m。

12.4 分析步骤

12.4.1 试样制备

果酱及果汁类制品将样品搅拌均匀即可。新鲜水果,取水果样品的可食部分,用自来水和去离子水依次清洗后,用干净纱布轻轻擦去其表面水分。苹果、桃等个体较大的样品采用对角线分割法,取对角线可食部分,将其切碎,充分混匀;山楂、葡萄等个体较小的样品可随机取若干个体切碎混匀。用四分法取样或直接放入组织捣碎机中制成匀浆。少汁样品可按一定质量比例加入去离子水。将匀浆后的样品冷冻保存。

12.4.2 预处理

称取1.0~5.0 g(精确至0.001 g)试样于50 mL刻度离心管中,加入少量滤纸屑,再加入35 mL约75℃的无水乙醇,在85℃水浴中加热10 min,充分振荡。冷却,再加无水乙醇使总体接近50 mL,在4000 r/m的条件下离心15 min,弃去上清液。在85℃水浴上用乙醇溶液(67%)洗涤沉淀,离心分离,弃去上清液,此步骤反复操作,直至清液中不产生糖的穆立虚反应为止(检验方法:取上清液0.5 mL注入小试管中,加入5% α-萘酚的乙醇溶液2~3滴,充分混合均匀,此时溶液稍有白色浑浊,然后使试管稍微倾斜,沿管壁慢慢加入1 mL硫酸(优级纯),若在两液层的界面不出现紫红色色环,则证明上清液中不含糖分),保留沉淀A。同时做空白试验。

12.4.3　果胶提取液的制备

12.4.3.1　酸提取方式

将上述制备出的沉淀 A(12.4.2),用 pH = 0.5 的硫酸溶液全部洗入三角瓶中,混匀,在 85℃ 水浴中加热 60 min,期间应不时摇荡,冷却后移入 100 mL 容量瓶中,用 pH = 0.5 的硫酸溶液定容,过滤,保留滤液 B 供测定用。

12.4.3.2　碱提取方式

对于香蕉等淀粉含量高的样品宜采用碱提取方式。将上述制备出的沉淀 A(12.4.2),用水全部洗入 100 mL 容量瓶中,加入 5 mL 氢氧化钠溶液(40 g/L),定容,混匀。至少放置 15 min,期间应不时摇荡。过滤,保留滤液 C 供测定用。

12.4.4　标准曲线的绘制

吸取 0.0 mg/L、20 mg/L、40 mg/L、60 mg/L、80 mg/L、100 mg/L 半乳糖醛酸标准使用液各 1.0 mL 于 25 mL 玻璃试管中,分别加入 0.25 mL 咔唑乙醇溶液(1 g/L),产生白色絮状沉淀,不断摇动试管,再快速加入 5.0 mL 硫酸(优级纯),摇匀。立刻将试管放入 85℃ 水浴振荡器内保温 20 min,取出后放入冷水中迅速冷却。在 1.5 h 的时间内,用分光光度计在波长 525 nm 处测定标准溶液的吸光度,以半乳糖醛酸浓度为横坐标,吸光度为纵坐标,绘制标准曲线。

12.4.5　样品的测定

吸取 1.0 mL 滤液 B(12.4.3.1)或滤液 C(12.4.3.2)与 25 mL 玻璃试管中,加入 0.25 mL 咔唑乙醇溶液(1 g/L),同标准溶液显色方法进行显色,在 1.5 h 的时间内,用分光光度计在波长 525 nm 处测定其吸光度,根据标准曲线计算出滤液 B 或滤液 C 中果胶含量,以半乳糖醛酸计。按上述方法做空白试验,用空白调零。如果吸光度超过 100 mg/L 半乳糖醛酸的吸光度,则将滤液 B 或滤液 C 稀释后重新测定。

12.5　结果计算

样品中果胶含量以半乳糖醛酸质量分数 ω 表示单位为 g/kg。

按下式计算:

$$\omega = \frac{\rho \times V}{m \times 1000}$$

式中：ρ——滤液 B 或滤液 C 中半乳糖醛酸质量浓度，mg/L；

V——果胶沉淀 A 定容体积，mL；

m——试样质量，g。

计算结果保留三位有效数字。

12.6 精密度

在重复条件下的两次独立测试结果的绝对差值不得超过两次测定算术平均值的 10%。

实验 13　旋光法测定味精纯度
（GB/T 8967—2007）

13.1　原理

谷氨酸钠分子结构中含有不对称碳原子，具有光学活性，能使偏振光面旋转一定角度，可用旋光仪测定其旋光度，计算谷氨酸钠含量。

13.2　仪器

旋光仪：精度 ±0.01°，备钠光灯（钠光谱 D 线 589.3 nm）。

温度计：分散值 0.1℃。

13.3　试剂

1+1 盐酸水溶液。

13.4　分析步骤

13.4.1　试液的制备

称取试样 10 g（精确至 0.0001 g），加水 20 mL、1+1 盐酸溶液 40 mL，充分搅拌，使之完全溶解，冷却。移入 100 mL 容量瓶中，调液温至室温，用等温水定容，混匀备用。

13.4.2　测定

开启旋光仪，待稳定后调正零点。将试液注入 2 dm 旋光管（管内不得有气泡），置于仪器中，测定旋光度，同时记录试液温度。

13.5 计算

$$X = \frac{\frac{\alpha}{L} \times c}{25.16 + 0.047 \times (20 - t)} \times 100$$

式中：X ——样品中谷氨酸钠的含量，g/100g；

α ——实测试液的旋光度；

L ——液层厚度（旋光管的长度），dm；

c ——1 mL 试液中含样品的质量，g；

25.16——谷氨酸钠的比旋度，$[\alpha]_D^{20}$；

0.047——温度校正系数；

t ——测定时试液的温度，℃。

计算结果保留一位小数。

13.6 结果的允许差

平行试验，95%、90% 味精相对误差不得超过 0.3%；80% 味精不得超过 0.5%。

13.7 说明及注意事项

味精不溶于水，盐酸浓度不够时会因溶解不完全而出现沉淀。

实验 14　维生素 C 的测定
——2,6 - 二氯酚靛酚滴定法
(GB/T 6195—1986)

14.1　原理

维生素 C 是人类营养中最重要的维生素之一,它与体内其他还原剂共同维持细胞正常的氧化还原电势和有关酶系统的活性。维生素 C 能促进细胞间质的合成,如果人体缺乏维生素 C 时则会出现坏血病,因而维生素 C 又称为抗坏血酸。水果和蔬菜是人体抗坏血酸的主要来源。不同栽培条件、不同成熟度和不同的加工储藏方法,都可以影响水果、蔬菜的抗坏血酸含量。测定抗坏血酸含量是了解果蔬品质高低及其加工工艺成效的重要指标。

维生素 C 具有很强的还原性。它可分为还原性和脱氢型。金属铜和酶(抗坏血酸氧化酶)可以催化维生素 C 氧化为脱氢型。2,6 - 二氯酚靛酚(DCPIP)是一种染料,在碱性溶液中呈蓝色,在酸性溶液中呈红色。抗坏血酸具有强还原性,能使 2,6 - 二氯酚靛酚还原褪色,其反应如右图所示。

当用 2,6 - 二氯酚靛酚滴定含有抗坏血酸的酸性溶液时,滴下的 2,6 - 二氯酚靛酚被还原成无色;当溶液中的抗坏血酸全部被氧化成脱氢抗坏血酸时,滴入的 2,6 - 二氯酚靛酚立即使溶液呈现红色。因此用这种染料滴定抗坏血酸至溶液呈淡红色即为滴定终点,根据染料消耗量即可计算出样品中还原型抗坏血酸的含量。

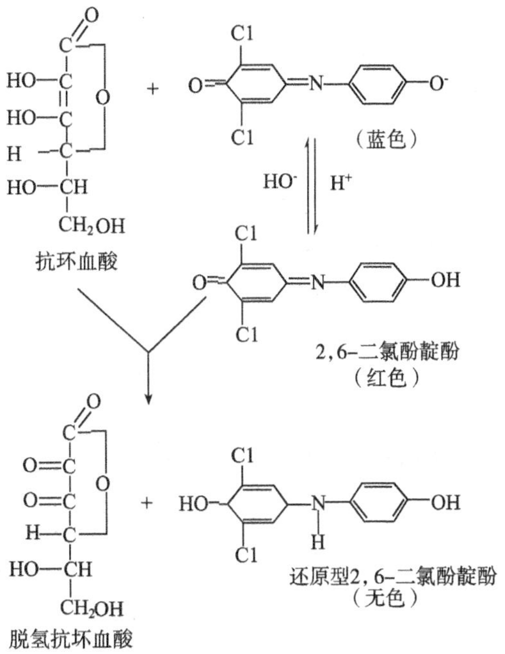

图　抗坏血酸与 2,6 - 二氯酚靛酚反应

14.2 仪器

(1)天平

(2)研钵

(3)容量瓶(50 mL)

(4)刻度吸管(5 mL,10 mL)

(5)锥形瓶(100 mL)

(6)微量滴定管(3 mL)

(7)漏斗

(8)脱脂纱布

(9)滤纸

14.3 试剂

(1)HCl:2%。

(2)标准抗坏血酸溶液:精确称量抗坏血酸(应为洁白色,如变为黄色则不能用)25 mg,溶于25 mL 4% HCl中,移入50 mL容量瓶中,用蒸馏水稀释至刻度,储于棕色瓶中,冷藏,最好临用前配制,此溶液每mL中含抗坏血酸0.5 mg。

(3)0.01 M 2,6 - 二氯酚靛酚:准确称0.25 g氧化型2,6 - 二氯酚靛酚、0.21 g碳酸氢钠溶于250 mL热蒸馏水中,稀释至1000 mL,充分振摇,装入棕色瓶内,置冰箱内过夜,临用前过滤,用标准Vc标定其浓度。置冰箱内冷藏(4℃)保存不得超过3 d(最长约可保存一周)。

14.4 标准液滴定

取5 mL标准抗坏血酸,用2,6 - 二氯酚靛酚溶液滴定,以生成微红色,持续15 s不退为终点,另取5 mL 2% HCl作空白对照,滴定。计算2,6 - 二氯酚靛酚溶液的浓度,以每mL 2,6 - 二氯酚靛酚溶液相当于抗坏血酸的mg数来表示。

14.5　分析步骤

(1)水洗干净整株新鲜蔬菜或整个新鲜水果,用纱布或吸水纸吸干表面水分。每一样品称取10 g或20 g,放入研钵中,加入2% HCl一起研磨成匀浆,提取液通过2层纱布过滤到50 mL容量瓶中,然后用2% HCl冲洗研钵及纱布3~4次,最后用2% HCl稀释至刻度线。

如果提取液含有色素,则倒入锥形瓶内加入1匙白陶土(高岭土),充分振荡5 min,滤纸过滤,白陶土吸附生物样品中的色素,有利于终点的观察。

(2)取三角锥形瓶两个,各加脱色的提取液5 mL或10mL,用2,6-二氯酚靛酚溶液滴定,直至出现微红色30 s不退色为终点。记录两次滴定的mL数,取平均值。滴定必须迅速不要超过2min,因为在实验条件下,一些非Vc的还原物质其还原作用较迟缓,快速滴定可以避免或减少它们的影响。

(3)另取5 mL或10 mL 2% HCl作空白对照,滴定。

14.6　计算

按下式计算每100 g样品中所含的Vc的毫克数。

$$维生素C含量(mg/100\ g样品)=\frac{(V_A-V_B)\times C\times T}{D\times W}\times 100\%$$

式中:V_A——滴定样品提取液消耗染料平均值,mL;

V_B——滴定空白消耗燃料的平均值,mL;

C——样品提取液定容体积,50 mL;

T——每mL染料所能氧化抗坏血酸的mg数;

D——滴定时吸取样品提取液体积,5 mL或10 mL;

W——被检测样品的重量,5 g或10 g。

14.7　说明及注意事项

(1)某些水果、蔬菜(如橘子、西红柿等)浆状物定容时泡沫太多,可加数滴丁醇或辛醇消泡。

(2)样品的提取液制备和滴定过程,要避免阳光照射和与铜、铁器具接触,以免抗坏血酸被破坏。

(3)整个操作过程要迅速,防止还原型抗坏血酸被氧化。滴定过程一般不超过2 min。滴定所用的染料不应小于1 mL或多于4 mL,如果样品含维生素C太高或太低时,可酌情增减样液用量或改变提取液稀释度。

(4)本实验必须在酸性条件下进行。在此条件下,干扰物反应进行得很慢。2% 盐酸有抑制抗坏血酸氧化酶的作用.

(5)干扰滴定因素有:

若提取液中色素很多时,滴定不易看出颜色变化,可用白陶土脱色,或加1 mL氯仿,到达终点时,氯仿层呈现淡红色。

Fe^{2+}可还原二氯酚靛酚。对含有大量Fe^{2+}的样品可用8%乙酸溶液代替草酸溶液提取,此时Fe^{2+}不会很快与染料起作用。

样品中可能有其他杂质还原二氯酚靛酚,但反应速度均较抗坏血酸慢,因而滴定开始时,染料要迅速加入,而后尽可能一点点地加入,并要不断地摇动三角瓶直至呈粉红色,于15 s内不消退为终点。

(6)提取的浆状物如不易过滤,亦可离心,留取上清液进行滴定。

(7)市售2,6-二氯酚靛酚质量不一,以标定0.4 mg抗坏血酸消耗2 mL左右的染料为宜,可根据标定结果调整染料溶液浓度。

实验15　蔬菜、水果及其制品中总抗坏血酸的测定——荧光法和2,4-二硝基苯肼法(GB/T 5009.86—2003)

15.1　荧光法

15.1.1　原理

试样中还原型抗坏血酸经活性炭氧化为脱氢抗坏血酸后,与邻苯二胺(OPDA)反应生成有荧光的喹喔啉(quinoxaline),其荧光强度与抗坏血酸的浓度在一定条件下成正比,以此测定食品中抗坏血酸和脱氢抗坏血酸的总量。

脱氢抗坏血酸与硼酸可形成复合物而不与OPDA反应,以此排除试样中荧光杂质产生的干扰。

15.1.2　试剂

(1)偏磷酸—乙酸液:称取15 g偏磷酸,加入40 mL冰乙酸及250 mL水,加温,搅拌,使之逐渐溶解,冷却后加水至500 mL,于4℃冰箱可保存7~10 d。

(2)0.15 mol/L硫酸:取10 mL硫酸,小心加入水中,再加水稀释至1 200 mL。

(3)偏磷酸—乙酸—硫酸液:以0.15 mol/L硫酸液为稀释液,其余同(1)配制。

(4)乙酸钠溶液(500 g/L):称取500 g乙酸钠($CH_3COONa \cdot 3H_2O$),加水至1000 mL。

(5)硼酸—乙酸钠溶液:称取3 g硼酸,溶于100 mL乙酸钠溶液(500 g/L)中。临用前配制。

(6)邻苯二胺溶液(200 mg/L):称取20 mg邻苯二胺,临用前用水稀释至100 mL。

(7)抗坏血酸标准溶液(1 mg/mL)(临用前配制):准确称取50 mg抗坏血酸,用偏磷酸—乙酸溶液溶于50 mL容量瓶中,并稀释至刻度。

(8)抗坏血酸标准使用液(100 μg/mL):取10 mL抗坏血酸标准液,用偏磷酸—乙酸溶液稀释至100 mL,定容前试pH值,如其pH >2.2时,则应用偏磷酸—乙酸—硫酸溶液稀释。

(9)0.04%百里酚蓝指示剂溶液:称取0.1 g百里酚蓝,加0.02 mol/L氢氧化钠溶液,在玻璃研钵中研磨至溶解,氢氧化钠的用量约为10.75 mL,磨溶后用水稀释至250 mL。

变色范围:

pH值等于1.2　　红色

pH值等于2.8　　黄色

pH值大于4　　蓝色

(10)活性炭的活化;加200 g炭粉于1 L盐酸(1 +9)中,加热回流1 ~2 h,过滤,用水洗至滤液中无铁离子为止,置于110 ~120℃烘箱中干燥,备用。

15.1.3　仪器

(1)实验室常用设备。

(2)荧光分光光度计或具有350 nm及430 nm波长的荧光计。

(3)捣碎机。

15.1.4　分析步骤

15.1.4.1　试样的制备

称取100 g鲜样,加100 mL偏磷酸—乙酸溶液,倒入捣碎机内打成匀浆,用百里酚蓝指示剂调试匀浆酸碱度。如呈红色,即可用偏磷酸—乙酸溶液稀释,若呈黄色或蓝色,则用偏磷酸—乙酸—硫酸溶液稀释,使其pH值为1.2。均浆的取量需根据试样中抗坏血酸的含量而定。当试样液含量在40 ~100 μg/mL之间,一般取20 g匀浆,用偏磷酸—乙酸溶液稀释至100 mL,过滤,滤液备用。

15.1.4.2　测定

(1)氧化处理:分别取试样滤液(15.1.4.1)及抗坏血酸标准使用液(100 μg/mL)各100 mL于200 mL带盖三角瓶中,加2 g活性炭,用力振摇1 min,过滤,弃去最初数毫升滤液,分别收集其余全部滤液,即试样氧化液和标准氧化液,待测定。

(2)各取10 mL标准氧化液于2个100 mL容量瓶中,分别标明“标准”及“标准空白”。

(3)各取 10 mL 试样氧化液于 2 个 100 mL 容量瓶中,分别标明“试样”及“试样空白”。

(4)于“标准空白”及“试样空白”溶液中各加 5 mL 硼酸—乙酸钠溶液,混合摇动 15 min,用水稀释至 100 mL,在 4℃冰箱中放置 2 ~3 h,取出备用。

(5)于“试样”及“标准”溶液中各加入 5 mL 500 g/L 乙酸钠液,用水稀释至 100 mL,备用。

15.1.4.3 标准曲线的制备

取上述“标准”溶液(5 +2.5)(抗坏血酸含量 10 μg/mL)0.5 mL、1.0 mL、1.5 mL 和 2.0 mL 标准系列,取双份分别置于 10 mL 带盖试管中,再用水补充至 2.0 mL。荧光反应按 15.1.4.4 操作。

15.1.4.4 荧光反应

取 15.1.4.2(4)中“标准空白”溶液,“试样空白”溶液及 15.1.4.2(5)中“试样”溶液各 2 mL,分别置于 10 mL 带盖试管中。在暗室迅速向各管中加入 5 mL 邻苯二胺溶液,振摇混合,在室温下反应 35 min,于激发光波长 338 nm、发射光波长 420 nm 处测定荧光强度。标准系列荧光强度分别减去标准空白荧光强度为纵坐标,对应的抗坏血酸含量为横坐标,绘制标准曲线或进行相关计算,其直线回归方程供计算使用。

15.1.5 结果计算

$$X = \frac{c \cdot V}{m} \times F \times \frac{100}{1\ 000}$$

式中:X——试样中抗坏血酸及脱氢抗坏血酸总含量,mg/100 g;

C——由标准曲线查得或由回归方程算得试样溶液浓度,μg/mL;

m——试样的质量,g;

V——荧光反应所用试样体积,mL;

F——试样溶液的稀释倍数。

计算结果精确到小数点后一位。

15.1.6 精密度

在重复性条件下获得的两次独立测定结果的绝对差值不得超过算术平均值的 10%。

15.1.7 说明

本方法检出限为0.022 μg/mL,线性范围为5 ~ 20μg/mL。

15.2 2,4 - 二硝基苯肼法

15.2.1 原理

总抗坏血酸包括还原型、脱氢型和二酮古乐糖酸,试样中还原型抗坏血酸经活性炭氧化为脱氢抗坏血酸,再与2,4 - 二硝基苯肼作用生成红色脎,根据脎在硫酸溶液中的含量与抗坏血酸含量成正比,进行比色定量。

15.2.2 试剂

(1)4.5 mol/L 硫酸:谨慎地加250 mL 硫酸(相对密度1.84)于700 mL 水中,冷却后用水稀释至1000 mL。

(2)85%硫酸:谨慎地加900 mL 硫酸(相对密度1.84)于100 mL 水中。

(3)2,4 - 二硝基苯肼溶液(20 g/L):溶解2 g 2,4 - 二硝基苯肼于100 mL 4.5 mol/L 硫酸中,过滤。不用时存于冰箱内,每次用前必须过滤。

(4)草酸溶液(20 g/L):溶解20 g 草酸($H_2C_2O_4$)于700 mL 水中,稀释至1000 mL。

(5)草酸溶液(10 g/L):取500 mL 草酸溶液(9.4)稀释至1 000 mL。

(6)硫脲溶液(10 g/L):溶解5 g 硫脲于500 mL 草酸溶液(10 g/L)中。

(7)硫脲溶液(20 g/L):溶解10 g 硫脲于500 mL 草酸溶液(10 g/L)中。

(8)1 mol/L 盐酸:取100 mL 盐酸,加入水中,并稀释至1200 mL。

(9)抗坏血酶标准溶液;称取100 mg 纯抗坏血酸溶解于100 mL 草酸溶液(10 g/L)中,此溶液每毫升相当于1 mg 抗坏血酸。

(10)活性炭:将100 g 活性炭加到750 mL 1 mol/L 盐酸中,回流1 ~ 2 h,过滤,用水洗数次,至滤液中无铁离子(Fe^{3+})为止,然后置于110℃烘箱中烘干。

检验铁离子方法:利用普鲁士蓝反应。将20 g/L 亚铁氰化钾与1%盐酸等量混合,将上述洗出滤液滴入,如有铁离子则产生蓝色沉淀。

15.2.3　仪器

(1)恒温箱;37℃ ±0.5℃。

(2)可见-紫外分光光度计。

(3)捣碎机。

15.2.4　分析步骤

15.2.4.1　试样的制备

全部实验过程应避光。

(1)鲜样的制备:称取100 g鲜样及吸取100 mL 20 g/L草酸溶液,倒入捣碎机中打成匀浆,取10~40 g匀浆(含1~2 mg抗坏血酸)倒入100 mL容量瓶中,用10 g/L草酸溶液稀释至刻度,混匀。

(2)干样制备:称1~4 g干样(含1~2 mg抗坏血酸)放入乳钵内,加入10 g/L草酸溶液磨成匀浆,倒入100 mL容量瓶内,用10 g/L草酸溶液稀释至刻度,混匀。

(3)将(1)和(2)液过滤,滤液备用。不易过滤的试样可用离心机离心后,倾出上清液,过滤,备用。

15.2.4.2　氧化处理

取25 mL上述滤液,加入2 g活性炭,振摇1 min,过滤,弃去最初数毫升滤液。取10 mL此氧化提取液,加入10 mL 20 g/L硫脲溶液,混匀,此试样为稀释液。

15.2.4.3　呈色反应

(1)于三个试管中各加入4 mL稀释液(15.2.4.2)。一个试管作为空白,在其余试管中加入1.0 mL 20 g/L 2,4-二硝基苯肼溶液,将所有试管放入37℃ ±0.5℃恒温箱或水浴中,保温3h。

(2)3 h后取出,除空白管外,将所有试管放入冰水中。空白管取出后使其冷到室温,然后加入1.0 mL 20 g/L 2,4-二硝基苯肼溶液,在室温中放置10~15 min后放入冰水内。其余步骤同试样。

15.2.4.4　85%硫酸处理

当试管放入冰水后,向每一试管中加入5 mL 85%硫酸,滴加时间至少需要1 min,需边加边摇动试管。将试管自冰水中取出,在室温放置30 min后比色。

15.2.4.5　比色

用1 cm比色杯，以空白液调零点，于500 nm波长测吸光值。

15.2.4.6　标准曲线的绘制

(1)加2g活性炭于50 mL标准溶液中，振动1 min，过滤。

(2)取10 mL滤液放入500 mL容量瓶中，加5.0 g硫脲，用10 g/L草酸溶液稀释至刻度，抗坏血酸浓度20 μg/mL。

(3)取5 mL，10 mL，20 mL，25 mL，40 mL，50 mL，60 mL稀释液，分别放入7个100 mL容量瓶中，用10 g/L硫脲溶液稀释至刻度，使最后柿释液巾抗坏血酸的浓度分别为1 μg/mL，2 μg/mL，4 μg/mL，5 μg/mL，8 μg/mL，10 μg/mL，12 μg/mL。

(4)按试样测定步骤形成脎并比色。

(5)以吸光值为纵坐标，抗坏血酸浓度(μg/mL)为横坐标绘制标准曲线。

15.2.5　结果计算

$$X = \frac{c \cdot V}{m} \times F \times \frac{100}{1000}$$

式中：X——试样中总抗坏血酸含量，mg/100 g；

c——由标准曲线查得或由回归方程算得“试样氧化液”中总抗坏血酸的浓度，μg/mL；

v——试样用10 g/L草酸溶液定容的体积，mL；

F——试样氧化处理过程中的稀释倍数；

m——试样的质量，g。

计算结果精确到小数点后两位。

15.2.6　精密度

在重复性条件下获得的两次独立测定结果的绝对差值不得超过算术平均值的10%。

15.2.7　说明

本方法检出限0.1 μ/mL。线性范围：为1～12 μg/mL。

参考文献

[1]陈晓平,黄广民. 食品理化检验[M]. 北京:中国计量出版社,2008.

[2]王永华. 食品分析[M]. 北京:中国轻工业出版社,2010.

[3]王利兵. 食品添加剂安全与检测[M]. 北京:科学出版社,2011.

[4]王世平. 食品安全检测技术[M]. 北京:中国农业大学出版社, 2009.

[5]李启隆,胡劲波. 食品分析科学[M]. 北京:化学工业出版社, 2011.

[6](英)Roger Wood,Lucy Foster,Andrew Damant,等著. 食品添加剂分析方法[M]. 刘钟栋,等译. 北京:中国轻工业出版社,2007.

[7]吴晓彤. 食品检测技术[M]. 北京:化学工业出版社,2008.

[8]侯玉泽. 食品分析[M]. 郑州:郑州大学出版社,2011.

[9]李凤玉,梁文珍. 食品分析与检验[M]. 北京:中国农业大学出版社, 2009.

[10]穆华荣,于淑萍. 食品分析[M]. 北京:化学工业出版社,2009.

[11]中华人民共和国农业部. NY/T 1602 - 2008 植物油中 BHA、BHT 和 TBHQ 的测定 高效液相色谱法[S]. 北京:中国农业出版社,2008.

[12]韩永红,王怡魏,左石. 分光光度法测定苹果汁中的苯甲酸[J]. 科技创新导报,2011(3):15 - 16.

[13]甘平胜,黄聪,于鸿,等. 气相色谱 - 质谱联用法测定奶粉中苯甲酸(钠)含量[J]. 中国卫生检验杂志,2008,18(1):75 - 76.

[14]王俊红. 食品添加剂苯甲酸检测方法研究进展[J]. 食品与油脂, 2010(12):37 - 38.

[15]李竹云,王丽华,王鲁敏,等. 光度法测定食品添加剂山梨酸的研究[J]. 食品科学,2008,29(3):429 - 432.

[16]许俊妹,林长虹,黄达锴. 高效液相色谱法测定植物油中 TBHQ、BHA 和 BHT 方法优化研究[J]. 广东化工,2010(5):218 - 219.

[17]郭小霖,徐红. 高效液相色谱测定植物油中 BHA、BHT[J]. 计量与测试技术,2009,36(8):4 - 4.

[18]刘年丰,涂一名,夏虹,等. 高效液相色谱法测定油脂中抗氧化剂 BHA、TBHQ[J]. 分析科学学报,2003,19(6):549 - 551.

[19]杜红霞,贺稚非,李洪军.食品中亚硝酸盐检测技术研究进展[J].肉类研究,2006:41-46.

[20]郭金全,李富兰.亚硝酸盐检测方法研究进展[J].当代化工,2009,38(5):546-549.

[21]孙震,钱和,蒋将.蔬菜中硝酸盐与亚硝酸盐检测方法的研究进展[J].食品与机械, 2006,22(05):123-125.

[22]徐霞,应兴华,段彬伍,等.蔬菜中硝酸盐和亚硝酸盐测定方法的研究进展[J].中国农学报, 2005, 21(5): 149-152.

[23]朱泽华.环境中硝酸盐和亚硝酸盐光谱测定法研究进展[J].干旱环境监测,2006,20(4):P240-248.

[24]王丽丽,纪淑娟,李顺.食品中二氧化硫及亚硫酸盐的作用与检测方法[J].食品与药品,2007,9(02):64-66.

[25]张文德,徐贺荣,郭忠,等.单扫示波极谱法快速测定食品中二氧化硫[J].理化检验(化学分册),2007,43(4):303-305,307.

[26]宣亚文,谢东坡,尹文星,等.分光光度法快速测定食品中糖精钠含量[J].理化检验(化学分册),2010,46(1):57-58,61.

[27]汪怡, 杭学宇, 王芹.食品中环己基氨基磺酸钠测定方法改进与优化[J].现代预防医学 2010 ,37(18):3527-3528.

[28]庞国芳,等.农药兽药残留现代分析技术[M].北京:科学出版社,2007.

[29]钱建亚,熊强.食品安全概论[M].南京:东南大学出版社,2006.

附　录

相当于氧化亚铜质量的葡萄糖、果糖、乳糖、转化糖质量表

氧化亚铜	葡萄糖	果糖	乳糖(含水)	转化糖	氧化亚铜	葡萄糖	果糖	乳糖(含水)	转化糖
11.3	4.6	5.1	7.7	5.2	61.9	26.5	29.2	42.1	28.1
12.4	5.1	5.6	8.5	5.7	63.0	27.0	29.8	42.9	28.6
13.5	5.6	6.1	9.3	6.2	64.2	27.5	30.3	43.7	29.1
14.6	6.0	6.7	10.0	6.7	65.3	28.0	30.9	44.4	29.6
15.8	6.5	7.2	10.8	7.2	66.4	28.5	31.4	45.2	30.1
16.9	7.0	7.7	11.5	7.7	67.6	29.0	31.9	46.0	30.6
18.0	7.5	8.3	12.3	8.2	68.7	29.5	32.5	46.7	31.2
19.1	8.0	8.8	13.1	8.7	69.8	30.0	33.0	47.5	31.7
20.3	8.5	9.3	13.8	9.2	70.9	30.5	33.6	48.3	32.2
21.4	8.9	9.9	14.6	9.7	72.1	31.0	34.1	49.0	32.7
22.5	9.4	10.4	15.4	10.2	73.2	31.5	34.7	49.8	33.2
23.6	9.9	10.9	16.1	10.7	74.3	32.0	35.2	50.6	33.7
24.8	10.4	11.5	16.9	11.2	75.4	32.5	35.8	51.3	34.3
25.9	10.9	12.0	17.7	11.7	76.6	33.0	36.3	52.1	34.8
27.0	11.4	12.5	18.4	12.3	77.7	33.5	36.8	52.9	35.3
28.1	11.9	13.1	19.2	12.8	78.8	34.0	37.4	53.6	35.8
29.3	12.3	13.6	19.9	13.3	79.9	34.5	37.9	54.4	36.3
30.4	12.8	14.2	20.7	13.8	81.1	35.0	38.5	55.2	36.8
31.5	13.3	14.7	21.5	14.3	82.2	35.5	39.0	55.9	37.4
32.6	13.8	15.2	22.2	14.8	83.3	36.0	39.6	56.7	37.9
33.8	14.3	15.8	23.0	15.3	84.4	36.5	40.1	57.5	38.4
34.9	14.8	16.3	23.8	15.8	85.6	37.0	40.7	58.2	38.9
36.0	15.3	16.8	24.5	16.3	86.7	37.5	41.2	59.0	39.4
37.2	15.7	17.4	25.3	16.8	87.8	38.0	41.7	59.8	40.0
38.3	16.2	17.9	26.1	17.3	88.9	38.5	42.3	60.5	40.5
39.4	16.7	18.4	26.8	17.8	90.1	39.0	42.8	61.3	41.0
40.5	17.2	19.0	27.6	18.3	91.2	39.5	43.4	62.1	41.5
41.7	17.7	19.5	28.4	18.9	92.3	40.0	43.9	62.8	42.0
42.8	18.2	20.1	29.1	19.4	93.4	40.5	44.5	63.6	42.6
43.9	18.7	20.6	29.9	19.9	94.6	41.0	45.0	64.4	43.1
45.0	19.2	21.1	30.6	20.4	95.7	41.5	45.6	65.1	43.6
46.2	19.7	21.7	31.4	20.9	96.8	42.0	46.1	65.9	44.1
47.3	20.1	22.2	32.2	21.4	97.9	42.5	46.7	66.7	44.7
48.4	20.6	22.8	32.9	21.9	99.1	43.0	47.2	67.4	45.2
49.5	21.1	23.3	33.7	22.4	100.2	43.5	47.8	68.2	45.7
50.7	21.6	23.8	34.5	22.9	101.3	44.0	48.3	69.0	46.2
51.8	22.1	24.4	35.2	23.5	102.5	44.5	48.9	69.7	46.7
52.9	22.6	24.9	36.0	24.0	103.6	45.0	49.4	70.5	47.3
54.0	23.1	25.4	36.8	24.5	104.7	45.5	50.0	71.3	47.8
55.2	23.6	26.0	37.5	25.0	105.8	46.0	50.5	72.1	48.3
56.3	24.1	26.5	38.3	25.5	107.0	46.5	51.1	72.8	48.8
57.4	24.6	27.1	39.1	26.0	108.1	47.0	51.6	73.6	49.4
58.5	25.1	27.6	39.8	26.5	109.2	47.5	52.2	74.4	49.9
59.7	25.6	28.2	40.6	27.0	110.3	48.0	52.7	75.1	50.4
60.8	26.1	28.7	41.4	27.6	111.5	48.5	53.3	75.9	50.9

续表

氧化亚铜	葡萄糖	果糖	乳糖(含水)	转化糖	氧化亚铜	葡萄糖	果糖	乳糖(含水)	转化糖
112.6	49.0	53.8	76.7	51.5	172.3	76.3	83.3	117.5	79.7
113.7	49.5	54.4	77.4	52.0	173.4	76.8	83.9	118.3	80.3
114.8	50.0	54.9	78.2	52.5	174.5	77.3	84.4	119.1	80.8
116.0	50.6	55.5	79.0	53.0	175.6	77.8	85.0	119.9	81.3
117.1	51.1	56.0	79.7	53.6	176.8	78.3	85.6	120.6	81.9
118.2	51.6	56.6	80.5	54.1	177.9	78.9	86.1	121.4	82.4
119.3	52.1	57.1	81.3	54.6	179.0	79.4	86.7	122.2	83.0
120.5	52.6	57.7	82.1	55.2	180.1	79.9	87.3	122.9	83.5
121.6	53.1	58.2	82.8	55.7	181.3	80.4	87.8	123.7	84.0
122.7	53.6	58.8	83.6	56.2	182.4	81.0	88.4	124.5	84.6
123.8	54.1	59.3	84.4	56.7	183.5	81.5	89.0	125.3	85.1
125.0	54.6	59.9	85.1	57.3	184.5	82.0	89.5	126.0	85.7
126.1	55.1	60.4	85.9	57.8	185.8	82.5	90.1	126.8	86.2
127.2	55.6	61.0	86.7	58.3	186.9	83.1	90.6	127.6	86.8
128.3	56.1	61.6	87.4	58.9	188.0	83.6	91.2	128.4	87.3
129.5	56.7	62.1	88.2	59.4	189.1	84.1	91.8	129.1	87.8
130.6	57.2	62.7	89.0	59.9	190.3	84.6	92.3	129.9	88.4
131.7	57.7	63.2	89.8	60.4	191.4	85.2	92.9	130.7	88.9
132.8	58.2	63.8	90.5	61.0	192.5	85.7	93.5	131.5	89.5
134.0	58.7	64.3	91.3	61.5	193.6	86.2	94.0	132.2	90.0
135.1	59.2	64.9	92.1	62.0	194.8	86.7	94.6	133.0	90.6
136.2	59.7	65.4	92.8	62.6	195.9	87.3	95.2	133.8	91.1
137.4	60.2	66.0	93.6	63.1	197.0	87.8	95.7	134.6	91.7
138.5	60.7	66.5	94.4	63.6	198.1	88.3	96.3	135.3	92.2
139.6	61.3	67.1	95.2	64.2	199.3	88.9	96.9	136.1	92.8
140.7	61.8	67.7	95.9	64.7	200.4	89.4	97.4	136.9	93.3
141.9	62.3	68.2	96.7	65.2	201.5	89.9	98.0	137.7	93.8
143.0	62.8	68.8	97.5	65.8	202.7	90.4	98.6	138.4	94.4
144.1	63.3	69.3	98.2	66.3	203.8	91.0	99.2	139.2	94.9
145.2	63.8	69.9	99.0	66.8	204.9	91.5	99.7	140.0	95.5
146.4	64.3	70.4	99.8	67.4	206.0	92.0	100.3	140.8	96.0
147.5	64.9	71.0	100.6	67.9	207.2	92.6	100.9	141.5	96.6
148.6	65.4	71.6	101.3	68.4	208.3	93.1	101.4	142.3	97.1
149.7	65.9	72.1	102.1	69.0	209.4	93.6	102.0	143.1	97.7
150.9	66.4	72.7	102.9	69.5	210.5	94.2	102.6	143.9	98.2
152.0	66.9	73.2	103.6	70.0	211.7	94.7	103.1	144.6	98.8
153.1	67.4	73.8	104.4	70.6	212.8	95.2	103.7	145.4	99.3
154.2	68.0	74.3	105.2	71.1	213.9	95.7	104.3	146.2	99.9
155.4	68.5	74.9	106.0	71.6	215.0	96.3	104.8	147.0	100.4
156.5	69.0	75.5	106.7	72.2	216.2	96.8	105.4	147.7	101.0
157.6	69.5	76.0	107.5	72.7	217.3	97.3	106.0	148.5	101.5
158.7	70.0	76.6	108.3	73.2	218.4	97.9	106.6	149.3	102.1
159.9	70.5	77.1	109.0	73.8	219.5	98.4	107.1	150.1	102.6
161.0	71.1	77.7	109.8	74.3	220.7	98.9	107.7	150.8	103.2
162.1	71.6	78.3	110.6	74.9	221.8	99.5	108.3	151.6	103.7
163.2	72.1	78.8	111.4	75.4	222.9	100.0	108.8	152.4	104.3
164.4	72.6	79.4	112.1	75.9	224.0	100.5	109.4	153.2	104.8
165.5	73.1	80.0	112.9	76.5	225.2	101.1	110.0	153.9	105.4
166.6	73.7	80.5	113.7	77.0	226.3	101.6	110.6	154.7	106.0
167.8	74.2	81.1	114.4	77.6	227.4	102.2	111.1	155.5	106.5
168.9	74.7	81.6	115.2	78.1	228.5	102.7	111.7	156.3	107.1
170.0	75.2	82.2	116.0	78.6	229.7	103.2	112.3	157.0	107.6
171.1	75.7	82.8	116.8	79.2	230.8	103.8	112.9	157.8	108.2

续表

氧化亚铜	葡萄糖	果糖	乳糖(含水)	转化糖	氧化亚铜	葡萄糖	果糖	乳糖(含水)	转化糖
231.9	104.3	113.4	158.0	108.7	291.6	133.2	144.2	199.9	138.6
233.1	104.8	114.0	159.4	109.3	292.7	133.8	144.8	200.7	139.1
234.2	105.4	114.6	160.2	109.8	293.8	134.3	145.4	201.4	139.7
235.3	105.9	115.2	160.9	110.4	295.0	134.9	145.9	202.2	140.3
236.4	106.5	115.7	161.7	110.9	296.1	135.4	146.5	203.0	140.8
237.6	107.0	116.3	162.5	111.5	297.2	136.0	147.1	203.8	141.4
238.7	107.5	116.9	163.3	112.1	298.3	136.5	147.7	204.6	142.0
239.8	108.1	117.5	164.0	112.6	299.5	137.1	148.3	205.3	142.6
240.9	108.6	118.0	164.8	113.2	300.6	137.7	148.9	206.1	143.1
242.1	109.2	118.6	165.6	113.7	301.7	138.2	149.5	206.9	143.7
243.1	109.7	119.2	166.4	114.3	302.9	138.8	150.1	207.7	144.3
244.3	110.2	119.8	167.1	114.9	304.0	139.3	150.6	208.5	144.8
245.4	110.8	120.3	167.9	115.4	305.1	139.9	151.2	209.2	145.4
246.6	111.3	120.9	168.7	116.0	306.2	140.4	151.8	210.0	146.0
247.7	111.9	121.5	169.5	116.5	307.4	141.0	152.4	210.8	146.6
248.8	112.4	122.1	170.3	117.1	308.5	141.6	153.0	211.6	147.1
249.9	112.9	122.6	171.0	117.6	309.6	142.1	153.6	212.4	147.7
251.1	113.5	123.2	171.8	118.2	310.7	142.7	154.2	213.2	148.3
252.2	114.0	123.8	172.6	118.8	311.9	143.2	154.8	214.0	148.9
253.3	114.6	124.4	173.4	119.3	313.0	143.8	155.4	214.7	149.4
254.4	115.1	125.0	174.2	119.9	314.1	144.4	156.0	215.5	150.0
255.6	115.7	125.5	174.9	120.4	315.2	144.9	156.5	216.3	150.6
256.7	116.2	126.1	175.7	121.0	316.4	145.5	157.1	217.1	151.2
257.8	116.7	126.7	176.5	121.6	317.5	146.0	157.7	217.9	151.8
258.9	117.3	127.3	177.3	122.1	318.6	146.6	158.3	218.7	152.3
260.1	117.8	127.9	178.1	122.7	319.7	147.2	158.9	219.4	152.9
261.2	118.4	128.4	178.8	123.3	320.9	147.7	159.5	220.2	153.5
262.3	118.9	129.0	179.6	123.8	322.0	148.3	160.1	221.0	154.1
263.4	119.5	129.6	180.4	124.4	323.1	148.8	160.7	221.8	154.6
264.6	120.0	130.2	181.2	124.9	324.2	149.4	161.3	222.6	155.2
265.7	120.6	130.8	181.9	125.5	325.4	150.0	161.9	223.3	155.8
266.8	121.1	131.3	182.7	126.1	326.5	150.5	162.5	224.1	156.4
268.0	121.7	131.9	183.5	126.6	327.6	151.1	163.1	224.9	157.0
269.1	122.2	132.5	184.3	127.2	328.7	151.7	163.7	225.7	157.5
270.2	122.7	133.1	185.1	127.8	329.9	152.2	164.3	226.5	158.1
271.3	123.3	133.7	185.8	128.3	331.0	152.8	164.9	227.3	158.7
272.5	123.8	134.2	186.6	128.9	332.1	153.4	165.4	228.0	159.3
273.6	124.4	134.8	187.4	129.5	333.3	153.9	166.0	228.8	159.9
274.7	124.9	135.4	188.2	130.0	334.4	154.5	166.6	229.6	160.5
275.8	125.5	136.0	189.0	130.6	335.5	155.1	167.2	230.4	161.0
277.0	126.0	136.6	189.7	131.2	336.6	155.6	167.8	231.2	161.6
278.1	126.6	137.2	190.5	131.7	337.8	156.2	168.4	232.0	162.2
279.2	127.1	137.7	191.3	132.3	338.9	156.8	169.0	232.7	162.8
280.3	127.7	138.3	192.1	132.9	340.0	157.3	169.6	233.5	163.4
281.5	128.2	138.9	192.9	133.4	341.1	157.9	170.2	234.3	164.0
282.6	128.8	139.5	193.6	134.0	342.3	158.5	170.8	235.1	164.5
283.7	129.3	140.1	194.4	134.6	343.4	159.0	171.4	235.9	165.1
284.8	129.9	140.7	195.2	135.1	344.5	159.6	172.0	236.7	165.7
286.0	130.4	141.3	196.0	135.7	345.6	160.2	172.6	237.4	166.3
287.1	131.0	141.8	196.8	136.3	346.8	160.7	173.2	238.2	166.9
288.2	131.6	142.4	197.5	136.8	347.9	161.3	173.8	239.0	167.5
289.3	132.1	143.0	198.3	137.4	349.0	161.9	174.4		168.0
290.5	132.7	143.6	199.1	138.0	350.1	162.5	175.0		168.6

续表

氧化亚铜	葡萄糖	果糖	乳糖(含水)	转化糖	氧化亚铜	葡萄糖	果糖	乳糖(含水)	转化糖
351.3	163.0	175.6		169.2	410.9	193.8	207.7		200.8
352.4	163.6	176.2		169.8	412.1	194.4	208.3		201.4
353.5	164.2	176.8		170.4	413.2	195.0	209.0		202.0
354.6	164.7	177.4		171.0	414.3	195.6	209.6		202.6
355.8	165.3	178.0		171.6	415.4	196.2	210.2		203.2
356.9	165.9	178.6		172.2	416.6	196.8	210.8	287.1	203.8
358.0	166.5	179.2		172.8	417.7	197.4	211.4	287.9	204.4
359.1	167.0	179.8		173.3	418.8	198.0	212.0	288.7	205.0
360.3	167.6	180.4		173.9	419.9	198.5	212.6	289.5	205.7
361.4	168.2	181.0		174.5	421.1	199.1	213.3	290.3	206.3
362.5	168.8	181.6		175.1	422.2	199.7	213.9	291.1	206.9
363.6	169.3	182.2		175.7	423.3	200.3	214.5	291.9	207.5
364.8	169.9	182.8		176.3	424.4	200.9	215.1	292.7	208.1
365.9	170.5	183.4		176.9	425.6	201.5	215.7	293.5	208.7
367.0	171.1	184.0		177.5	426.7	202.1	216.3	294.3	209.3
368.2	171.6	184.6		178.1	427.8	202.7	217.0	295.0	209.9
369.3	172.2	185.2		178.7	428.9	203.3	217.6	295.8	210.5
370.4	172.8	185.8		179.2	430.1	203.9	218.2	296.6	211.1
371.5	173.4	186.4		179.8	431.2	204.5	218.8	297.4	211.8
372.7	173.9	187.0		180.4	432.3	205.1	219.5	298.2	212.4
373.8	174.5	187.6		181.0	433.5	205.1	220.1	299.0	213.0
374.9	175.1	188.2		181.6	434.6	206.3	220.7	299.8	213.6
376.0	175.7	188.8		182.2	435.7	206.9	221.3	300.6	214.2
377.2	176.3	189.4		182.8	436.8	207.5	221.9	301.4	214.8
378.3	176.8	190.1		183.4	438.0	208.1	222.6	302.2	215.4
379.4	177.4	190.7		184.0	439.1	208.7	232.2	303.0	216.0
380.5	178.0	191.3		184.6	440.2	209.3	223.8	303.8	216.7
381.7	178.6	191.9		185.2	441.3	209.9	224.4	304.6	217.3
382.8	179.2	192.5		185.8	442.5	210.5	225.1	305.4	217.9
383.9	179.7	193.1		186.4	443.6	211.1	225.7	306.2	218.5
385.0	180.3	193.7		187.0	444.7	211.7	226.3	307.0	219.1
386.2	180.9	194.3		187.6	445.8	212.3	226.9	307.8	219.9
387.3	181.5	194.9		188.2	447.0	212.9	227.6	308.6	220.4
388.4	182.1	195.5		188.8	448.1	213.5	228.2	309.4	221.0
389.5	182.7	196.1		189.4	449.2	214.1	228.8	310.2	221.6
390.7	183.2	196.7		190.0	450.3	214.7	229.4	311.0	222.2
391.8	183.8	197.3		190.6	451.5	215.3	230.1	311.8	222.9
392.9	184.4	197.9		191.2	452.6	215.9	230.7	312.6	223.5
394.0	185.0	198.5		191.8	453.7	216.5	231.3	313.4	224.1
395.2	185.6	199.2		192.4	454.8	217.1	232.0	314.2	224.7
396.3	186.2	199.8		193.0	456.0	217.8	232.6	315.0	225.4
397.4	186.8	200.4		193.6	457.1	218.4	233.2	315.9	226.0
398.5	187.3	201.0		194.2	458.2	219.0	233.9	316.7	226.6
399.7	187.9	201.6		194.8	459.3	219.6	234.5	317.5	227.2
400.8	188.5	202.2		195.4	460.5	220.1	235.1	318.3	227.9
401.9	189.1	202.8		196.0	461.6	220.8	235.8	319.1	228.5
403.1	189.7	203.4		196.6	462.7	221.4	236.4	319.9	229.1
404.2	190.3	204.0		197.2	463.8	222.0	237.1	320.7	229.7
405.3	190.9	204.7		197.8	465.0	222.6	237.7	321.6	230.4
406.4	191.5	205.3		198.4	466.1	223.3	238.4	322.4	231.0
407.6	192.0	205.9		199.0	467.2	223.9	239.0	323.2	231.7
408.7	192.6	206.5		199.6	468.4	224.5	239.7	324.0	232.3
409.8	193.2	207.1		200.2	469.5	225.1	240.3	324.9	232.9

续表

氧化亚铜	葡萄糖	果糖	乳糖(含水)	转化糖	氧化亚铜	葡萄糖	果糖	乳糖(含水)	转化糖
470.6	225.7	241.0	325.7	233.6	480.7	231.4	247.0	333.5	239.5
471.7	226.3	241.6	326.5	234.2	481.9	232.0	247.8	334.4	240.2
472.9	227.0	242.2	327.4	234.8	483.0	232.7	248.5	335.3	240.8
474.0	227.6	242.9	328.2	235.5	484.1	233.3	249.2	336.3	241.5
475.1	228.2	243.6	329.1	236.1	485.2	234.0	250.0	337.3	242.3
476.2	228.8	244.3	329.9	236.8	486.4	234.7	250.8	338.3	243.0
477.4	229.5	244.9	330.1	237.5	487.5	235.3	251.6	339.4	243.8
478.5	230.1	245.6	331.7	238.1	488.6	236.1	252.7	340.7	244.7
479.6	230.7	246.3	332.6	238.8	489.7	236.9	253.7	342.0	245.8